よくわかるマスター

はじめに

Microsoft Office Specialist（以下MOSと記載）は、Officeの利用能力を証明する世界的な資格試験制度です。
本書は、MOS Excel 365＆2019に合格することを目的とした試験対策用教材です。出題範囲をすべて網羅しており、的確な解説と練習問題で試験に必要なExcelの機能と操作方法を学習できます。さらに、出題傾向を分析し、出題される可能性が高いと思われる問題からなる**「模擬試験」**を5回分用意しています。模擬試験で、さまざまな問題に挑戦し、実力を試しながら、合格に必要なExcelのスキルを習得できます。
また、添付の模擬試験プログラムを使うと、MOS 365＆2019の試験形式**「マルチプロジェクト」**の試験を体験でき、試験システムに慣れることができます。試験結果は自動採点され、正答率や解答の正誤を表示できるばかりでなく、ナレーション付きのアニメーションで標準解答を確認することもできます。
本書をご活用いただき、MOS Excel 365＆2019に合格されますことを心よりお祈り申し上げます。
なお、基本操作の習得には、次のテキストをご利用ください。
●**「よくわかる Microsoft Excel 2019 基礎」**（FPT1813）
●**「よくわかる Microsoft Excel 2019 応用」**（FPT1814）

本書を購入される前に必ずご一読ください
本書に記載されている操作方法や模擬試験プログラムの動作確認は、2020年5月現在のExcel 2019（16.0.10357.20081）またはMicrosoft 365（16.0.11328.20438）に基づいて行っています。本書発行後のWindowsやOfficeのアップデートによって機能が更新された場合には、本書の記載のとおりにならない、模擬試験プログラムの採点が正しく行われないなどの不整合が生じる可能性があります。あらかじめご了承ください。

2020年7月8日
FOM出版

本書を使った学習の進め方

本書やご購入者特典には、試験の合格に必要なExcelスキルを習得するための秘密が詰まっています。
ここでは、それらをフル活用して、基本操作ができるレベルから試験に合格できるレベルまでスキルアップするための学習方法をご紹介します。これを参考に、前提知識や好みに応じて適宜アレンジし、自分にあったスタイルで学習を進めましょう。

STEP 01 Excelの基礎知識を確認！

MOSの学習を始める前に、Excelの基礎知識の習得状況を確認し、足りないスキルを事前に習得しましょう。

「Excelスキルチェックシート」を使ってチェック

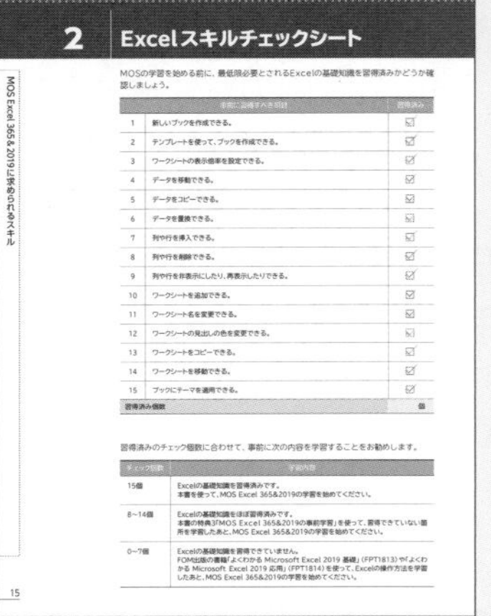

2 Excelスキルチェックシート

MOSの学習を始める前に、最低限必要とされるExcelの基礎知識を習得済みかどうか確認しましょう。

	[illegible]	[illegible]
1	新しいブックを作成できる。	☑
2	テンプレートを使って、ブックを作成できる。	☑
3	ワークシートの表示倍率を設定できる。	☑
4	データを移動できる。	☑
5	データをコピーできる。	☑
6	データを置換できる。	☑
7	列や行を挿入できる。	☑
8	列や行を削除できる。	☑
9	列や行を非表示にしたり、再表示したりできる。	☑
10	ワークシートを追加できる。	☑
11	ワークシート名を変更できる。	☑
12	ワークシートの見出しの色を変更できる。	☑
13	ワークシートをコピーできる。	☑
14	ワークシートを移動できる。	☑
15	ブックにテーマを適用できる。	☑
習得済み個数		個

習得済みのチェック個数に合わせて、事前に次の内容を学習することをお勧めします。

チェック個数	学習内容
15個	Excelの基礎知識を習得済みです。 本書を使って、MOS Excel 365&2019の学習を始めてください。
8~14個	Excelの基礎知識をほぼ習得済みです。 本書の特典3「MOS Excel 365&2019の事前学習」を使って、習得できていない箇所を学習したあと、MOS Excel 365&2019の学習を始めてください。
0~7個	Excelの基礎知識を習得できていません。 FOM出版の書籍「よくわかる Microsoft Excel 2019 基礎」(FPT1813)や「よくわかる Microsoft Excel 2019 応用」(FPT1814)を使って、Excelの操作方法を学習したあと、MOS Excel 365&2019の学習を始めてください。

15

※Excel スキルチェックシートについては、P.15 を参照してください。

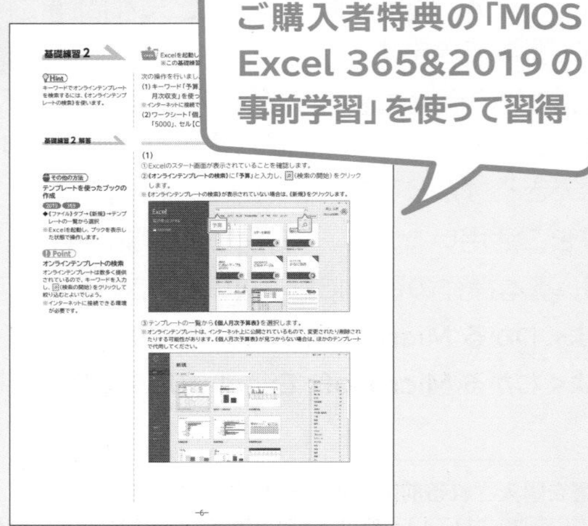

ご購入者特典の「MOS Excel 365&2019 の事前学習」を使って習得

※ご購入者特典については、P.11 を参照してください。

STEP 02 学習計画を立てる！

目標とする受験日を設定し、その受験日に照準を合わせて、どのような日程で学習を進めるかを考えます。

特典1 便利な学習ツール
1-1 学習スケジュール表

試験日に照準を合わせて、計画的に学習を進めましょう。
「学習予定日」を最初に設定し、「学習日」には実際に学習した日を記入します。
「チェック」には、計画どおりに学習できたら「○」、計画より遅れた場合は「×」を記入します。

●出題範囲の学習

出題範囲	内容	学習予定日	学習日	チェック
1 ワークシートやブックの管理	1-1 ブック内を移動する	月 日( )	月 日( )	
	1-2 ワークシートやブックの書式を設定する	月 日( )	月 日( )	
	1-3 オプションと表示をカスタマイズする	月 日( )	月 日( )	
	1-4 共同作業のためにコンテンツを設定する	月 日( )	月 日( )	
	1-5 ブックにデータをインポートする	月 日( )	月 日( )	
	確認問題	月 日( )	月 日( )	
2 セルやセル範囲のデータの管理	2-1 シートのデータを操作する	月 日( )	月 日( )	
	2-2 セルやセル範囲の書式を設定する	月 日( )	月 日( )	
	2-3 名前付き範囲を定義する、参照する	月 日( )	月 日( )	
	2-4 データを視覚的にまとめる	月 日( )	月 日( )	
	確認問題	月 日( )	月 日( )	
3 テーブルとテーブルのデータの管理	3-1 テーブルを作成する、書式設定する	月 日( )	月 日( )	
	3-2 テーブルを変更する	月 日( )	月 日( )	
	3-3 テーブルのデータをフィルターする、並べ替える	月 日( )	月 日( )	
	確認問題	月 日( )	月 日( )	
4 数式や関数を使用した演算の実行	4-1 参照を追加する	月 日( )	月 日( )	
	4-2 データを計算する、加工する	月 日( )	月 日( )	
	4-3 文字列を変更する、書式設定する	月 日( )	月 日( )	
	確認問題	月 日( )	月 日( )	
5 グラフの管理	5-1 グラフを作成する	月 日( )	月 日( )	
	5-2 グラフを変更する	月 日( )	月 日( )	
	5-3 グラフを書式設定する	月 日( )	月 日( )	
	確認問題	月 日( )	月 日( )	

-2-

ご購入者特典の「学習スケジュール表」を使って、無理のない学習計画を立てよう

※ご購入者特典については、P.11 を参照してください。

STEP 03

出題範囲の機能を理解し、操作方法をマスター！

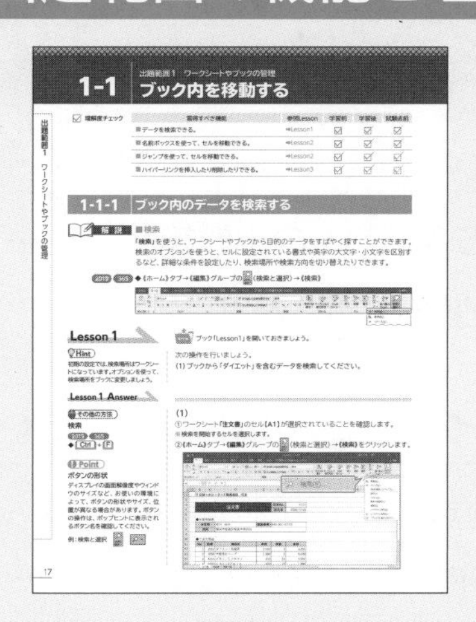

出題範囲の機能をひとつずつ理解し、その機能を実行するための操作方法を確実に習得しましょう。

※出題範囲については、P.13を参照してください。

STEP 04

模擬試験で力試し！

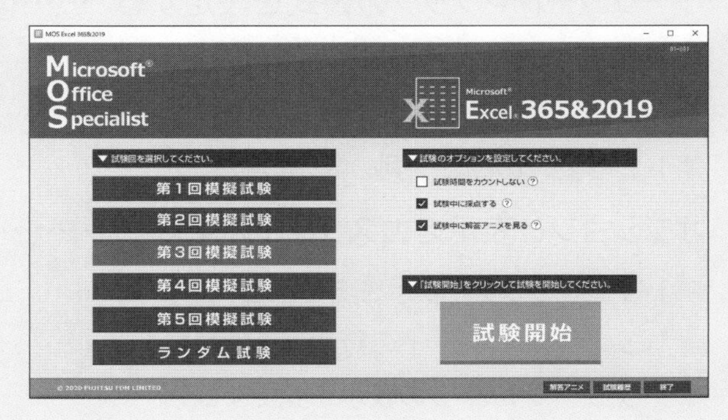

出題範囲をひととおり学習したら、模擬試験で実戦力を養います。
模擬試験は1回だけでなく、何度も繰り返して行って、自分が苦手な分野を克服しましょう。

※模擬試験については、P.216を参照してください。

STEP 05

出題範囲のコマンドを暗記する

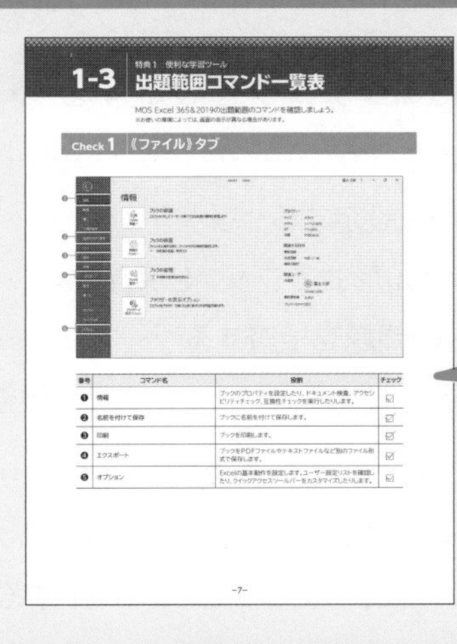

合格を確実にするために、出題範囲のコマンドをおさらいしましょう。

ご購入者特典の「出題範囲コマンド一覧表」を使って、出題範囲のコマンドとその使い方を確認

※ご購入者特典については、P.11を参照してください。

STEP 06

試験の合格を目指して！

ここまでやれば試験対策はバッチリ！自信をもって受験に臨みましょう。

Contents 目次

■本書をご利用いただく前に ---- 1

■MOS Excel 365＆2019に求められるスキル ---- 12

1 MOS Excel 365＆2019の出題範囲 …… 13
2 Excelスキルチェックシート …… 15

■出題範囲1 ワークシートやブックの管理 ---- 16

1-1 ブック内を移動する …… 17
●1-1-1 ブック内のデータを検索する …… 17
●1-1-2 名前付きのセル、セル範囲、ブックの要素へ移動する …… 19
●1-1-3 ハイパーリンクを挿入する、削除する …… 21
1-2 ワークシートやブックの書式を設定する …… 25
●1-2-1 ページ設定を変更する …… 25
●1-2-2 ヘッダーやフッターをカスタマイズする …… 27
●1-2-3 行の高さや列の幅を調整する …… 29
1-3 オプションと表示をカスタマイズする …… 31
●1-3-1 ブックの表示を変更する …… 31
●1-3-2 ワークシートの行や列を固定する …… 33
●1-3-3 ウィンドウの表示を変更する …… 35
●1-3-4 ブックの基本的なプロパティを変更する …… 41
●1-3-5 数式を表示する …… 43
●1-3-6 クイックアクセスツールバーをカスタマイズする …… 45
1-4 共同作業のためにコンテンツを設定する …… 47
●1-4-1 印刷設定を行う …… 47
●1-4-2 印刷範囲を設定する …… 50
●1-4-3 別のファイル形式でブックを保存する …… 51
●1-4-4 ブック内の問題を検査する …… 54
●1-4-5 ブック内のアクセシビリティの問題を検査する …… 56
1-5 ブックにデータをインポートする …… 59
●1-5-1 テキストファイルからデータをインポートする …… 59
●1-5-2 .csvファイルからデータをインポートする …… 62
確認問題 …… 65

■出題範囲2　セルやセル範囲のデータの管理 66

2-1 シートのデータを操作する …… 67
- 2-1-1 オートフィル機能を使ってセルにデータを入力する …… 67
- 2-1-2 形式を選択してデータを貼り付ける …… 71
- 2-1-3 複数の列や行を挿入する、削除する …… 74
- 2-1-4 セルを挿入する、削除する …… 76

2-2 セルやセル範囲の書式を設定する …… 79
- 2-2-1 セルの配置、文字の方向、インデントを変更する …… 79
- 2-2-2 セル内のテキストを折り返して表示する …… 83
- 2-2-3 セルを結合する、セルの結合を解除する …… 84
- 2-2-4 数値の書式を適用する …… 87
- 2-2-5 《セルの書式設定》ダイアログボックスからセルの書式を適用する …… 89
- 2-2-6 書式のコピー/貼り付け機能を使用してセルに書式を設定する …… 93
- 2-2-7 セルのスタイルを適用する …… 95
- 2-2-8 セルの書式設定をクリアする …… 96

2-3 名前付き範囲を定義する、参照する …… 97
- 2-3-1 名前付き範囲を定義する …… 97
- 2-3-2 テーブルに名前を付ける …… 102

2-4 データを視覚的にまとめる …… 103
- 2-4-1 スパークラインを挿入する …… 103
- 2-4-2 組み込みの条件付き書式を適用する …… 109
- 2-4-3 条件付き書式を削除する …… 120

確認問題 …… 123

■出題範囲3　テーブルとテーブルのデータの管理 124

3-1 テーブルを作成する、書式設定する …… 125
- 3-1-1 セル範囲からExcelのテーブルを作成する …… 125
- 3-1-2 テーブルにスタイルを適用する …… 127
- 3-1-3 テーブルをセル範囲に変換する …… 128

3-2 テーブルを変更する …… 129
- 3-2-1 テーブルに行や列を追加する、削除する …… 129
- 3-2-2 テーブルスタイルのオプションを設定する …… 132
- 3-2-3 集計行を挿入する、設定する …… 133

3-3 テーブルのデータをフィルターする、並べ替える …… 135
- 3-3-1 複数の列でデータを並べ替える …… 135
- 3-3-2 レコードをフィルターする …… 139

確認問題 …… 145

Contents

■出題範囲4　数式や関数を使用した演算の実行 ------------- 146

4-1　参照を追加する …… 147
- 4-1-1　セルの相対参照、絶対参照、複合参照を追加する …… 147
- 4-1-2　数式の中で名前付き範囲やテーブル名を参照する …… 151

4-2　データを計算する、加工する …… 155
- 4-2-1　SUM、AVERAGE、MAX、MIN関数を使用して計算を行う …… 155
- 4-2-2　COUNT、COUNTA、COUNTBLANK関数を使用してセルの数を数える …… 161
- 4-2-3　IF関数を使用して条件付きの計算を実行する …… 163

4-3　文字列を変更する、書式設定する …… 165
- 4-3-1　RIGHT、LEFT、MID関数を使用して文字の書式を設定する …… 165
- 4-3-2　UPPER、LOWER、LEN関数を使用して文字の書式を設定する …… 168
- 4-3-3　CONCAT、TEXTJOIN関数を使用して文字の書式を設定する …… 171

確認問題 …… 173

■出題範囲5　グラフの管理 ------------- 174

5-1　グラフを作成する …… 175
- 5-1-1　グラフを作成する …… 175
- 5-1-2　グラフシートを作成する …… 181

5-2　グラフを変更する …… 183
- 5-2-1　ソースデータの行と列を切り替える …… 183
- 5-2-2　グラフにデータ範囲（系列）を追加する …… 185
- 5-2-3　グラフの要素を追加する、変更する …… 187

5-3　グラフを書式設定する …… 197
- 5-3-1　グラフのレイアウトを適用する …… 197
- 5-3-2　グラフのスタイルを適用する …… 198
- 5-3-3　アクセシビリティ向上のため、グラフに代替テキストを追加する …… 200

確認問題 …… 201

■確認問題 標準解答 ------------- 202

出題範囲1　ワークシートやブックの管理 …… 203
出題範囲2　セルやセル範囲のデータの管理 …… 206
出題範囲3　テーブルとテーブルのデータの管理 …… 209
出題範囲4　数式や関数を使用した演算の実行 …… 212
出題範囲5　グラフの管理 …… 214

■模擬試験プログラムの使い方 ------------- 216

1　模擬試験プログラムの起動方法 …… 217
2　模擬試験プログラムの学習方法 …… 218

3　模擬試験プログラムの使い方 …… 220
●1　スタートメニュー …… 220
●2　試験実施画面 …… 221
●3　レビューページ …… 224
●4　試験結果画面 …… 225
●5　再挑戦画面 …… 227
●6　解答確認画面 …… 229
●7　試験履歴画面 …… 230
4　模擬試験プログラムの注意事項 …… 231

■模擬試験 ---- 232

第1回　模擬試験　問題 …… 233
標準解答 …… 236
第2回　模擬試験　問題 …… 241
標準解答 …… 244
第3回　模擬試験　問題 …… 248
標準解答 …… 251
第4回　模擬試験　問題 …… 256
標準解答 …… 259
第5回　模擬試験　問題 …… 263
標準解答 …… 266

■MOS 365＆2019攻略ポイント ---- 270

1　MOS 365&2019の試験形式 …… 271
●1　マルチプロジェクト形式とは …… 271
2　MOS 365&2019の画面構成と試験環境 …… 273
●1　本試験の画面構成を確認しよう …… 273
●2　本試験の実施環境を確認しよう …… 274
3　MOS 365&2019の攻略ポイント …… 276
●1　全体のプロジェクト数と問題数を確認しよう …… 276
●2　時間配分を考えよう …… 276
●3　問題文をよく読もう …… 277
●4　プロジェクト間の行き来に注意しよう …… 277
●5　わかる問題から解答しよう …… 278
●6　リセットに注意しよう …… 278
4　試験当日の心構え …… 279
●1　自分のペースで解答しよう …… 279
●2　試験日に合わせて体調を整えよう …… 279
●3　早めに試験会場に行こう …… 279

■困ったときには ---- 280

■索引 ---- 288

Introduction 本書をご利用いただく前に

1 製品名の記載について

本書では、次の名称を使用しています。

正式名称	本書で使用している名称
Windows 10	Windows 10 または Windows
Microsoft Office 2019	Office 2019 または Office
Microsoft Excel 2019	Excel 2019 または Excel

※主な製品を挙げています。その他の製品も略称を使用している場合があります。

2 学習環境について

◆出題範囲の学習環境

出題範囲の各レッスンを学習するには、次のソフトウェアが必要です。

Excel 2019 または Microsoft 365

◆本書の開発環境

本書を開発した環境は、次のとおりです。

カテゴリ	動作環境
OS	Windows 10(ビルド14393.351)
アプリ	Microsoft Office 2019 Professional Plus(16.0.10357.20081)
グラフィックス表示	画面解像度　1280×768ピクセル
その他	インターネット接続環境

※お使いの環境によっては、画面の表示が異なる場合や記載の機能が操作できない場合があります。
※画面解像度によって、ボタンの形状やサイズが異なる場合があります。

◆模擬試験プログラムの動作環境

模擬試験プログラムを使って学習するには、次の環境が必要です。

カテゴリ	動作環境
OS	Windows 10 日本語版(32ビット、64ビット) ※Windows 10 Sモードでは動作しません。
アプリ	Office 2019 日本語版(32ビット、64ビット) Microsoft 365 日本語版(32ビット、64ビット) ※異なるバージョンのOffice(Office 2016、Office 2013など)が同時にインストールされていると、正しく動作しない可能性があります。
CPU	1GHz以上のプロセッサ
メモリ	OSが32ビットの場合:4GB以上 OSが64ビットの場合:8GB以上
グラフィックス表示	画面解像度　1280×768ピクセル以上
CD-ROMドライブ	24倍速以上のCD-ROMドライブ
サウンド	Windows互換サウンドカード(スピーカー必須)
ハードディスク	空き容量1GB以上

◆Officeの種類に伴う注意事項

Microsoftが提供するOfficeには**「ボリュームライセンス」「プレインストール」「パッケージ」「Microsoft 365」**などがあり、種類によって画面が異なります。

※本書は、Office 2019 Professional Plusボリュームライセンスをもとに開発しています。

●Office 2019 Professional Plusボリュームライセンス（2020年5月現在）

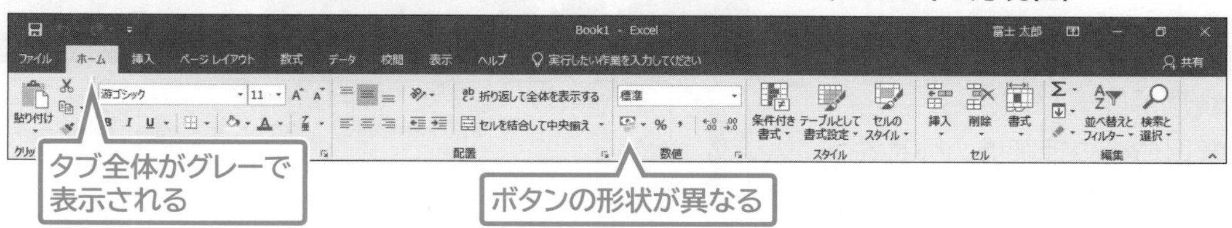

●Microsoft 365（2020年5月現在）

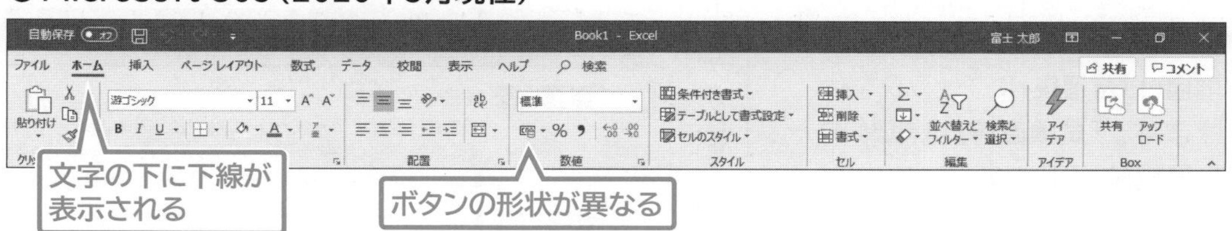

Point

ボタンの形状

ディスプレイの画面解像度やウィンドウのサイズなど、お使いの環境によって、ボタンの形状やサイズ、位置が異なる場合があります。ボタンの操作は、ポップヒントに表示されるボタン名を確認してください。

※本書に掲載しているボタンは、ディスプレイの画面解像度を「1280×768ピクセル」、ウィンドウを最大化した環境を基準にしています。

例：検索と選択  

◆アップデートに伴う注意事項

Office 2019やMicrosoft 365は、自動アップデートによって定期的に不具合が修正され、機能が向上する仕様となっています。そのため、アップデート後に、コマンドの名称が変更されたり、リボンに新しいボタンが追加されたりする可能性があります。

今後のアップデートによってExcelの機能が更新された場合には、本書の記載のとおりにならない、模擬試験プログラムの採点が正しく行われないなどの不整合が生じる可能性があります。あらかじめご了承ください。

※本書の最新情報について、P.11に記載されているFOM出版のホームページにアクセスして確認してください。

Point

お使いのOfficeのビルド番号を確認する

Office 2019やMicrosoft 365をアップデートすることで、ビルド番号が変わります。

①Excelを起動します。

②《ファイル》タブ→《アカウント》→《Excelのバージョン情報》をクリックします。

③表示されるダイアログボックスで確認します。

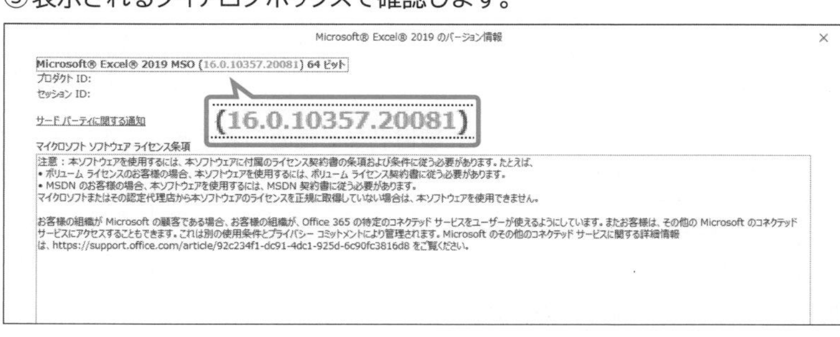

3 テキストの見方について

❶理解度チェック
学習前後の理解度の伸長を把握するために使います。本書を学習する前にすでに理解している項目は「**学習前**」に、本書を学習してから理解できた項目は「**学習後**」にチェックを付けます。「**試験直前**」は試験前の最終確認用です。

❷解説
出題範囲で求められている機能を解説しています。

2019：Excel 2019での操作方法です。

365：Microsoft 365での操作方法です。

❸Lesson
出題範囲で求められている機能が習得できているかどうかを確認する練習問題です。

❹Hint
問題を解くためのヒントです。

出題範囲1 ワークシートやブックの管理

1-1 ブック内を移動する

理解度チェック	習得すべき機能	参照Lesson	学習前	学習後	試験直前
	■データを検索できる。	➡Lesson1	☑	☑	☑
	■名前ボックスを使って、セルを移動できる。	➡Lesson2	☑	☑	☑
	■ジャンプを使って、セルを移動できる。	➡Lesson2	☑	☑	☑
	■ハイパーリンクを挿入したり削除したりできる。	➡Lesson3	☑	☑	☑

1-1-1 ブック内のデータを検索する

解説 ■検索

「**検索**」を使うと、ワークシートやブックから目的のデータをすばやく探すことができます。検索のオプションを使うと、セルに設定されている書式や英字の大文字・小文字を区別するなど、詳細な条件を設定したり、検索場所や検索方向を切り替えたりできます。

2019 365 ◆《ホーム》タブ→《編集》グループの（検索と選択）→《検索》

Lesson 1

ブック「Lesson1」を開いておきましょう。

次の操作を行いましょう。

(1) ブックから「ダイエット」を含むデータを検索してください。

Hint
初期の設定では、検索場所はワークシートになっています。オプションを使って、検索場所をブックに変更しましょう。

Lesson 1 Answer

その他の方法
検索
2019 365
◆Ctrl+F

Point
ボタンの形状
ディスプレイの画面解像度やウィンドウのサイズなど、お使いの環境によって、ボタンの形状やサイズ、位置が異なる場合があります。ボタンの操作は、ポップヒントに表示されるボタン名を確認してください。
例：検索と選択

(1)
①ワークシート「**注文書**」のセル【**A1**】が選択されていることを確認します。
※検索を開始するセルを選択します。
②《**ホーム**》タブ→《**編集**》グループの（検索と選択）→《**検索**》をクリックします。

17

Point

本書の記述について

操作の説明のために使用している記号には、次のような意味があります。

記述	意味	例
［　］	キーボード上のキーを示します。	Ctrl　F4
［　］+［　］	複数のキーを押す操作を示します。	Ctrl+C （Ctrlを押しながらCを押す）
《　》	ダイアログボックス名やタブ名、項目名など画面の表示を示します。	《オプション》をクリックします。 《検索》タブを選択します。
「　」	重要な語句や機能名、画面の表示、入力する文字などを示します。	「名前ボックス」といいます。 「ダイエット」と入力します。

※本書に掲載しているボタンは、ディスプレイの画面解像度を「1280×768ピクセル」、ウィンドウを最大化した環境を基準にしています。

❺操作方法

一般的かつ効率的と考えられる操作方法です。

❻その他の方法

操作方法で紹介している以外の方法がある場合に記載しています。

❼※印

補助的な内容や注意すべき内容を記載しています。

❽Point

用語の解説や知っていると効率的に操作できる内容など、実力アップにつながるポイントです。

出題範囲1　ワークシートやブックの管理

Exercise 確認問題

解答 ▶ P.203

出題範囲1 ワークシートやブックの管理

Lesson 24

ブック「Lesson24」を開いておきましょう。

次の操作を行いましょう。

	あなたは株式会社FOMリビングの社員で、家具の売上データと顧客データを管理します。
問題(1)	ワークシート「10月」の1行目の高さを正確に「30」に設定してください。
問題(2)	印刷するときにワークシート「10月」が横1ページに収まるように設定してください。印刷の向きは縦とします。その後、印刷プレビューを表示します。
問題(3)	ブックから「サクラ」を含むデータを検索してください。
問題(4)	名前「商品概要」に移動し、データを消去してください。
問題(5)	ワークシート「10月」のヘッダーの右側に「株式会社FOMリビング」、フッターの中央に「ページ番号/ページ数」を挿入してください。「/」は半角で入力します。
問題(6)	ワークシート「顧客一覧」のセル【B3】に、フォルダー「Lesson24」にあるタブ区切りのテキストファイル「顧客データ.txt」をインポートしてください。データソースの先頭行をテーブルの見出しとして使用します。

❾確認問題

各出題範囲で学習した内容を復習できる確認問題です。試験と同じような出題形式で実習できます。

4　添付CD-ROMについて

◆CD-ROMの収録内容

添付のCD-ROMには、本書で使用する次のファイルが収録されています。

収録ファイル	説明
出題範囲の実習用データファイル	「出題範囲1」から「出題範囲5」の各Lessonで使用するファイルです。 初期の設定では、《ドキュメント》内にインストールされます。
模擬試験のプログラムファイル	模擬試験を起動し、実行するために必要なプログラムです。 初期の設定では、Cドライブのフォルダー「FOM Shuppan Program」内にインストールされます。
模擬試験の実習用データファイル	模擬試験の各問題で使用するファイルです。 初期の設定では、《ドキュメント》内にインストールされます。

◆利用上の注意事項

CD-ROMのご利用にあたって、次のような点にご注意ください。

- CD-ROMに収録されているファイルは、著作権法によって保護されています。CD-ROMを第三者へ譲渡・貸与することを禁止します。
- お使いの環境によって、CD-ROMに収録されているファイルが正しく動作しない場合があります。あらかじめご了承ください。
- お使いの環境によって、CD-ROMの読み込み中にコンピューターが振動する場合があります。あらかじめご了承ください。
- CD-ROMを使用して発生した損害について、富士通エフ・オー・エム株式会社では程度に関わらず一切責任を負いません。あらかじめご了承ください。

◆取り扱いおよび保管方法

CD-ROMの取り扱いおよび保管方法について、次のような点をご確認ください。

- ディスクは両面とも、指紋、汚れ、キズなどを付けないように取り扱ってください。
- ディスクが汚れたときは、メガネ拭きのような柔らかい布で内周から外周に向けて放射状に軽くふき取ってください。専用クリーナーや溶剤などは使用しないでください。
- ディスクは両面とも、鉛筆、ボールペン、油性ペンなどで文字や絵を書いたり、シールなどを貼付したりしないでください。
- ひび割れや変形、接着剤などで補修したディスクは危険ですから絶対に使用しないでください。
- 直射日光のあたる場所や、高温・多湿の場所には保管しないでください。
- ディスクは使用後、大切に保管してください。

◆CD-ROMのインストール

学習の前に、お使いのパソコンにCD-ROMの内容をインストールしてください。

※インストールは、管理者ユーザーしか行うことはできません。

①CD-ROMをドライブにセットします。

②画面の右下に表示される**《DVD RWドライブ(E:) EX2019S》**をクリックします。

※お使いのパソコンによって、ドライブ名は異なります。

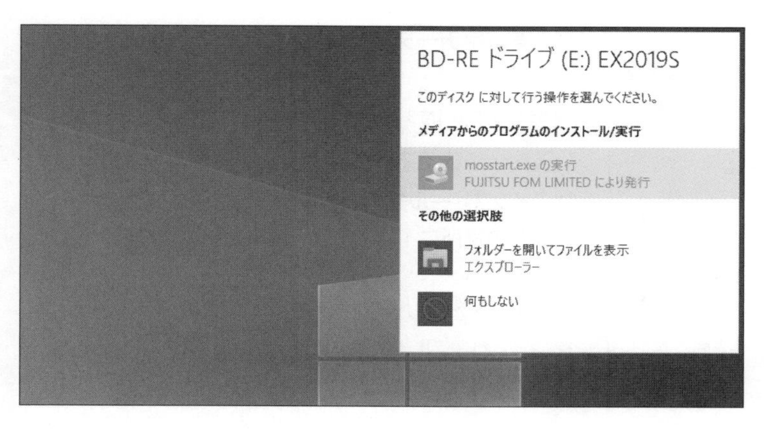

③**《mosstart.exeの実行》**をクリックします。

※《ユーザーアカウント制御》ダイアログボックスが表示される場合は、《はい》をクリックします。

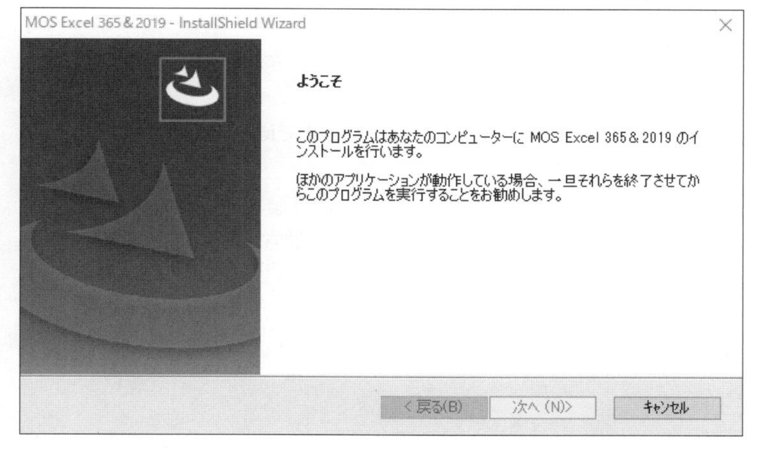

④インストールウィザードが起動し、**《ようこそ》**が表示されます。

⑤**《次へ》**をクリックします。

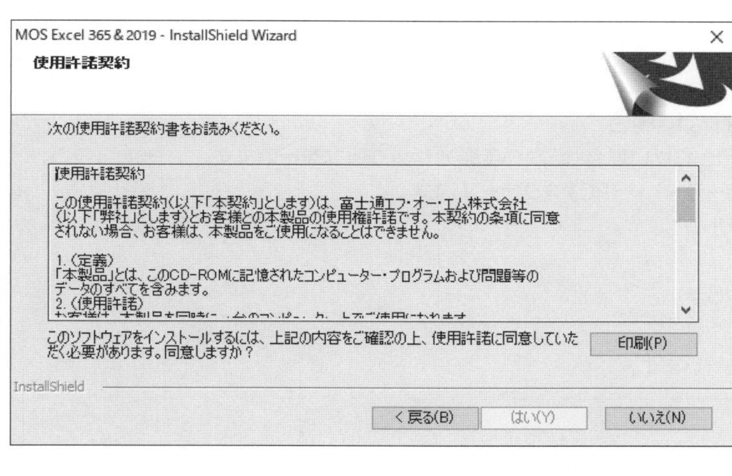

⑥**《使用許諾契約》**が表示されます。

⑦**《はい》**をクリックします。

※《いいえ》をクリックすると、セットアップが中止されます。

MOS Excel 365 & 2019 - InstallShield Wizard
模擬試験プログラムの保存先の選択
ファイルをインストールするフォルダーを選択します。
次のフォルダーに MOS Excel 365 & 2019 の模擬試験プログラムをインストールします。
・このフォルダーにインストールするときは、《次へ》ボタンをクリックしてください。
・別のフォルダーにインストールするときは、《参照》ボタンをクリックしてフォルダーを選択してください。
・インストールを中止するときは、《キャンセル》ボタンをクリックしてください。
インストール先のフォルダー
C:¥FOM Shuppan Program¥MOS-Excel365 & 2019
参照(R)...
InstallShield
< 戻る(B)
次へ (N)>
キャンセル

⑧**《模擬試験プログラムの保存先の選択》**が表示されます。

模擬試験のプログラムファイルのインストール先を指定します。

⑨**《インストール先のフォルダー》**を確認します。

※ほかの場所にインストールする場合は、《参照》をクリックします。

⑩**《次へ》**をクリックします。

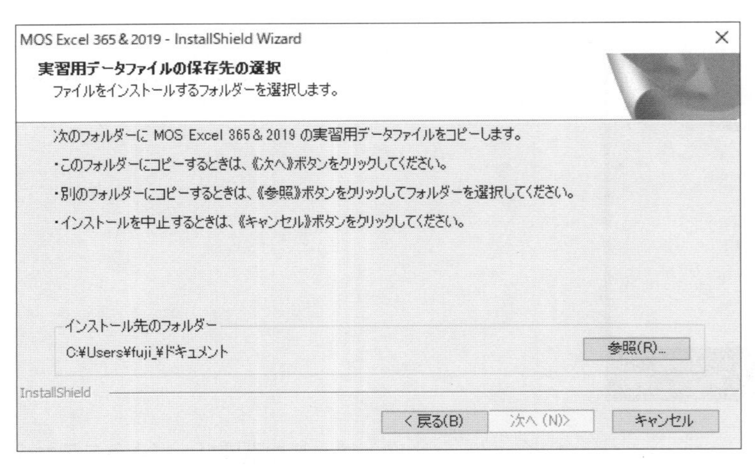

⑪**《実習用データファイルの保存先の選択》**が表示されます。

出題範囲と模擬試験の実習用データファイルのインストール先を指定します。

⑫**《インストール先のフォルダー》**を確認します。

※ほかの場所にインストールする場合は、《参照》をクリックします。

⑬**《次へ》**をクリックします。

⑭インストールが開始されます。

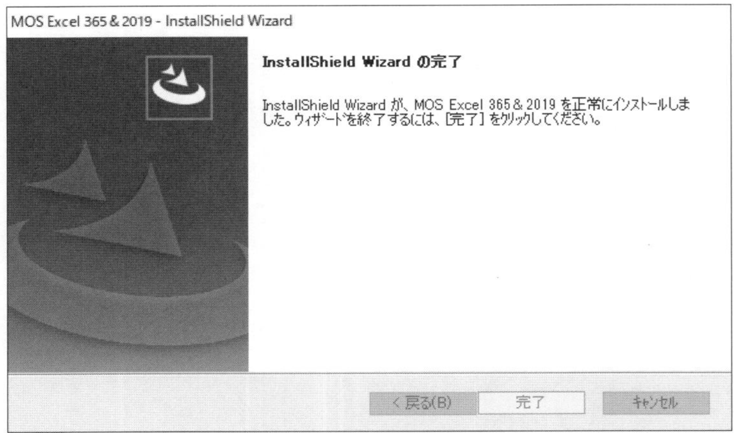

⑮インストールが完了したら、図のようなメッセージが表示されます。

※インストールが完了するまでに10分程度かかる場合があります。

⑯**《完了》**をクリックします。

※模擬試験プログラムの起動方法については、P.217を参照してください。

Point

セットアップ画面が表示されない場合

セットアップ画面が自動的に表示されない場合は、次の手順でセットアップを行います。

①タスクバーの（エクスプローラー）→《PC》をクリックします。

②《EX2019S》ドライブを右クリックします。

③《開く》をクリックします。

④（mosstart）を右クリックします。

⑤《開く》をクリックします。

⑥指示に従って、セットアップを行います。

Point

管理者以外のユーザーがインストールする場合

管理者以外のユーザーがインストールしようとすると、管理者ユーザーのパスワードを要求するメッセージが表示されます。メッセージが表示される場合は、パソコンの管理者にインストールの可否を確認してください。

管理者のパスワードを入力してインストールを続けると、出題範囲や模擬試験の実習用データファイルは、管理者の《ドキュメント》（C：¥Users¥管理者ユーザー名¥Documents）に保存されます。必要に応じて、インストール先のフォルダーを変更してください。

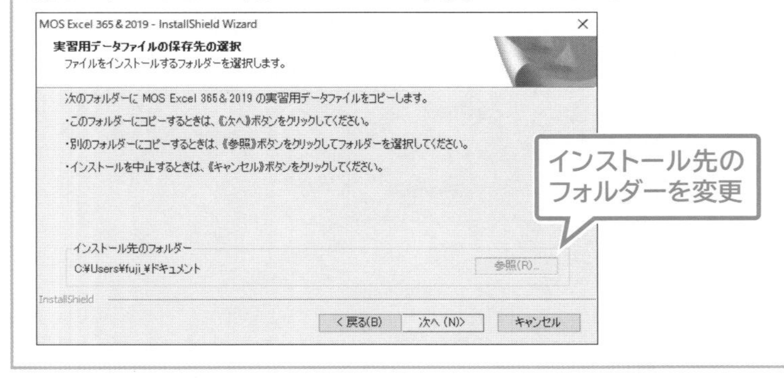

◆実習用データファイルの確認

インストールが完了すると、**《ドキュメント》**内にデータファイルがコピーされます。
《ドキュメント》の各フォルダーには、次のようなファイルが収録されています。

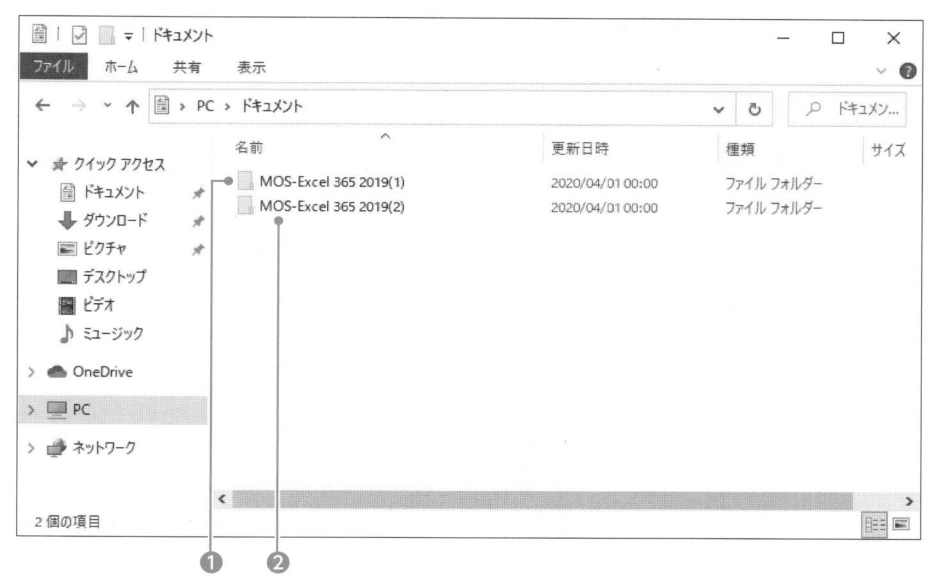

❶MOS-Excel 365 2019（1）

「出題範囲1」から**「出題範囲5」**の各Lessonで使用するファイルがコピーされます。
これらのファイルは、**「出題範囲1」**から**「出題範囲5」**の学習に必須です。
Lesson4を学習するときは、ファイル**「Lesson4.xlsx」**を開きます。
Lessonによっては、ファイルを使用しない場合があります。

❷MOS-Excel 365 2019（2）

模擬試験で使用するファイルがコピーされます。
これらのファイルは、模擬試験プログラムを使わずに学習される方のために用意したファイルで、各ファイルを直接開いて操作することが可能です。
第1回模擬試験のプロジェクト1を学習するときは、ファイル**「mogi1-project1.xlsx」**を開きます。
模擬試験プログラムを使って学習する場合は、これらのファイルは不要です。

Point

実習用データファイルの既定の場所

本書では、データファイルの場所を《ドキュメント》内としています。
《ドキュメント》以外の場所にセットアップした場合は、フォルダーを読み替えてください。

Point

実習用データファイルのダウンロードについて

データファイルは、FOM出版のホームページで提供しています。ダウンロードしてご利用ください。

ホームページ・アドレス

https://www.fom.fujitsu.com/goods/

ホームページ検索用キーワード

FOM出版

ダウンロードしたデータファイルを開く際、そのファイルが安全かどうかを確認するメッセージが表示される場合があります。データファイルは安全なので、《編集を有効にする》をクリックして、編集可能な状態にしてください。

保護ビュー　注意—インターネットから入手したファイルは、ウイルスに感染している可能性があります。編集する必要がなければ、保護ビューのままにしておくことをお勧めします。　編集を有効にする(E)

◆ファイルの操作方法

「出題範囲1」から**「出題範囲5」**の各Lessonを学習する場合、**《ドキュメント》**内のフォルダー**「MOS-Excel 365 2019（1）」**から学習するファイルを選択して開きます。
Lessonを実習する前に対象のファイルを開き、実習後はファイルを保存せずに閉じてください。

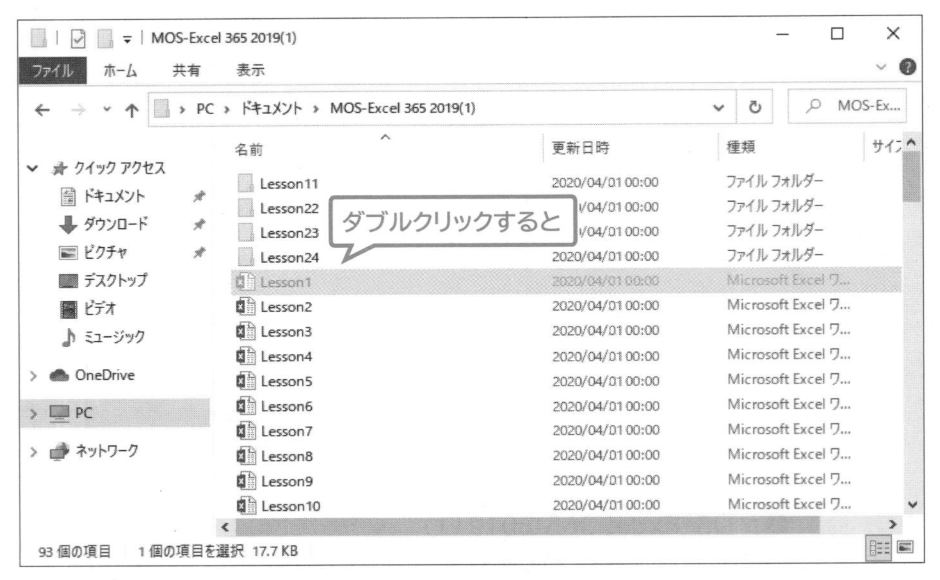

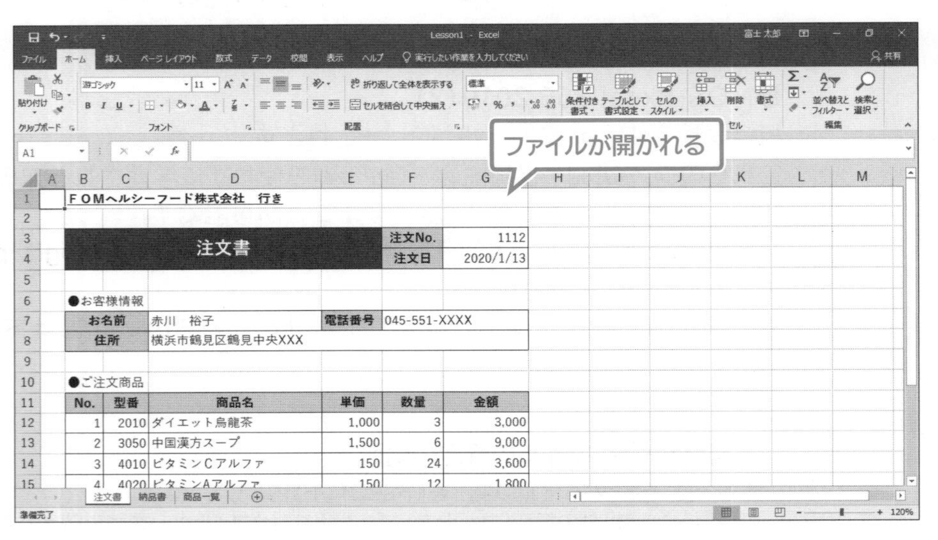

5 プリンターの設定について

本書の学習を開始する前に、プリンターが設定されていることを確認してください。
プリンターが設定されていないと、印刷やページ設定に関する問題を解答することができません。また、模擬試験プログラムで印刷結果レポートを印刷することができません。あらかじめプリンターを設定しておきましょう。
プリンターの設定方法は、プリンターの取扱説明書を確認してください。
パソコンに設定されているプリンターを確認しましょう。

①（スタート）をクリックします。
②（設定）をクリックします。

③**《デバイス》**をクリックします。

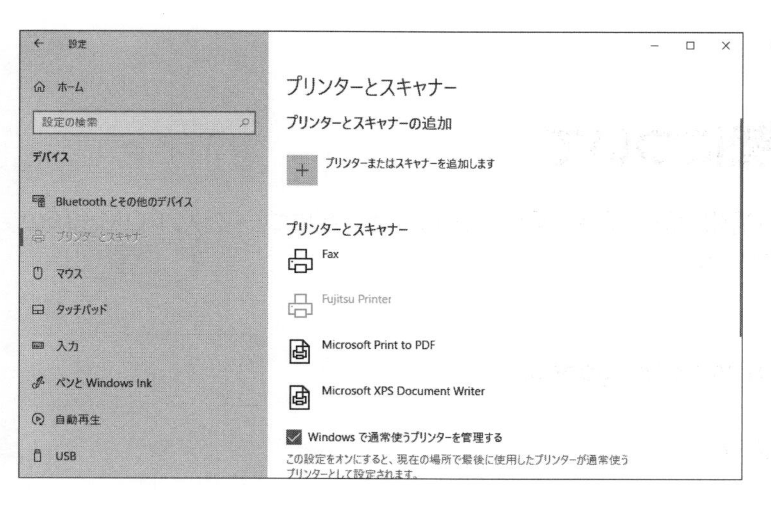

④左側の一覧から**《プリンターとスキャナー》**を選択します。
⑤**《プリンターとスキャナー》**に接続されているプリンターのアイコンが表示されていることを確認します。
※プリンターが接続されていない場合の対応については、P.286を参照してください。

Point

通常使うプリンターの設定

初期の設定では、最後に使用したプリンターが通常使うプリンターとして設定されます。
通常使うプリンターを固定する方法は、次のとおりです。
◆《□Windowsで通常使うプリンターを管理する》→プリンターを選択→《管理》→《既定として設定する》

6 ご購入者特典について

ご購入いただいた方への特典として、次のツールを提供しています。PDFファイルを表示してご利用ください。

- **特典1　便利な学習ツール（学習スケジュール表・習熟度チェック表・出題範囲コマンド一覧表）**
- **特典2　MOSの概要**
- **特典3　MOS Excel 365&2019の事前学習**

◆表示方法

パソコンで表示する

①ブラウザーを起動し、次のホームページにアクセスします。

https://www.fom.fujitsu.com/goods/eb/

②「MOS Excel 365&2019対策テキスト&問題集（FPT1912）」の《特典PDF・学習データ・解答動画を入手する》を選択します。
③本書に関する質問に回答します。
④《特典PDFを見る》を選択します。
⑤ドキュメントを選択します。
⑥PDFファイルが表示されます。
※必要に応じて、印刷または保存してご利用ください。

スマートフォン・タブレットで表示する

①スマートフォン・タブレットで下のQRコードを読み取ります。

②「MOS Excel 365&2019対策テキスト&問題集（FPT1912）」の《特典PDF・学習データ・解答動画を入手する》を選択します。
③本書に関する質問に回答します。
④《特典PDFを見る》を選択します。
⑤ドキュメントを選択します。
⑥PDFファイルが表示されます。

7 本書の最新情報について

本書に関する最新のQ＆A情報や訂正情報、重要なお知らせなどについては、FOM出版のホームページでご確認ください。

ホームページ・アドレス

https://www.fom.fujitsu.com/goods/

ホームページ検索用キーワード

FOM出版

MOS Excel
365＆2019

MOS Excel 365＆2019に求められるスキル

1　MOS Excel 365＆2019の出題範囲 ································ 13
2　Excelスキルチェックシート ··· 15

1 MOS Excel 365&2019の出題範囲

MOS Excel 365&2019の出題範囲は、次のとおりです。

1 ワークシートやブックの管理	
1-1 ブックにデータをインポートする	• テキストファイルからデータをインポートする • .csvファイルからデータをインポートする
1-2 ブック内を移動する	• ブック内のデータを検索する • 名前付きのセル、セル範囲、ブックの要素へ移動する • ハイパーリンクを挿入する、削除する
1-3 ワークシートやブックの書式を設定する	• ページ設定を変更する • 行の高さや列の幅を調整する • ヘッダーやフッターをカスタマイズする
1-4 オプションと表示をカスタマイズする	• クイックアクセスツールバーをカスタマイズする • ブックの表示を変更する • ワークシートの行や列を固定する • ウィンドウの表示を変更する • ブックの基本的なプロパティを変更する • 数式を表示する
1-5 共同作業のためにコンテンツを設定する	• 印刷範囲を設定する • 別のファイル形式でブックを保存する • 印刷設定を行う • ブック内の問題を検査する

2 セルやセル範囲のデータの管理	
2-1 シートのデータを操作する	• 形式を選択してデータを貼り付ける • オートフィル機能を使ってセルにデータを入力する • 複数の列や行を挿入する、削除する • セルを挿入する、削除する
2-2 セルやセル範囲の書式を設定する	• セルを結合する、セルの結合を解除する • セルの配置、印刷の向き、インデントを変更する • 書式のコピー/貼り付け機能を使用してセルに書式を設定する • セル内のテキストを折り返して表示する • 数値の書式を適用する • [セルの書式設定]ダイアログボックスからセルの書式を適用する • セルのスタイルを適用する • セルの書式設定をクリアする
2-3 名前付き範囲を定義する、参照する	• 名前付き範囲を定義する • テーブルに名前を付ける
2-4 データを視覚的にまとめる	• スパークラインを挿入する • 組み込みの条件付き書式を適用する • 条件付き書式を削除する

3 テーブルとテーブルのデータの管理	
3-1 テーブルを作成する、書式設定する	• セル範囲からExcelのテーブルを作成する • テーブルにスタイルを適用する • テーブルをセル範囲に変換する
3-2 テーブルを変更する	• テーブルに行や列を追加する、削除する • テーブルスタイルのオプションを設定する • 集計行を挿入する、設定する
3-3 テーブルのデータをフィルターする、並べ替える	• レコードをフィルターする • 複数の列でデータを並べ替える
4 数式や関数を使用した演算の実行	
4-1 参照を追加する	• セルの相対参照、絶対参照、複合参照を追加する • 数式の中で名前付き範囲やテーブル名を参照する
4-2 データを計算する、加工する	• AVERAGE()、MAX()、MIN()、SUM()関数を使用して計算を行う • COUNT()、COUNTA()、COUNTBLANK()関数を使用してセルの数を数える • IF()関数を使用して条件付きの計算を実行する
4-3 文字列を変更する、書式設定する	• RIGHT()、LEFT()、MID()関数を使用して文字の書式を設定する • UPPER()、LOWER()、LEN()関数を使用して文字の書式を設定する • CONCAT()、TEXT JOIN()関数を使用して文字の書式を設定する
5 グラフの管理	
5-1 グラフを作成する	• グラフを作成する • グラフシートを作成する
5-2 グラフを変更する	• グラフにデータ範囲(系列)を追加する • ソースデータの行と列を切り替える • グラフの要素を追加する、変更する
5-3 グラフを書式設定する	• グラフのレイアウトを適用する • グラフのスタイルを適用する • アクセシビリティ向上のため、グラフに代替テキストを追加する

2 Excelスキルチェックシート

MOSの学習を始める前に、最低限必要とされるExcelの基礎知識を習得済みかどうか確認しましょう。

	事前に習得すべき項目	習得済み
1	新しいブックを作成できる。	☑
2	テンプレートを使って、ブックを作成できる。	☑
3	ワークシートの表示倍率を設定できる。	☑
4	データを移動できる。	☑
5	データをコピーできる。	☑
6	データを置換できる。	☑
7	列や行を挿入できる。	☑
8	列や行を削除できる。	☑
9	列や行を非表示にしたり、再表示したりできる。	☑
10	ワークシートを追加できる。	☑
11	ワークシート名を変更できる。	☑
12	ワークシートの見出しの色を変更できる。	☑
13	ワークシートをコピーできる。	☑
14	ワークシートを移動できる。	☑
15	ブックにテーマを適用できる。	☑
習得済み個数		個

習得済みのチェック個数に合わせて、事前に次の内容を学習することをお勧めします。

チェック個数	学習内容
15個	Excelの基礎知識を習得済みです。 本書を使って、MOS Excel 365&2019の学習を始めてください。
8～14個	Excelの基礎知識をほぼ習得済みです。 本書の特典3「MOS Excel 365&2019の事前学習」を使って、習得できていない箇所を学習したあと、MOS Excel 365&2019の学習を始めてください。
0～7個	Excelの基礎知識を習得できていません。 FOM出版の書籍「よくわかる Microsoft Excel 2019 基礎」（FPT1813）や「よくわかる Microsoft Excel 2019 応用」（FPT1814）を使って、Excelの操作方法を学習したあと、MOS Excel 365&2019の学習を始めてください。

MOS Excel 365&2019

出題範囲 1

ワークシートやブックの管理

1-1　ブック内を移動する …… 17
1-2　ワークシートやブックの書式を設定する …… 25
1-3　オプションと表示をカスタマイズする …… 31
1-4　共同作業のためにコンテンツを設定する …… 47
1-5　ブックにデータをインポートする …… 59
確認問題 …… 65

1-1 出題範囲1　ワークシートやブックの管理
ブック内を移動する

理解度チェック

習得すべき機能	参照Lesson	学習前	学習後	試験直前
■データを検索できる。	➡Lesson1	☑	☑	☑
■名前ボックスを使って、セルを移動できる。	➡Lesson2	☑	☑	☑
■ジャンプを使って、セルを移動できる。	➡Lesson2	☑	☑	☑
■ハイパーリンクを挿入したり削除したりできる。	➡Lesson3	☑	☑	☑

1-1-1 ブック内のデータを検索する

解説

■検索

「検索」を使うと、ワークシートやブックから目的のデータをすばやく探すことができます。検索のオプションを使うと、セルに設定されている書式や英字の大文字・小文字を区別するなど、詳細な条件を設定したり、検索場所や検索方向を切り替えたりできます。

2019 365 ◆《ホーム》タブ→《編集》グループの（検索と選択）→《検索》

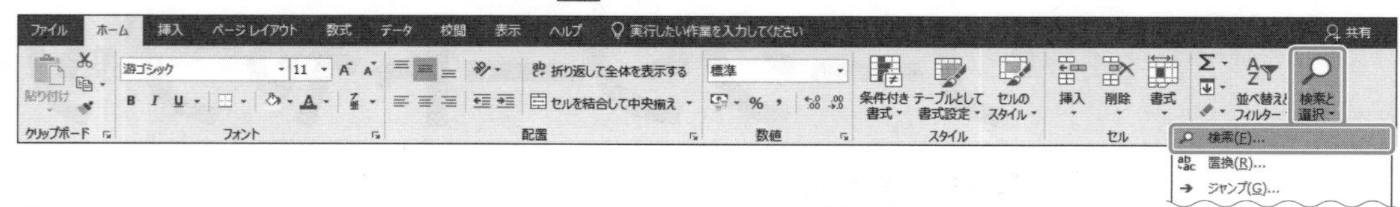

Lesson 1

初期の設定では、検索場所はワークシートになっています。オプションを使って、検索場所をブックに変更しましょう。

ブック「Lesson1」を開いておきましょう。

次の操作を行いましょう。

(1) ブックから「ダイエット」を含むデータを検索してください。

Lesson 1 Answer

検索

2019 365

◆ Ctrl + F

ボタンの形状

ディスプレイの画面解像度やウィンドウのサイズなど、お使いの環境によって、ボタンの形状やサイズ、位置が異なる場合があります。ボタンの操作は、ポップヒントに表示されるボタン名を確認してください。

例：検索と選択  

(1)

①ワークシート**「注文書」**のセル**【A1】**が選択されていることを確認します。

※検索を開始するセルを選択します。

②**《ホーム》**タブ→**《編集》**グループの（検索と選択）→**《検索》**をクリックします。

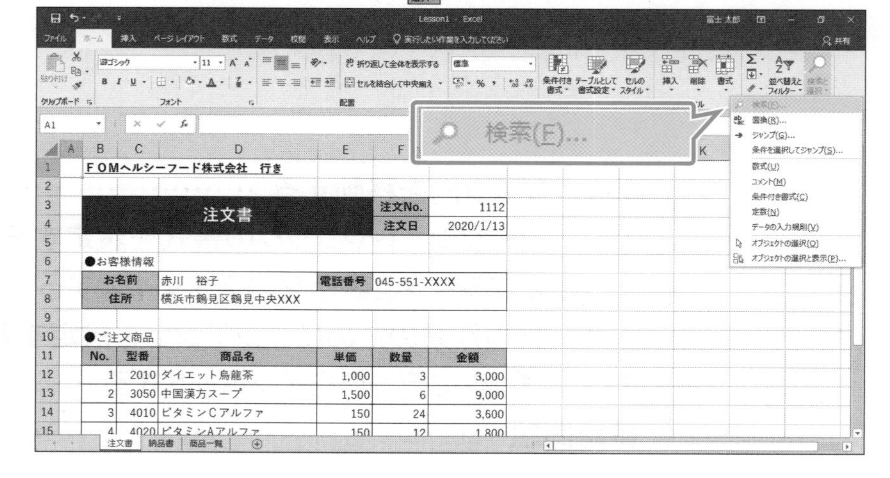

③《**検索と置換**》ダイアログボックスが表示されます。

④《**検索**》タブを選択します。

⑤《**検索する文字列**》に「**ダイエット**」と入力します。

⑥《**オプション**》をクリックします。

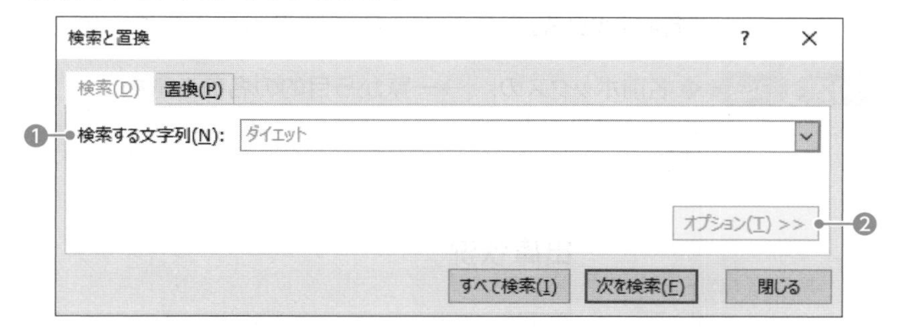

⑦《**検索場所**》の ∨ をクリックし、一覧から《**ブック**》を選択します。

⑧《**次を検索**》をクリックします。

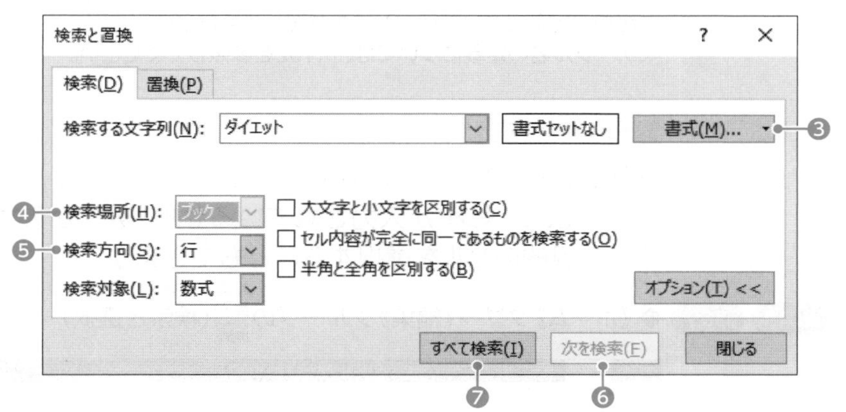

⑨アクティブセルが1件目の「**ダイエット**」に移動します。

⑩《**次を検索**》をクリックします。

⑪アクティブセルが2件目の「**ダイエット**」に移動します。

※ワークシート「納品書」のセル【D14】に移動します。

⑫同様に、《**次を検索**》をクリックし、検索結果をすべて確認します。

※最後まで移動すると、1件目に戻ります。

⑬《**閉じる**》をクリックします。

Point

《検索と置換》

❶検索する文字列
検索する文字列を入力します。

❷オプション
詳細な条件を指定します。

❸書式
セルに設定されている書式を検索するときに使います。

❹検索場所
ワークシートを対象に検索するか、ブック全体を対象に検索するかを選択します。

❺検索方向
行方向に検索するか、列方向に検索するかを選択します。

❻次を検索
指定した条件で検索を実行します。

❼すべて検索
検索結果を一覧で表示します。
検索結果をクリックすると、ワークシート上のセルが選択されます。

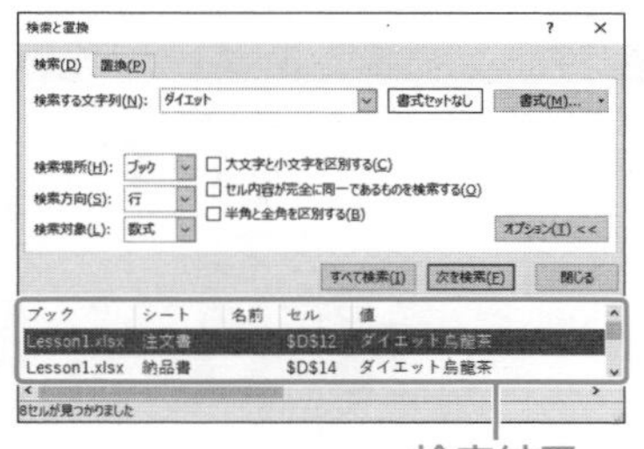

Point

範囲を指定して検索

検索場所が「シート」の場合、セル範囲を選択した状態で検索を実行すると、その範囲内を対象に検索します。

1-1-2 名前付きのセル、セル範囲、ブックの要素へ移動する

解説

■名前ボックスを使った移動

「名前ボックス」を使うと、名前付きのセルやセル範囲、テーブルに簡単に移動できます。

2019 365 ◆名前ボックスの▾→一覧から目的の名前を選択

名前ボックス

	B	C	D	E	F	G	H	I	J	K	L
		出庫状況									
4	番	商品名	入出庫	先月繰越	4/1 水	4/2 木	4/3 金	4/4 土	4/5 日	4/6 月	4/7 火
5			入庫	103					100		

A1
棚卸4月
棚卸5月
棚卸6月
入出庫4月計
入出庫5月計
入出庫6月計

※名前の定義については、P.97を参照してください。
※テーブル名の定義については、P.102を参照してください。

■ジャンプを使った移動

「ジャンプ」を使って、名前付きのセルやセル範囲、テーブルに移動することもできます。また、コメントが入力されているセル、数式が入力されているセルなど、条件を指定して目的のセルを選択することもできます。

2019 365 ◆《ホーム》タブ→《編集》グループの（検索と選択）

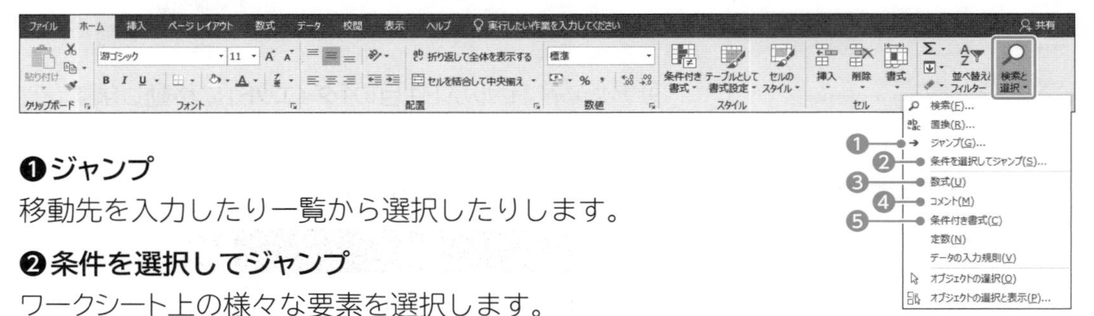

❶ジャンプ
移動先を入力したり一覧から選択したりします。

❷条件を選択してジャンプ
ワークシート上の様々な要素を選択します。

❸数式
数式が入力されているセルを選択します。

❹コメント
コメントが挿入されているセルを選択します。
※「コメント」は、入力されているデータとは別に、セルに持たせることができるメモ書きのような情報です。

❺条件付き書式
条件付き書式が設定されているセルを選択します。

Lesson 2

ブック「Lesson2」を開いておきましょう。

次の操作を行いましょう。

(1) 名前ボックスを使って、名前「棚卸5月」のセル範囲に移動してください。
(2) ジャンプを使って、ワークシート「入出庫」の数式が入力されているセルを選択してください。

(1)

①名前ボックスの をクリックし、一覧から**「棚卸5月」**を選択します。

A1
棚卸4月
棚卸5月
棚卸6月
入出庫4月計
入出庫5月計
入出庫6月計

棚卸5月

型番	商品名	入出庫	先月繰越	4/1 水	4/2 木	4/3 金	4/4 土	4/5 日	4/6 月	4/7 火	4/8 水	4/9 木	4/10 金	4/11 土	4/12 日	4/13 月	4/1 火
1010	ローヤルゼリー（L）	入庫	103					100				100		50			1
		出庫		29	11	3	46	9	26	58	12		30	73	21	30	
		在庫	103	74	63	60	14	105	79	21	9	109	79	56	35	5	9
1020	ローヤルゼリー（M）	入庫	92					200									2
		出庫		18	12	12	32	12	25	56	12	12	25		25	34	4
		在庫	92	74	62	50	18	206	181	125	113	101	76	76	51	17	1
		入庫	157								150			200			

②名前**「棚卸5月」**のセル範囲に移動します。

棚卸5月　=入出庫!BQ7

	B	C	D	E	F	G
4	1010	ローヤルゼリー（L）	帳簿上在庫数	67	22	116
5			実在庫数	67	22	115
6			在庫数差異	0	0	1
7	1020	ローヤルゼリー（M）	帳簿上在庫数	31	4	73
8			実在庫数	32	4	73
9			在庫数差異	-1	0	0
10	1030	ローヤルゼリーEX（L）	帳簿上在庫数	58	93	124
11			実在庫数	58	93	120
12			在庫数差異	0	0	4
13	1040	ローヤルゼリーEX（M）	帳簿上在庫数	174	130	185
14			実在庫数	174	135	185
15			在庫数差異	0	-5	0
16	1050	ローヤルゼリーEX（S）	帳簿上在庫数	46	87	51
17			実在庫数	46	87	51
18			在庫数差異	0	0	0

入出庫　棚卸

その他の方法

名前ボックスを使った移動

2019　365

◆名前ボックスに名前を入力→Enter

(2)

①ワークシート**「入出庫」**のセル**【A1】**を選択します。

※ワークシート「入出庫」のセルであればどこでもかまいません。

②**《ホーム》**タブ→**《編集》**グループの（検索と選択）→**《数式》**をクリックします。

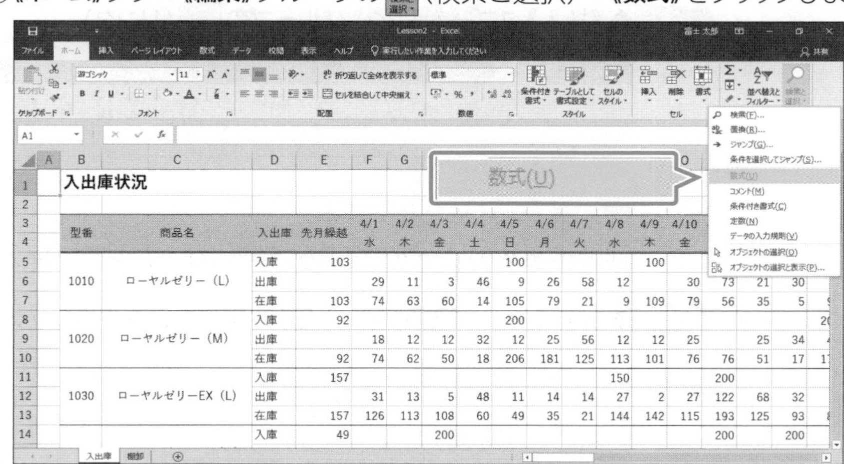

③数式が入力されているセルがすべて選択されます。

F4　=F3

入出庫状況

型番	商品名	入出庫	先月繰越	4/1 水	4/2 木	4/3 金	4/4 土	4/5 日	4/6 月	4/7 火	4/8 水	4/9 木	4/10 金	4/11 土	4/12 日	4/13 月	4/1 火
1010	ローヤルゼリー（L）	入庫	103					100				100		50			1
		出庫		29	11	3	46	9	26	58	12		30	73	21	30	
		在庫	103	74	63	60	14	105	79	21	9	109	79	56	35	5	
1020	ローヤルゼリー（M）	入庫	92					200									2
		出庫		18	12	12	32	12	25	56	12	12	25		25	34	
		在庫	92	74	62	50	18	206	181	125	113	101	76	76	51	17	1
1030	ローヤルゼリーEX（L）	入庫	157								150			200			
		出庫		31	13	5	48	11	14	14	27	2	27	122	68	32	
		在庫	157	126	113	108	60	49	35	21	144	142	115	193	125	93	
		入庫	49			200								200		200	

入出庫　棚卸

Point

範囲を指定してジャンプ

セル範囲を選択した状態でジャンプを実行すると、その範囲内を対象にジャンプします。

その他の方法

ジャンプを使ったセル選択

2019　365

◆Ctrl + G →《セル選択》→《◉数式》

1-1-3 ハイパーリンクを挿入する、削除する

■ハイパーリンクの挿入

ワークシート上のセルや図形などに**「ハイパーリンク」**を挿入すると、別の場所へのリンクを設定できます。

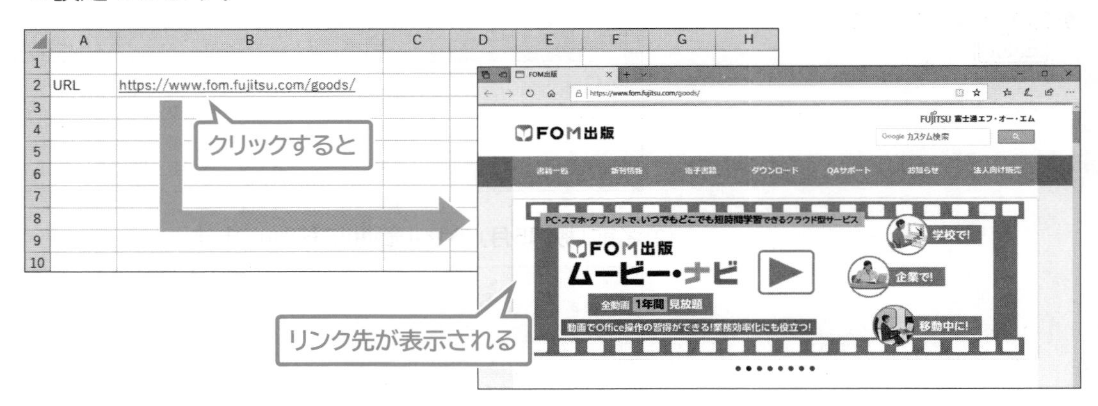

ハイパーリンクのリンク先として、次のようなものを指定できます。

- 同じブック内の指定したセルを表示する
- 別のブックを開いて、指定したセルを表示する
- 別のアプリで作成したファイルを開く
- ブラウザーを起動し、指定したアドレスのWebページを表示する
- メールソフトを起動し、メッセージ作成画面を表示する

2019 ◆《挿入》タブ→《リンク》グループの（ハイパーリンクの追加）

365 ◆《挿入》タブ→《リンク》グループの（リンク）

■ハイパーリンクの削除

別の場所へのリンクの設定が不要になった場合、挿入したハイパーリンクを削除できます。

2019 365 ◆ハイパーリンクを設定したセルや図形などを右クリック→《ハイパーリンクの削除》

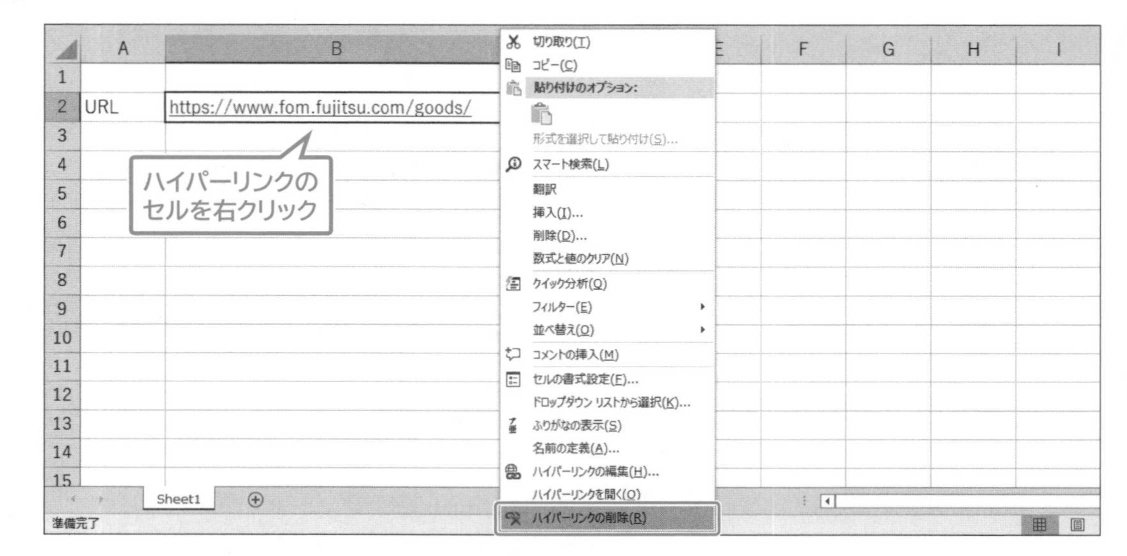

Lesson 3

ブック「Lesson3」を開いておきましょう。

次の操作を行いましょう。

(1) ワークシート「注文書」の文字列「※商品一覧を見る」にハイパーリンクを挿入してください。リンク先はワークシート「商品一覧」のセル【B3】とします。

(2) ワークシート「商品一覧」の文字列「ホームページへ」にハイパーリンクを挿入してください。リンク先は「https://www.fom.fujitsu.com/goods/」とし、ヒントに「ホームページにジャンプ」と表示されるようにします。

(3) ワークシート「注文書」のメールアドレスに設定されているハイパーリンクを削除してください。

Lesson 3 Answer

(1)

①ワークシート**「注文書」**のセル**【F10】**を選択します。

②**《挿入》**タブ→**《リンク》**グループの（ハイパーリンクの追加）をクリックします。

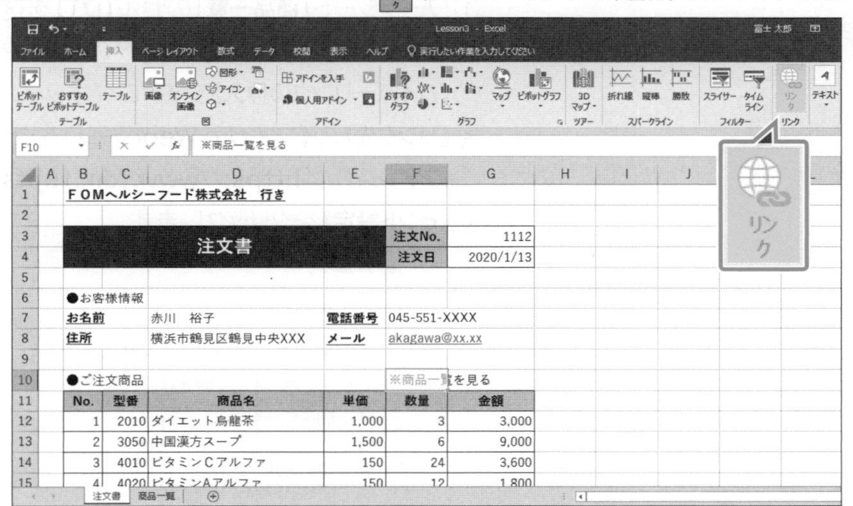

③**《ハイパーリンクの挿入》**ダイアログボックスが表示されます。

④**《リンク先》**の**《このドキュメント内》**をクリックします。

⑤**《またはドキュメント内の場所を選択してください》**の**「商品一覧」**を選択します。

⑥**《セル参照を入力してください》**に**「B3」**と入力します。

⑦**《OK》**をクリックします。

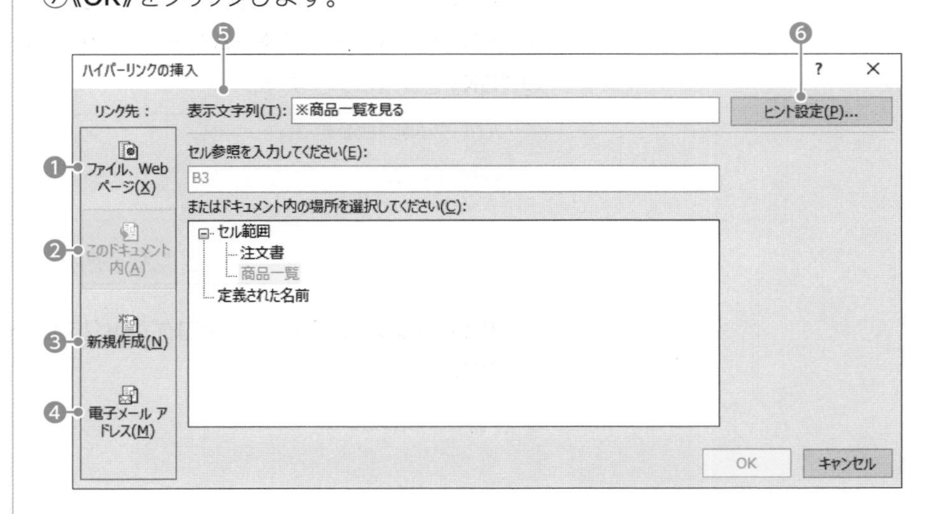

その他の方法

ハイパーリンクの挿入

2019 365

◆ Ctrl + K

Point

《ハイパーリンクの挿入》

❶ファイル、Webページ
既存のファイルやWebページへのリンクを設定します。

❷このドキュメント内
ブック内の別の場所へのリンクを設定します。

❸新規作成
新しく作成するブックへのリンクを設定します。

❹電子メールアドレス
新しく作成するメッセージ作成画面へのリンクを設定します。
自動的にメールソフトが起動し、メッセージ作成画面が表示されます。メッセージ作成画面の宛先には、設定したメールアドレスが表示されます。

❺表示文字列
ハイパーリンクを挿入するセルに表示する文字列を指定します。

❻ヒント設定
ハイパーリンクのヒントを設定できます。ヒントを設定しておくと、ハイパーリンクを挿入したセルや図形などをポイントしたときに、ポップヒントが表示されます。

⑧ハイパーリンクが挿入されます。

※セル【F10】をクリックし、ワークシート「商品一覧」のセル【B3】に移動することを確認しておきましょう。

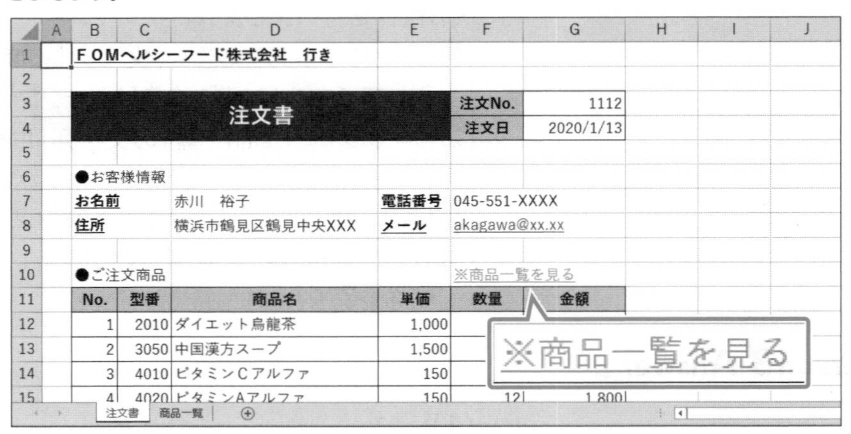

(2)

①ワークシート**「商品一覧」**のセル**【D1】**を選択します。

②**《挿入》**タブ→**《リンク》**グループの（ハイパーリンクの追加）をクリックします。

③**《ハイパーリンクの挿入》**ダイアログボックスが表示されます。

④**《リンク先》**の**《ファイル、Webページ》**をクリックします。

⑤**《アドレス》**に**「https://www.fom.fujitsu.com/goods/」**と入力します。

⑥**《ヒント設定》**をクリックします。

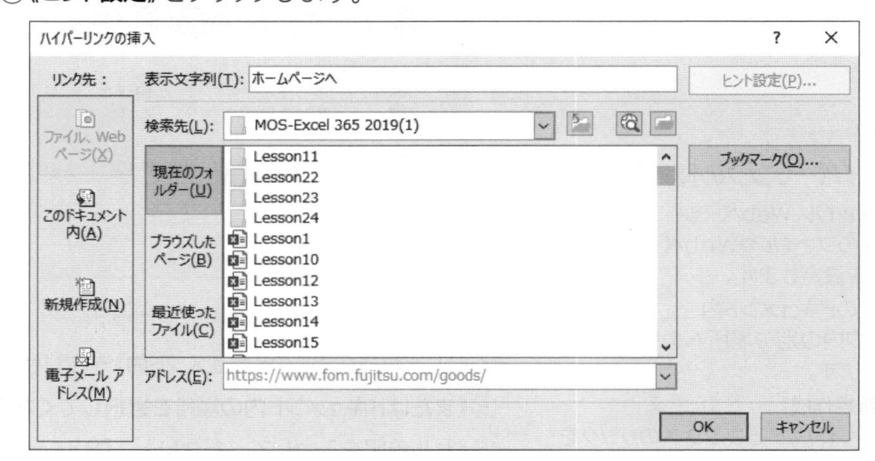

⑦**《ハイパーリンクのヒントの設定》**ダイアログボックスが表示されます。

⑧**《ヒントのテキスト》**に**「ホームページにジャンプ」**と入力します。

⑨**《OK》**をクリックします。

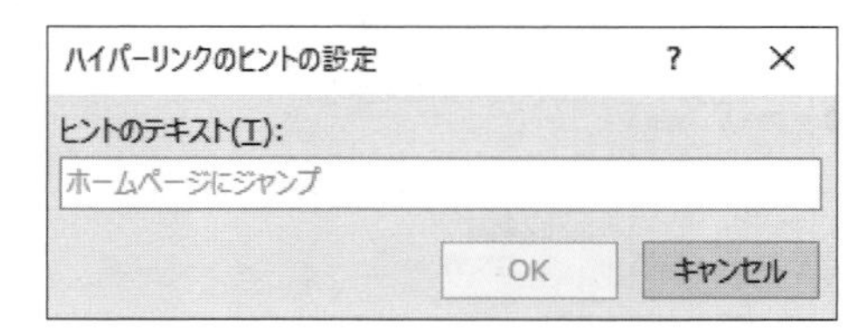

⑩**《ハイパーリンクの挿入》**ダイアログボックスに戻ります。

⑪**《OK》**をクリックします。

⑫ ハイパーリンクが挿入されます。

⑬ セル【D1】をポイントし、ヒントが表示されることを確認します。

※セル【D1】をクリックし、Webページが表示されることを確認しておきましょう。確認後、ブラウザーを閉じておきましょう。

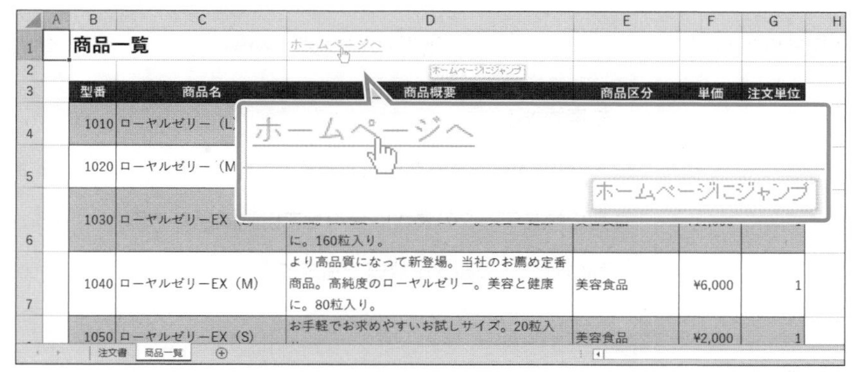

Point

ハイパーリンクの編集

挿入したハイパーリンクの内容をあとから変更する方法は、次のとおりです。

2019 365

◆ハイパーリンクを設定したセルや図形などを右クリック→《ハイパーリンクの編集》

(3)

① ワークシート「**注文書**」のセル【**F8**】を右クリックします。

②《**ハイパーリンクの削除**》をクリックします。

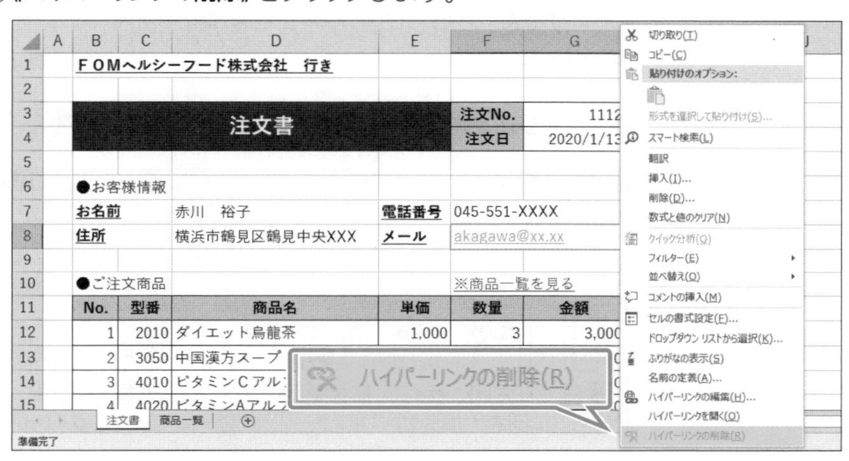

③ ハイパーリンクが削除されます。

	A	B	C	D	E	F	G
1		ＦＯＭヘルシーフード株式会社　行き					
2							
3		注文書				注文No.	1112
4						注文日	2020/1/13
5							
6		●お客様情報					
7		お名前		赤川　裕子	電話番号	045-551-XXXX	
8		住所		横浜市鶴見区鶴見中央XXX	メール	akagawa@xx.xx	
9							
10		●ご注文商品					
11		No.	型番	商品名	単価		
12		1	2010	ダイエット烏龍茶	1,000		
13		2	3050	中国漢方スープ	1,500	6	9,000
14		3	4010	ビタミンＣアルファ	150	24	3,600
15		4	4020	ビタミンＡアルファ	150	12	1,800

akagawa@xx.xx

1-2 ワークシートやブックの書式を設定する

出題範囲1　ワークシートやブックの管理

理解度チェック

習得すべき機能	参照Lesson	学習前	学習後	試験直前
■用紙サイズや印刷の向き、余白などのページ設定を変更できる。	➡Lesson4	☑	☑	☑
■ヘッダーやフッターを挿入できる。	➡Lesson5	☑	☑	☑
■列の幅をデータの長さに合わせて自動調整できる。	➡Lesson6	☑	☑	☑
■列の幅や行の高さを数値で指定できる。	➡Lesson6	☑	☑	☑

1-2-1 ページ設定を変更する

■ページ設定の変更

「ページ設定」とは、用紙サイズや印刷の向き、余白などワークシート全体の書式設定のことです。

2019 365 ◆《ページレイアウト》タブ→《ページ設定》グループ

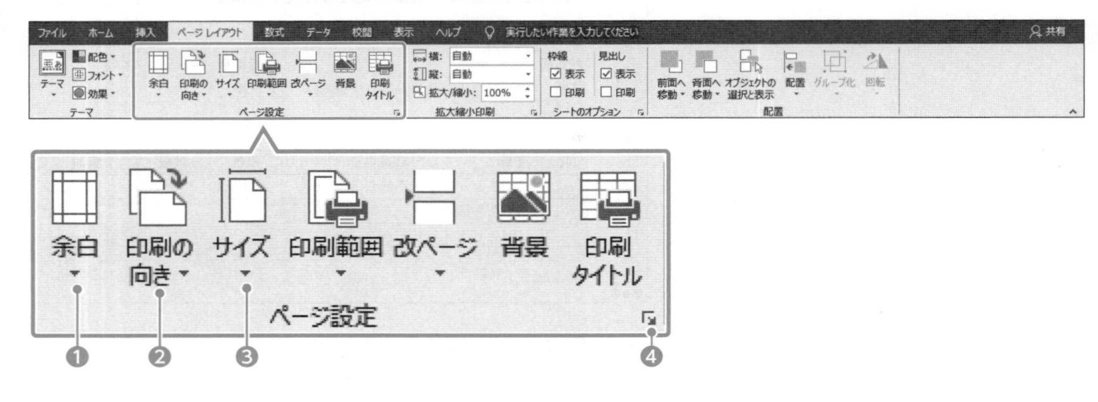

❶ （余白の調整）
《広い》、**《狭い》**などから選択します。ユーザーが数値を設定することもできます。

❷ （ページの向きを変更）
用紙を縦方向にするか、横方向にするかを選択します。

❸ （ページサイズの選択）
用紙のサイズを選択します。

❹ （ページ設定）
用紙サイズや印刷の向き、余白などを一度に設定します。また、余白を任意の値で設定したりページの中央に印刷したりするなど、ページ設定の詳細を設定することもできます。

Lesson 4

ブック「Lesson4」を開いておきましょう。

次の操作を行いましょう。

(1) ページ設定を変更してください。用紙サイズを「A4」、印刷の向きを「横」、上下余白を「2.4cm」、水平方向の中央に印刷されるようにします。

(1)

①《ページレイアウト》タブ→《ページ設定》グループの[ページ設定ボタン]（ページ設定）をクリックします。

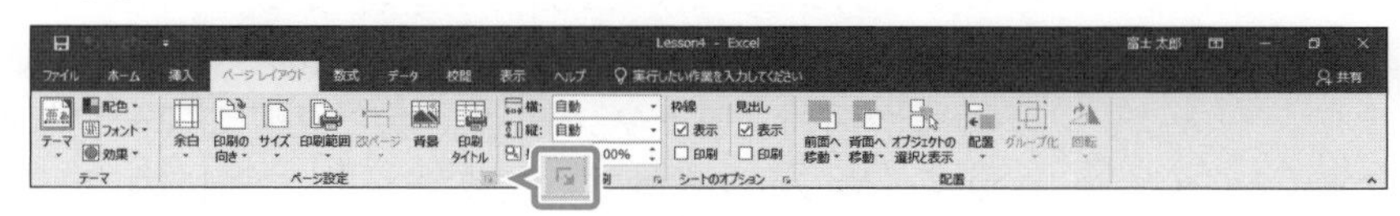

②《ページ設定》ダイアログボックスが表示されます。

③《ページ》タブを選択します。

④《印刷の向き》の《横》を◉にします。

⑤《用紙サイズ》の[∨]をクリックし、一覧から《A4》を選択します。

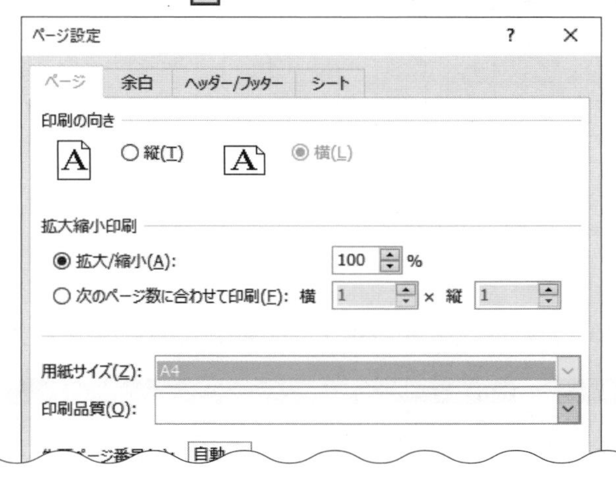

⑥《余白》タブを選択します。

⑦《上》と《下》を「2.4」に設定します。

※設定した数値の単位は「cm」になります。

⑧《ページ中央》の《水平》を☑にします。

⑨《OK》をクリックします。

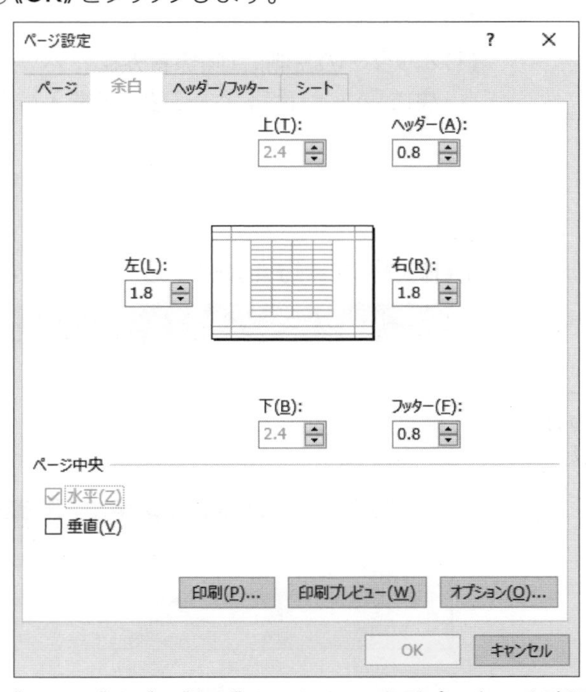

※《ファイル》タブ→《印刷》をクリックし、印刷プレビューを確認しておきましょう。

※[Esc]を押して、印刷プレビューを解除しておきましょう。

Point

ヘッダーやフッターの位置

ヘッダーやフッターの用紙の端からの位置は、《ページ設定》ダイアログボックスの《余白》タブの《ヘッダー》《フッター》で設定できます。

Point

改ページの表示

ページ設定を変更すると、ワークシート上に1ページに印刷される領域が点線で表示されます。

1-2-2 ヘッダーやフッターをカスタマイズする

解説 ■ヘッダーやフッターの挿入

「ヘッダー」はページの上部、**「フッター」**はページの下部にある余白部分の領域です。ヘッダーやフッターは、左側、中央、右側の3つの領域に分かれており、その領域内にページ番号や日付、ワークシート名、会社のロゴマークなどを自由に表示できます。
ヘッダーやフッターはすべてのページに同じ内容が印刷されます。複数のページに共通する内容を挿入するとよいでしょう。

1ページ目

FOM　4月1日

No.	名前	住所	TEL
1	―	―	―
2	―	―	―
3	―	―	―
4	―	―	―
5	―	―	―
6	―	―	―
7	―	―	―
8	―	―	―

1

2ページ目

FOM　4月1日

No.	名前	住所	TEL
9	―	―	―
10	―	―	―
11	―	―	―
12	―	―	―
13	―	―	―
14	―	―	―
15	―	―	―
16	―	―	―

2

3ページ目

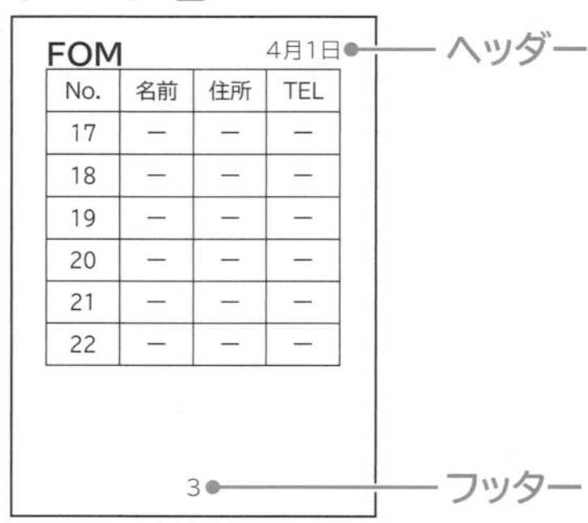

No.	名前	住所	TEL
17	―	―	―
18	―	―	―
19	―	―	―
20	―	―	―
21	―	―	―
22	―	―	―

2019 365 ◆《挿入》タブ→《テキスト》グループの （ヘッダーとフッター）

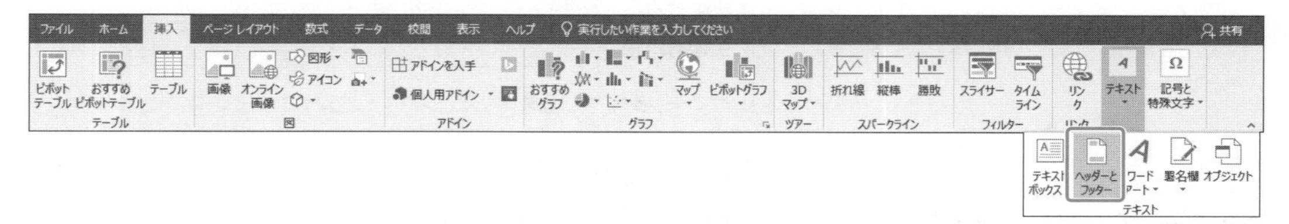

Lesson 5

ブック「Lesson5」を開いておきましょう。

次の操作を行いましょう。

(1) ヘッダーの左側に「関係者外秘」、ヘッダーの右側に現在の日付、フッターの中央に「ページ番号/ページ数」を挿入してください。「/」は半角で入力します。

Lesson 5 Answer

その他の方法

ヘッダーやフッターの挿入

2019 365

◆《ページレイアウト》タブ→《ページ設定》グループの （ページ設定）→《ヘッダー/フッター》タブ

◆ステータスバーの［▤］（ページレイアウト）

(1)

①**《挿入》**タブ→**《テキスト》**グループの［ヘッダーとフッター］（ヘッダーとフッター）をクリックします。

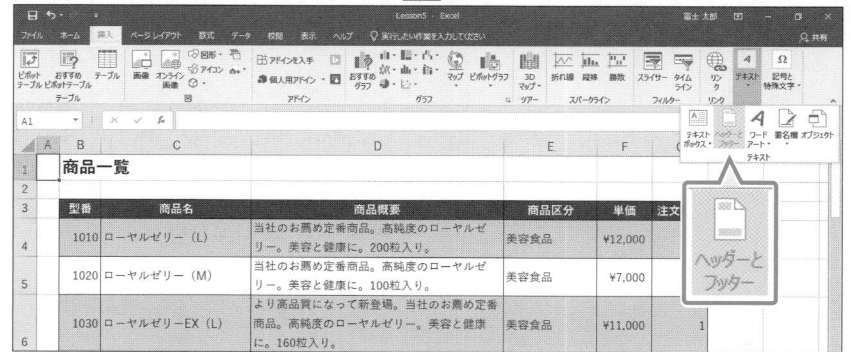

②表示モードがページレイアウトに切り替わります。

③ヘッダーの左側をクリックします。

④**「関係者外秘」**と入力します。

⑤ヘッダーの右側をクリックします。

⑥**《デザイン》**タブ→**《ヘッダー/フッター要素》**グループの（現在の日付）をクリックします。

※「&[日付]」と表示されます。

⑦**《デザイン》**タブ→**《ナビゲーション》**グループの（フッターに移動）をクリックします。

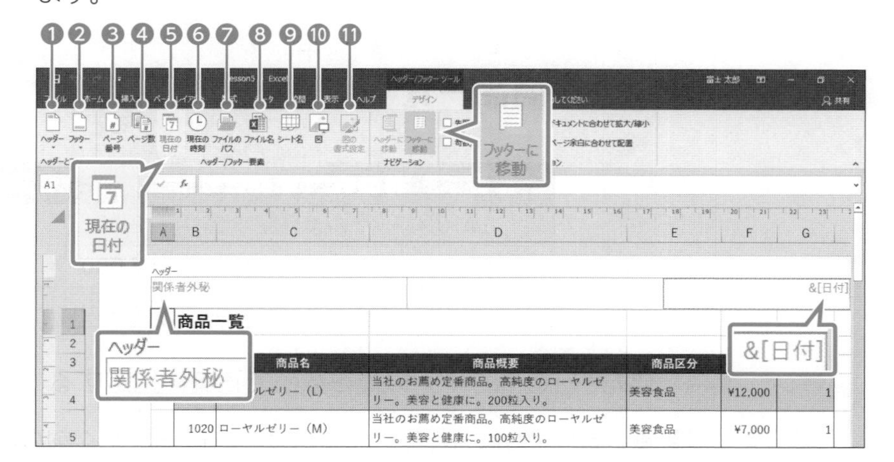

⑧フッターの中央をクリックします。

⑨**《デザイン》**タブ→**《ヘッダー/フッター要素》**グループの（ページ番号）をクリックします。

※「&[ページ番号]」と表示されます。

⑩**「&[ページ番号]」**に続けて、**「/」**を入力します。

⑪**《デザイン》**タブ→**《ヘッダー/フッター要素》**グループの（ページ数）をクリックします。

※「&[ページ番号]/&[総ページ数]」と表示されます。

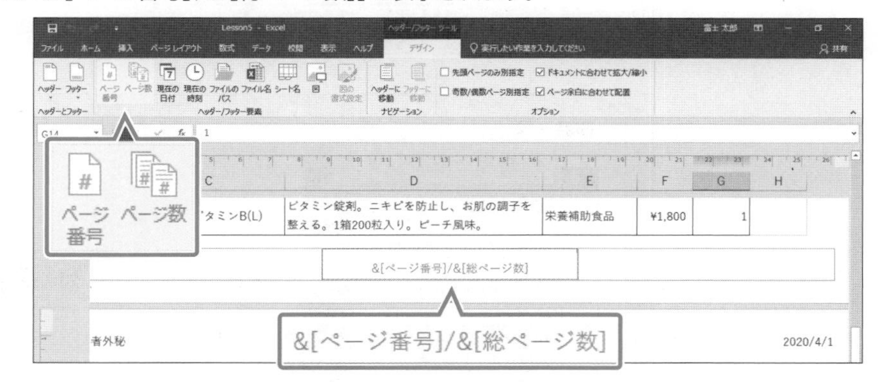

⑫ヘッダー、フッター以外の場所をクリックします。

1/2
2020/4/1

※各ページのヘッダー、フッターを確認しておきましょう。

Point

《ヘッダー/フッターツール》の《デザイン》タブ

ヘッダー/フッターが選択されているとき、《デザイン》タブが表示されます。このタブを使うと、様々な要素を追加できます。

※お使いの環境によっては、《デザイン》タブは《ヘッダーとフッター》タブと表示される場合があります。

❶ **（ヘッダー）**
あらかじめ用意されている一覧から選択します。

❷ **（フッター）**
あらかじめ用意されている一覧から選択します。

❸ **（ページ番号）**
ページ番号を挿入します。

❹ **（ページ数）**
総ページ数を挿入します。

❺ **（現在の日付）**
現在の日付を挿入します。

❻ **（現在の時刻）**
現在の時刻を挿入します。

❼ **（ファイルのパス）**
保存場所のパスを含めてブック名を挿入します。

❽ **（ファイル名）**
ブック名を挿入します。

❾ **（シート名）**
ワークシート名を挿入します。

❿ **（図）**
画像を挿入します。

⓫ **（図の書式設定）**
挿入した画像のサイズや明るさなどを設定します。

Point

ヘッダーやフッター領域の移動

《ナビゲーション》グループの（ヘッダーに移動）や（フッターに移動）を使うと、カーソルを効率よく移動できます。

Point

標準の表示モードに戻す

ヘッダーやフッターを挿入すると、表示モードがページレイアウトに切り替わります。

標準の表示モードに戻すには、ステータスバーの（標準）をクリックします。

※ヘッダー、フッター以外の場所をクリックした状態で操作します。

1-2-3 行の高さや列の幅を調整する

■行の高さや列の幅の調整

行番号や列番号の境界をドラッグすると、行の高さや列の幅を自由に変更できます。
行番号や列番号の境界をダブルクリックすると、文字の大きさやデータの長さに合わせて行の高さや列の幅を自動的に調整できます。

ドラッグすると変更できる

ダブルクリックすると
自動調整できる

	A	B	C	D	E	F	G
1		商品一覧					
2							
3		型番	商品名	商品区分	単価	注文単位	
4		1010	ローヤルセ	美容食品	¥12,000	1	
5		1020	ローヤルセ	美容食品	¥7,000	1	
6		1030	ローヤルセ	美容食品	¥11,000	1	

また、行の高さや列の幅を数値で正確に指定することもできます。

2019 365 ◆行番号または列番号を右クリック→《行の高さ》／《列の幅》

行番号を右クリック

行の高さ(R)...

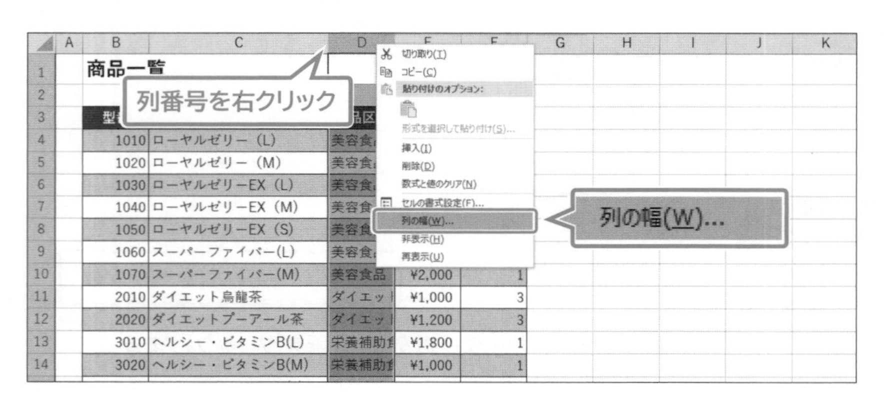

Lesson 6

ブック「Lesson6」を開いておきましょう。

次の操作を行いましょう。

(1)「商品名」「商品区分」「単価」「注文単位」の列の幅をデータの長さに合わせて自動調整してください。

(2)表の項目名以外の行の高さを正確に「30」に設定してください。

(1)

①列番号【C：F】を選択します。

②選択した列番号の右側の境界をポイントし、マウスポインターの形が✛に変わったらダブルクリックします。

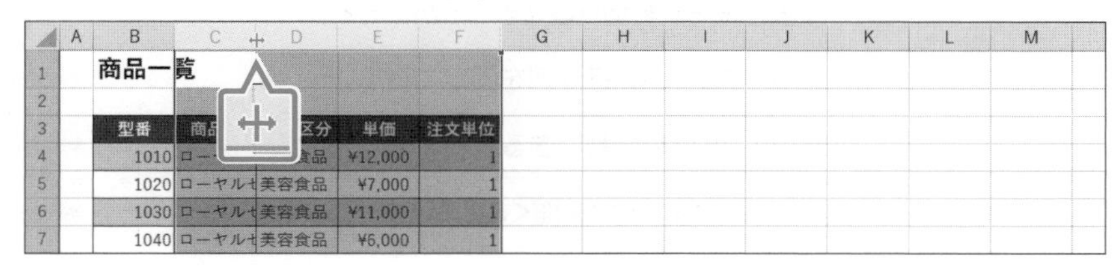

③入力されているデータの長さに合わせて列の幅が自動調整されます。

	A	B	C	D	E	F
1		商品一覧				
2						
3		型番	商品名	商品区分	単価	注文単位
4		1010	ローヤルゼリー（L）	美容食品	¥12,000	1
5		1020	ローヤルゼリー（M）	美容食品	¥7,000	1
6		1030	ローヤルゼリーEX（L）	美容食品	¥11,000	1
7		1040	ローヤルゼリーEX（M）	美容食品	¥6,000	1

> **その他の方法**
> **列の幅の自動調整**
> 2019 365
> ◆列を選択→《ホーム》タブ→《セル》グループの（書式）→《列の幅の自動調整》

(2)

①行番号【4：20】を選択します。

②選択した範囲を右クリックします。

③《行の高さ》をクリックします。

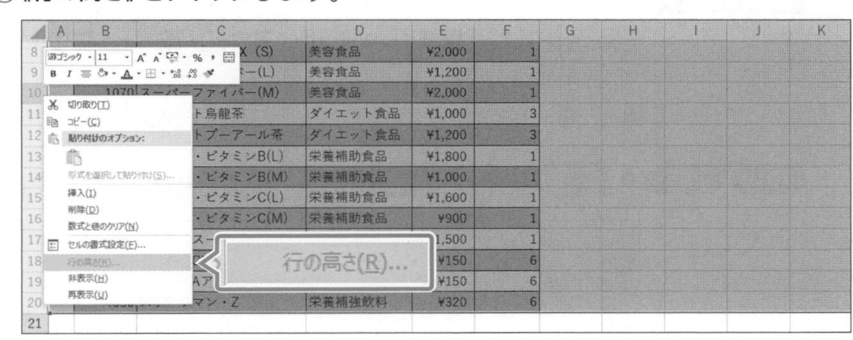

④《行の高さ》ダイアログボックスが表示されます。

⑤《行の高さ》に「30」と入力します。

⑥《OK》をクリックします。

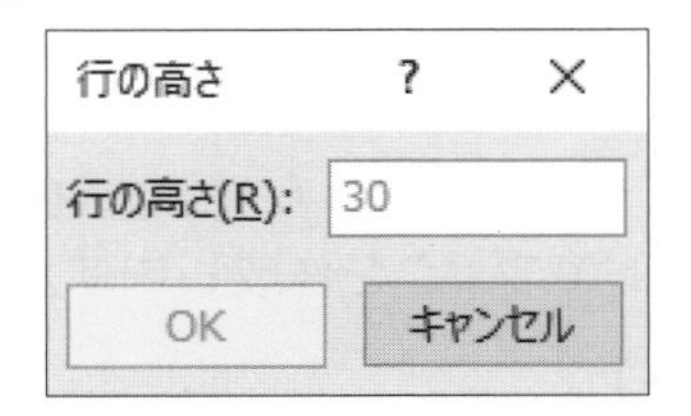

⑦行の高さが変更されます。

	A	B	C	D	E	F
1		商品一覧				
2						
3		型番	商品名	商品区分	単価	注文単位
4		1010	ローヤルゼリー（L）	美容食品	¥12,000	1
5		1020	ローヤルゼリー（M）	美容食品	¥7,000	1
6		1030	ローヤルゼリーEX（L）	美容食品	¥11,000	1
7		1040	ローヤルゼリーEX（M）	美容食品	¥6,000	1
8		1050	ローヤルゼリーEX（S）	美容食品	¥2,000	1
9		1060	スーパーファイバー(L)	美容食品	¥1,200	1

> **その他の方法**
> **行の高さの設定**
> 2019 365
> ◆行を選択→《ホーム》タブ→《セル》グループの（書式）→《行の高さ》
> ◆行番号の下側の境界をドラッグ

出題範囲1　ワークシートやブックの管理

1-3 オプションと表示をカスタマイズする

理解度チェック

習得すべき機能	参照Lesson	学習前	学習後	試験直前
■表示モードを切り替えることができる。	➡Lesson7	☑	☑	☑
■ワークシートの行や列を固定できる。	➡Lesson8	☑	☑	☑
■ウィンドウを分割できる。	➡Lesson9	☑	☑	☑
■新しいウィンドウを開くことができる。	➡Lesson10	☑	☑	☑
■ウィンドウを整列できる。	➡Lesson10 ➡Lesson11	☑	☑	☑
■ブックのプロパティを設定できる。	➡Lesson12	☑	☑	☑
■ワークシート上に数式を表示できる。	➡Lesson13	☑	☑	☑
■クイックアクセスツールバーをカスタマイズできる。	➡Lesson14	☑	☑	☑

1-3-1 ブックの表示を変更する

解説

■表示モードの切り替え

Excelには、**「標準」「ページレイアウト」「改ページプレビュー」**の3つの表示モードが用意されています。

表示モードを切り替えるには、ステータスバーのボタンを使います。

2019 365 ◆ [標準ボタン]（標準）／[ページレイアウトボタン]（ページレイアウト）／[改ページプレビューボタン]（改ページプレビュー）

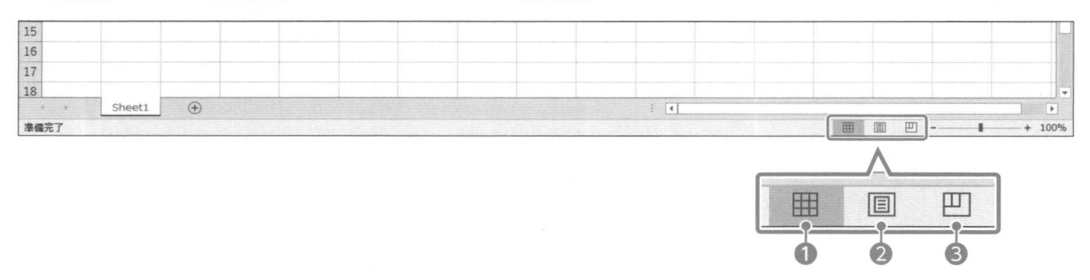

❶ [標準ボタン]（標準）

標準の表示モードです。データを入力したり、表やグラフを作成したりする場合に使います。通常、この表示モードでブックを作成します。

❷ [ページレイアウトボタン]（ページレイアウト）

印刷結果に近いイメージで表示するモードです。用紙にどのように印刷されるかを確認したり、ヘッダーやフッターを設定したりする場合に使います。

❸ [改ページプレビューボタン]（改ページプレビュー）

印刷範囲や改ページ位置を表示するモードです。1ページに印刷する範囲を調整したり、区切りのよい位置で改ページされるように位置を調整したりする場合に使います。

Lesson 7

ブック「Lesson7」を開いておきましょう。

次の操作を行いましょう。

(1) 表示モードをページレイアウトに切り替えてください。

(2) 表示モードを改ページプレビューに切り替えてください。

Lesson 7 Answer

その他の方法

表示モードの切り替え

2019 365

◆《表示》タブ→《ブックの表示》グループの（標準ビュー）／（改ページプレビュー）／（ページレイアウトビュー）

(1)

① ステータスバーの （ページレイアウト）をクリックします。

	型番	商品名	商品概要	商品区分	単価	注文単位
1	商品一覧					
2						
3	型番	商品名	商品概要	商品区分	単価	注文単位
4	1010	ローヤルゼリー（L）	当社のお薦め定番商品。高純度のローヤルゼリー。美容と健康に。200粒入り。	美容食品	¥12,000	1
5	1020	ローヤルゼリー（M）	当社のお薦め定番商品。高純度のローヤルゼリー。美容と健康に。100粒入り。	美容食品	¥7,000	1
6	1030	ローヤルゼリーEX（L）	より高品質になって新登場。当社のお薦め定番商品。高純度のローヤルゼリー。美容と健康に。160粒入り。	美容食品	¥11,000	
7	1040	ローヤルゼリーEX（M）	より高品質になって新登場。当社のお薦め定番商品。高純度のローヤルゼリー。美容と健康に。80粒入り。	美容食品	¥6,000	
	1050	ローヤルゼリーEX（S）	お手軽でお求めやすいお試しサイズ。20粒入	美容食品	¥2,000	

ページ レイアウト

② 表示モードがページレイアウトに切り替わります。

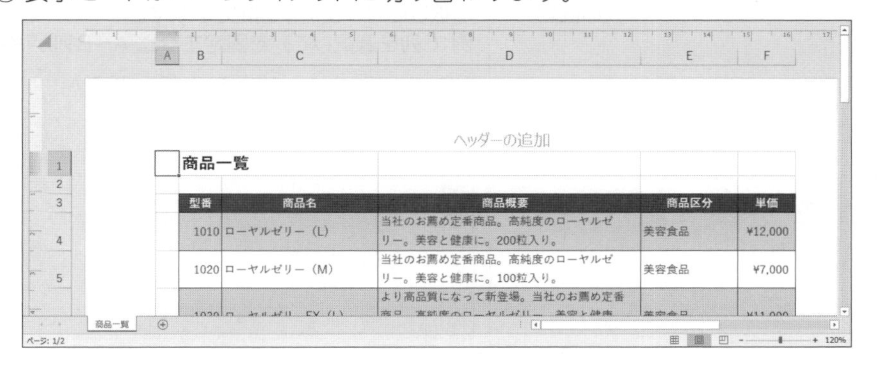

(2)

① ステータスバーの （改ページプレビュー）をクリックします。

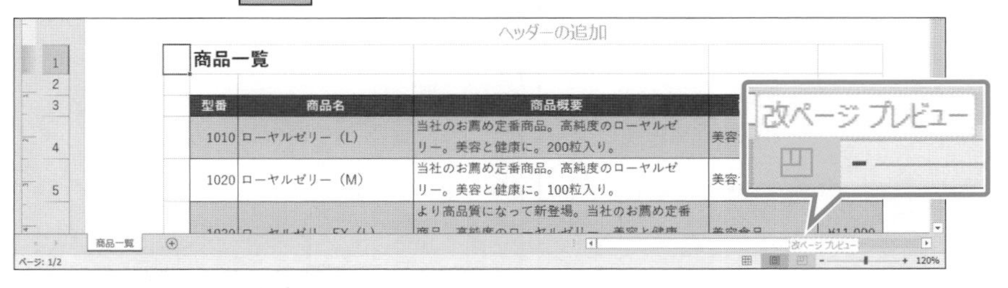

② 表示モードが改ページプレビューに切り替わります。

※ステータスバーの （標準）をクリックし、標準に戻しておきましょう。

Point

印刷範囲と改ページ位置の調整

改ページプレビューに切り替えると、ワークシート上にページ番号が表示されます。

青い実線や点線をドラッグして、1ページに印刷する領域を変更できます。

1-3-2 ワークシートの行や列を固定する

■ウィンドウ枠の固定

大きな表の下側や右側を確認するために画面をスクロールすると、表の見出しが見えなくなることがあります。ウィンドウ枠を固定しておくと、スクロールしても常に見出しを表示しておくことができます。

ウィンドウ枠の固定には、次の種類があります。

種類	説明
行の固定	選択した行の上側が固定されます。 例：4行目を選択して行を固定すると、1～3行目が固定される
列の固定	選択した列の左側が固定されます。 例：C列を選択して列を固定すると、A～B列が固定される
行列の固定	選択したセルの上側と左側が固定されます。 例：セル【C4】を選択して行列を固定すると、1～3行目とA～B列が固定される

2019 365 ◆《表示》タブ→《ウィンドウ》グループの ウィンドウ枠の固定 （ウィンドウ枠の固定）

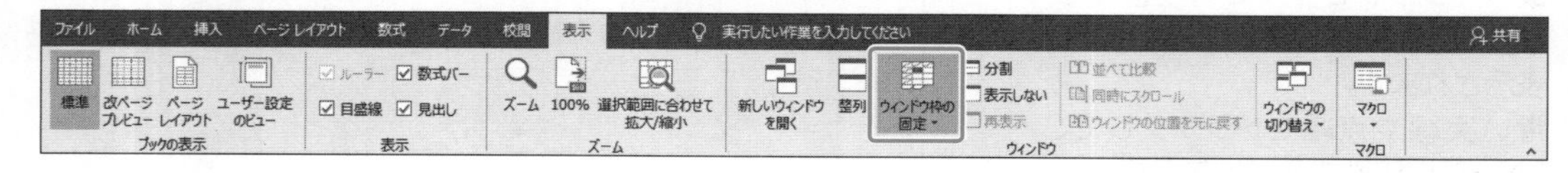

Lesson 8

 ブック「Lesson8」を開いておきましょう。

次の操作を行いましょう。

(1) ワークシート「棚卸」の1～3行目が常に表示されるように設定してください。

(2) ワークシート「入出庫」の1～4行目とA～D列が常に表示されるように設定してください。

Lesson 8 Answer

(1)

①ワークシート**「棚卸」**の行番号**【4】**を選択します。

②**《表示》**タブ→**《ウィンドウ》**グループの （ウィンドウ枠の固定）→**《ウィンドウ枠の固定》**をクリックします。

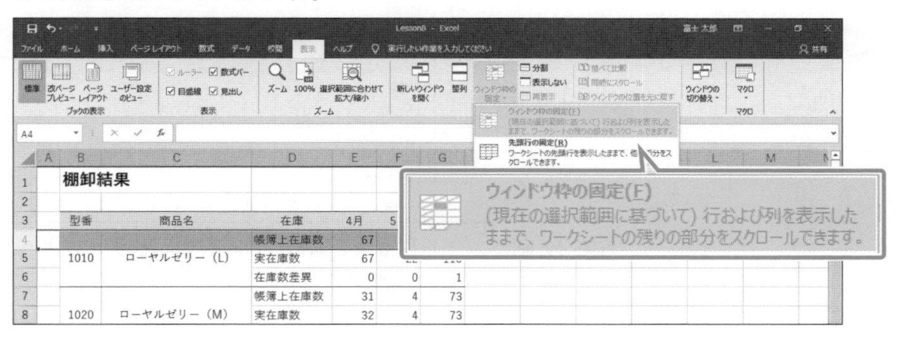

③1～3行目が固定されます。

	B	C	D	E	F	G
1	棚卸結果					
2						
3	型番	商品名	在庫	4月	5月	6月
32	3010	ヘルシー・ビタミンB(L)	実在庫数	67	85	87
33			在庫数差異	0	0	0
34			帳簿上在庫数	35	82	31
35	3020	ヘルシー・ビタミンB(M)	実在庫数	35	81	31
36			在庫数差異	0	1	0
37			帳簿上在庫数	119	36	152
38	3030	ヘルシー・ビタミンC(L)	実在庫数	119	36	152

(2)

①ワークシート**「入出庫」**のセル**【E5】**を選択します。

②**《表示》**タブ→**《ウィンドウ》**グループの （ウィンドウ枠の固定）→**《ウィンドウ枠の固定》**をクリックします。

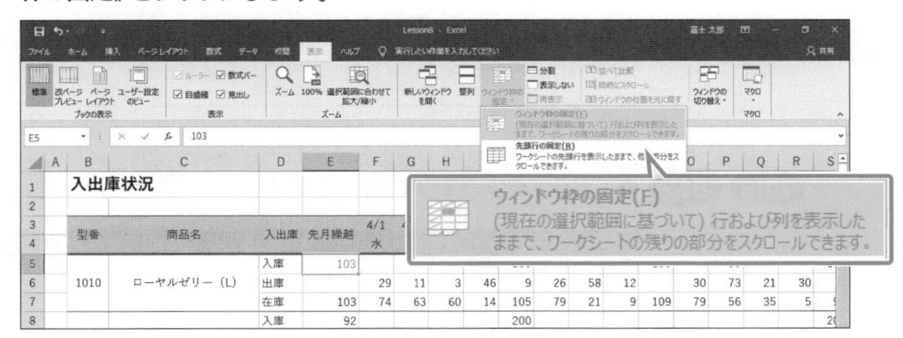

③1～4行目とA～D列が固定されます。

	B	C	D	CK	CL	CM	CN	CO	CP	CQ	CR	CS	CT	CU	CV	CW
1	入出庫状況															
2																
3	型番	商品名	入出庫	6/19	6/20	6/21	6/22	6/23	6/24	6/25	6/26	6/27	6/28	6/29	6/30	6月
4				金	土	日	月	火	水	木	金	土	日	月	火	合計
47			入庫			200						200				1,027
48	4010	ビタミンCアルファ	出庫	46	40	5	23	25	51	14	31	63	17	26	61	908
49			在庫	75	35	230	207	182	131	117	86	223	206	180	119	119
50			入庫	100				100			100			100		1,049
51	4020	ビタミンAアルファ	出庫	29	61	15	23	21	23	8	23	106	33	24	59	1,005
52			在庫	140	79	64	41	120	97	89	166	60	27	103	44	44

Point

先頭行や先頭列の固定

選択されているセルの位置にかかわらず、画面に表示されている先頭行や先頭列を固定できます。

2019 365

◆《表示》タブ→《ウィンドウ》グループの （ウィンドウ枠の固定）→《先頭行の固定》/《先頭列の固定》

Point

ウィンドウ枠固定の解除

2019 365

◆《表示》タブ→《ウィンドウ》グループの （ウィンドウ枠の固定）→《ウィンドウ枠固定の解除》

※アクティブセルの位置はどこでもかまいません。

1-3-3 ウィンドウの表示を変更する

解説

■ウィンドウの分割

ワークシートの作業領域を複数に分割できます。大きな表の場合に作業領域を分割すると、分割したウィンドウでそれぞれスクロールできます。離れた場所にあるデータを一度に表示して比較するような場合に使います。
ウィンドウの分割には、次の種類があります。

種類	説明
上下2分割	行番号を選択して分割すると、行の上側を境にして上下に分割されます。
左右2分割	列番号を選択して分割すると、列の左側を境にして左右に分割されます。
上下左右4分割	セルを選択して分割すると、セルの上側と左側を境にして上下左右に分割されます。

2019 365 ◆《表示》タブ→《ウィンドウ》グループの 分割 (分割)

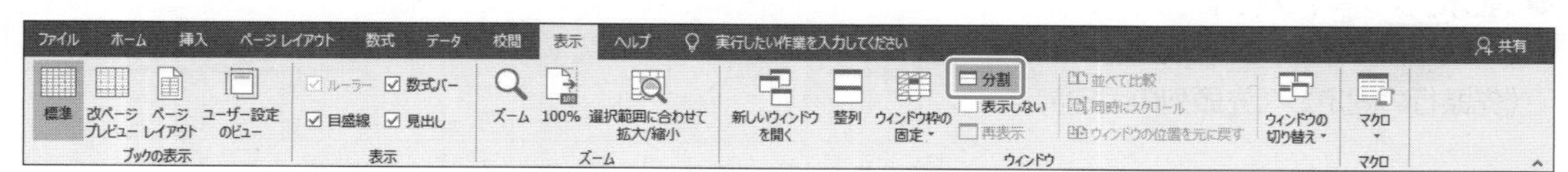

Lesson 9

ブック「Lesson9」を開いておきましょう。

次の操作を行いましょう。

(1) ウィンドウを2つに分割し、左側に5月合計、右側に6月合計を表示してください。

Lesson 9 Answer

(1)

①列番号【I】を選択します。

※画面中央あたりの任意の列番号を選択します。

②《表示》タブ→《ウィンドウ》グループの 分割 (分割) をクリックします。

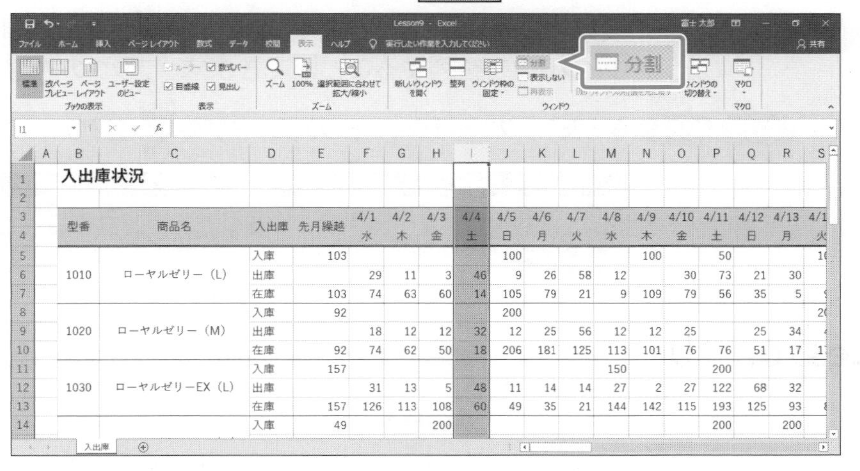

③ウィンドウが左右に分割されます。

※I列の左側に分割バーが表示されます。

④左側のウィンドウを列番号【BQ】までスクロールして、5月合計を表示します。

⑤右側のウィンドウを列番号【CW】までスクロールして、6月合計を表示します。

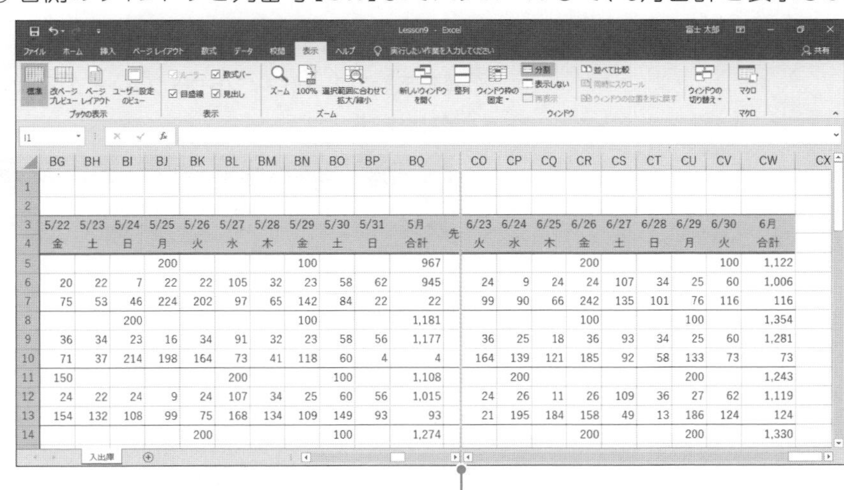

分割バー

Point

分割バーの調整

分割バーの位置を調整するには、分割バーをポイントし、マウスポインターの形が←||→に変わったら、左右にドラッグします。

Point

分割の解除

2019 365

◆《表示》タブ→《ウィンドウ》グループの 分割 (分割)

※ボタンが標準の色に戻ります。

◆分割バーをポイント→マウスポインターの形が←||→の状態でダブルクリック

解 説 ■新しいウィンドウを開く

新しいウィンドウを開くと、同じブックを別のウィンドウに表示できるので、同じブックの別のワークシートを比較したり、同じワークシートの別の部分を比較したりすることができます。同じブックが複数のウィンドウで表示されている場合は、タイトルバーのファイル名の後ろに「1」「2」のように連番が表示されます。

2019 365 ◆《表示》タブ→《ウィンドウ》グループの (新しいウィンドウを開く)

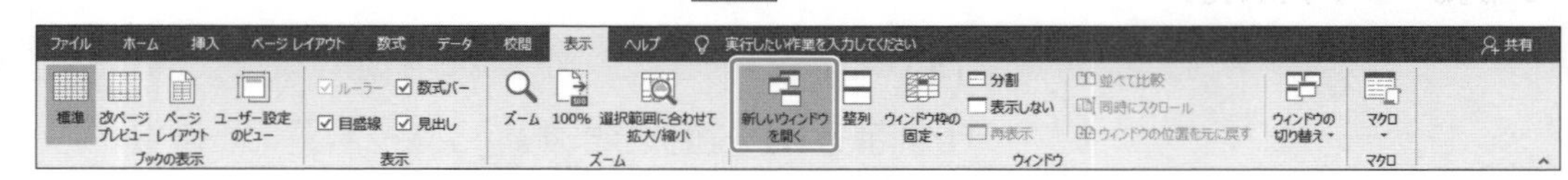

■ウィンドウの整列

複数のウィンドウを開いて作業しているとき、左右に並べたり重ねて表示したりなど、ウィンドウを整列することができます。ブックの内容を比較するような場合に使います。

2019 365 ◆《表示》タブ→《ウィンドウ》グループの (整列)

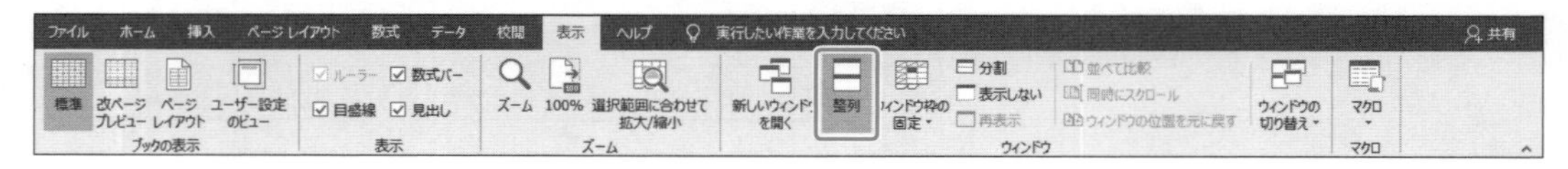

Lesson 10

ブック「Lesson10」を開いておきましょう。

次の操作を行いましょう。

(1) 新しいウィンドウを開いてください。

(2) ウィンドウを左右に並べて表示し、左側のウィンドウにワークシート「入出庫」、右側のウィンドウにワークシート「棚卸」を表示してください。

Lesson 10 Answer

(1)

①**《表示》**タブ→**《ウィンドウ》**グループの (新しいウィンドウを開く)をクリックします。

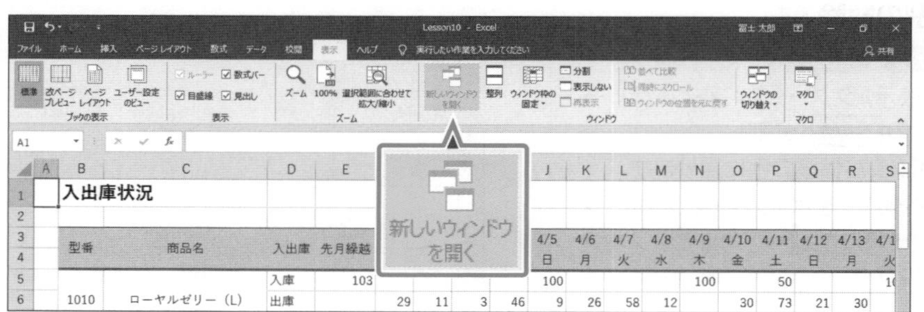

②新しいウィンドウが表示され、タイトルバーのファイル名の後ろに**「2」**と表示されていることを確認します。

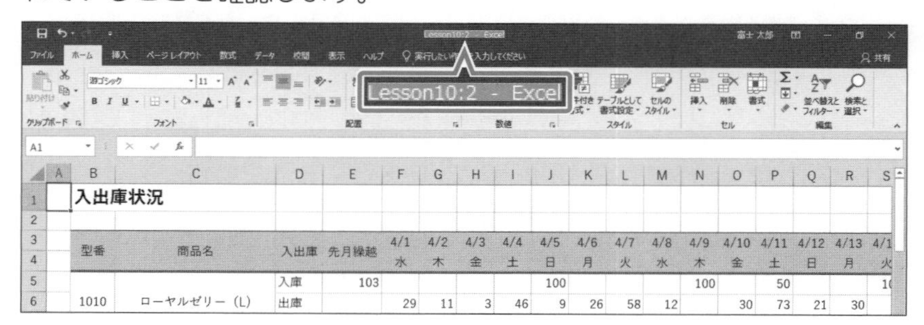

(2)

①《**表示**》タブ→《**ウィンドウ**》グループの（整列）をクリックします。

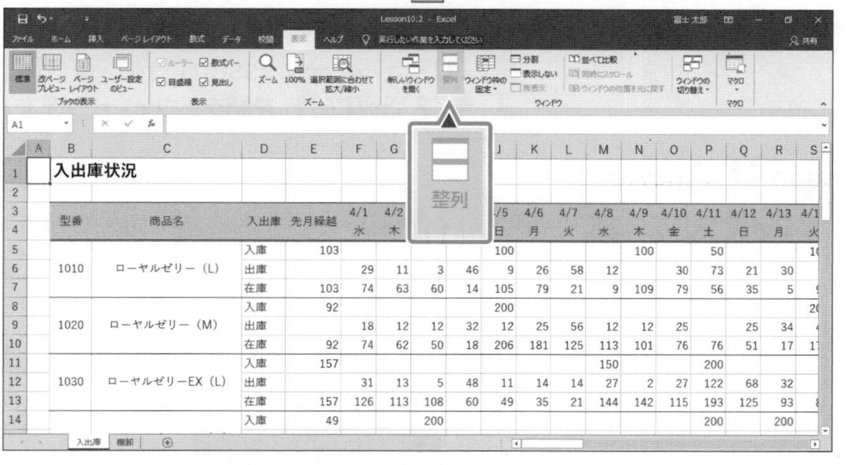

②《**ウィンドウの整列**》ダイアログボックスが表示されます。

③《**左右に並べて表示**》を◉にします。

④《**OK**》をクリックします。

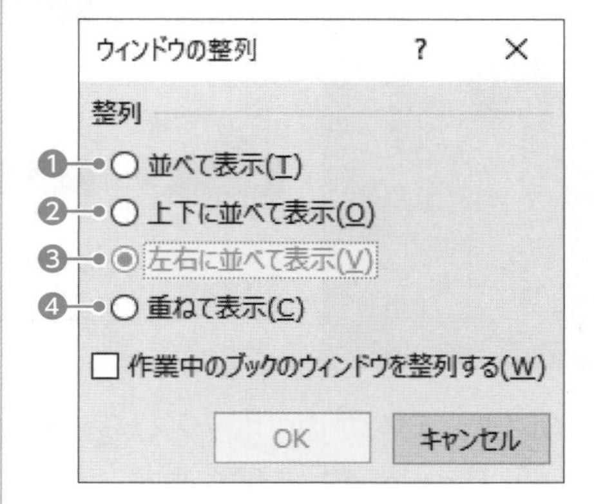

⑤ウィンドウが左右に並んで表示されます。

⑥右側のウィンドウ内をクリックします。

⑦右側のウィンドウのシート見出し「**棚卸**」をクリックします。

⑧左側のウィンドウにワークシート「**入出庫**」、右側のウィンドウにワークシート「**棚卸**」が表示されます。

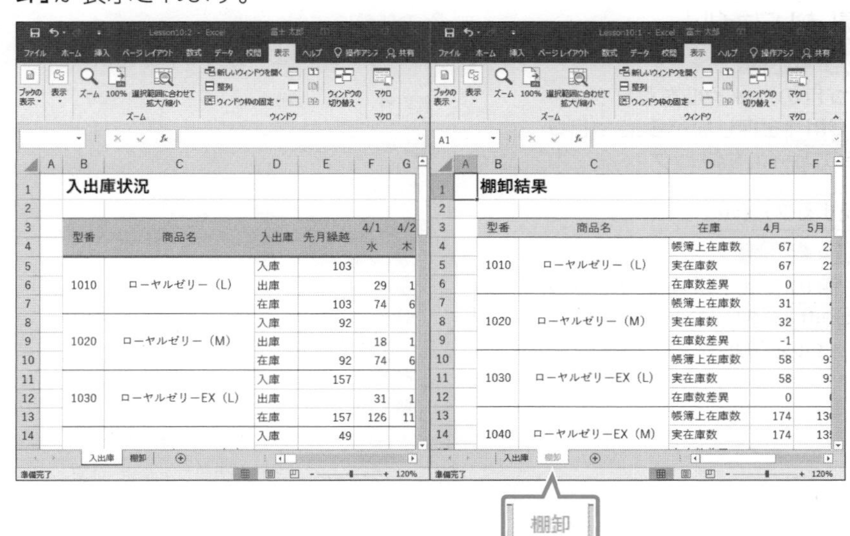

Point

整列方法

ブックウィンドウの整列方法には、次の4通りがあります。

❶並べて表示

ブック1　ブック2　ブック3

❷上下に並べて表示

ブック1
ブック2
ブック3

❸左右に並べて表示

❹重ねて表示

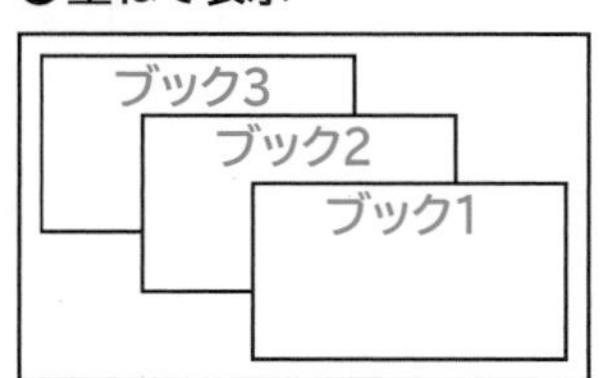

Lesson 11

 Excelを起動し、スタート画面を表示しておきましょう。

次の操作を行いましょう。

(1) フォルダー「Lesson11」のブック「入出庫4月」、ブック「入出庫5月」、ブック「入出庫6月」を開き、ウィンドウを左右に整列してください。

Lesson 11 Answer

(1)

①Excelのスタート画面が表示されていることを確認します。

②**《他のブックを開く》**をクリックします。

※お使いの環境によっては、《他のブックを開く》が《開く》と表示される場合があります。

③**《参照》**をクリックします。

④**《ファイルを開く》**ダイアログボックスが表示されます。

⑤フォルダー**「Lesson11」**を開きます。

※《PC》→《ドキュメント》→「MOS-Excel 365 2019(1)」→フォルダー「Lesson11」を選択します。

⑥一覧から**「入出庫4月」**を選択します。

⑦**Shift**を押しながら、一覧から**「入出庫6月」**を選択します。

⑧**《開く》**をクリックします。

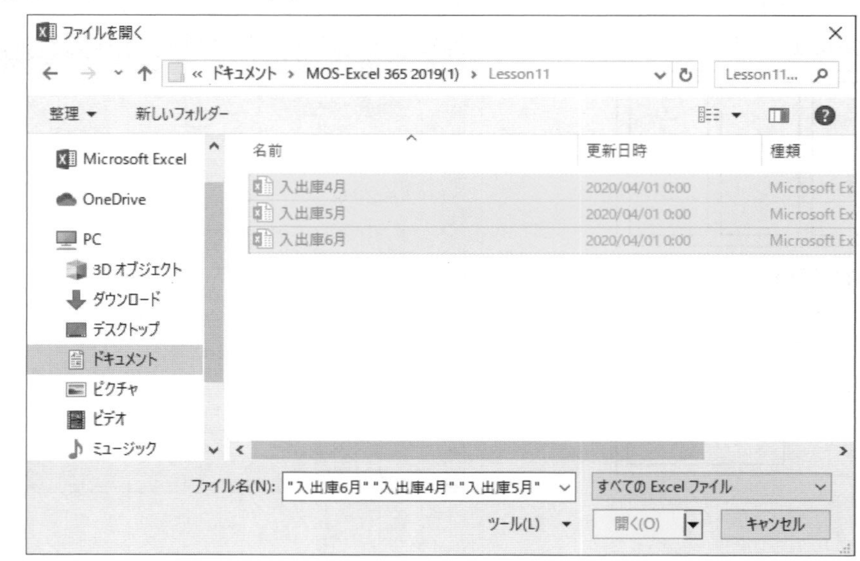

Point

複数ファイルの選択

連続しないファイル

2019 365

◆1つ目のファイルをクリック→**Ctrl**を押しながら、2つ目以降のファイルをクリック

連続するファイル

2019 365

◆先頭のファイルをクリック→**Shift**を押しながら、最終のファイルをクリック

⑨3つのブックが開かれます。

⑩**《表示》**タブ→**《ウィンドウ》**グループの［整列］（整列）をクリックします。

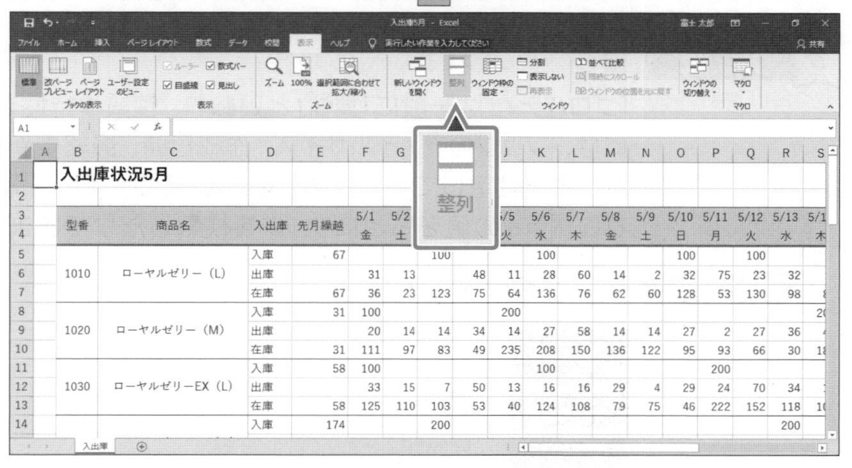

⑪**《ウィンドウの整列》**ダイアログボックスが表示されます。

⑫**《左右に並べて表示》**を◉にします。

⑬**《OK》**をクリックします。

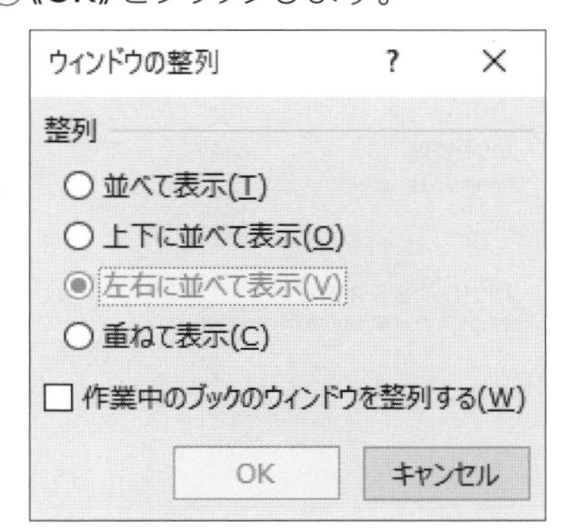

⑭ウィンドウが左右に並べて表示されます。

※お使いの環境によっては、ウィンドウの並びが異なる場合があります。

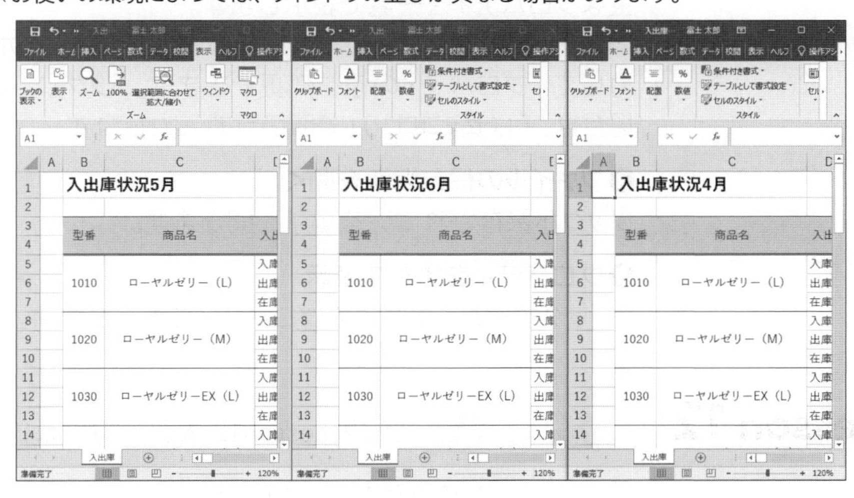

1-3-4 ブックの基本的なプロパティを変更する

■ブックのプロパティの変更

「プロパティ」は一般に**「属性」**といわれ、性質や特性を表す言葉です。ブックのプロパティには、ブックのファイルサイズ、作成日時、最終更新日時などがあります。ブックにプロパティを設定しておくとWindowsのファイル一覧でプロパティの内容を表示したり、プロパティの値をもとにブックを検索したりできます。

2019 365 ◆《ファイル》タブ→《情報》

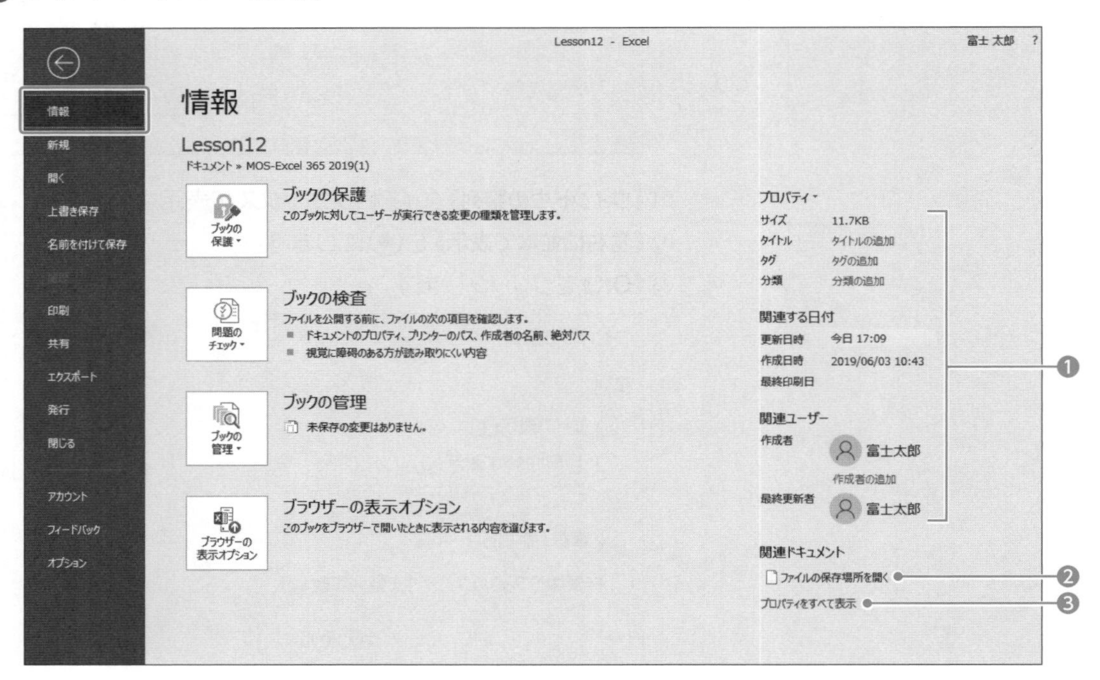

❶プロパティの一覧

主なプロパティを一覧で表示します。

「タイトル」や**「タグ」**などはポイントすると、テキストボックスが表示されるので、直接入力して、プロパティの値を変更できます。**「タグ」**に複数の要素のキーワードを設定する場合は、**「;（セミコロン）」**で区切って入力します。

❷ファイルの保存場所を開く

ブックが保存されている場所を開きます。

❸プロパティをすべて表示

クリックすると、すべてのプロパティを表示します。

Lesson 12

ブック「Lesson12」を開いておきましょう。

次の操作を行いましょう。

(1) ブックのプロパティのタイトルに「注文書」、タグに「横浜」と「1112」、会社名に「FOMヘルシーフード株式会社」を設定してください。数字は半角で入力します。

Lesson 12 Answer

(1)

①《**ファイル**》タブを選択します。

②《**情報**》→《**プロパティをすべて表示**》をクリックします。

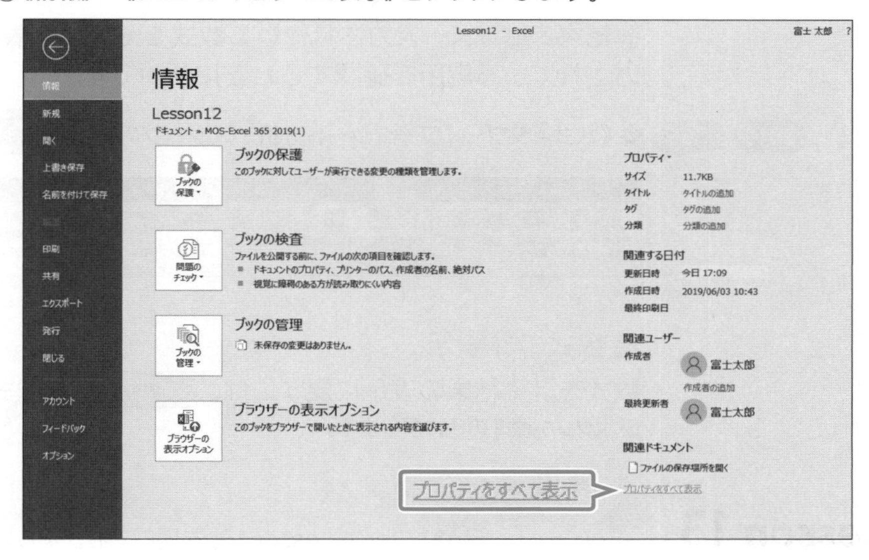

③《**タイトルの追加**》をクリックし、「**注文書**」と入力します。

④《**タグの追加**》をクリックし、「**横浜;1112**」と入力します。

※「;(セミコロン)」は半角で入力します。

⑤《**会社名の指定**》をクリックし、「**FOMヘルシーフード株式会社**」と入力します。

⑥《**会社名の指定**》以外の場所をクリックします。

※入力内容が確定されます。

⑦プロパティの一覧に設定したプロパティが表示されていることを確認します。

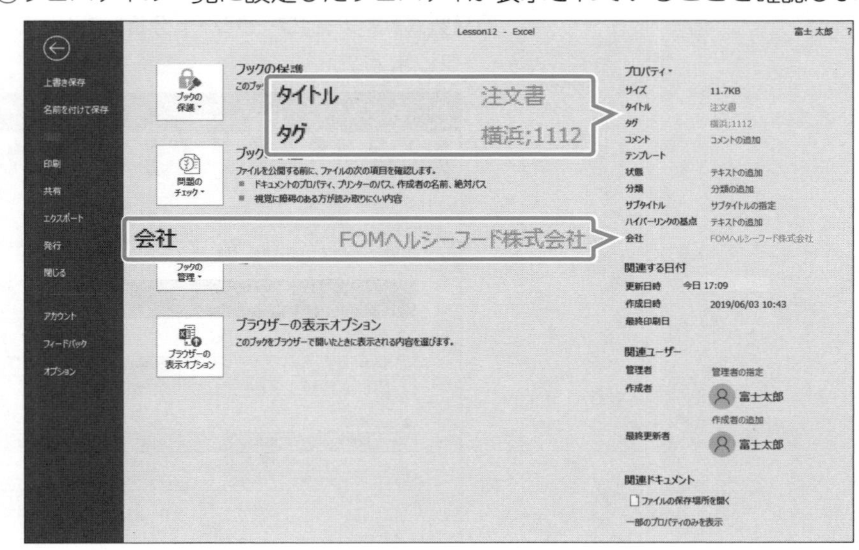

Point

詳細プロパティ

プロパティの値は、《プロパティ》ダイアログボックスを使って変更することもできます。
《プロパティ》ダイアログボックスを表示する方法は、次のとおりです。

2019 365

◆《ファイル》タブ→《情報》→《プロパティ》→《詳細プロパティ》

Lesson12 のプロパティ

ファイルの情報 | ファイルの概要 | 詳細情報 | ファイルの構成 | ユーザー設定

タイトル(T): 注文書
サブタイトル(S):
作成者(A): 富士太郎
管理者(M):
会社名(O): FOMヘルシーフード株式会社
分類(E):
キーワード(K): 横浜;1112
コメント(C):
ハイパーリンクの基点(H):
テンプレート:
□すべての Excel ドキュメントの縮小版を保存する(V)
OK キャンセル

※《タグ》の内容は《キーワード》に表示されます。

1-3-5 数式を表示する

解説

■数式の表示

通常、セルに数式を入力すると、ワークシートには計算結果が表示されます。数式の計算結果ではなく、入力されている数式をそのまま表示することもできます。数式が入力されている場所を確認するときに便利です。

2019 365 ◆《数式》タブ→《ワークシート分析》グループの 数式の表示 (数式の表示)

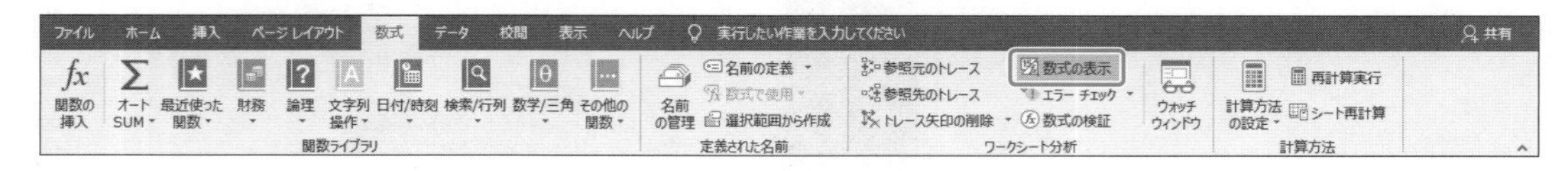

■数式の非表示

数式を計算結果の表示に戻すには、数式の表示 (数式の表示)を再度クリックします。
※ボタンが標準の色に戻ります。

Lesson 13

ブック「Lesson13」を開いておきましょう。

次の操作を行いましょう。
(1)数式を表示してください。
(2)表示した数式を非表示にしてください。

Lesson 13 Answer

(1)

①**《数式》**タブ→**《ワークシート分析》**グループの 数式の表示 (数式の表示)をクリックします。

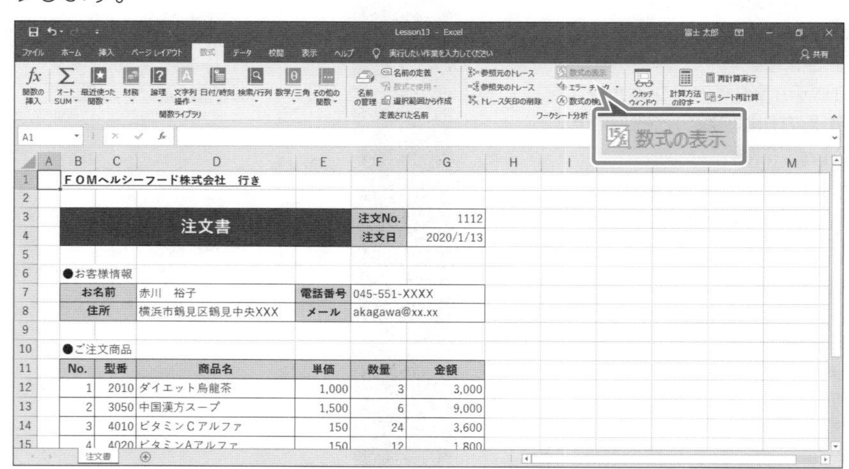

Point

数式の印刷

数式を表示した状態でワークシートを印刷すると、数式がそのまま印刷されます。

②数式が表示されます。

	C	D	E	F	G
6					
7	名前	赤川　裕子	電話番号	045-551-XXXX	
8	主所	横浜市鶴見区鶴見中央XXX	メール	akagawa@xx.xx	
9					
10					
11	型番	商品名	単価	数量	金額
12	2010	ダイエット烏龍茶	1000	3	=IF(E12="","",E12*F12)
13	3050	中国漢方スープ	1500	6	=IF(E13="","",E13*F13)
14	4010	ビタミンCアルファ	150	24	=IF(E14="","",E14*F14)
15	4020	ビタミンAアルファ	150	12	=IF(E15="","",E15*F15)
16					=IF(E16="","",E16*F16)
17			小計		=SUM(G12:G16)
18			消費税	0.1	=G17*F18
19			合計		=G17+G18

(2)

①**《数式》**タブ→**《ワークシート分析》**グループの 数式の表示 （数式の表示）をクリックします。

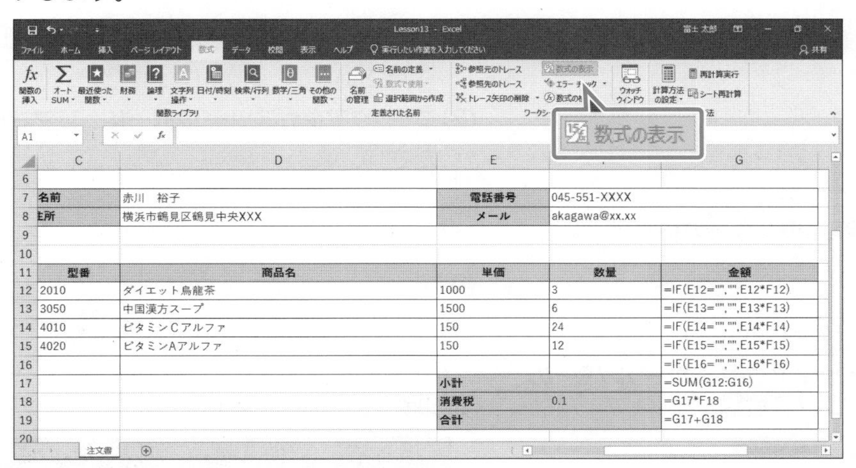

	C	D	E	F	G
6					
7	名前	赤川　裕子	電話番号	045-551-XXXX	
8	主所	横浜市鶴見区鶴見中央XXX	メール	akagawa@xx.xx	
9					
10					
11	型番	商品名	単価	数量	金額
12	2010	ダイエット烏龍茶	1000	3	=IF(E12="","",E12*F12)
13	3050	中国漢方スープ	1500	6	=IF(E13="","",E13*F13)
14	4010	ビタミンCアルファ	150	24	=IF(E14="","",E14*F14)
15	4020	ビタミンAアルファ	150	12	=IF(E15="","",E15*F15)
16					=IF(E16="","",E16*F16)
17			小計		=SUM(G12:G16)
18			消費税	0.1	=G17*F18
19			合計		=G17+G18

②計算結果が表示されます。

	B	C	D	E	F	G
6	●お客様情報					
7	お名前		赤川　裕子	電話番号	045-551-XXXX	
8	住所		横浜市鶴見区鶴見中央XXX	メール	akagawa@xx.xx	
9						
10	●ご注文商品					
11	No.	型番	商品名	単価	数量	金額
12	1	2010	ダイエット烏龍茶	1,000	3	3,000
13	2	3050	中国漢方スープ	1,500	6	9,000
14	3	4010	ビタミンCアルファ	150	24	3,600
15	4	4020	ビタミンAアルファ	150	12	1,800
16						
17				小計		17,400
18				消費税	10%	1,740
19				合計		19,140

1-3-6 クイックアクセスツールバーをカスタマイズする

解説 ■クイックアクセスツールバーのコマンドの登録

「クイックアクセスツールバー」には、ユーザーがよく使うコマンドを自由に登録できます。クイックアクセスツールバーにコマンドを登録しておくと、リボンのタブを切り替えたり階層をたどったりする手間が省けるので、効率的です。

2019 365 ◆クイックアクセスツールバーの（クイックアクセスツールバーのユーザー設定）

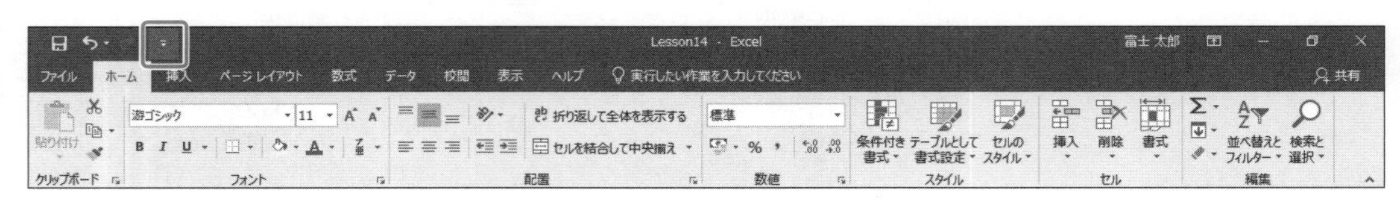

Lesson 14

 ブック「Lesson14」を開いておきましょう。

次の操作を行いましょう。

(1) クイックアクセスツールバーに、コマンド「印刷プレビューと印刷」を登録してください。

(2) クイックアクセスツールバーに、コマンド「ウィンドウを閉じる」を登録してください。

Lesson 14 Answer

その他の方法

クイックアクセスツールバーのコマンドの登録

2019 365

◆《ファイル》タブ→《オプション》→左側の一覧から《クイックアクセスツールバー》を選択

(1)

① クイックアクセスツールバーの（クイックアクセスツールバーのユーザー設定）をクリックします。

②**《印刷プレビューと印刷》**をクリックします。

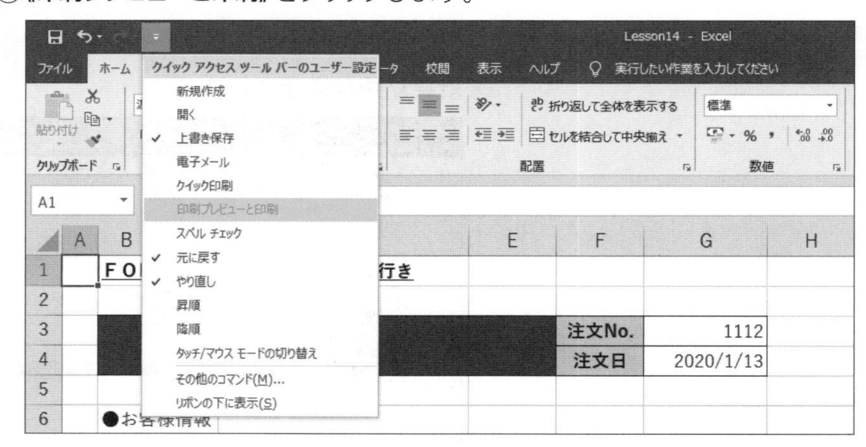

③ クイックアクセスツールバーにコマンドが登録されます。

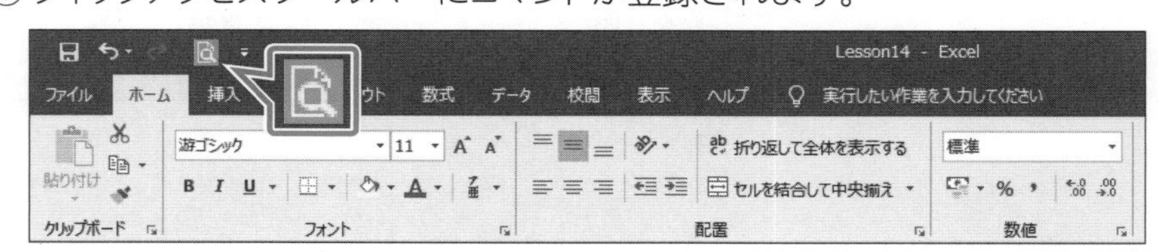

(2)

① クイックアクセスツールバーの ▾（クイックアクセスツールバーのユーザー設定）をクリックします。

②**《その他のコマンド》**をクリックします。

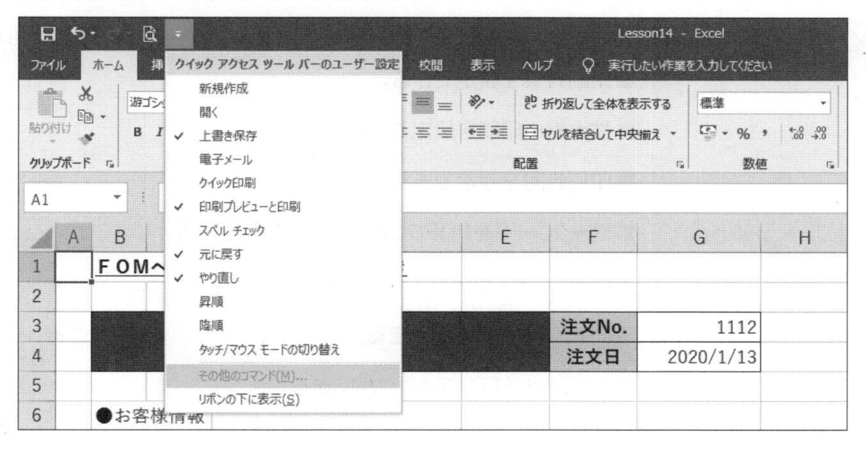

③**《Excelのオプション》**ダイアログボックスが表示されます。

④ 左側の一覧から**《クイックアクセスツールバー》**を選択します。

⑤**《コマンドの選択》**の ▾ をクリックし、一覧から**《リボンにないコマンド》**を選択します。

⑥ コマンドの一覧から**《ウィンドウを閉じる》**を選択します。

⑦**《追加》**をクリックします。

⑧**《OK》**をクリックします。

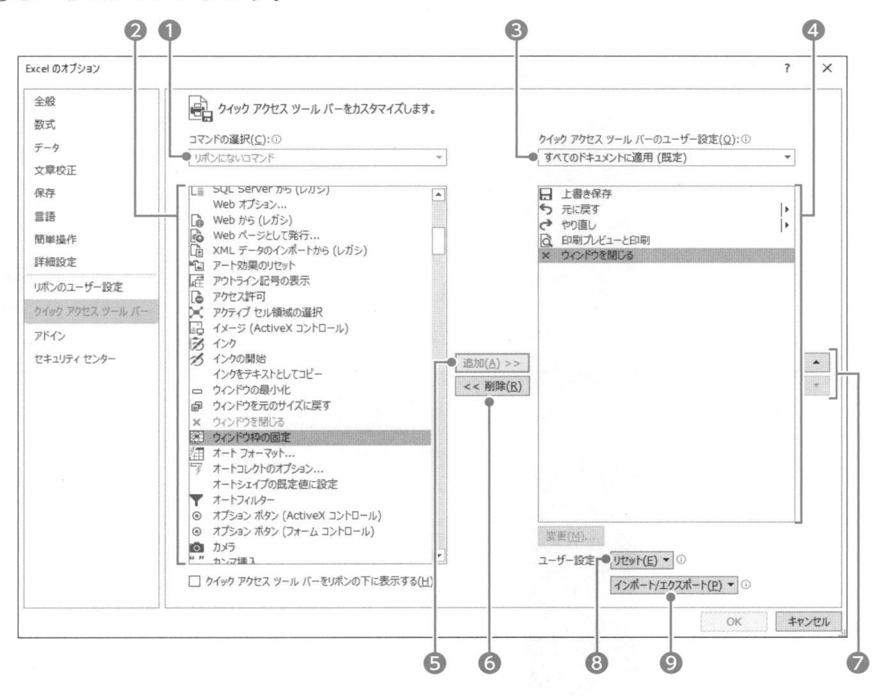

⑨ クイックアクセスツールバーにコマンドが登録されます。

※クイックアクセスツールバーに追加したコマンドを削除しておきましょう。

Point

《Excelのオプション》の《クイックアクセスツールバー》

❶コマンドの選択
クイックアクセスツールバーに追加するコマンドの種類を選択します。

❷コマンドの一覧
❶で選択する種類に応じて、コマンドを表示します。この一覧から追加するコマンドを選択します。

❸クイックアクセスツールバーのユーザー設定
設定するクイックアクセスツールバーをすべてのブックに適用するか、作業中のブックだけに適用するかを選択します。

❹現在のクイックアクセスツールバーの設定
❸で選択する適用範囲に応じて、クイックアクセスツールバーの現在の設定状況を表示します。

❺追加
❷で選択したコマンドを、クイックアクセスツールバーに追加します。

❻削除
クイックアクセスツールバーのコマンドを削除します。

❼上へ／下へ
クイックアクセスツールバー内のコマンドの順番を入れ替えます。

❽リセット
カスタマイズした内容をリセットして、元の状態に戻します。

❾インポート/エクスポート
クイックアクセスツールバーとリボンに関する設定を保存したり、既存の設定を取り込んだりします。

Point

クイックアクセスツールバーのコマンドの削除

2019 365

◆削除するコマンドを右クリック→《クイックアクセスツールバーから削除》

1-4 共同作業のためにコンテンツを設定する

理解度チェック

習得すべき機能	参照Lesson	学習前	学習後	試験直前
■印刷対象を設定できる。	➡Lesson15	☑	☑	☑
■拡大縮小印刷を設定できる。	➡Lesson16	☑	☑	☑
■印刷範囲を設定できる。	➡Lesson17	☑	☑	☑
■ワークシートをPDFファイルとして保存できる。	➡Lesson18	☑	☑	☑
■ワークシートをテキストファイルとして保存できる。	➡Lesson18	☑	☑	☑
■ドキュメント検査ができる。	➡Lesson19	☑	☑	☑
■アクセシビリティチェックができる。	➡Lesson20	☑	☑	☑
■互換性チェックができる。	➡Lesson21	☑	☑	☑

1-4-1 印刷設定を行う

解　説

■印刷対象の設定

印刷対象を設定すると、作業中のワークシートやブック全体、選択したセル範囲だけを印刷できます。

2019 365 ◆《ファイル》タブ→《印刷》→《作業中のシートを印刷 作業中のシートのみを印刷します》

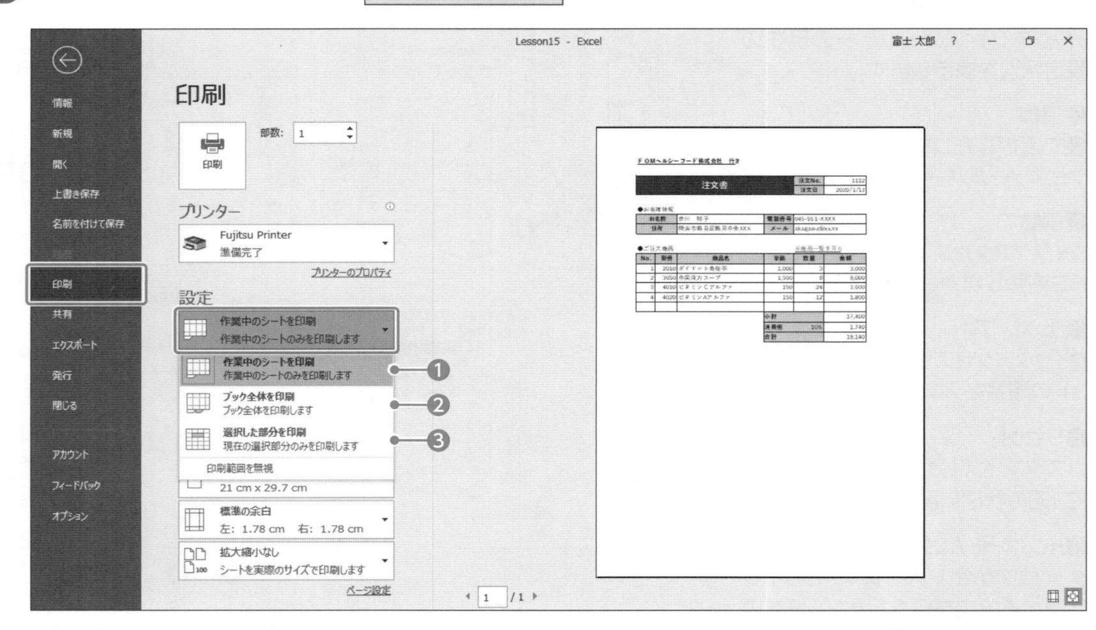

❶作業中のシートを印刷

現在選択しているワークシートを印刷します。

❷ブック全体を印刷

ブック内のすべてのワークシートを印刷します。

❸選択した部分を印刷

あらかじめ範囲選択した部分だけを印刷します。

Lesson 15

ブック「Lesson15」を開いておきましょう。

次の操作を行いましょう。

(1) ブック内のすべてのワークシートを印刷してください。

Lesson 15 Answer

(1)

①《ファイル》タブを選択します。

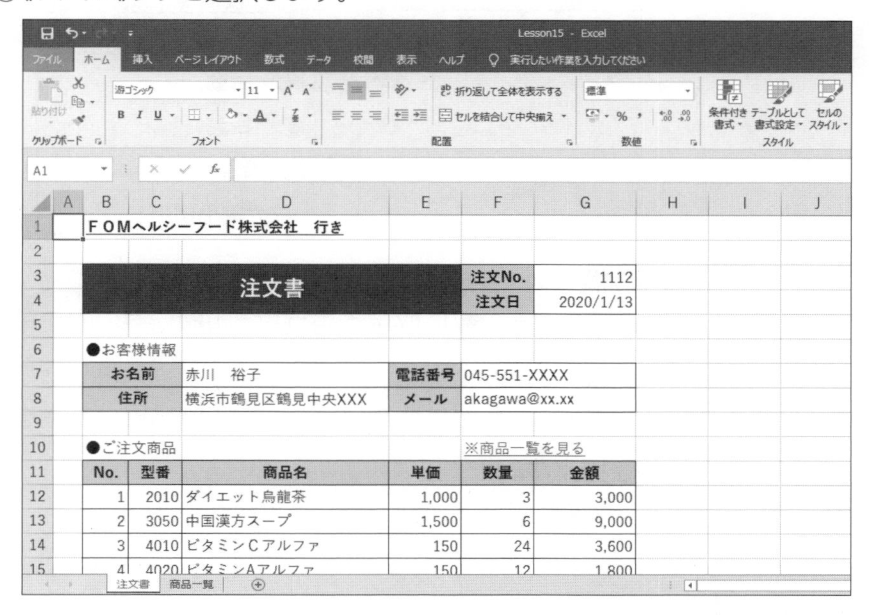

②《印刷》をクリックします。

③《作業中のシートを印刷》の ▾ をクリックし、一覧から《ブック全体を印刷》を選択します。

④《印刷》をクリックします。

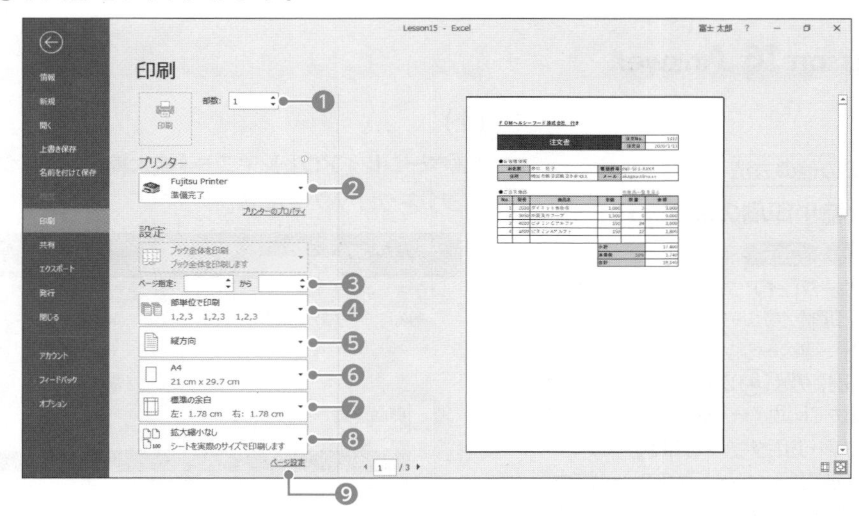

⑤すべてのワークシートが印刷されます。

Point

印刷設定

印刷対象以外で《印刷》画面で設定できる内容には、次のようなものがあります。

❶部数
印刷する部数を指定します。

❷プリンター
印刷するプリンターを選択します。

❸ページ指定
部分的に印刷する場合、印刷するページを指定します。

❹部単位／ページ単位で印刷
印刷部数を複数にした場合、部単位で印刷するか、ページ単位で印刷するかを選択します。

❺印刷の向き
用紙を縦方向にするか、横方向にするかを選択します。

❻用紙サイズ
用紙のサイズを選択します。

❼余白
《広い》《狭い》などから余白を選択します。《ユーザー設定の余白》を選択すると、数値で余白を設定できます。

❽拡大縮小印刷
拡大・縮小を設定します。

❾ページ設定
《ページ設定》ダイアログボックスを表示して、ページ設定を変更できます。

解説 ■拡大縮小印刷の設定

用紙に収まらない表を1ページに収まるように縮小したり、小さめの表を用紙全体に表示するように拡大したりして印刷できます。
拡大縮小印刷には、ページ数を指定する方法と印刷倍率を指定する方法があります。

2019 365 ◆《ページレイアウト》タブ→《拡大縮小印刷》グループ

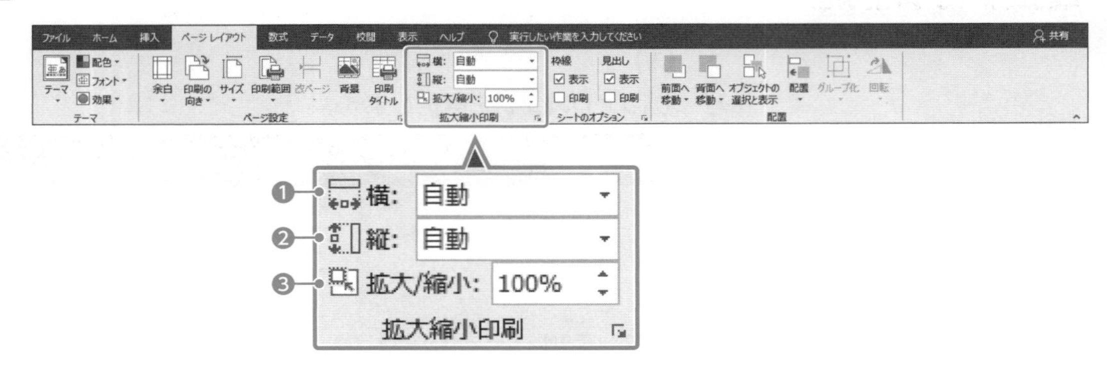

❶横

指定のページ数に収まるように、印刷結果の幅を縮小します。

❷縦

指定のページ数に収まるように、印刷結果の高さを縮小します。

❸拡大/縮小

倍率を指定して拡大したり縮小したりします。

Lesson 16

ブック「Lesson16」を開いておきましょう。

次の操作を行いましょう。

(1) 印刷したときにすべてのデータが横1ページに収まるように設定してください。

Lesson 16 Answer

その他の方法

拡大縮小印刷の設定

2019 365

◆《ページレイアウト》タブ→《拡大縮小印刷》グループの (ページ設定)→《ページ》タブ→《拡大縮小印刷》の《◉次のページ数に合わせて印刷》→《横》を「1」に設定

◆《ファイル》タブ→《印刷》→《ページ設定》→《ページ》タブ→《拡大縮小印刷》の《◉次のページ数に合わせて印刷》→《横》を「1」に設定

◆《ファイル》タブ→《印刷》→《拡大縮小なし》の →《すべての列を1ページに印刷》

(1)

①《ページレイアウト》タブ→《拡大縮小印刷》グループの 横: (横)の →《1ページ》をクリックします。

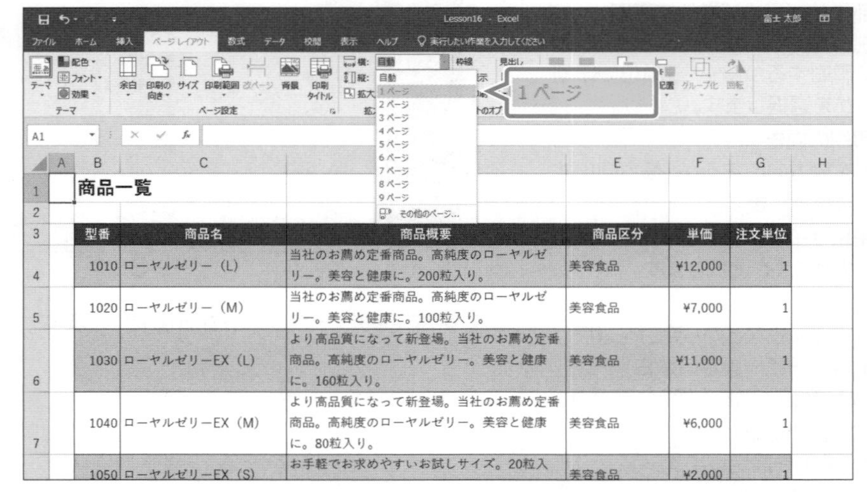

型番	商品名	商品概要	商品区分	単価	注文単位
1010	ローヤルゼリー（L）	当社のお薦め定番商品。高純度のローヤルゼリー。美容と健康に。200粒入り。	美容食品	¥12,000	1
1020	ローヤルゼリー（M）	当社のお薦め定番商品。高純度のローヤルゼリー。美容と健康に。100粒入り。	美容食品	¥7,000	1
1030	ローヤルゼリーEX（L）	より高品質になって新登場。当社のお薦め定番商品。高純度のローヤルゼリー。美容と健康に。160粒入り。	美容食品	¥11,000	1
1040	ローヤルゼリーEX（M）	より高品質になって新登場。当社のお薦め定番商品。高純度のローヤルゼリー。美容と健康に。80粒入り。	美容食品	¥6,000	1
1050	ローヤルゼリーEX（S）	お手軽でお求めやすいお試しサイズ。20粒入	美容食品	¥2,000	1

※《ファイル》タブ→《印刷》をクリックし、印刷プレビューを確認しておきましょう。
確認後、Esc を押して、印刷プレビューを解除しておきましょう。

1-4-2 印刷範囲を設定する

解 説

■印刷範囲の設定

初期の設定では、選択されているワークシートのデータがすべて印刷されます。印刷範囲を設定すると、設定した範囲だけを印刷することができます。
特定のセル範囲を繰り返し印刷する場合、一度印刷範囲を設定しておくと、印刷のたびに印刷範囲を指定する手間が省けるので効率的です。

2019 365 ◆《ページレイアウト》タブ→《ページ設定》グループの (印刷範囲)→《印刷範囲の設定》

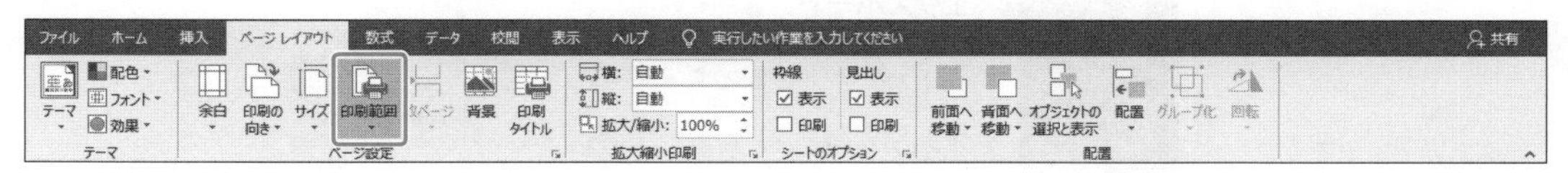

Lesson 17

ブック「Lesson17」を開いておきましょう。

次の操作を行いましょう。

(1)「単価」と「注文単位」は含めずに、タイトルと表が印刷されるように設定してください。設定後、印刷プレビューで確認してください。

Lesson 17 Answer

(1)

① セル範囲【B1：E20】を選択します。

②《**ページレイアウト**》タブ→《**ページ設定**》グループの (印刷範囲)→《**印刷範囲の設定**》をクリックします。

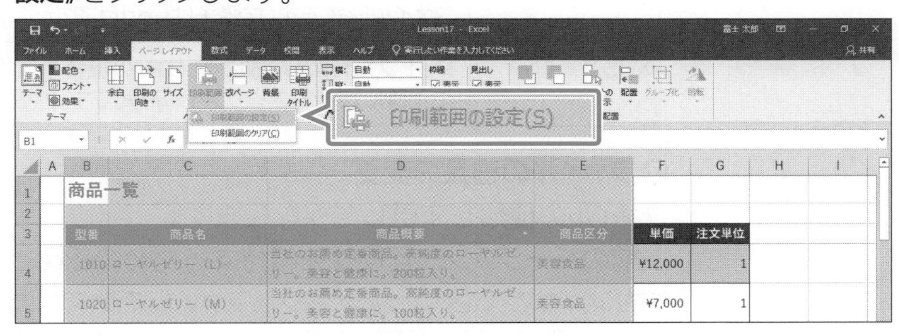

③《**ファイル**》タブ→《**印刷**》をクリックします。

④ 印刷範囲に設定した範囲だけが印刷プレビューに表示されます。

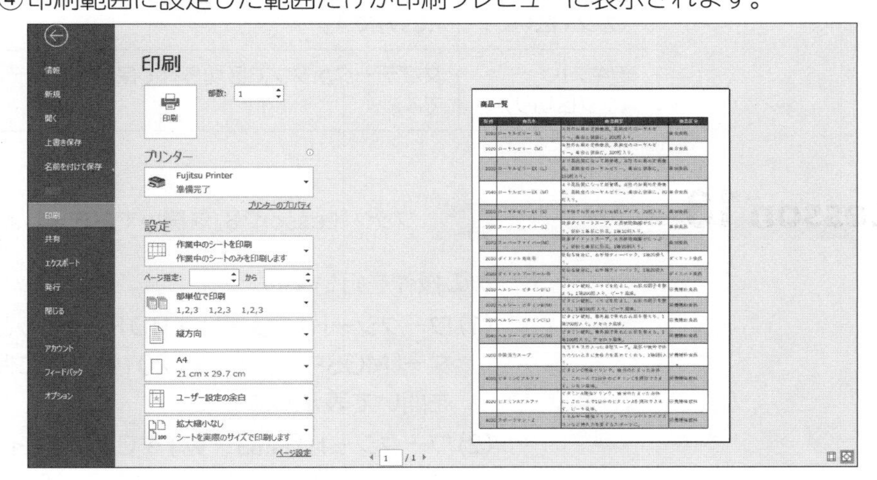

その他の方法

印刷範囲の設定

2019 365

◆《ページレイアウト》タブ→《ページ設定》グループの (ページ設定)→《シート》タブ→《印刷範囲》

Point

印刷範囲のクリア

2019 365

◆《ページレイアウト》タブ→《ページ設定》グループの (印刷範囲)→《印刷範囲のクリア》

1-4-3 別のファイル形式でブックを保存する

解 説 ■別のファイル形式での保存

Excelで作成したブックをPDFファイルや書式なしのテキストファイルなど、別のファイル形式で保存することを**「エクスポート」**といいます。

2019 365 ◆《ファイル》タブ→《エクスポート》

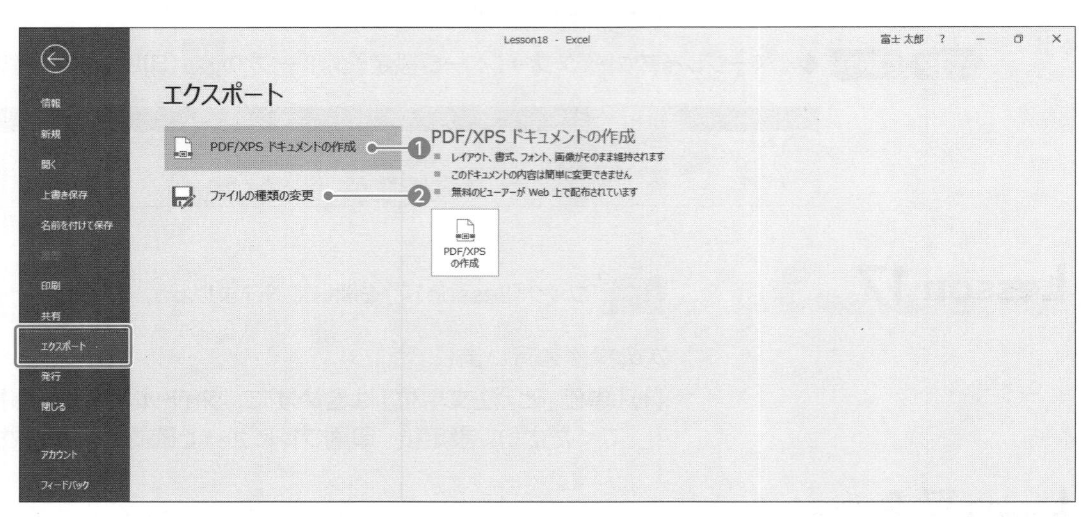

❶PDF/XPSドキュメントの作成

PDFファイルまたはXPSファイルとして保存します。

ファイルの種類	説明
PDFファイル	パソコンの機種や環境に関わらず、元のアプリで作成したとおりに正確に表示できるファイル形式です。拡張子は「.pdf」です。
XPSファイル	PDFファイルと同様にパソコンの機種や環境に関わらず、元のアプリで作成したとおりに正確に表示できるファイル形式です。拡張子は「.xps」です。

❷ファイルの種類の変更

ファイルの種類を変更して保存します。

以前のバージョンと互換性を維持するためのExcel 97-2003形式で保存したり、タブやカンマなどで区切ったテキストファイルで保存したりできます。

ファイルの種類	説明
CSV （カンマ区切り）	文字データがカンマで区切られて保存できるテキストファイル形式です。拡張子は「.csv」です。
テキスト （タブ区切り）	文字データがタブで区切られて保存できるテキストファイル形式です。拡張子は「.txt」です。

Lesson 18

ブック「Lesson18」を開いておきましょう。

次の操作を行いましょう。

(1) ワークシート「注文書」をPDFファイルとして「注文書」という名前でフォルダー「MOS-Excel 365 2019（1）」に保存してください。保存後にファイルを開いて表示します。

(2) ワークシート「商品一覧」をCSVファイルとして「商品一覧」という名前でフォルダー「MOS-Excel 365 2019（1）」に保存してください。

Lesson 18 Answer

その他の方法

PDFファイルの作成

2019 365

- ◆《ファイル》タブ→《名前を付けて保存》→《参照》→《ファイルの種類》の[v]→《PDF》
- ◆[F12]→《ファイルの種類》の[v]→《PDF》

Point

《PDFまたはXPS形式で発行》

❶ファイルの種類
作成するファイル形式を選択します。

❷発行後にファイルを開く
PDFファイルまたはXPSファイルとして保存したあとに、そのファイルを開いて表示する場合は、☑にします。

❸最適化
ファイルの用途に合わせて、ファイルのサイズを選択します。
ファイルをネットワーク上で表示する場合には、《標準》または《最小サイズ》を選択します。
ファイルを印刷する場合は、《標準》を選択します。

❹オプション
保存する範囲を設定したり、プロパティの情報を含めるかどうかを設定したりできます。

❺発行
PDFファイルまたはXPSファイルとして保存します。

(1)

①ワークシート**「注文書」**のシート見出しを選択します。
②**《ファイル》**タブを選択します。
③**《エクスポート》→《PDF/XPSドキュメントの作成》→《PDF/XPSの作成》**をクリックします。

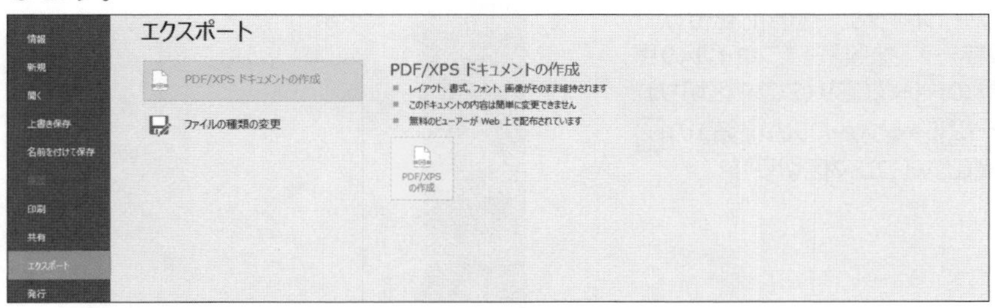

④**《PDFまたはXPS形式で発行》**ダイアログボックスが表示されます。
⑤フォルダー**「MOS-Excel 365 2019(1)」**を開きます。
※《PC》→《ドキュメント》→「MOS-Excel 365 2019(1)」を選択します。
⑥**《ファイル名》**に**「注文書」**と入力します。
⑦**《ファイルの種類》**の[v]をクリックし、一覧から**《PDF》**を選択します。
⑧**《発行後にファイルを開く》**を☑にします。
⑨**《発行》**をクリックします。

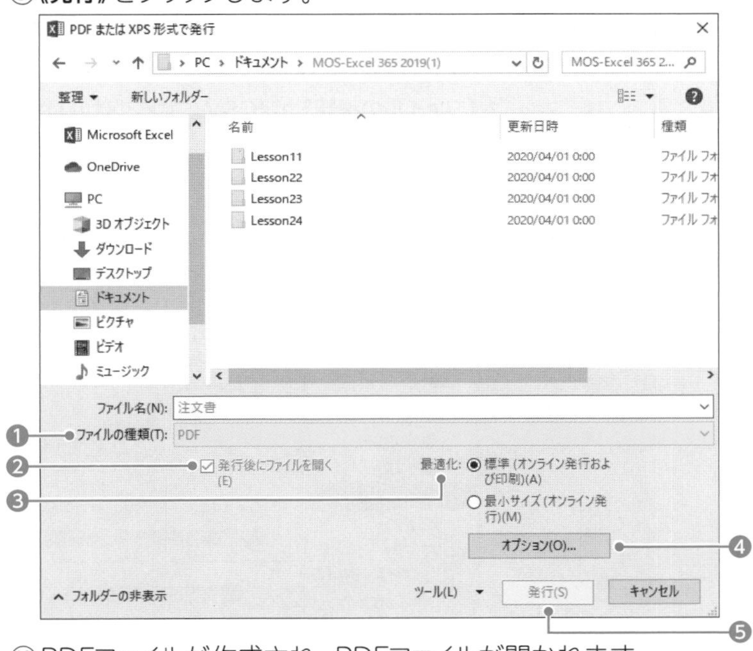

⑩PDFファイルが作成され、PDFファイルが開かれます。

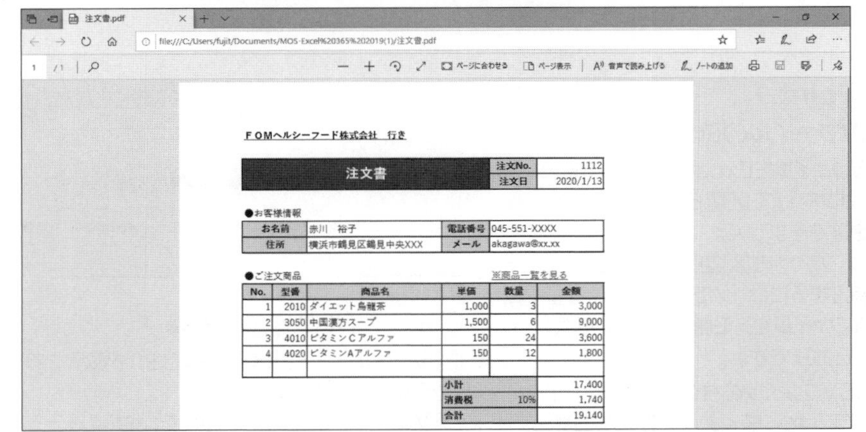

FOMヘルシーフード株式会社 行き

注文書	注文No.	1112
	注文日	2020/1/13

●お客様情報

お名前	赤川 裕子	電話番号	045-551-XXXX
住所	横浜市鶴見区鶴見中央XXX	メール	akagawa@xx.xx

●ご注文商品　※商品一覧を見る

No.	型番	商品名	単価	数量	金額
1	2010	ダイエット烏龍茶	1,000	3	3,000
2	3050	中国漢方スープ	1,500	6	9,000
3	4010	ビタミンCアルファ	150	24	3,600
4	4020	ビタミンAアルファ	150	12	1,800
			小計		17,400
			消費税	10%	1,740
			合計		19,140

※アプリケーションソフトを選択する画面が表示された場合は、《Microsoft Edge》を選択します。
※PDFファイルを閉じておきましょう。

その他の方法

CSVファイルの作成

2019　365

◆《ファイル》タブ→《名前を付けて保存》→《参照》→《ファイルの種類》の[v]→《CSV（コンマ区切り）》

◆ [F12] →《ファイルの種類》の[v]→《CSV（コンマ区切り）》

(2)

①ワークシート**「商品一覧」**のシート見出しを選択します。

②**《ファイル》**タブを選択します。

③**《エクスポート》**→**《ファイルの種類の変更》**→**《その他のファイルの種類》**の**《CSV（コンマ区切り）》**→**《名前を付けて保存》**をクリックします。

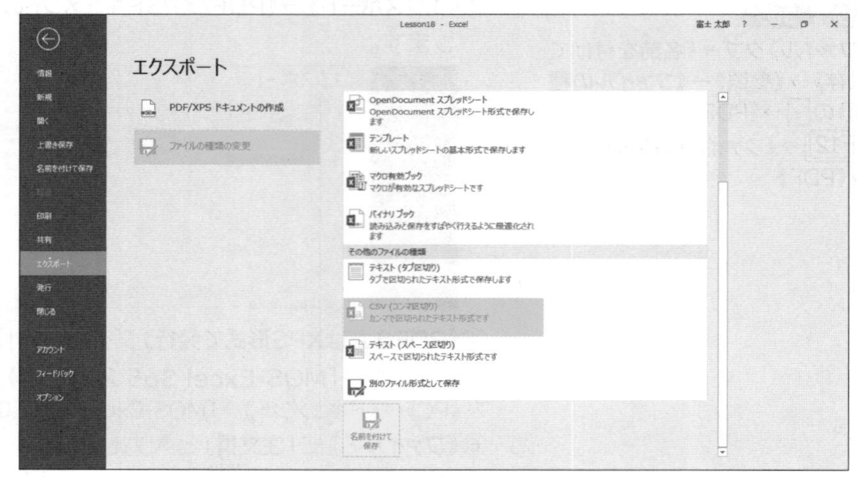

④**《名前を付けて保存》**ダイアログボックスが表示されます。

⑤フォルダー**「MOS-Excel 365 2019（1）」**を開きます。

※《PC》→《ドキュメント》→「MOS-Excel 365 2019（1）」を選択します。

⑥**《ファイル名》**に**「商品一覧」**と入力します。

⑦**《ファイルの種類》**が**《CSV（コンマ区切り）》**になっていることを確認します。

⑧**《保存》**をクリックします。

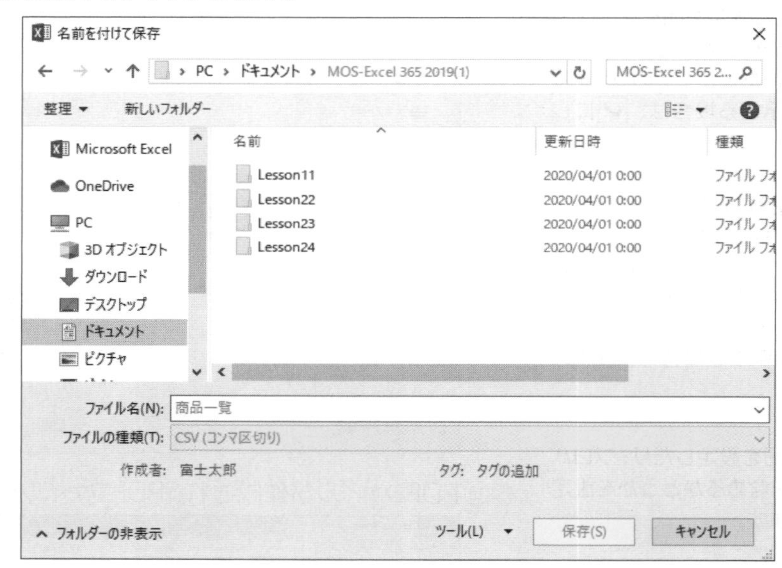

⑨メッセージを確認し、**《OK》**をクリックします。

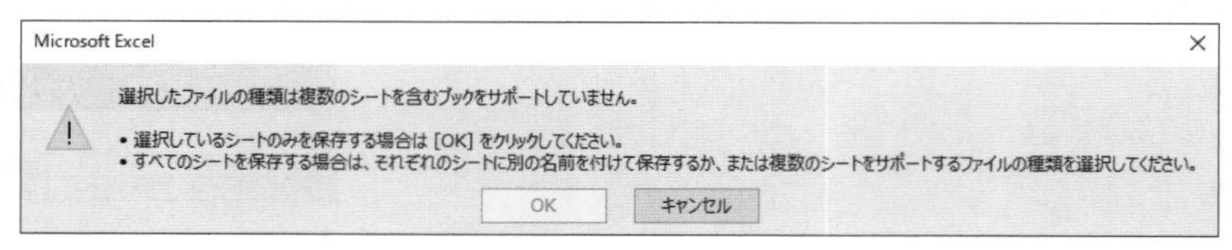

⑩CSVファイルが作成されます。

※情報バーに「データ損失の可能性」が表示された場合は、✖（このメッセージを閉じる）をクリックしておきましょう。

※CSVファイルをメモ帳で開いて、セルのデータが「,（カンマ）」で区切られていることを確認しておきましょう。

Point

CSVファイルの確認

CSVファイルをExcelで表示すると、「,（カンマ）」で区切られていることが確認できません。

「,（カンマ）」で区切られていることを確認するには、メモ帳で開きます。

CSVファイルをメモ帳で開く方法は、次のとおりです。

◆CSVファイルを右クリック→《プログラムから開く》→《別のプログラムを選択》→《メモ帳》

1-4-4 ブック内の問題を検査する

解説

■ドキュメント検査

「ドキュメント検査」を使うと、ブックに個人情報やプロパティなどが含まれていないかどうかをチェックして、必要に応じてそれらの情報を削除できます。作成したブックを社内で共有したり、顧客や取引先など社外の人に配布したりするような場合、事前にドキュメント検査を行うと、情報の漏えい防止につながります。
ドキュメント検査では、次のような内容をチェックできます。

内容	説明
コメント	コメントには、それを入力したユーザー名や内容そのものが含まれています。
プロパティ	ブックのプロパティには、作成者の情報や作成日時などが含まれています。
ヘッダー・フッター	ヘッダーやフッターには作成者の情報が含まれている可能性があります。
非表示の行・列 非表示のワークシート	行や列、ワークシートを非表示にしている場合、非表示の部分に秘密の情報が含まれている可能性があります。

2019 365 ◆《ファイル》タブ→《情報》→《問題のチェック》→《ドキュメント検査》

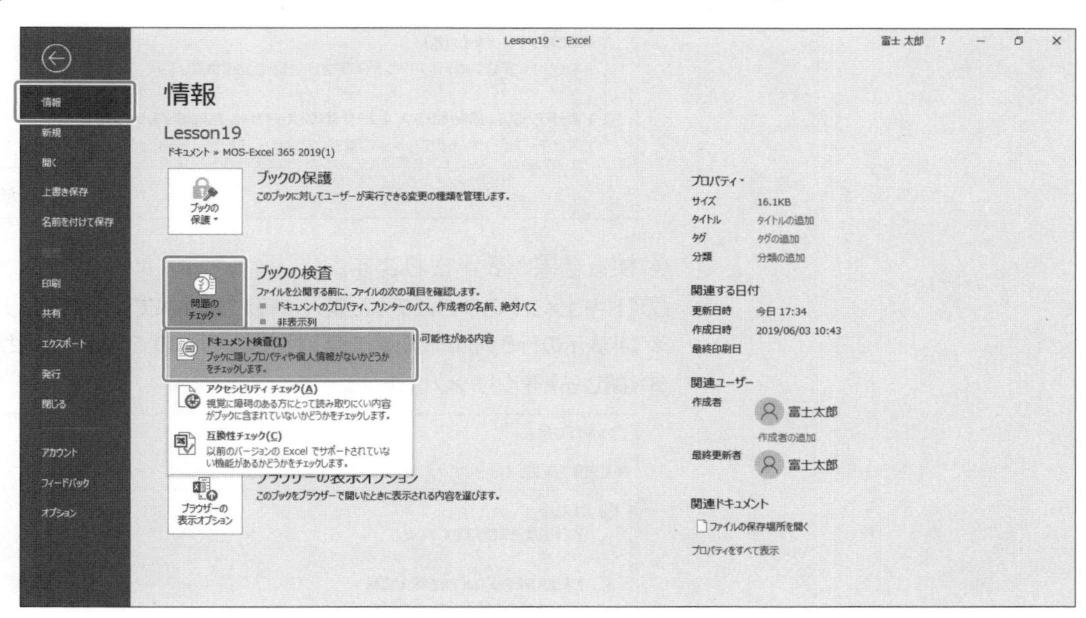

Lesson 19

ブック「Lesson19」を開いておきましょう。

次の操作を行いましょう。

(1) すべての項目を対象にドキュメントを検査し、検査結果からプロパティの情報を削除してください。

(1)

①《ファイル》タブを選択します。

②《情報》→《問題のチェック》→《ドキュメント検査》をクリックします。

※ファイルの保存に関するメッセージが表示される場合は、《はい》をクリックします。

③《ドキュメントの検査》ダイアログボックスが表示されます。

④すべての項目を☑にします。

⑤《検査》をクリックします。

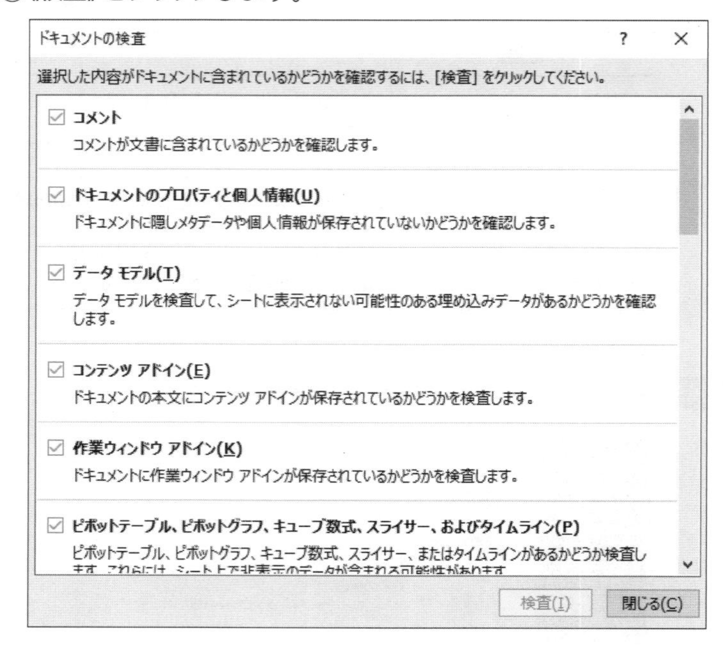

⑥検査結果が表示されます。

⑦《ドキュメントのプロパティと個人情報》の《すべて削除》をクリックします。

※《非表示の行と列》は問題文に指示されていないので、削除しません。

⑧《閉じる》をクリックします。

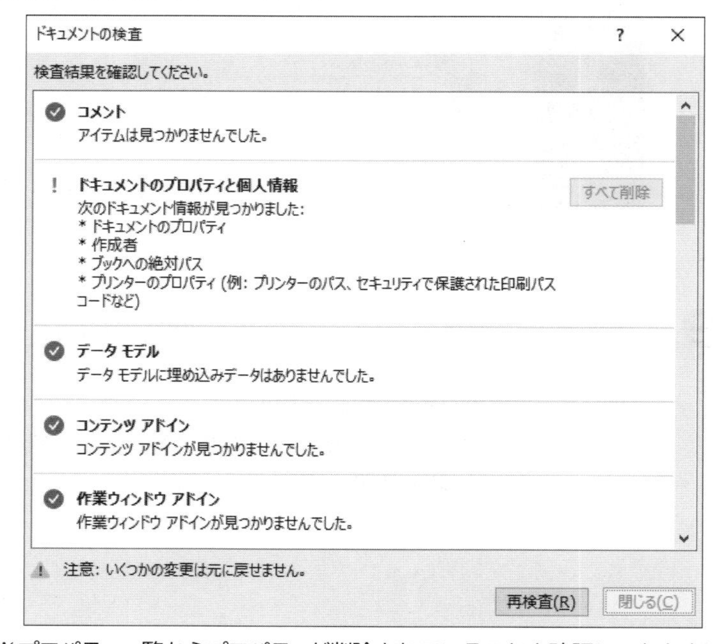

※プロパティ一覧からプロパティが削除されていることを確認しておきましょう。

※ワークシート「商品一覧」のF列とI列の間に非表示の列があることを確認しておきましょう。

1-4-5 ブック内のアクセシビリティの問題を検査する

解 説

■アクセシビリティチェック

「アクセシビリティ」とは、すべての人が不自由なく情報を手に入れられるかどうか、使いこなせるかどうかを表す言葉です。
「アクセシビリティチェック」を使うと、視覚に障がいのある方などが、読み取りにくい情報や判別しにくい情報が含まれていないかどうかをチェックできます。
アクセシビリティチェックでは、次のような内容を検査します。

内容	説明
代替テキスト	グラフや図形、画像などのオブジェクトに代替テキストが設定されているかどうかをチェックします。オブジェクトの内容を代替テキストで示しておくと、情報を理解しやすくなります。
読み取りにくいテキストのコントラスト	テキストの色が背景の色と酷似しているかどうかをチェックします。コントラストを上げることで、簡単にテキストを読めるようになります。
テーブルの列見出し	テーブルに列見出しが設定されているかどうかをチェックします。列見出しに適切な項目名を付けると、表の内容を理解しやすくなります。
表の構造	表の構造がシンプルで、統合されたセルが含まれていないかどうかをチェックします。

2019 365 ◆《ファイル》タブ→《情報》→《問題のチェック》→《アクセシビリティチェック》

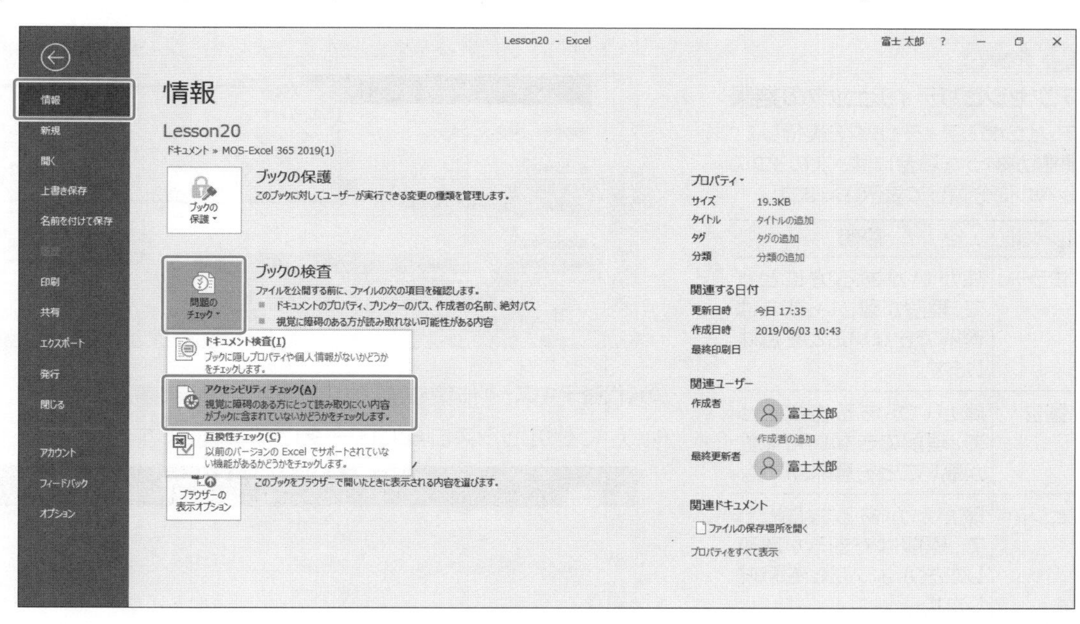

Lesson 20

ブック「Lesson20」を開いておきましょう。

次の操作を行いましょう。

(1) アクセシビリティチェックを実行し、代替テキストがないオブジェクトに「ロゴマーク」と設定します。

Lesson 20 Answer

(1)

①《**ファイル**》タブを選択します。

②《**情報**》→《**問題のチェック**》→《**アクセシビリティチェック**》をクリックします。

③ アクセシビリティチェックが実行され、《**アクセシビリティチェック**》作業ウィンドウに検査結果が表示されます。

※エラーが1つ表示されます。

④《**エラー**》の《**代替テキストがありません**》をクリックします。

⑤《**図1（納品書）**》をクリックします。

⑥ ワークシート「**納品書**」の図1が選択されます。

⑦《**図1（納品書）**》の［v］をクリックします。

⑧《**おすすめアクション**》の《**説明を追加**》をクリックします。

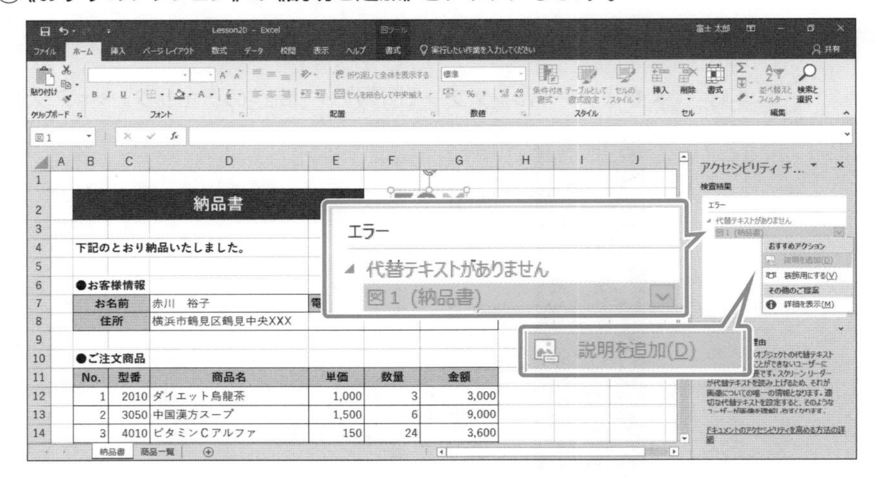

⑨《**代替テキスト**》作業ウィンドウが表示されます。

⑩ テキストボックスに「**ロゴマーク**」と入力します。

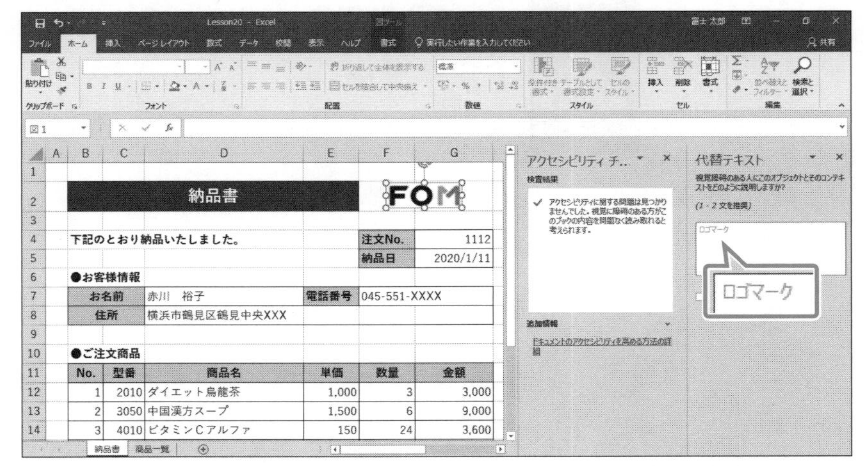

※《アクセシビリティチェック》作業ウィンドウから《エラー》の表示がなくなります。

※《アクセシビリティチェック》作業ウィンドウと《代替テキスト》作業ウィンドウを閉じておきましょう。

その他の方法

アクセシビリティチェック

2019　365

◆《校閲》タブ→《アクセシビリティ》グループの［アクセシビリティチェック］（アクセシビリティチェック）

Point

代替テキストの設定

「代替テキスト」は、音声読み上げソフトがブック内の画像や図形、表などのオブジェクトの代わりに読み上げる文字列のことです。代替テキストが設定されていないと、エラーとして表示されます。

Point

アクセシビリティチェックの結果

アクセシビリティチェックを実行して、問題があった場合には、次の3つのレベルに分類して表示されます。

レベル	説明
エラー	障がいがある方にとって、理解が難しい、または理解できないことを意味します。
警告	障がいがある方にとって、理解できない可能性が高いことを意味します。
ヒント	障がいがある方にとって、理解はできるが改善した方がよいことを意味します。

解説 ■互換性チェック

ほかのユーザーとファイルをやり取りしたり、複数のパソコンでファイルをやり取りしたりする場合、ファイルの互換性を考慮する必要があります。
「互換性チェック」を使うと、作成したブックに、以前のバージョンのExcelでサポートされていない機能が含まれているかどうかをチェックできます。

2019 365 ◆《ファイル》タブ→《情報》→《問題のチェック》→《互換性チェック》

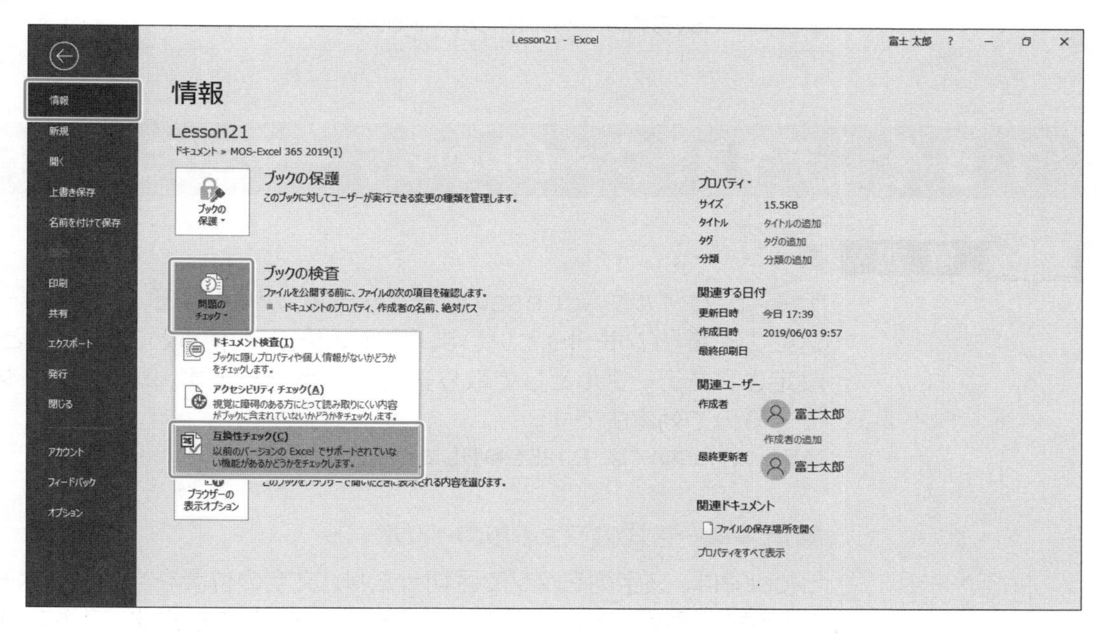

Lesson 21

ブック「Lesson21」を開いておきましょう。

次の操作を行いましょう。
(1) ブックの互換性をチェックしてください。

Lesson 21 Answer

(1)

①**《ファイル》**タブを選択します。
②**《情報》**→**《問題のチェック》**→**《互換性チェック》**をクリックします。
③**《Microsoft Excel－互換性チェック》**ダイアログボックスが表示されます。
④**《概要》**のサポートされていない機能を確認します。
⑤**《OK》**をクリックします。

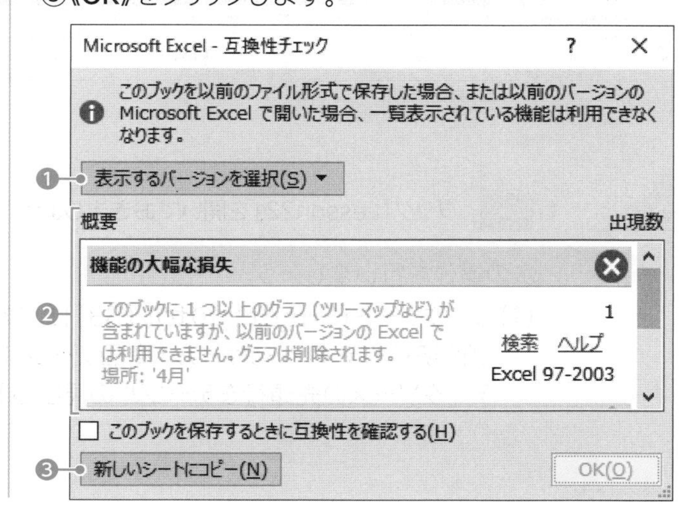

Point

《Microsoft Excel-互換性チェック》

❶表示するバージョンを選択
☑の付いているバージョンでサポートされていない機能を確認します。

❷概要・出現数
チェック結果の概要とブック内の該当箇所の数を表示します。

❸新しいシートにコピー
新しいワークシートに互換性レポートを作成します。

Point

ファイル保存時の互換性チェック
作成したブックをExcel 97-2003ブックの形式で保存すると、自動的に互換性がチェックされます。

出題範囲1　ワークシートやブックの管理

1-5 ブックにデータをインポートする

理解度チェック

習得すべき機能	参照Lesson	学習前	学習後	試験直前
■ブックにテキスト形式のファイルをインポートできる。	➡Lesson22	☑	☑	☑
■ブックにCSV形式のファイルをインポートできる。	➡Lesson23	☑	☑	☑

1-5-1 テキストファイルからデータをインポートする

■インポート

テキストファイルやAccessのデータベースファイルなど、外部のデータをExcelに取り込むことを**「インポート」**といいます。インポートを使うと、スタイルとフィルターモードが設定されたテーブルとして取り込むことができます。既存のデータをそのまま再利用できるので効率的です。

※テーブルについては、P.125を参照してください。

■テキスト形式のファイルのインポート

Excelでは、文字列をタブで区切ったり、文字の位置を半角のスペースでそろえたりした**「テキスト形式」**のファイルのデータをインポートできます。テキスト形式のファイルの拡張子は**「.txt」**です。

テキスト形式のデータをインポートすると、文字列の区切りや位置に応じてセルに取り込まれます。

●タブによって区切られたデータ

```
型番	商品名	単価	注文単位
1010	ローヤルゼリー(L)	12000	1
1020	ローヤルゼリー(M)	7000	1
1030	ローヤルゼリーEX(L)	11000	1
1040	ローヤルゼリーEX(M)	6000	1
1050	ローヤルゼリーEX(S)	2000	1
1060	スーパーファイバー(L)	1200	1
1070	スーパーファイバー(M)	2000	1
```

●スペースによって位置をそろえたデータ

```
型番 商品名                単価 注文単位
1010 ローヤルゼリー(L)     12000        1
1020 ローヤルゼリー(M)      7000        1
1030 ローヤルゼリーEX(L)   11000        1
1040 ローヤルゼリーEX(M)    6000        1
1050 ローヤルゼリーEX(S)    2000        1
1060 スーパーファイバー(L)  1200        1
1070 スーパーファイバー(M)  2000        1
```

2019 365 ◆《データ》タブ→《データの取得と変換》グループの［テキストまたは CSV から］（テキストまたはCSVから）

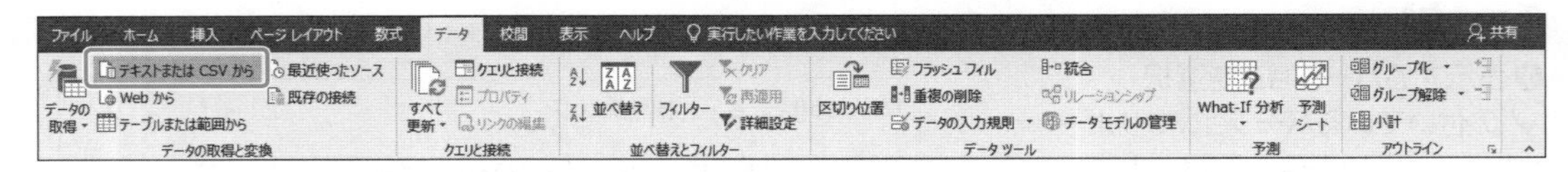

Lesson 22

ブック「Lesson22」を開いておきましょう。

次の操作を行いましょう。

(1) ワークシート「Sheet1」のセル【B3】に、フォルダー「Lesson22」にあるタブ区切りのテキストファイル「商品データ.txt」をインポートしてください。データソースの先頭行をテーブルの見出しとして使用します。

Lesson 22 Answer

(1)

①セル【B3】を選択します。

②《データ》タブ→《データの取得と変換》グループの テキストまたは CSV から (テキストまたはCSVから)をクリックします。

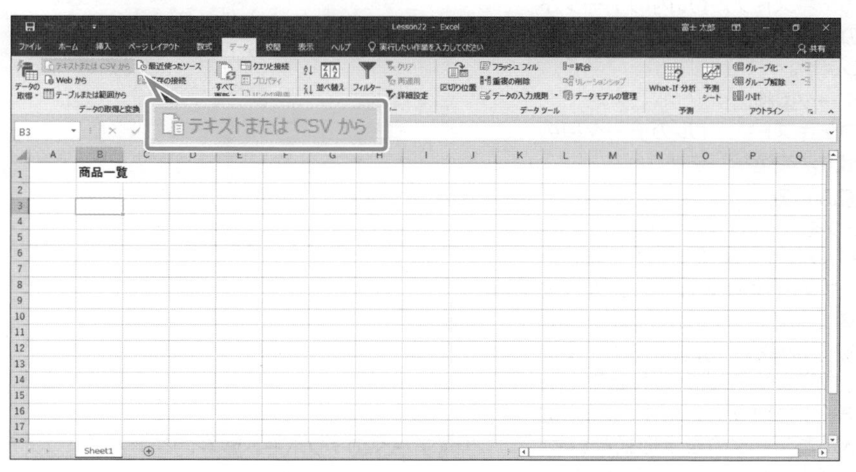

③《データの取り込み》ダイアログボックスが表示されます。

④フォルダー「Lesson22」を開きます。

※《PC》→《ドキュメント》→「MOS-Excel 365 2019(1)」→「Lesson22」を選択します。

⑤一覧から「商品データ」を選択します。

⑥《インポート》をクリックします。

⑦テキストファイル「商品データ.txt」の内容が表示されます。

⑧データの先頭行が見出しになっていることを確認します。

⑨《区切り記号》が《タブ》になっていることを確認します。

Point

データの取り込み画面

❶元のファイル
インポートするテキストファイルの形式（文字コード）を選択します。

❷区切り記号
元のテキストファイル内のデータがどのように区切られているかを選択します。

❸データ型検出
元のテキストファイルのデータ型の検出方法を選択します。

❹読み込み
データを取り込む場所を選択します。
《読み込み》を選択すると、新しいワークシートを挿入し、セル【A1】を基準に外部データを取り込みます。
《読み込み先》を選択すると、指定したワークシートとセルを基準に外部データを取り込みます。また、取り込んだデータの表示形式として、テーブル以外に、ピボットテーブルなどを指定することもできます。

❺編集
《編集》を選択すると、《Power Queryエディター》を表示して、先頭行を見出しに設定したり、データの列や行を削除したり、抽出したりすることもできます。

※お使いの環境によっては、《編集》は《データの変換》と表示される場合があります。
※《Power Queryエディター》については、P.63を参照してください。

⑩**《読み込み》**の ▾ をクリックし、一覧から**《読み込み先》**を選択します。

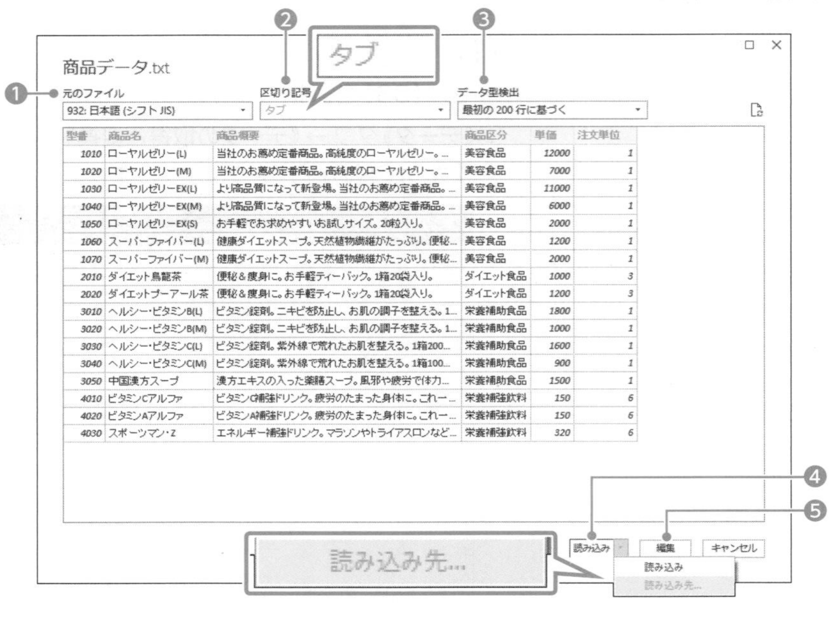

型番	商品名	商品概要	商品区分	単価	注文単位
1010	ローヤルゼリー(L)	当社のお薦め定番商品。高純度のローヤルゼリー。...	美容食品	12000	1
1020	ローヤルゼリー(M)	当社のお薦め定番商品。高純度のローヤルゼリー。...	美容食品	7000	1
1030	ローヤルゼリーEX(L)	より高品質になって新登場。当社のお薦め定番商品。...	美容食品	11000	1
1040	ローヤルゼリーEX(M)	より高品質になって新登場。当社のお薦め定番商品。...	美容食品	6000	1
1050	ローヤルゼリーEX(S)	お手軽でお求めやすいお試しサイズ。20粒入り。	美容食品	2000	1
1060	スーパーファイバー(L)	健康ダイエットスープ。天然植物繊維がたっぷり。便秘...	美容食品	1200	1
1070	スーパーファイバー(M)	健康ダイエットスープ。天然植物繊維がたっぷり。便秘...	美容食品	2000	1
2010	ダイエット烏龍茶	便秘＆痩身に。お手軽ティーバック。1箱20袋入り。	ダイエット食品	1000	3
2020	ダイエットプーアール茶	便秘＆痩身に。お手軽ティーバック。1箱20袋入り。	ダイエット食品	1200	3
3010	ヘルシー・ビタミンB(L)	ビタミン錠剤。ニキビを防止し、お肌の調子を整える。1...	栄養補助食品	1800	1
3020	ヘルシー・ビタミンB(M)	ビタミン錠剤。ニキビを防止し、お肌の調子を整える。1...	栄養補助食品	1000	1
3030	ヘルシー・ビタミンC(L)	ビタミン錠剤。紫外線で荒れたお肌を整える。1箱200...	栄養補助食品	1600	1
3040	ヘルシー・ビタミンC(M)	ビタミン錠剤。紫外線で荒れたお肌を整える。1箱100...	栄養補助食品	900	1
3050	中国漢方スープ	漢方エキスの入った薬膳スープ。風邪や疲労で体力...	栄養補助食品	1500	1
4010	ビタミンCアルファ	ビタミンC補強ドリンク。疲労のたまった身体に。これ一...	栄養補強飲料	150	6
4020	ビタミンAアルファ	ビタミンA補強ドリンク。疲労のたまった身体に。これ一...	栄養補強飲料	150	6
4030	スポーツマン・Z	エネルギー補強ドリンク。マラソンやトライアスロンなど...	栄養補強飲料	320	6

⑪**《データのインポート》**ダイアログボックスが表示されます。
⑫**《テーブル》**が◉になっていることを確認します。
⑬**《既存のワークシート》**を◉にします。
⑭**「=$B$3」**と表示されていることを確認します。
⑮**《OK》**をクリックします。

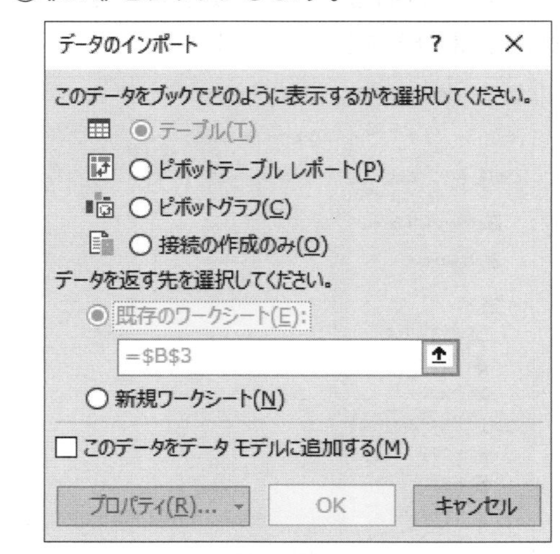

⑯テキストファイルのデータがテーブルとしてインポートされます。

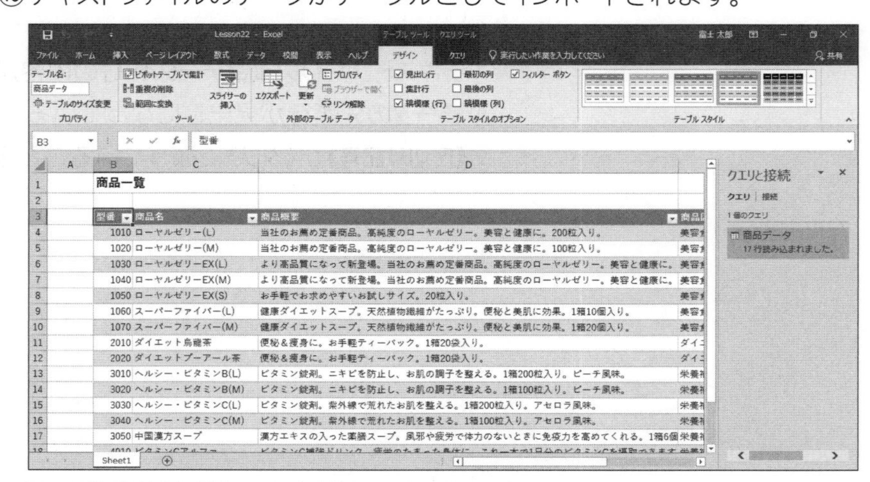

※《クエリと接続》作業ウィンドウを閉じておきましょう。

1-5-2 .csvファイルからデータをインポートする

■CSV形式のファイルのインポート

Excelでは、文字列を**「,(カンマ)」**で区切った**「CSV形式」**のファイルのデータもインポートできます。CSV形式のファイルの拡張子は**「.csv」**です。
CSV形式のデータをインポートすると、カンマの位置に応じてセルに取り込まれます。

●カンマによって区切られたデータ

```
型番,商品名,単価,注文単位
1010,ローヤルゼリー(L),12000,1
1020,ローヤルゼリー(M),7000,1
1030,ローヤルゼリーEX(L),11000,1
1040,ローヤルゼリーEX(M),6000,1
1050,ローヤルゼリーEX(S),2000,1
1060,スーパーファイバー(L),1200,1
1070,スーパーファイバー(M),2000,1
```

2019 365 ◆《データ》タブ→《データの取得と変換》グループの テキストまたは CSV から (テキストまたはCSVから)

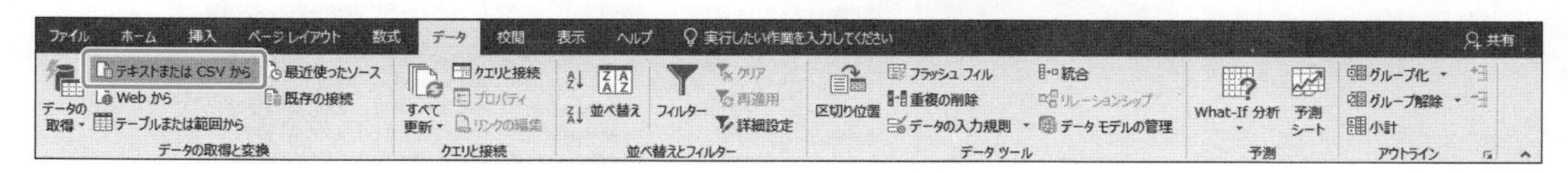

Lesson 23

ブック「Lesson23」を開いておきましょう。

Hint
データの先頭行が見出しに設定されていない場合は、《Power Queryエディター》で設定しましょう。

次の操作を行いましょう。

(1) ワークシート「Sheet1」のセル【B3】に、フォルダー「Lesson23」にあるCSVファイル「商品データ.csv」をインポートしてください。データソースの先頭行をテーブルの見出しとして使用します。

Lesson 23 Answer

(1)

①セル**【B3】**を選択します。

②**《データ》**タブ→**《データの取得と変換》**グループの テキストまたは CSV から (テキストまたはCSVから)をクリックします。

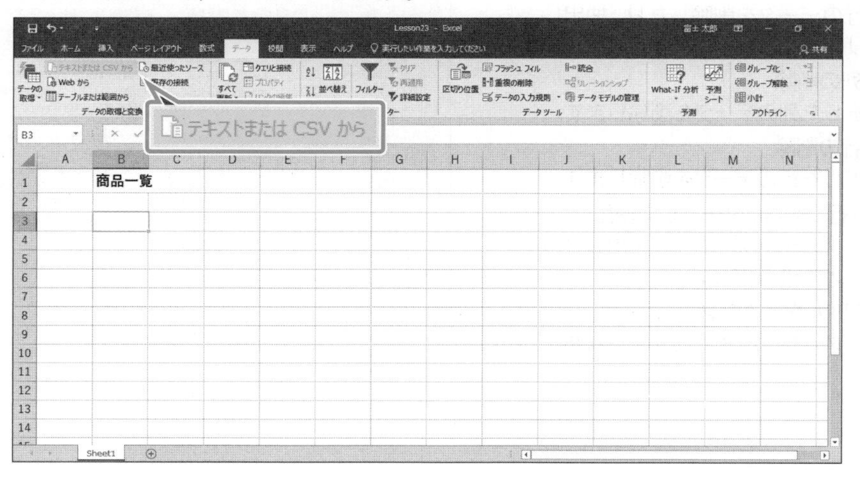

③**《データの取り込み》**ダイアログボックスが表示されます。

④フォルダー**「Lesson23」**を開きます。

※《PC》→《ドキュメント》→「MOS-Excel 365 2019（1）」→「Lesson23」を選択します。

⑤一覧から**「商品データ」**を選択します。

⑥**《インポート》**をクリックします。

⑦CSV形式のファイル**「商品データ.csv」**の内容が表示されます。

⑧**《区切り記号》**が**《コンマ》**になっていることを確認します。

⑨データの先頭行が見出しになっていないことを確認します。

⑩**《編集》**をクリックします。

※お使いの環境によっては、《編集》が《データの変換》と表示される場合があります。

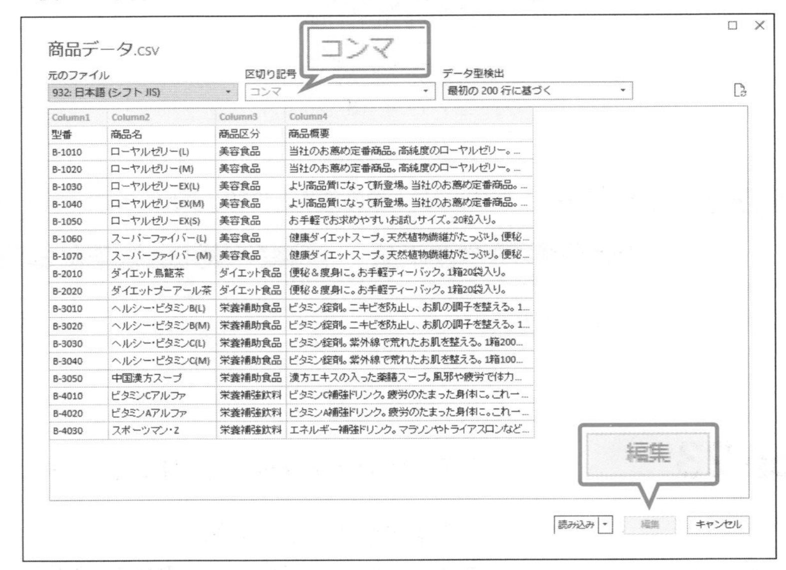

⑪**《Power Queryエディター》**が表示されます。

⑫**《ホーム》**タブ→**《変換》**グループの［1行目をヘッダーとして使用］（1行目をヘッダーとして使用）をクリックします。

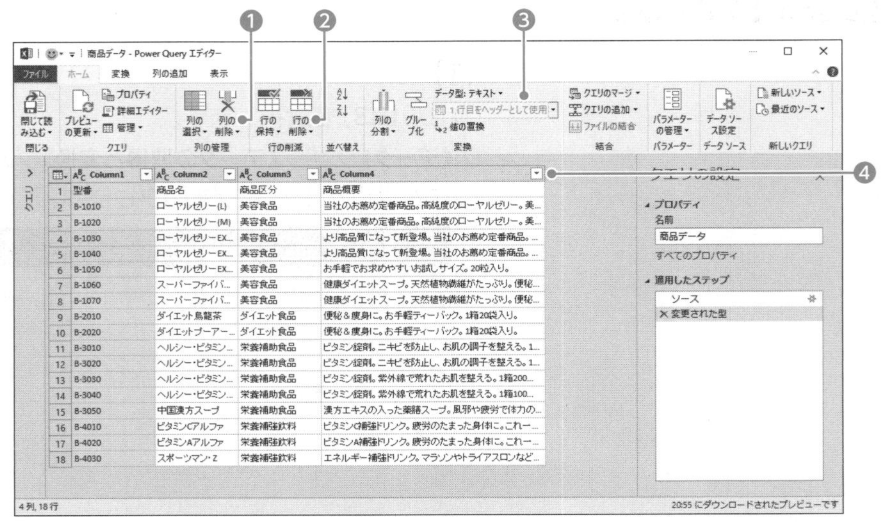

Point

《Power Queryエディター》

《Power Queryエディター》を使うと、データソースの先頭行を見出しに設定したり、インポートしない列や行のデータを削除したり、抽出したりすることができます。

❶列の削除

選択した列のデータを削除します。

❷行の削除

選択した行のデータを削除します。

❸1行目をヘッダーとして使用

データソースの先頭行を見出しとしてインポートします。

❹フィルターボタン

データの並べ替えや抽出をします。

⑬データの先頭行が見出しとして表示されていることを確認します。

⑭**《ホーム》**タブ→**《閉じる》**グループの（閉じて読み込む）の →**《閉じて次に読み込む》**をクリックします。

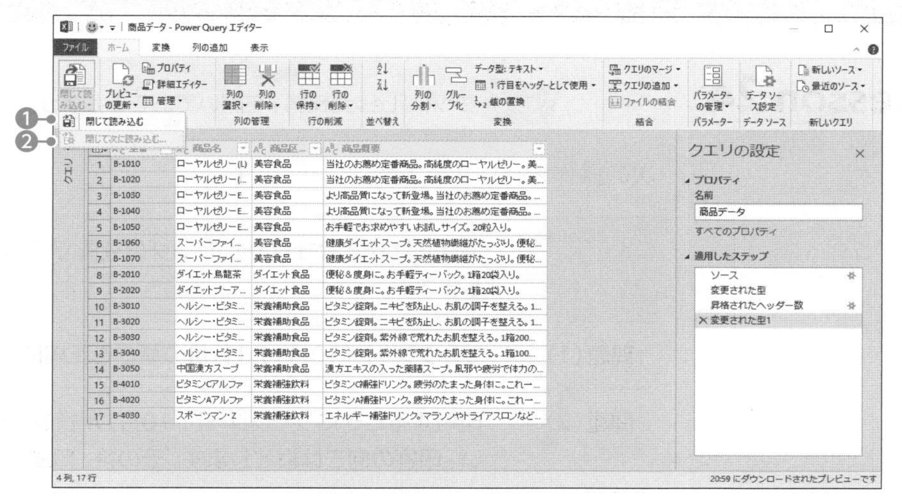

⑮**《データのインポート》**ダイアログボックスが表示されます。

⑯**《テーブル》**が◉になっていることを確認します。

⑰**《既存のワークシート》**を◉にします。

⑱**「=$B$3」**と表示されていることを確認します。

⑲**《OK》**をクリックします。

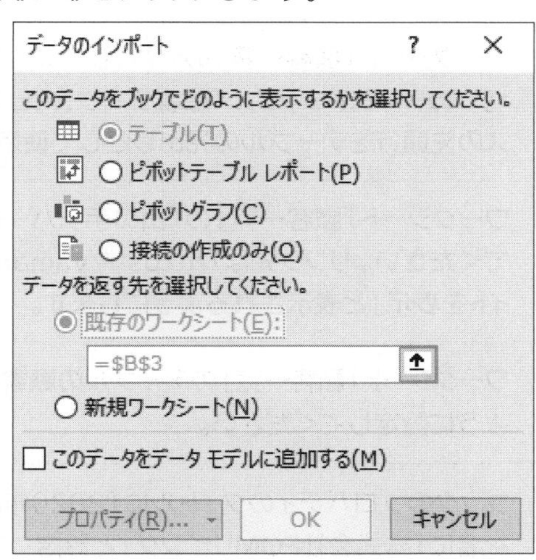

⑳CSV形式のファイルのデータがテーブルとしてインポートされます。

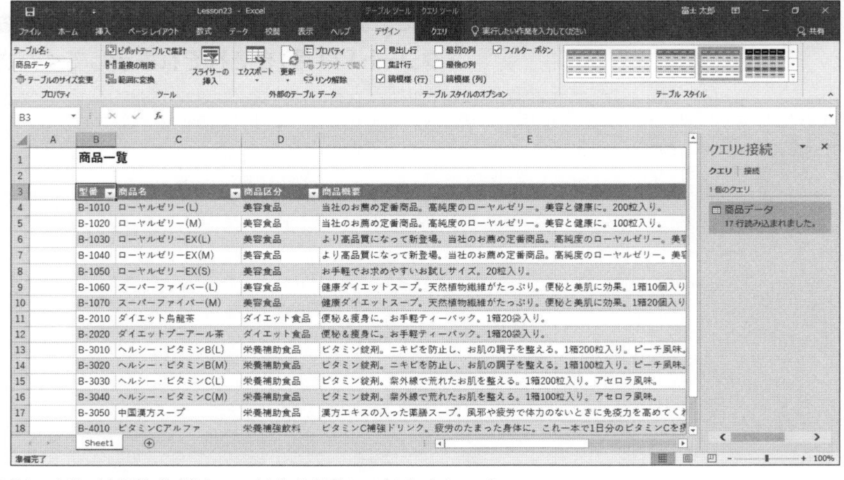

※《クエリと接続》作業ウィンドウを閉じておきましょう。

Point

閉じて読む込む

《Power Queryエディター》を閉じてデータを読み込む方法には、次のようなものがあります。

❶閉じて読み込む

新しいシートのセル【A1】に、テーブルとしてインポートします。

❷閉じて次に読み込む

《データのインポート》ダイアログボックスを表示して、データの形式や取り込み先を指定してインポートします。

Exercise 確認問題

解答 ▶ P.203

Lesson 24

ブック「Lesson24」を開いておきましょう。

次の操作を行いましょう。

	あなたは株式会社FOMリビングの社員で、家具の売上データと顧客データを管理します。
問題(1)	ワークシート「10月」の1行目の高さを正確に「30」に設定してください。
問題(2)	印刷するときにワークシート「10月」が横1ページに収まるように設定してください。印刷の向きは縦とします。その後、印刷プレビューを表示します。
問題(3)	ブックから「サクラ」を含むデータを検索してください。
問題(4)	名前「商品概要」に移動し、データを消去してください。
問題(5)	ワークシート「10月」のヘッダーの右側に「株式会社FOMリビング」、フッターの中央に「ページ番号/ページ数」を挿入してください。「/」は半角で入力します。
問題(6)	ワークシート「顧客一覧」のセル【B3】に、フォルダー「Lesson24」にあるタブ区切りのテキストファイル「顧客データ.txt」をインポートしてください。データソースの先頭行をテーブルの見出しとして使用します。
問題(7)	ワークシート「顧客一覧」の「山の手デパート」の文字列にハイパーリンクを挿入してください。リンク先は「https://yamanote.xx.xx/」とし、ヒントに「ウェブサイトを表示」と表示されるようにします。
問題(8)	ワークシート「顧客一覧」のテーブルの顧客名から電話番号の列だけが印刷されるように設定してください。
問題(9)	ブックのプロパティのタイトルに「2020年度月別売上」、タグに「第3四半期」、会社名に「株式会社FOMリビング」と設定してください。
問題(10)	新しいウィンドウを開いてください。 次に、ウィンドウを左右に並べて表示し、左側にワークシート「10月」、右側にワークシート「11月」をそれぞれ表示してください。

MOS Excel 365&2019

出題範囲 2

セルやセル範囲のデータの管理

2-1　シートのデータを操作する …… 67
2-2　セルやセル範囲の書式を設定する …… 79
2-3　名前付き範囲を定義する、参照する …… 97
2-4　データを視覚的にまとめる …… 103
確認問題 …… 123

2-1 シートのデータを操作する

出題範囲2　セルやセル範囲のデータの管理

☑ 理解度チェック

習得すべき機能	参照Lesson	学習前	学習後	試験直前
■オートフィルを使って、連続データを入力したり数式をコピーしたりできる。	➡Lesson25	☑	☑	☑
■書式なしでデータをコピーできる。	➡Lesson26	☑	☑	☑
■データの値だけを貼り付けることができる。	➡Lesson27	☑	☑	☑
■行列を入れ替えて貼り付けることができる。	➡Lesson27	☑	☑	☑
■列幅を貼り付けることができる。	➡Lesson28	☑	☑	☑
■複数の列や行を挿入したり削除したりできる。	➡Lesson29	☑	☑	☑
■セルを挿入したり削除したりできる。	➡Lesson30	☑	☑	☑

2-1-1 オートフィル機能を使ってセルにデータを入力する

解説

■オートフィル

「オートフィル」は、セルの右下の■（フィルハンドル）を使って、隣接するセルにデータを入力する機能です。数式をコピーしたり、数値や日付を規則的に増減させるような連続データを入力したりできます。

2019 365 ◆セル右下の■（フィルハンドル）をドラッグ

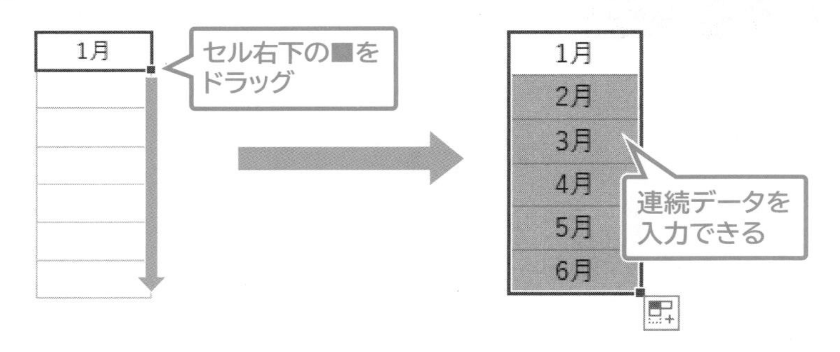

■オートフィルオプション

オートフィルを実行すると、（オートフィルオプション）が表示されます。クリックすると表示される一覧から、セルのコピーを連続データの入力に変更したり、書式の有無を指定したりできます。

- ○ セルのコピー(C)
- ◉ 連続データ(S)
- ○ 書式のみコピー (フィル)(F)
- ○ 書式なしコピー (フィル)(O)
- ○ 連続データ (月単位)(M)

Lesson 25

OPEN ブック「Lesson25」を開いておきましょう。

次の操作を行いましょう。

(1) オートフィルを使って、表の項目に5月から9月までの連続データを入力してください。

(2) オートフィルを使って、数式をコピーし、上期実績と達成率を表示してください。

(3) オートフィルを使って、No.に連番を入力してください。

Lesson 25 Answer

その他の方法

オートフィル

2019 365

◆連続データを入力する範囲を選択→《ホーム》タブ→《編集》グループの（フィル）→《連続データの作成》→《◉オートフィル》

Point

入力できる連続データ

オートフィルで入力できる連続データには、次のようなものがあります。

●日曜日、月曜日、火曜日、水曜日、木曜日、金曜日、土曜日

●1月、2月、3月、4月、5月、6月、7月、8月、9月、10月、11月、12月

●第1四半期、第2四半期、第3四半期、第4四半期

●第1回、第2回、第3回、…

※数字と文字列を組み合わせたデータは連続データとして入力できます。

Point

ダブルクリックでのオートフィル

■（フィルハンドル）をダブルクリックすると、表内のデータの最終行を自動的に認識してデータが入力されます。

※縦方向へデータを入力する場合に利用できます。

(1)

①セル【F3】を選択し、セル右下の■（フィルハンドル）を図のようにセル【K3】までドラッグします。

	A	B	C	D	E	F	G	H	I	J	K	L
1		社員別売上										単位：千円
2												
3		No.	社員番号	氏名	上期目標	4月						上期実績
4		1	186900	青山 千恵	20,000	3,668	4,401	3,520	4,224	3,801	4,181	23,795
5			168251	飯田 太郎	29,000	4,805	5,766	4,612	5,534	4,980	5,478	
6			186540	石田 誠司	18,000	[illegible]	[illegible]	3,168	3,801	3,420	3,762	
7			171203	石田 満	22,000	[illegible]	[illegible]	3,516	4,219	3,797	4,176	
8			179840	大木 麻里	23,000	3,415	4,098	3,278	3,933	3,539	3,892	
9			169577	小野 清	35,000	5,761	6,913	5,530	6,636	5,972	6,569	
10			176521	久保 正	21,000	3,350	4,020	3,216	3,859	3,473	3,820	

②連続データが入力されます。

	A	B	C	D	E	F	G	H	I	J	K	L
1		社員別売上										単位：千円
2												
3		No.	社員番号	氏名	上期目標	4月	5月	6月	7月	8月	9月	上期実績
4		1	186900	青山 千恵	20,000	3,668	4,401	3,520	4,224	3,801	4,181	23,795
5			168251	飯田 太郎	29,000	4,805	5,766	4,612	5,534	4,980	5,478	
6			186540	石田 誠司	18,000	3,300	3,960	3,168	3,801	3,420	3,762	
7			171203	石田 満	22,000	3,663	4,395	3,516	4,219	3,797	4,176	
8			179840	大木 麻里	23,000	3,415	4,098	3,278	3,933	3,539	3,892	
9			169577	小野 清	35,000	5,761	6,913	5,530	6,636	5,972	6,569	
10			176521	久保 正	21,000	3,350	4,020	3,216	3,859	3,473	3,820	

(2)

①セル範囲【L4：M4】を選択し、セル範囲右下の■（フィルハンドル）をダブルクリックします。

	A	B	C	D	E	F	G	H	I	J	K	L	M	N
1		社員別売上										単位：千円		
2														
3		No.	社員番号	氏名	上期目標	4月	5月	6月	7月	8月	9月	上期実績	達成率	
4		1	186900	青山 千恵	20,000	3,668	4,401	3,520	4,224	3,801	4,181	23,795	119%	
5			168251	飯田 太郎	29,000	4,805	5,766	4,612	5,534	4,980	5,478			
6			186540	石田 誠司	18,000	3,300	3,960	3,168	3,801	3,420	3,762			
7			171203	石田 満	22,000	3,663	4,395	3,516	4,219	3,797	4,176			
8			179840	大木 麻里	23,000	3,415	4,098	3,278	3,933	3,539	3,892			
9			169577	小野 清	35,000	5,761	6,913	5,530	6,636	5,972	6,569			
10			176521	久保 正	21,000	3,350	4,020	3,216	3,859	3,473	3,820			

②数式がコピーされます。

	A	B	C	D	E	F	G	H	I	J	K	L	M	N
1		社員別売上										単位：千円		
2														
3		No.	社員番号	氏名	上期目標	4月	5月	6月	7月	8月	9月	上期実績	達成率	
4		1	186900	青山 千恵	20,000	3,668	4,401	3,520	4,224	3,801	4,181	23,795	119%	
5			168251	飯田 太郎	29,000	4,805	5,766	4,612	5,534	4,980	5,478	31,175	108%	
6			186540	石田 誠司	18,000	3,300	3,960	3,168	3,801	3,420	3,762	21,411	119%	
7			171203	石田 満	22,000	3,663	4,395	3,516	4,219	3,797	4,176	23,766	108%	
8			179840	大木 麻里	23,000	3,415	4,098	3,278	3,933	3,539	3,892	22,155	96%	
9			169577	小野 清	35,000	5,761	6,913	5,530	6,636	5,972	6,569	37,381	107%	
10			176521	久保 正	21,000	3,350	4,020	3,216	3,859	3,473	3,820	21,738	104%	

Point

数値と数字のオートフィル

数値が入力されているセルをもとにオートフィルを実行すると、数値がコピーされます。
「A001」のように文字列に数字が含まれるセルの場合には、「A002」「A003」のように連続データが入力されます。

その他の方法

連続データの入力

2019 365

◆セル右下の■(フィルハンドル)をマウスの右ボタンを押しながらドラッグ→《連続データ》
◆セル右下の■(フィルハンドル)を Ctrl を押しながらドラッグ

Point

連続データの増減値

数値を入力した2つのセルを選択してオートフィルを実行すると、1つ目のセルの数値と2つ目のセルの数値の差分をもとに、連続データが入力されます。

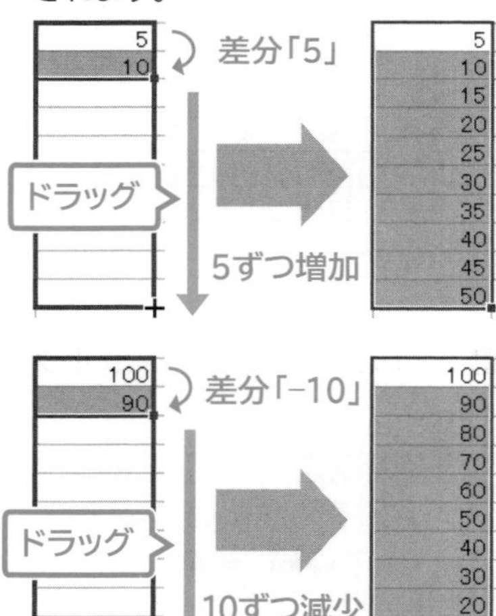

(3)

①セル【B4】を選択し、セル右下の■(フィルハンドル)をダブルクリックします。

	A	B	C	D	E	F	G	H	I	J	K	L	M
1		社員別売上										単位:千円	
2													
3		No.	社員番号	氏名	上期目標	4月	5月	6月	7月	8月	9月	上期実績	達成率
4		1	186900	青山 千恵	20,000	3,668	4,401	3,520	4,224	3,801	4,181	23,795	119%
5			168251	飯田 太郎	29,000	4,805	5,766	4,612	5,534	4,980	5,478	31,175	108%
6			40	石田 誠司	18,000	3,300	3,960	3,168	3,801	3,420	3,762	21,411	119%
7			03	石田 満	22,000	3,663	4,395	3,516	4,219	3,797	4,176	23,766	108%
8			40	大木 麻里	23,000	3,415	4,098	3,278	3,933	3,539	3,892	22,155	96%
9			77	小野 清	35,000	5,761	6,913	5,530	6,636	5,972	6,569	37,381	107%
10			176521	久保 正	21,000	3,350	4,020	3,216	3,859	3,473	3,820	21,738	104%
11			174561	小池 公彦	28,000	5,017	6,020	4,816	5,779	5,201	5,721	32,554	116%
12			169521	古賀 正輝	31,000	4,840	5,808	4,646	5,575	5,017	5,518	31,404	101%
13			171230	斎藤 華子	28,000	5,020	6,024	4,819	5,782	5,203	5,723	32,571	116%
14			169555	笹木 進	30,000	3,909	4,690	3,752	4,502	4,051	4,456	25,360	85%

社員別売上

②データがコピーされます。

③ (オートフィルオプション)をクリックします。

※ をポイントすると、 になります。

④**《連続データ》**をクリックします。

	A	B	C	D	E	F	G	H	I	J	K	L	M
1		社員別売上										単位:千円	
2													
3		No.	社員番号	氏名	上期目標	4月	5月	6月	7月	8月	9月	上期実績	達成率
4		1	186900	青山 千恵	20,000	3,668	4,401	3,520	4,224	3,801	4,181	23,795	119%
5		1	168251	飯田 太郎	29,000	4,805	5,766	4,612	5,534	4,980	5,478	31,175	108%
6		1	186540	石田 誠司	18,000	3,300	3,960	3,168	3,801	3,420	3,762	21,411	119%
7		1	171203	石田 満	22,000	3,663	4,395	3,516	4,219	3,797	4,176	23,766	108%
8		1	179840	大木 麻里	23,000	3,415	4,098	3,278	3,933	3,539	3,892	22,155	96%
9		1	169577	小野 清	35,000	5,761	6,913	5,530	6,636	5,972	6,569	37,381	107%
10		1	176521	久保 正					59	3,473	3,820	21,738	104%
11		1							9	5,201	5,721	32,554	116%
12		1							5	5,017	5,518	31,404	101%
13		1			28,000	5,020	6,024	4,819	5,782	5,203	5,723	32,571	116%
14		1			30,000	3,909	4,690	3,752	4,502	4,051	4,456	25,360	85%

セルのコピー(C)
連続データ(S)
書式のみコピー(フィル)(F)
書式なしコピー(フィル)(O)
フラッシュフィル(F)

連続データ(S)

社員別売上

⑤入力されていたデータが、連続データに変更されます。

	A	B	C	D	E	F	G	H	I	J	K	L	M
1		社員別売上										単位:千円	
2													
3		No.	社員番号	氏名	上期目標	4月	5月	6月	7月	8月	9月	上期実績	達成率
4		1	186900	青山 千恵	20,000	3,668	4,401	3,520	4,224	3,801	4,181	23,795	119%
5		2	168251	飯田 太郎	29,000	4,805	5,766	4,612	5,534	4,980	5,478	31,175	108%
6		3	186540	石田 誠司	18,000	3,300	3,960	3,168	3,801	3,420	3,762	21,411	119%
7		4	171203	石田 満	22,000	3,663	4,395	3,516	4,219	3,797	4,176	23,766	108%
8		5	179840	大木 麻里	23,000	3,415	4,098	3,278	3,933	3,539	3,892	22,155	96%
9		6	169577	小野 清	35,000	5,761	6,913	5,530	6,636	5,972	6,569	37,381	107%
10		7	176521	久保 正	21,000	3,350	4,020	3,216	3,859	3,473	3,820	21,738	104%
11		8	174561	小池 公彦	28,000	5,017	6,020	4,816	5,779	5,201	5,721	32,554	116%
12		9	169521	古賀 正輝	31,000	4,840	5,808	4,646	5,575	5,017	5,518	31,404	101%
13		10	171230	斎藤 華子	28,000	5,020	6,024	4,819	5,782	5,203	5,723	32,571	116%
14		11	169555	笹木 進	30,000	3,909	4,690	3,752	4,502	4,051	4,456	25,360	85%

社員別売上

Lesson 26

OPEN ブック「Lesson26」を開いておきましょう。

次の操作を行いましょう。

(1) オートフィルを使って、北海道営業所の合計の数式をコピーし、ほかの営業所の合計を表示してください。書式は変更しないようにします。

Lesson 26 Answer

(1)

①セル【E4】を選択します。

②セル右下の■（フィルハンドル）をダブルクリックします。

	A	B	C	D	E	F	G	H	I
1		2020年度年間売上実績			単位：千円				
2									
3		営業所名	上期実績	下期実績	合計				
4		北海道営業所	6,545	6,875	13,420				
5		東北営業所	5,500	5,775					
6		北陸営業所	5,390	5,885					
7		関東営業所	17,875	19,965					
8		東海営業所	13,860	15,400					
9		関西営業所	15,290	16,555					
10		中国営業所	8,745	10,670					
11		四国営業所	6,160	5,995					
12		九州営業所	9,790	9,185					
13		合計	89,155	96,305	13,420				
14									

③数式と書式が貼り付けられます。

④ （オートフィルオプション）をクリックします。

※ をポイントすると、 になります。

⑤**《書式なしコピー（フィル）》**をクリックします。

	A	B	C	D	E	F	G	H	I
1		2020年度年間売上実績			単位：千円				
2									
3		営業所名	上期実績	下期実績	合計				
4		北海道営業所	6,545	6,875	13,420				
5		東北営業所	5,500	5,775	11,275				
6		北陸営業所	5,390	5,885	11,275				
7		関東営業所	17,875	19,965	37,840				
8		東海営業所	13,860	15,400	29,260				
9		関西営業所	15,290	16,555	31,845				
10		中国営業所	8,745	10,670	19,415	セルのコピー(C)			
11		四国営業所	6,160	5,995	12,155	書式のみコピー（フィル）(F)			
12		九州営業所	9,790	9,185	18,975	書式なしコピー（フィル）(O)			
13		合計	89,155	96,305	185,460	フラッシュ フィル(F)			
14									

⑥数式だけが貼り付けられます。

※合計の列には、あらかじめ表示形式が設定されています。

	A	B	C	D	E	F	G	H	I
1		2020年度年間売上実績			単位：千円				
2									
3		営業所名	上期実績	下期実績	合計				
4		北海道営業所	6,545	6,875	13,420				
5		東北営業所	5,500	5,775	11,275				
6		北陸営業所	5,390	5,885	11,275				
7		関東営業所	17,875	19,965	37,840				
8		東海営業所	13,860	15,400	29,260				
9		関西営業所	15,290	16,555	31,845				
10		中国営業所	8,745	10,670	19,415				
11		四国営業所	6,160	5,995	12,155				
12		九州営業所	9,790	9,185	18,975				
13		合計	89,155	96,305	185,460				
14									

2-1-2 形式を選択してデータを貼り付ける

解説

■形式を選択して貼り付け

セルをコピーして貼り付けると、データや書式を含めてセルの内容がすべて貼り付けられます。セルに入力されている数式ではなく計算結果の値をコピーする場合や、セルに設定されている書式だけをコピーする場合は、形式を選択して貼り付けます。

2019 365 ◆《ホーム》タブ→《クリップボード》グループの(貼り付け)の貼り付け

Lesson 27

OPEN ブック「Lesson27」を開いておきましょう。

次の操作を行いましょう。

(1) ワークシート「上期」の上期合計とワークシート「下期」の下期合計の値を、ワークシート「年間」の上期実績と下期実績に貼り付けてください。

(2) ワークシート「上期」のセル範囲【D4：I12】を、ワークシート「月別」のセル【C4】を開始位置として行列を入れ替えて貼り付けてください。次に、ワークシート「下期」のセル範囲【D4：I12】をワークシート「月別」のセル【C10】を、開始位置として行列を入れ替えて貼り付けてください。

Lesson 27 Answer

その他の方法

形式を選択して貼り付け

2019 365

◆セルをコピー→《ホーム》タブ→《クリップボード》グループの(貼り付け)の貼り付け→《形式を選択して貼り付け》→《形式を選択して貼り付け》から選択

◆セルをコピー→コピー先のセルを右クリック→《貼り付けのオプション》の一覧から選択

◆セルをコピー→コピー先のセルを右クリック→《形式を選択して貼り付け》→《形式を選択して貼り付け》から選択

◆セルをコピー→コピー先のセルを右クリック→《形式を選択して貼り付け》の▸→一覧から選択

◆貼り付け後に(Ctrl)(貼り付けのオプション)→一覧から選択

(1)

① ワークシート**「上期」**のセル範囲**【J4：J12】**を選択します。

②**《ホーム》**タブ→**《クリップボード》**グループの(コピー)をクリックします。

③ ワークシート**「年間」**のセル**【C4】**を選択します。

④**《ホーム》**タブ→**《クリップボード》**グループの(貼り付け)の貼り付け→**《値の貼り付け》**の(値)をクリックします。

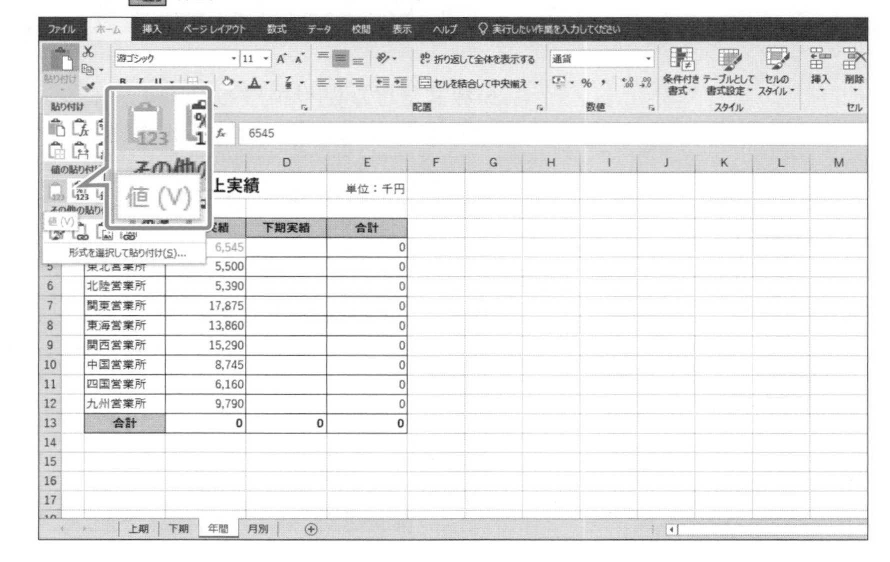

Point

貼り付けのプレビュー

(貼り付け)の 貼り付け をクリックして表示されるボタンをポイントすると、ワークシートに結果がプレビューされます。貼り付け前に貼り付け後の結果を確認できます。

⑤値が貼り付けられます。

※上期実績の列には、あらかじめ表示形式が設定されています。

⑥同様に、ワークシート**「下期」**のセル範囲**【J4：J12】**の値をワークシート**「年間」**のセル**【D4】**を開始位置として貼り付けます。

※下期実績の列には、あらかじめ表示形式が設定されています。

※合計の列と行には、数式が入力されているので、自動的に合計が表示されます。

	A	B	C	D	E
1		2020年度年間売上実績			単位：千円
2					
3		営業所名	上期実績	下期実績	合計
4		北海道営業所	6,545	6,875	13,420
5		東北営業所	5,500	5,775	11,275
6		北陸営業所	5,390	5,885	11,275
7		関東営業所	17,875	19,965	37,840
8		東海営業所	13,860	15,400	29,260
9		関西営業所	15,290	16,555	31,845
10		中国営業所	8,745	10,670	19,415
11		四国営業所	6,160	5,995	12,155
12		九州営業所	9,790	9,185	18,975
13		合計	89,155	96,305	185,460
14					

上期 | 下期 | 年間 | 月別

(2)

①ワークシート**「上期」**のセル範囲**【D4：I12】**を選択します。

②**《ホーム》**タブ→**《クリップボード》**グループの (コピー)をクリックします。

③ワークシート**「月別」**のセル**【C4】**を選択します。

④**《ホーム》**タブ→**《クリップボード》**グループの (貼り付け)の 貼り付け →**《貼り付け》**の (行列を入れ替える)をクリックします。

ファイル ホーム 挿入 ページレイアウト 数式 データ 校閲 表示 ヘルプ 実行したい作業を入力してください

貼り付け / 値の貼り付け / その他の貼り付けオプション / 形式を選択して貼り付け(S)...

行列を入れ替える (T)

	B	C	D	E	F	G	H	I	J	K
1										単位：千円
3						東海営業所	関西営業所	中国営業所	四国営業所	九州営業所
4						2,750	2,530	1,760	990	1,980
5	5月	1,155	935	1,100	3,135	2,035	2,145	1,375	1,100	1,320
6	6月	990	1,100	770	2,310	2,090	2,860	1,045	770	1,155
7	7月	880	990	880	2,915	2,255	2,200	1,595	1,265	1,925
8	8月	1,045	770	1,045	3,245	2,200	2,585	1,815	1,100	1,485
9	9月	1,375	935	605	2,860	2,530	2,970	1,155	935	1,925
10	10月									
11	11月									
12	12月									
13	1月									
14	2月									
15	3月									
16	合計	0	0	0	0	0	0	0	0	0

上期 | 下期 | 年間 | 月別

Point

行列を入れ替える

(行列を入れ替える)を使うと、行方向の項目と列方向の項目を簡単に入れ替えることができます。

※お使いの環境によっては、「行列を入れ替える」が「行/列の入れ替え」と表示される場合があります。

⑤行列が入れ替わってデータが貼り付けられます。

⑥同様に、ワークシート**「下期」**のセル範囲**【D4：I12】**をワークシート**「月別」**のセル**【C10】**を開始位置として行列を入れ替えて貼り付けます。

※合計の行には、数式が入力されているので、自動的に合計が表示されます。

	B	C	D	E	F	G	H	I	J	K
1	月別売上実績									単位：千円
2										
3		北海道営業所	東北営業所	北陸営業所	関東営業所	東海営業所	関西営業所	中国営業所	四国営業所	九州営業所
4	4月	1,100	770	990	3,410	2,750	2,530	1,760	990	1,980
5	5月	1,155	935	1,100	3,135	2,035	2,145	1,375	1,100	1,320
6	6月	990	1,100	770	2,310	2,090	2,860	1,045	770	1,155
7	7月	880	990	880	2,915	2,255	2,200	1,595	1,265	1,925
8	8月	1,045	770	1,045	3,245	2,200	2,585	1,815	1,100	1,485
9	9月	1,375	935	605	2,860	2,530	2,970	1,155	935	1,925
10	10月	990	1,045	935	3,025	2,310	2,860	1,540	880	1,045
11	11月	880	880	935	3,245	2,420	3,135	1,760	1,210	1,210
12	12月	1,320	1,210	1,100	3,850	2,860	3,080	1,980	880	1,320
13	1月	1,375	825	1,045	3,630	2,530	2,860	1,870	1,045	1,870
14	2月	1,210	990	935	2,970	2,750	2,310	1,650	1,045	1,650
15	3月	1,100	825	935	3,245	2,530	2,310	1,870	935	2,090
16	合計	13,420	11,275	11,275	37,840	29,260	31,845	19,415	12,155	18,975
17										

上期 | 下期 | 年間 | 月別

Lesson 28

ブック「Lesson28」を開いておきましょう。

次の操作を行いましょう。

(1) C列の列幅をコピーして、B、E、L列に貼り付けてください。

(1)

①列番号【**C**】を選択します。

②《**ホーム**》タブ→《**クリップボード**》グループの［コピー］（コピー）をクリックします。

③列番号【**B**】を選択します。

④［Ctrl］を押しながら、列番号【**E**】と列番号【**L**】を選択します。

⑤《**ホーム**》タブ→《**クリップボード**》グループの［貼り付け］（貼り付け）の［貼り付け］→《**形式を選択して貼り付け**》をクリックします。

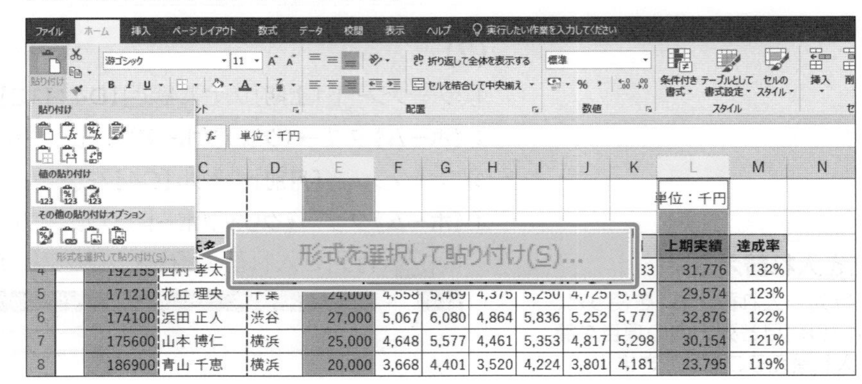

⑥《**形式を選択して貼り付け**》ダイアログボックスが表示されます。

⑦《**列幅**》を◉にします。

⑧《**OK**》をクリックします。

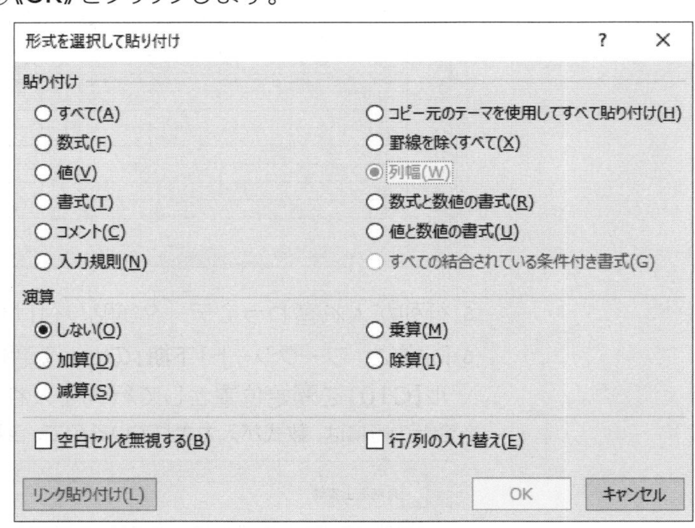

⑨C列の列幅がB、E、L列に貼り付けられます。

	A	B	C	D	E	F	G	H	I	J	K	L	M	N
1		社員別売上										単位：千円		
2														
3		社員番号	氏名	支店	上期目標	4月	5月	6月	7月	8月	9月	上期実績	達成率	
4		192155	西村 孝太郎	横浜	24,000	4,898	5,877	4,701	5,641	5,076	5,583	31,776	132%	
5		171210	花丘 理央	千葉	24,000	4,558	5,469	4,375	5,250	4,725	5,197	29,574	123%	
6		174100	浜田 正人	渋谷	27,000	5,067	6,080	4,864	5,836	5,252	5,777	32,876	122%	
7		175600	山本 博仁	横浜	25,000	4,648	5,577	4,461	5,353	4,817	5,298	30,154	121%	
8		186900	青山 千恵	横浜	20,000	3,668	4,401	3,520	4,224	3,801	4,181	23,795	119%	
9		186540	石田 誠司	横浜	18,000	3,300	3,960	3,168	3,801	3,420	3,762	21,411	119%	
10		171230	斎藤 華子	大手町	28,000	5,020	6,024	4,819	5,782	5,203	5,723	32,571	116%	

Point

複数の列や行の選択

連続しない列や行

2019 365

◆1つ目の列番号や行番号をクリック→［Ctrl］を押しながら、2つ目以降の列番号や行番号をクリック

連続する列や行

2019 365

◆先頭の列番号や行番号をクリック→［Shift］を押しながら、最終の列番号や行番号をクリック

2-1-3 複数の列や行を挿入する、削除する

解 説

■複数の列や行の挿入

作成中の表に列や行が足りない場合には、列や行を挿入します。複数の列や行をまとめて挿入することもできます。

2019 365 ◆挿入する列数や行数と同じ数だけ範囲を選択→選択した範囲内で右クリック→《挿入》

選択した範囲内で右クリック

社員別売上　　単位：千円

社員番号	氏名	支店	上期目標	4月	5月	6月
		谷	28,000	4,083	4,899	3,919
		浜	32,000	5,020	6,024	4,819
	夫	渋谷	29,000	4,816	5,779	4,623
	郎	千葉	29,000	4,805	5,766	4,612
	輝	横浜	31,000	4,840	5,808	4,646
	美	千葉	31,000	4,472	5,366	4,292
		大手町	30,000	3,909	4,690	3,752
		大手町	35,000	5,761	6,913	5,530
		横浜	26,000	3,842	4,610	3,688
		横浜	22,000	3,663	4,395	3,516
	央	千葉	24,000	4,558	5,469	4,375

游ゴシック 11
切り取り(T)
コピー(C)
貼り付けのオプション:
形式を選択して貼り付け(S)...
挿入(I)
削除(D)
数式と値のクリア(N)
セルの書式設定(F)...
行の高さ(R)...
非表示(H)
再表示(U)

■複数の列や行の削除

作成中の表に余分な列や行がある場合には、列や行を削除します。複数の列や行をまとめて削除することもできます。

2019 365 ◆削除する列や行を選択→選択した範囲内で右クリック→《削除》

選択した範囲内で右クリック

社員別売上　　単位：千円

社員番号	氏名	支店	上期目標	4月	5月	6月
		谷	28,000	4,083	4,899	3,919
		浜	32,000	5,020	6,024	4,819
	夫	渋谷	29,000	4,816	5,779	4,623
	郎	千葉	29,000	4,805	5,766	4,612
	輝	横浜	31,000	4,840	5,808	4,646
	美	千葉	31,000	4,472	5,366	4,292
		大手町	30,000	3,909	4,690	3,752
		大手町	35,000	5,761	6,913	5,530
		横浜	26,000	3,842	4,610	3,688
		横浜	22,000	3,663	4,395	3,516
	央	千葉	24,000	4,558	5,469	4,375

游ゴシック 11
切り取り(T)
コピー(C)
貼り付けのオプション:
形式を選択して貼り付け(S)...
挿入(I)
削除(D)
数式と値のクリア(N)
セルの書式設定(F)...
行の高さ(R)...
非表示(H)
再表示(U)

Lesson 29

ブック「Lesson29」を開いておきましょう。

次の操作を行いましょう。

(1)「支店」と「上期目標」の列を削除してください。

(2)表の2件目に2行挿入して、次のデータを入力してください。

社員番号	氏名	4月	5月	6月
165213	塩田 智	4135	4514	4844
165520	高橋 遼	5021	4857	4985

Lesson 29 Answer

(1)

①列番号【D：E】を選択します。

②選択した範囲内で右クリックします。

③《削除》をクリックします。

	A	B	C	D	E	F	G	H	I	J	K	L
1		社員別売上										
2												
3		社員番号	氏名	支店	上期目標							
4		164587	鈴木 陽子	渋谷	28,000							
5		166541	清水 幸子	横浜	32,000							
6		168111	新谷 則夫	渋谷	29,000							
7		168251	飯田 太郎	千葉	29,000							
8		169521	古賀 正輝	横浜	31,000							
9		169524	佐藤 由美	千葉	31,000							
10		169555	笹木 進	大手町	30,000	3,909	4,690	3,752				
11		169577	小野 清	大手町	35,000	5,761	6,913	5,530				
12		169874	堀田 隆	横浜	26,000	3,842	4,610	3,688				
13		171203	石田 満	横浜	22,000	3,663	4,395	3,516				
14		171210	花丘 理央	千葉	24,000	4,558	5,469	4,375				

切り取り(T)
コピー(C)
貼り付けのオプション:
形式を選択して貼り付け(S)...
挿入(I)
削除(D)
数式と値のクリア(N)
セルの書式設定(F)...
列の幅(W)...
非表示(H)
再表示(U)

削除(D)

社員別売上

④D列とE列がまとめて削除されます。

(2)

①行番号【5：6】を選択します。

②選択した範囲内で右クリックします。

③《挿入》をクリックします。

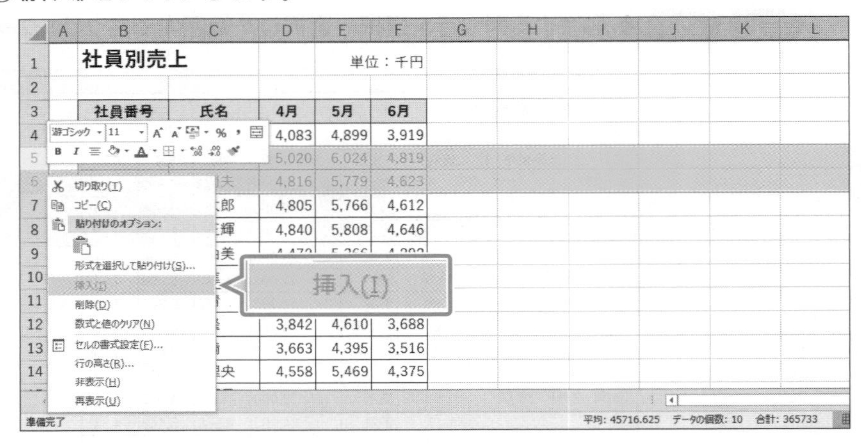

④5行目と6行目がまとめて挿入されます。

⑤データを入力します。

※4月から6月のセルには通貨の表示形式が設定されています。挿入された行にも同じ表示形式が設定されます。

	A	B	C	D	E	F	G	H	I	J	K	L
2												
3		社員番号	氏名	4月	5月	6月						
4		164587	鈴木 陽子	4,083	4,899	3,919						
5		165213	塩田 智	4,135	4,514	4,844						
6		165520	高橋 遼	5,021	4,857	4,985						
7		166541	清水 幸子	5,020	6,024	4,819						
8		168111	新谷 則夫	4,816	5,779	4,623						
9		168251	飯田 太郎	4,805	5,766	4,612						
10		169521	古賀 正輝	4,840	5,808	4,646						
11		169524	佐藤 由美	4,472	5,366	4,292						
12		169555	笹木 進	3,909	4,690	3,752						
13		169577	小野 清	5,761	6,913	5,530						
14		169874	堀田 隆	3,842	4,610	3,688						
15		171203	石田 満	3,663	4,395	3,516						
16		171210	花丘 理央	4,558	5,469	4,375						

社員別売上

その他の方法

複数の列の削除

2019 365

◆複数の列を選択→《ホーム》タブ→《セル》グループの（セルの削除）

その他の方法

複数の行の挿入

2019 365

◆複数の行を選択→《ホーム》タブ→《セル》グループの（セルの挿入）

2-1-4 セルを挿入する、削除する

解説

■セルの挿入

作成中の表に記入欄が足りない場合、セルを挿入できます。セルの挿入は、行や列の挿入と異なり、隣接するセルはそのままで、対象のセルだけ右方向または下方向にシフトします。ワークシートに複数の表を作成していて、一方の表だけセルを追加するような場合に使います。

2019 365 ◆セル範囲を右クリック→《挿入》

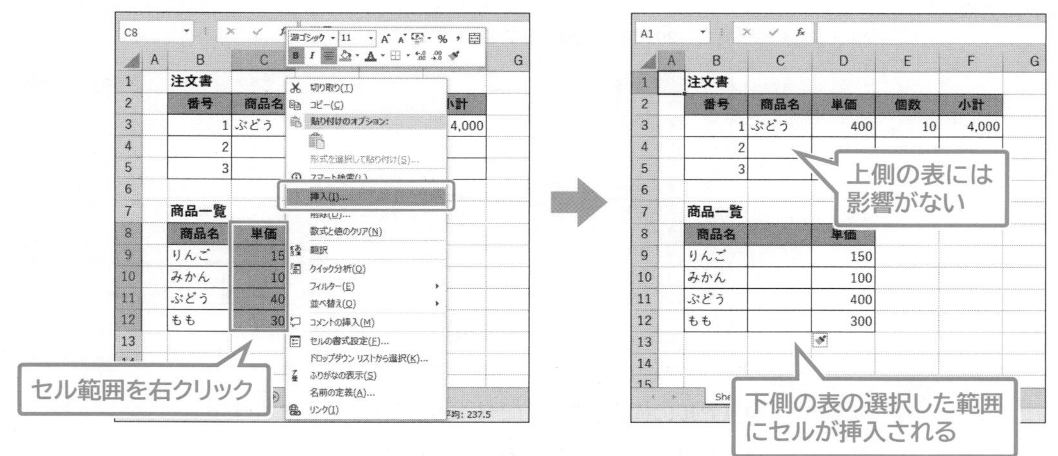

■セルの削除

作成中の表に余分な記入欄がある場合、セルを削除して詰めることができます。セルの削除は、行や列の削除と異なり、隣接するセルはそのままで、対象のセルだけ左方向または上方向にシフトします。ワークシートに複数の表を作成していて、一方の表だけセルを削除するような場合に使います。

2019 365 ◆セル範囲を右クリック→《削除》

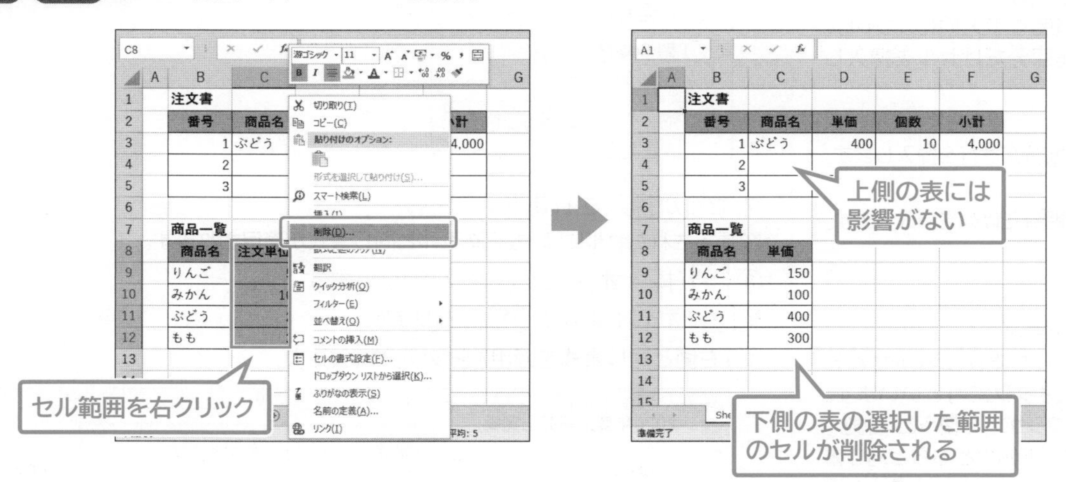

Lesson 30

ブック「Lesson30」を開いておきましょう。

次の操作を行いましょう。

(1) 上側の表の営業所名と4月の間にセルを挿入して、上期目標の列を作成してください。4月の列と同じ書式を適用します。

(2) 下側の表の2016上期の列を削除してください。

Lesson 30 Answer

(1)

①セル範囲【C3:C13】を選択します。

②選択した範囲内で右クリックします。

③**《挿入》**をクリックします。

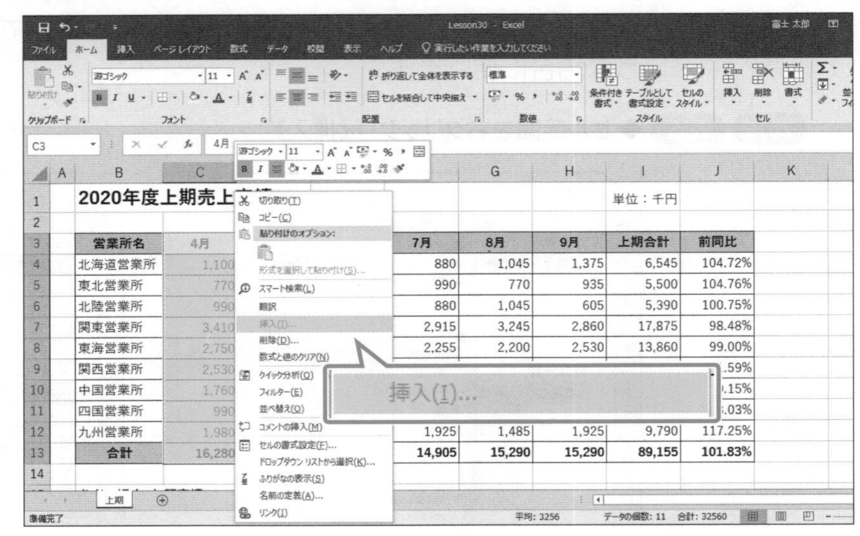

④**《セルの挿入》**ダイアログボックスが表示されます。

⑤**《右方向にシフト》**を◉にします。

⑥**《OK》**をクリックします。

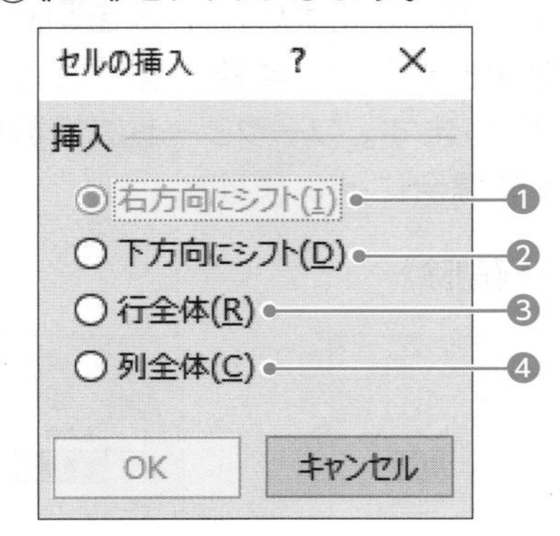

⑦セルが挿入されます。

※挿入されたセルには、左側のセルと同じ書式が適用されます。

⑧ (挿入オプション)をクリックします。

※ をポイントすると、 になります。

⑨**《右側と同じ書式を適用》**をクリックします。

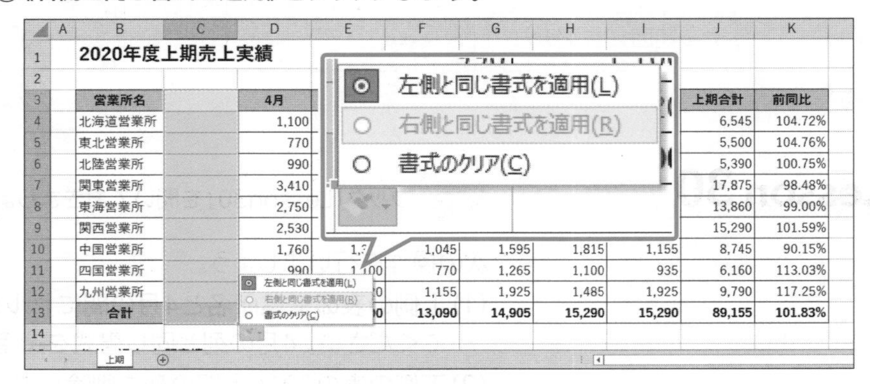

その他の方法

セルの挿入

2019 365

◆セルを選択→《ホーム》タブ→《セル》グループの (セルの挿入)の →《セルの挿入》

Point

《セルの挿入》

❶右方向にシフト

選択した範囲を右方向にシフトし、選択した範囲分だけセルを挿入します。

❷下方向にシフト

選択した範囲を下方向にシフトし、選択した範囲分だけセルを挿入します。

❸行全体

選択した範囲分だけ行を挿入します。

❹列全体

選択した範囲分だけ列を挿入します。

Point

挿入オプション

セルを挿入した直後に表示される を「挿入オプション」といいます。 (挿入オプション)を使うと、右側／左側、上側／下側のどちらと同じ書式を適用するのか、または書式を適用しないのかを選択できます。

⑩右側のセルと同じ書式が適用されます。

⑪セル**【C3】**に**「上期目標」**と入力します。

	A	B	C	D	E	F	G	H	I	J	K
1		2020年度上期売上実績							単位：千円		
2											
3		営業所名	上期目標	4月	5月	6月	7月	8月	9月	上期合計	前同比
4		北海道営業所		1,100	1,155	990	880	1,045	1,375	6,545	104.72%
5		東北営業所		770	935	1,100	990	770	935	5,500	104.76%
6		北陸営業所		990	1,100	770	880	1,045	605	5,390	100.75%
7		関東営業所		3,410	3,135	2,310	2,915	3,245	2,860	17,875	98.48%
8		東海営業所		2,750	2,035	2,090	2,255	2,200	2,530	13,860	99.00%
9		関西営業所		2,530	2,145	2,860	2,200	2,585	2,970	15,290	101.59%
10		中国営業所		1,760	1,375	1,045	1,595	1,815	1,155	8,745	90.15%
11		四国営業所		990	1,100	770	1,265	1,100	935	6,160	113.03%
12		九州営業所		1,980	1,320	1,155	1,925	1,485	1,925	9,790	117.25%
13		合計		16,280	14,300	13,090	14,905	15,290	15,290	89,155	101.83%
14											

(2)

①セル範囲**【C16：C26】**を選択します。

②選択した範囲内で右クリックします。

③**《削除》**をクリックします。

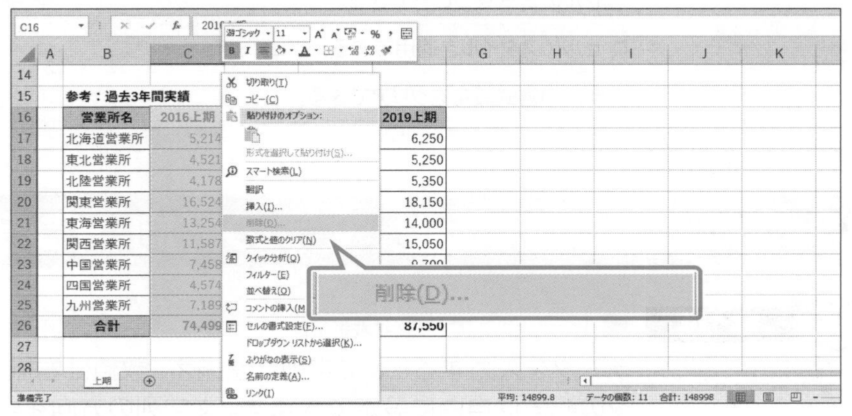

④**《削除》**ダイアログボックスが表示されます。

⑤**《左方向にシフト》**を◉にします。

⑥**《OK》**をクリックします。

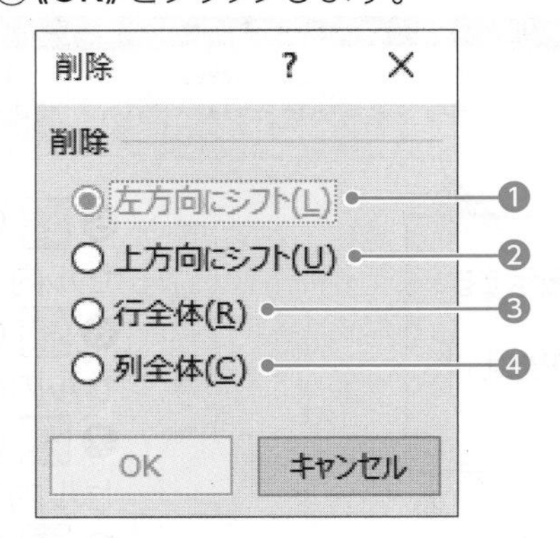

⑦セルが削除されます。

	A	B	C	D	E	F	G	H	I	J	K
14											
15		参考：過去3年間実績									
16		営業所名	2017上期	2018上期	2019上期						
17		北海道営業所	5,000	5,625	6,250						
18		東北営業所	4,200	4,725	5,250						
19		北陸営業所	4,280	4,815	5,350						
20		関東営業所	14,520	16,335	18,150						
21		東海営業所	11,200	12,600	14,000						
22		関西営業所	12,040	13,545	15,050						
23		中国営業所	7,760	8,730	9,700						
24		四国営業所	4,360	4,905	5,450						
25		九州営業所	6,680	7,515	8,350						
26		合計	70,040	78,795	87,550						
27											

その他の方法

セルの削除

2019 365

◆セルを選択→《ホーム》タブ→《セル》グループの（セルの削除）の →《セルの削除》

Point

《削除》

❶左方向にシフト
選択した範囲を削除し、右にあるセルを左方向にシフトします。

❷上方向にシフト
選択した範囲を削除し、下にあるセルを上方向にシフトします。

❸行全体
選択した範囲分だけ行を削除します。

❹列全体
選択した範囲分だけ列を削除します。

2-2 セルやセル範囲の書式を設定する

☑ 理解度チェック

習得すべき機能	参照Lesson	学習前	学習後	試験直前
■セル内の配置を設定できる。	➡Lesson31	☑	☑	☑
■インデントを設定できる。	➡Lesson31	☑	☑	☑
■セル内の文字の方向を変更できる。	➡Lesson32	☑	☑	☑
■セル内の文字列を折り返して表示できる。	➡Lesson33	☑	☑	☑
■セルを結合したり、セルの結合を解除したりすることができる。	➡Lesson34	☑	☑	☑
■表示形式を設定できる。	➡Lesson35	☑	☑	☑
■《セルの書式設定》ダイアログボックスからセルの書式を設定できる。	➡Lesson36 ➡Lesson37	☑	☑	☑
■セルの書式をコピーできる。	➡Lesson38	☑	☑	☑
■セルのスタイルを適用できる。	➡Lesson39	☑	☑	☑
■セルの書式設定をクリアできる。	➡Lesson40	☑	☑	☑

2-2-1 セルの配置、文字の方向、インデントを変更する

解説

■セル内のデータの配置

データを入力すると、文字列は左揃え、数値は右揃えでセル内に表示されますが、データの配置は自由に設定できます。文字列の方向を変更して縦書きにしたり、インデントを設定して文字列をセル内で字下げしたりすることもできます。

2019 365 ◆《ホーム》タブ→《配置》グループのボタン

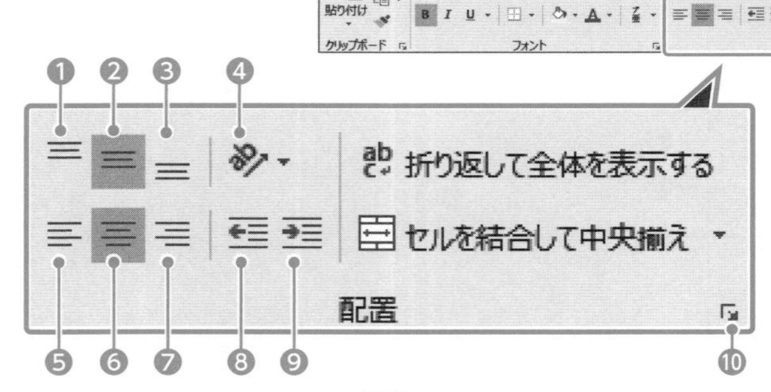

❶ ≡（上揃え）
セル内で上端に揃えて配置します。

❷ ≡（上下中央揃え）
セル内の上下中央に配置します。

❸ ≡（下揃え）
セル内で下端に揃えて配置します。

❹ （方向）
セル内の文字列を回転したり、縦書きにしたりします。

❺ ≡（左揃え）
セル内で左端に揃えて配置します。

❻ ≡（中央揃え）
セル内の左右中央に配置します。

❼ ≡（右揃え）
セル内で右端に揃えて配置します。

❽ （インデントを減らす）
ボタンを1回クリックすると、1文字分のインデントを削除します。

❾ （インデントを増やす）
ボタンを1回クリックすると、1文字分のインデントを設定します。

❿ （配置の設定）
文字の配置の詳細を設定できます。セル内で文字列を均等に割り付けたり、文字列を縮小して全体を表示したりできます。

Lesson 31

ブック「Lesson31」を開いておきましょう。

次の操作を行いましょう。

(1) 表の1行目の項目名をセル内の左右中央に配置してください。

(2) セル範囲【B5：B6】とセル範囲【B9：B11】の項目名に左1文字分のインデントを設定してください。

(3) セル【B7】とセル範囲【B12：B14】の項目名を右揃えにし、さらに右1文字分のインデントを設定してください。

Lesson 31 Answer

その他の方法

セル内のデータの配置の設定

2019 365

◆《ホーム》タブ→《配置》グループの［配置の設定］（配置の設定）→《配置》タブ→《文字の配置》

◆セルを右クリック→《セルの書式設定》→《配置》タブ→《文字の配置》

◆ Ctrl ＋ 1 →《配置》タブ→《文字の配置》

Point

インデント

「インデント」とは、データの先頭をセル内で字下げすることです。インデントを設定して表示位置を変更しても、データに空白が挿入されているわけではないので、計算や並べ替えなどに影響しません。

その他の方法

インデントの設定

2019 365

◆《ホーム》タブ→《配置》グループの［配置の設定］（配置の設定）→《配置》タブ→《インデント》

◆セルを右クリック→《セルの書式設定》→《配置》タブ→《インデント》

◆ Ctrl ＋ 1 →《配置》タブ→《インデント》

Point

インデントの解除

［インデントを減らす］（インデントを減らす）をクリックすると、設定したインデントを解除できます。

(1)

① セル範囲**【B3：E3】**を選択します。

②**《ホーム》**タブ→**《配置》**グループの［中央揃え］（中央揃え）をクリックします。

③ 中央揃えが設定されます。

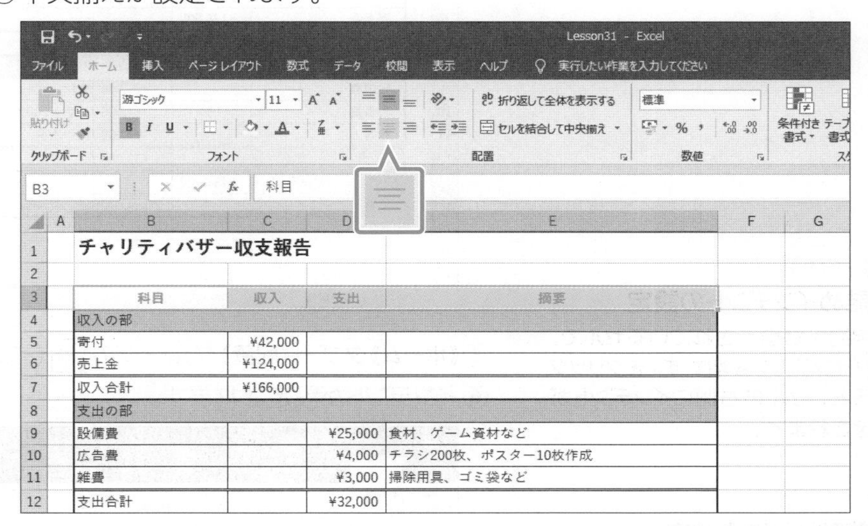

(2)

① セル範囲**【B5：B6】**を選択します。

② Ctrl を押しながら、セル範囲**【B9：B11】**を選択します。

※ Ctrl を使うと、離れた場所にあるセルを選択できます。

③**《ホーム》**タブ→**《配置》**グループの［インデントを増やす］（インデントを増やす）をクリックします。

④ インデントが設定されます。

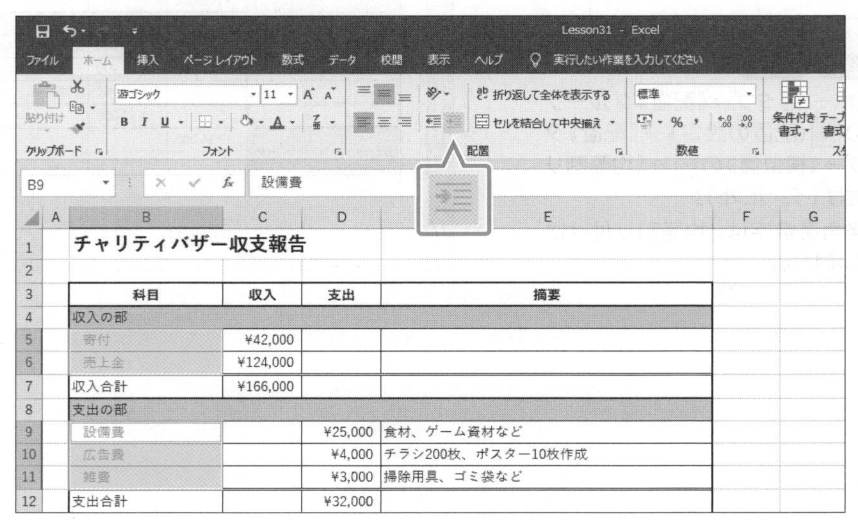

(3)

①セル**【B7】**を選択します。

②Ctrlを押しながら、セル範囲**【B12：B14】**を選択します。

※Ctrlを使うと、離れた場所にあるセルを選択できます。

③**《ホーム》**タブ→**《配置》**グループの（右揃え）をクリックします。

④右揃えが設定されます。

⑤**《ホーム》**タブ→**《配置》**グループの（インデントを増やす）をクリックします。

⑥インデントが設定されます。

Point

右詰めインデントの設定

文字列が右揃えされているセルで、（インデントを増やす）をクリックすると、セルの右側にインデントが設定されます。

Point

均等割り付けの設定

文字列をセルの幅に合わせて均等に配置できます。

富士通

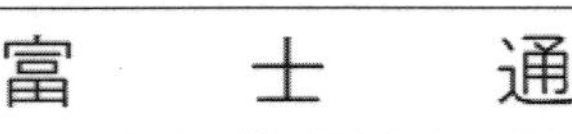

2019 365

◆《ホーム》タブ→《配置》グループの（配置の設定）→《配置》タブ→《横位置》の→《均等割り付け（インデント）》

※半角英数字は、均等割り付けされません。

Lesson 32

ブック「Lesson32」を開いておきましょう。

次の操作を行いましょう。

(1)「収入の部」と「支出の部」の文字列を縦書きにしてください。

Lesson 32 Answer

(1)

①セル範囲**【B4:B7】**を選択します。

②**《ホーム》**タブ→**《配置》**グループの [方向ボタン] (方向)→**《縦書き》**をクリックします。

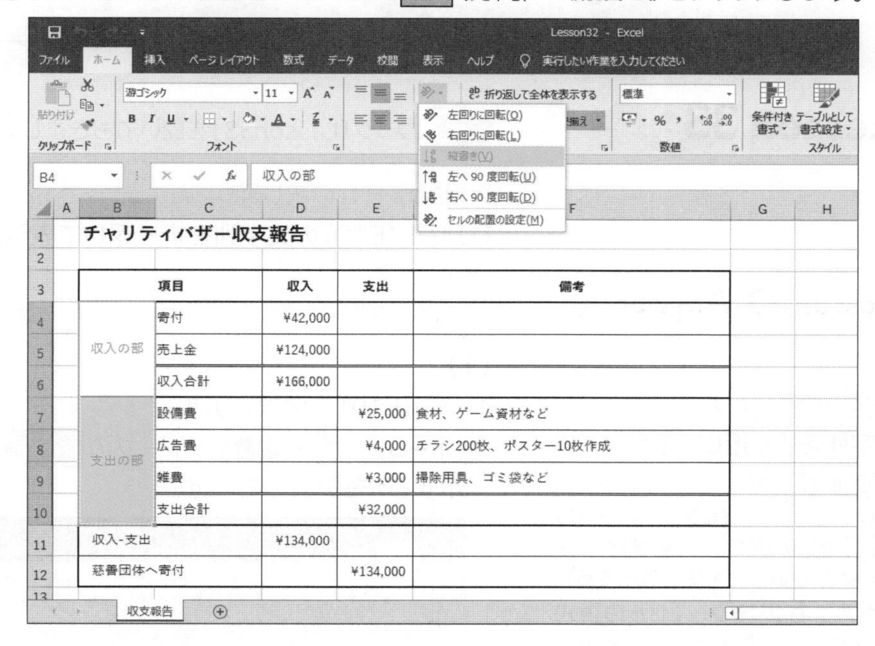

③文字列が縦書きになります。

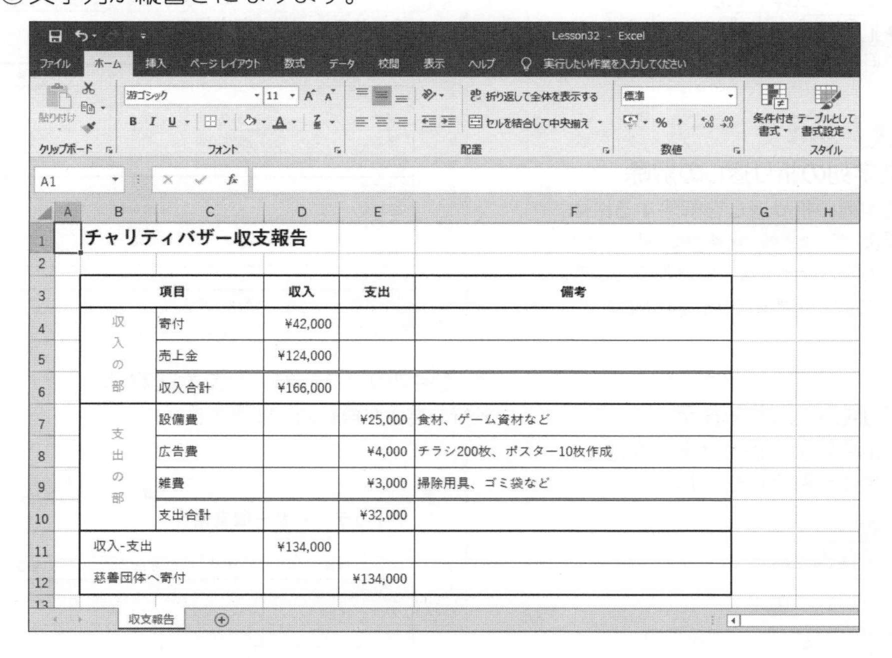

2-2-2 セル内のテキストを折り返して表示する

解説

■セル内の文字列を折り返して表示

セルの幅より長い文字列を入力すると、右隣のセル上に表示されますが、自動的に折り返して、セル内に文字列全体を表示することができます。

2019 365 ◆《ホーム》タブ→《配置》グループの 折り返して全体を表示する (折り返して全体を表示する)

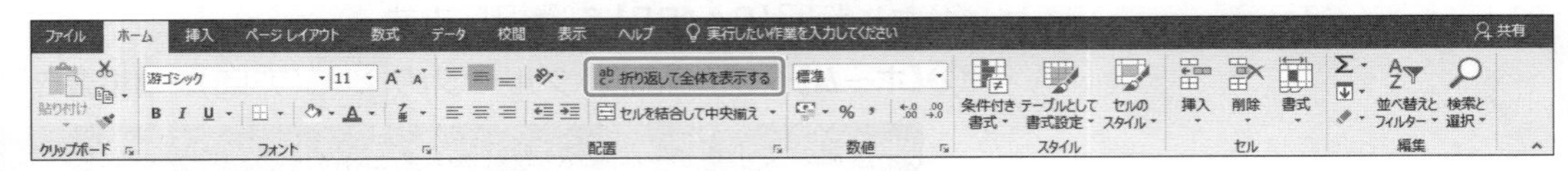

Lesson 33

ブック「Lesson33」を開いておきましょう。

次の操作を行いましょう。

(1) セル【E10】の文字列を折り返して表示してください。

Lesson 33 Answer

(1)

①セル【E10】を選択します。

②《ホーム》タブ→《配置》グループの 折り返して全体を表示する (折り返して全体を表示する) をクリックします。

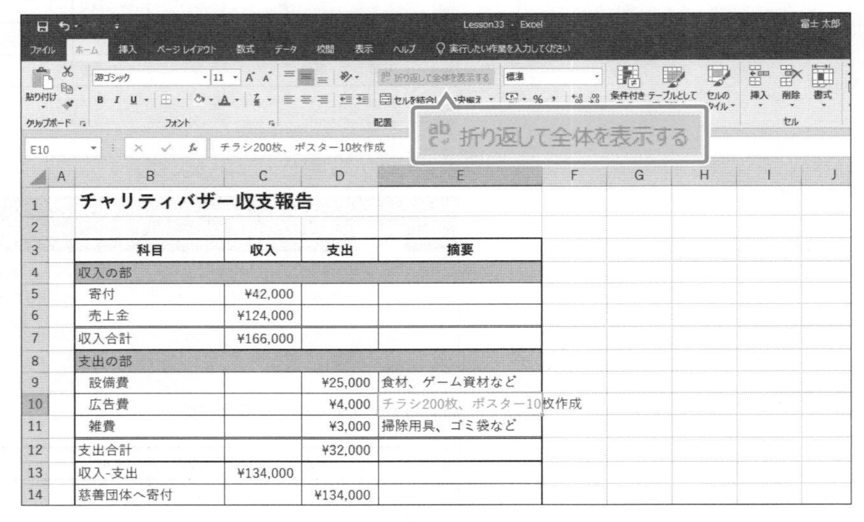

	A	B	C	D	E
1		チャリティバザー収支報告			
2					
3		科目	収入	支出	摘要
4		収入の部			
5		寄付	¥42,000		
6		売上金	¥124,000		
7		収入合計	¥166,000		
8		支出の部			
9		設備費		¥25,000	食材、ゲーム資材など
10		広告費		¥4,000	チラシ200枚、ポスター10枚作成
11		雑費		¥3,000	掃除用具、ゴミ袋など
12		支出合計		¥32,000	
13		収入-支出	¥134,000		
14		慈善団体へ寄付		¥134,000	

③文字列が折り返して表示されます。

※行の高さが自動的に調整されます。

E10 チラシ200枚、ポスター10枚作成

	A	B	C	D	E
1		チャリティバザー収支報告			
2					
3		科目	収入	支出	摘要
4		収入の部			
5		寄付	¥42,000		
6		売上金	¥124,000		
7		収入合計	¥166,000		
8		支出の部			
9		設備費		¥25,000	食材、ゲーム資材など
10		広告費		¥4,000	チラシ200枚、ポスター 10枚作成
11		雑費		¥3,000	掃除用具、ゴミ袋など
12		支出合計		¥32,000	
13		収入-支出	¥134,000		

その他の方法

文字列を折り返して表示

2019 365

- ◆《ホーム》タブ→《配置》グループの (配置の設定)→《配置》タブ→《☑折り返して全体を表示する》
- ◆セルを右クリック→《セルの書式設定》→《配置》タブ→《☑折り返して全体を表示する》
- ◆ Ctrl + 1 →《配置》タブ→《☑折り返して全体を表示する》

Point

文字列の折り返しの解除

文字列の折り返しを解除するには、再度 折り返して全体を表示する (折り返して全体を表示する) をクリックします。

※ボタンが標準の色に戻ります。

Point

縮小して全体を表示

セルの幅より長い文字列を縮小して全体を表示できます。

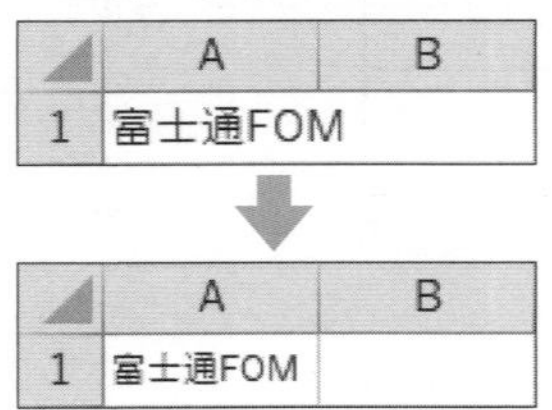

2019 365

◆《ホーム》タブ→《配置》グループの (配置の設定)→《配置》タブ→《☑縮小して全体を表示する》

2-2-3 セルを結合する、セルの結合を解除する

解 説

■セルの結合

複数のセルを結合して、ひとつのセルとして扱うことができます。複数のセルを結合するときに、データの配置や結合する方向を指定することもできます。

2019 365 ◆《ホーム》タブ→《配置》グループの セルを結合して中央揃え (セルを結合して中央揃え)

❶セルを結合して中央揃え

複数のセルを結合して、結合したセルの中央にデータを配置します。

❷横方向に結合

選択したセル範囲を横方向に結合します。データの配置はもとのままで、変更されません。複数行をまとめて実行すると、行ごとにセルが結合されます。

❸セルの結合

複数のセルを結合します。データの配置はもとのままで、変更されません。

❹セル結合の解除

セルの結合を解除します。データの配置はもとのままで、変更されません。

Lesson 34

ブック「Lesson34」を開いておきましょう。

次の操作を行いましょう。

(1) セル範囲【B3：C3】、セル範囲【B4：B6】、セル範囲【B7：B10】をそれぞれ結合してください。文字列は結合したセルの中央に配置します。

(2) セル範囲【B11：C12】を横方向に結合してください。文字列の配置は変更しないようにします。

(3) 表のタイトル「チャリティバザー収支報告」が入力されているセルの結合と文字列の配置を解除してください。

Lesson 34 Answer

その他の方法

セルの結合

2019 365

◆《ホーム》タブ→《配置》グループの[配置の設定]（配置の設定）→《配置》タブ→《✓セルを結合する》

◆セル範囲を右クリック→《セルの書式設定》→《配置》タブ→《✓セルを結合する》

◆[Ctrl]+[1]→《配置》タブ→《✓セルを結合する》

※セルを結合しても、セル内の配置は変更されません。

Point

結合したセルのセル番地

セルを結合すると、そのセルは結合した範囲の左上のセル番地になります。また、結合した範囲の左上のセルのデータは保持されますが、それ以外のセルにデータが入力されていると、そのデータは削除されます。

(1)

①セル範囲【B3：C3】を選択します。

②[Ctrl]を押しながら、セル範囲【B4：B6】とセル範囲【B7：B10】を選択します。

※[Ctrl]を使うと、離れた場所にある複数のセル範囲を選択できます。

③**《ホーム》**タブ→**《配置》**グループの[セルを結合して中央揃え]（セルを結合して中央揃え）をクリックします。

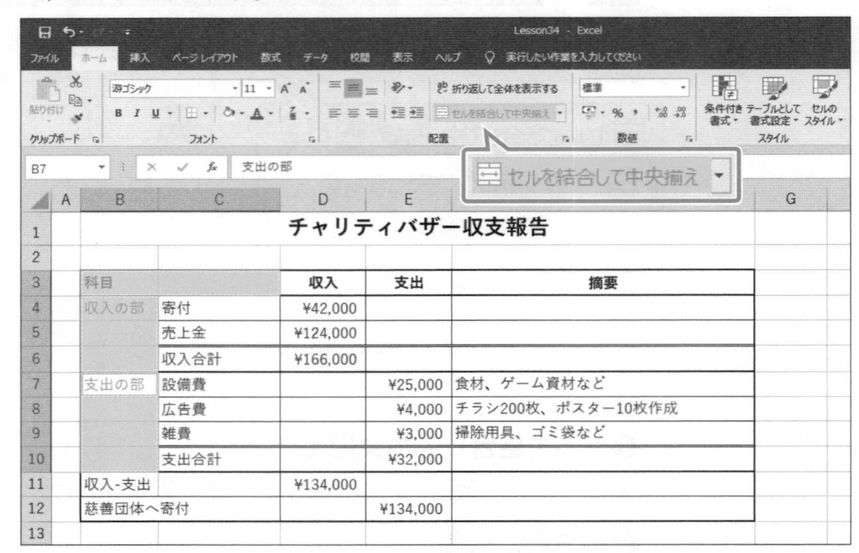

④セルが結合され、文字列が結合したセルの中央に配置されます。

※ボタンが濃い灰色になります。

(2)

①セル範囲【B11：C12】を選択します。

②**《ホーム》**タブ→**《配置》**グループの[セルを結合して中央揃え]（セルを結合して中央揃え）の[▾]→**《横方向に結合》**をクリックします。

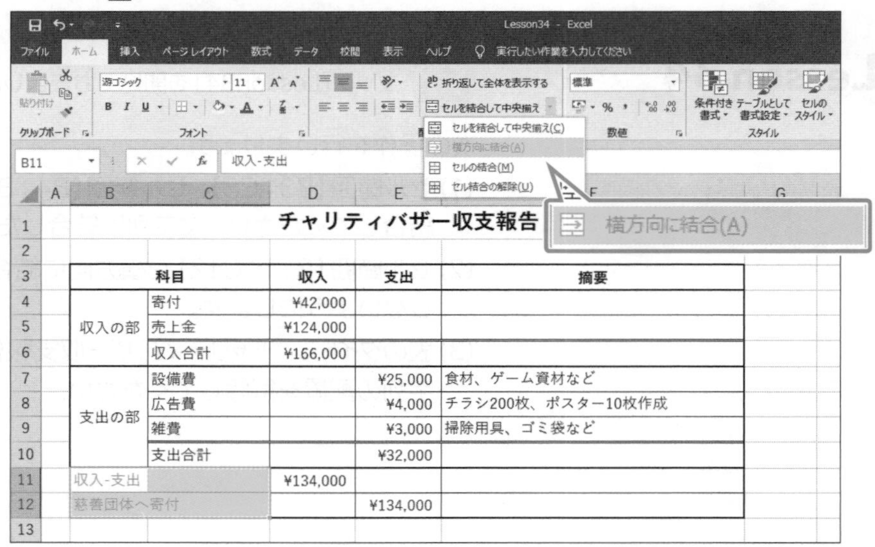

③行ごとにセルが結合されます。

		チャリティバザー収支報告		
科目		収入	支出	摘要
収入の部	寄付	¥42,000		
	売上金	¥124,000		
	収入合計	¥166,000		
支出の部	設備費		¥25,000	食材、ゲーム資材など
	広告費		¥4,000	チラシ200枚、ポスター10枚作成
	雑費		¥3,000	掃除用具、ゴミ袋など
	支出合計		¥32,000	
収入-支出		¥134,000		
慈善団体へ寄付			¥134,000	

(3)

①セル【B1】を選択します。

※結合されたセルを選択すると、［セルを結合して中央揃え］（セルを結合して中央揃え）のボタンが濃い灰色になります。

②《ホーム》タブ→《配置》グループの［セルを結合して中央揃え］（セルを結合して中央揃え）をクリックします。

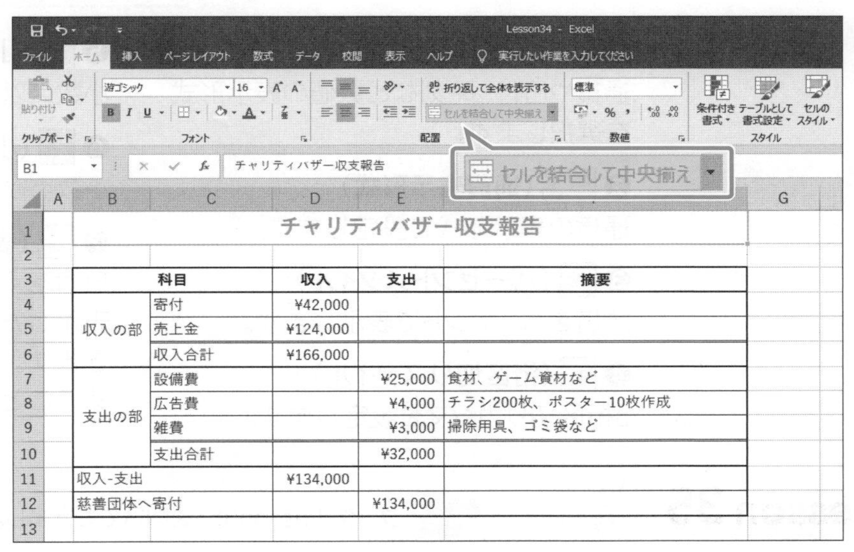

		チャリティバザー収支報告		
科目		収入	支出	摘要
収入の部	寄付	¥42,000		
	売上金	¥124,000		
	収入合計	¥166,000		
支出の部	設備費		¥25,000	食材、ゲーム資材など
	広告費		¥4,000	チラシ200枚、ポスター10枚作成
	雑費		¥3,000	掃除用具、ゴミ袋など
	支出合計		¥32,000	
収入-支出		¥134,000		
慈善団体へ寄付			¥134,000	

③セルの結合と文字列の配置が解除されます。

※ボタンが標準の色に戻ります。

チャリティバザー収支報告				
科目		収入	支出	摘要
収入の部	寄付	¥42,000		
	売上金	¥124,000		
	収入合計	¥166,000		
支出の部	設備費		¥25,000	食材、ゲーム資材など
	広告費		¥4,000	チラシ200枚、ポスター10枚作成
	雑費		¥3,000	掃除用具、ゴミ袋など
	支出合計		¥32,000	
収入-支出		¥134,000		
慈善団体へ寄付			¥134,000	

Point

セルを結合して中央揃えの解除

セルを結合して中央揃えを設定すると、［セルを結合して中央揃え］（セルを結合して中央揃え）のボタンが濃い灰色で表示されます。再度クリックすると、セルの結合と中央揃えが解除され、ボタンが標準の色に戻ります。

その他の方法

セル結合の解除

2019 365

- ◆《ホーム》タブ→《配置》グループの［セルを結合して中央揃え］（セルを結合して中央揃え）の［▼］→《セル結合の解除》
- ◆《ホーム》タブ→《配置》グループの［配置の設定］（配置の設定）→《配置》タブ→《□セルを結合する》
- ◆セルを右クリック→《セルの書式設定》→《配置》タブ→《□セルを結合する》
- ◆［Ctrl］+［1］→《配置》タブ→《□セルを結合する》

※セルの結合を解除しても、セル内の配置は解除されません。

2-2-4 数値の書式を適用する

■数値の表示形式

セルに格納されている数値に3桁区切りカンマや通貨記号を付けたり、小数点以下の表示桁数を設定したりして、ワークシート上の表示形式を変更できます。
表示形式を設定しても、セルに格納されている数値は変更されません。

2019 365 ◆《ホーム》タブ→《数値》グループのボタン

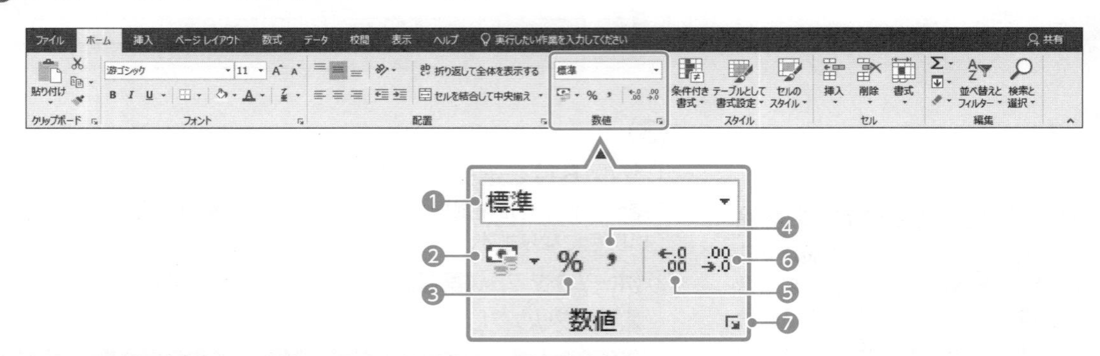

❶ 標準 （数値の書式）
通貨や日付、時刻など数値の表示形式を選択します。

❷ （通貨表示形式）
通貨の表示形式を設定します。

❸ % （パーセントスタイル）
数値をパーセントで表示します。

❹ , （桁区切りスタイル）
3桁区切りカンマを設定します。

❺ （小数点以下の表示桁数を増やす）
小数点以下の表示桁数を1桁ずつ増やします。

❻ （小数点以下の表示桁数を減らす）
小数点以下の表示桁数を1桁ずつ減らします。

❼ （表示形式）
日付を元号で表示したり、マイナスを▲で表示したりなど、表示形式の詳細を設定できます。また、オリジナルの表示形式を定義することもできます。

Lesson 35

ブック「Lesson35」を開いておきましょう。

次の操作を行いましょう。

(1) 予算から上期合計までの数値に3桁区切りカンマを設定してください。

(2) 達成率と前同比をパーセントで表示してください。小数点以下2桁まで表示します。

Lesson 35 Answer

(1)

①セル範囲【C4：J13】を選択します。

②《ホーム》タブ→《数値》グループの , （桁区切りスタイル）をクリックします。

2020年度上期売上実績　単位：千円

営業所名	予算	4月	5月	6月	7月	8月	9月	上期合計	達成率	前同比
北海道営業所	7000	1100	1155	990	880	1045	1375	6545	0.935	1.0472
東北営業所	5000	770	935	1100	990	770	935	5500	1.1	1.047619
北陸営業所	6000	990	1100	770	880	1045	605	5390	0.8983333	1.0074766
関東営業所	17000	3410	3135	2310	2915	3245	2860	17875	1.0514706	0.9848485
東海営業所	13000	2750	2035	2090	2255	2200	2530	13860	1.0661538	0.99

その他の方法

数値の表示形式

2019 365

◆《ホーム》タブ→《数値》グループの （表示形式）→《表示形式》タブ

◆セルを右クリック→《セルの書式設定》→《表示形式》タブ

◆ Ctrl + 1 →《表示形式》タブ

Point

通貨表示形式

（通貨表示形式）を使うと、「¥3,000」のように通貨記号と3桁区切りカンマを一度に設定できます。
（通貨表示形式）の をクリックして、ドル（$）やユーロ（€）など、外国の通貨を設定することもできます。

Point

表示形式の解除

2019 365

◆《ホーム》タブ→《数値》グループの 通貨 （数値の書式）の →《標準》

③3桁区切りカンマが設定されます。

2020年度上期売上実績　　単位：千円

営業所名	予算	4月	5月	6月	7月	8月	9月	上期合計	達成率	前同比
北海道営業所	7,000	1,100	1,155	990	880	1,045	1,375	6,545	0.935	1.0472
東北営業所	5,000	770	935	1,100	990	770	935	5,500	1.1	1.047619
北陸営業所	6,000	990	1,100	770	880	1,045	605	5,390	0.8983333	1.0074766
関東営業所	17,000	3,410	3,135	2,310	2,915	3,245	2,860	17,875	1.0514706	0.9848485
東海営業所	13,000	2,750	2,035	2,090	2,255	2,200	2,530	13,860	1.0661538	0.99
関西営業所	14,000	2,530	2,145	2,860	2,200	2,585	2,970	15,290	1.0921429	1.0159468
中国営業所	8,000	1,760	1,375	1,045	1,595	1,815	1,155	8,745	1.093125	0.9015464
四国営業所	6,000	990	1,100	770	1,265	1,100	935	6,160	1.0266667	1.1302752
九州営業所	9,000	1,980	1,320	1,155	1,925	1,485	1,925	9,790	1.0877778	1.1724551
合計	85,000	16,280	14,300	13,090	14,905	15,290	15,290	89,155	1.0488824	1.0183324

(2)

①セル範囲【**K4：L13**】を選択します。

②**《ホーム》**タブ→**《数値》**グループの %（パーセントスタイル）をクリックします。

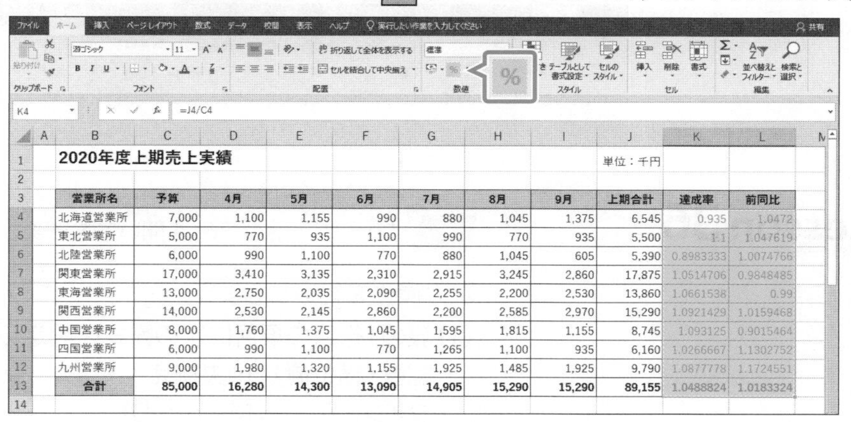

2020年度上期売上実績　　単位：千円

営業所名	予算	4月	5月	6月	7月	8月	9月	上期合計	達成率	前同比
北海道営業所	7,000	1,100	1,155	990	880	1,045	1,375	6,545	0.935	1.0472
東北営業所	5,000	770	935	1,100	990	770	935	5,500	1.1	1.047619
北陸営業所	6,000	990	1,100	770	880	1,045	605	5,390	0.8983333	1.0074766
関東営業所	17,000	3,410	3,135	2,310	2,915	3,245	2,860	17,875	1.0514706	0.9848485
東海営業所	13,000	2,750	2,035	2,090	2,255	2,200	2,530	13,860	1.0661538	0.99
関西営業所	14,000	2,530	2,145	2,860	2,200	2,585	2,970	15,290	1.0921429	1.0159468
中国営業所	8,000	1,760	1,375	1,045	1,595	1,815	1,155	8,745	1.093125	0.9015464
四国営業所	6,000	990	1,100	770	1,265	1,100	935	6,160	1.0266667	1.1302752
九州営業所	9,000	1,980	1,320	1,155	1,925	1,485	1,925	9,790	1.0877778	1.1724551
合計	85,000	16,280	14,300	13,090	14,905	15,290	15,290	89,155	1.0488824	1.0183324

③**《ホーム》**タブ→**《数値》**グループの （小数点以下の表示桁数を増やす）を2回クリックします。

2020年度上期売上実績　　単位：千円

営業所名	予算	4月	5月	6月	7月	8月	9月	上期合計	達成率	前同比
北海道営業所	7,000	1,100	1,155	990	880	1,045	1,375	6,545	94%	105%
東北営業所	5,000	770	935	1,100	990	770	935	5,500	110%	105%
北陸営業所	6,000	990	1,100	770	880	1,045	605	5,390	90%	101%
関東営業所	17,000	3,410	3,135	2,310	2,915	3,245	2,860	17,875	105%	98%
東海営業所	13,000	2,750	2,035	2,090	2,255	2,200	2,530	13,860	107%	99%
関西営業所	14,000	2,530	2,145	2,860	2,200	2,585	2,970	15,290	109%	102%
中国営業所	8,000	1,760	1,375	1,045	1,595	1,815	1,155	8,745	109%	90%
四国営業所	6,000	990	1,100	770	1,265	1,100	935	6,160	103%	113%
九州営業所	9,000	1,980	1,320	1,155	1,925	1,485	1,925	9,790	109%	117%
合計	85,000	16,280	14,300	13,090	14,905	15,290	15,290	89,155	105%	102%

④小数点以下2桁までのパーセントの表示形式が設定されます。

2020年度上期売上実績　　単位：千円

営業所名	予算	4月	5月	6月	7月	8月	9月	上期合計	達成率	前同比
北海道営業所	7,000	1,100	1,155	990	880	1,045	1,375	6,545	93.50%	104.72%
東北営業所	5,000	770	935	1,100	990	770	935	5,500	110.00%	104.76%
北陸営業所	6,000	990	1,100	770	880	1,045	605	5,390	89.83%	100.75%
関東営業所	17,000	3,410	3,135	2,310	2,915	3,245	2,860	17,875	105.15%	98.48%
東海営業所	13,000	2,750	2,035	2,090	2,255	2,200	2,530	13,860	106.62%	99.00%
関西営業所	14,000	2,530	2,145	2,860	2,200	2,585	2,970	15,290	109.21%	101.59%
中国営業所	8,000	1,760	1,375	1,045	1,595	1,815	1,155	8,745	109.31%	90.15%
四国営業所	6,000	990	1,100	770	1,265	1,100	935	6,160	102.67%	113.03%
九州営業所	9,000	1,980	1,320	1,155	1,925	1,485	1,925	9,790	108.78%	117.25%
合計	85,000	16,280	14,300	13,090	14,905	15,290	15,290	89,155	104.89%	101.83%

2-2-5 《セルの書式設定》ダイアログボックスからセルの書式を適用する

解説

■《セルの書式設定》ダイアログボックスの表示

《セルの書式設定》ダイアログボックスを使うと、セルの書式をまとめて設定したり、詳細な書式設定をしたりできます。

《セルの書式設定》ダイアログボックスは、**《表示形式》**タブ、**《配置》**タブ、**《フォント》**タブ、**《罫線》**タブ、**《塗りつぶし》**タブ、**《保護》**タブの6つのタブが用意されています。

2019 365

◆《ホーム》タブ→《フォント》グループの[ボタン]（フォントの設定）

◆《ホーム》タブ→《配置》グループの[ボタン]（配置の設定）

◆《ホーム》タブ→《数値》グループの[ボタン]（表示形式）

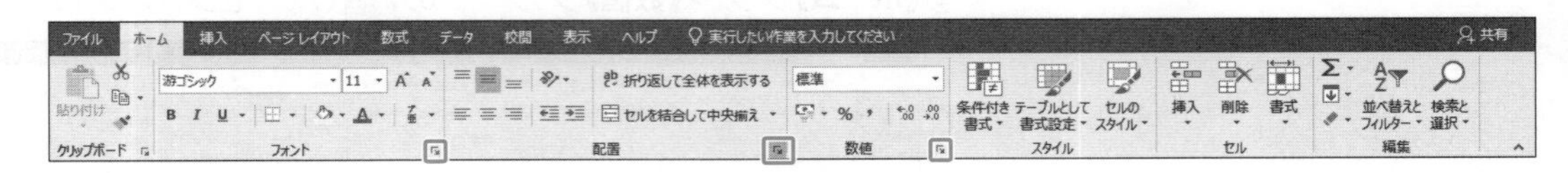

Lesson 36

ブック「Lesson36」を開いておきましょう。

次の操作を行いましょう。

(1) 表の1行目の項目に次の書式を設定してください。

配置（横位置）：中央揃え
フォント名　：Meiryo UI
スタイル　：太字
罫線　：下罫線が二重線
背景色　：うすい水色（色パレットの左から9番目、上から3番目）

Lesson 36 Answer

その他の方法

《セルの書式設定》ダイアログボックスの表示

2019 365

◆セルやセル範囲を右クリック→《セルの書式設定》

◆ Ctrl + 1

(1)

①セル範囲**【B3：F3】**を選択します。

②**《ホーム》**タブ→**《配置》**グループの[ボタン]（配置の設定）をクリックします。

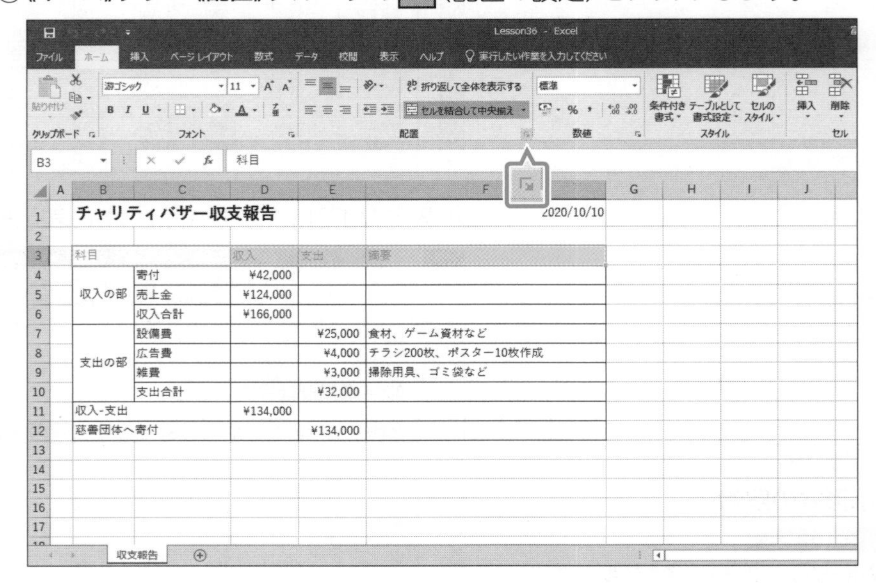

③《**セルの書式設定**》ダイアログボックスが表示されます。

④《**配置**》タブを選択します。

⑤《**横位置**》の[v]をクリックし、一覧から《**中央揃え**》を選択します。

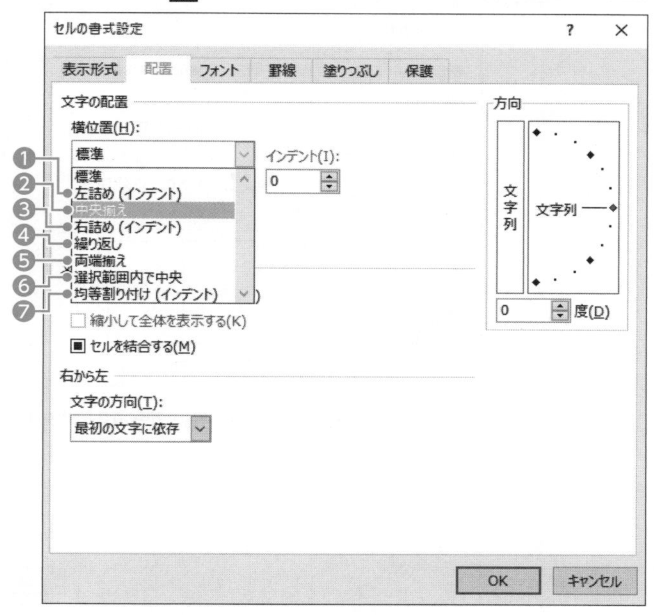

⑥《**フォント**》タブを選択します。

⑦《**フォント名**》の一覧から《**Meiryo UI**》を選択します。

※表示されていない場合は、スクロールして調整します。

⑧《**スタイル**》の一覧から《**太字**》を選択します。

Point

文字の配置(横位置)

❶左詰め(インデント)
セル内で左端に揃えて配置します。《インデント》を設定すると、左から指定した文字分のインデントを設定します。

❷中央揃え
セル内の左右中央に配置します。

❸右詰め(インデント)
セル内で右端に揃えて配置します。《インデント》を設定すると、右から指定した文字分のインデントを設定します。

❹繰り返し
セル内でデータを繰り返し表示します。

❺両端揃え
セル内を折り返して表示する場合、1行目のデータを列の幅の両端に揃えて配置します。

❻選択範囲内で中央
セルを結合せずに、選択した複数のセルの左右中央に配置します。

❼均等割り付け(インデント)
セルの幅に合わせて均等に配置します。

⑨**《罫線》**タブを選択します。

⑩**《スタイル》**の一覧から《 ═══ 》を選択します。

⑪**《罫線》**の ⊞ をクリックします。

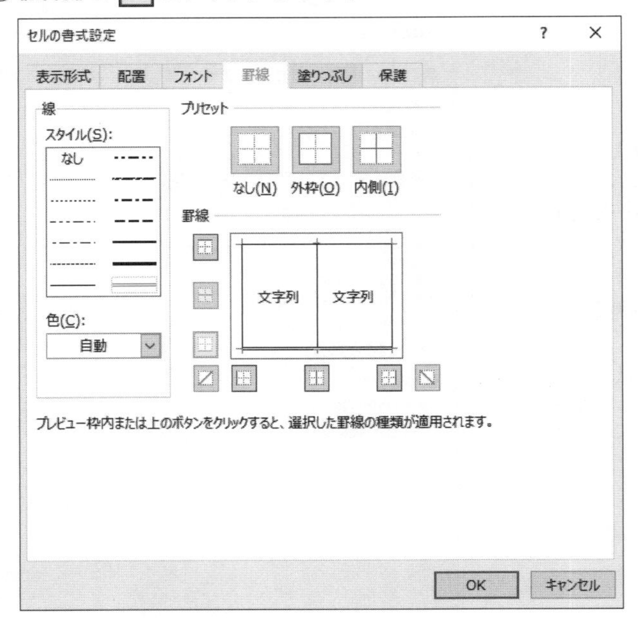

⑫**《塗りつぶし》**タブを選択します。

⑬**《背景色》**のうすい水色（左から9番目、上から3番目）をクリックします。

⑭**《OK》**をクリックします。

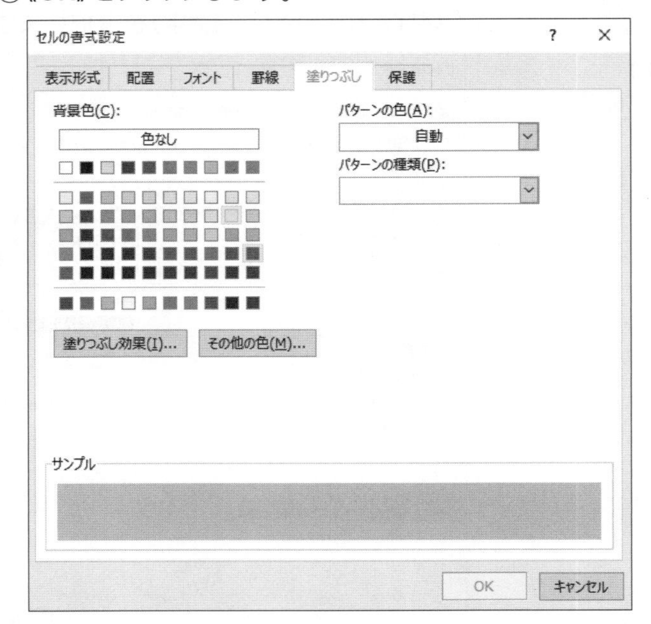

⑮書式が設定されます。

	A	B	C	D	E	F	G	H
1		チャリティバザー収支報告				2020/10/10		
2								
3		科目		収入	支出	摘要		
4		収入の部	寄付	¥42,000				
5			売上金	¥124,000				
6			収入合計	¥166,000				
7		支出の部	設備費		¥25,000	食材、ゲーム資材など		
8			広告費		¥4,000	チラシ200枚、ポスター10枚作成		
9			雑費		¥3,000	掃除用具、ゴミ袋など		
10			支出合計		¥32,000			
11		収入-支出		¥134,000				
12		慈善団体へ寄付			¥134,000			
13								

Lesson 37

ブック「Lesson37」を開いておきましょう。

次の操作を行いましょう。

(1) 表の右上の日付が「2020年10月」と表示されるように表示形式を設定してください。

Lesson 37 Answer

(1)

①セル**【F1】**を選択します。

②**《ホーム》**タブ→**《数値》**グループの （表示形式）をクリックします。

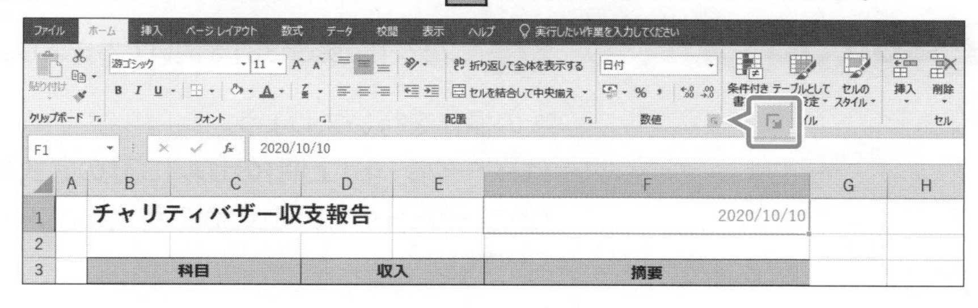

③**《セルの書式設定》**ダイアログボックスが表示されます。

④**《表示形式》**タブを選択します。

⑤**《分類》**の一覧から**《日付》**が選択されていることを確認します。

⑥**《ロケール（国または地域）》**が**《日本語》**になっていることを確認します。

⑦**《種類》**の一覧から**《2012年3月》**を選択します。

⑧**《サンプル》**に設定した表示形式で表示されていることを確認します。

⑨**《OK》**をクリックします。

⑩表示形式が設定されます。

F1　2020/10/10

	A	B	C	D	E	F	G	H
1		チャリティバザー収支報告				2020年10月		
2								
3		科目		収入		摘要		
4		収入の部	寄付	¥42,000				
5			売上金	¥124,000				
6			収入合計	¥166,000				
7			設備費		¥25,000	食材、ゲーム資材など		

Point

日付の表示形式

❶分類
表示形式の分類を指定します。

❷サンプル
設定した表示形式を確認できます。

❸種類
表示形式の種類を指定します。

❹ロケール（国または地域）
言語や国を指定します。言語や国に合わせた表示形式が《種類》に表示されます。

❺カレンダーの種類
カレンダーの種類を指定します。カレンダーの種類に合わせた表示形式が《種類》に表示されます。
《和暦》を選択すると、「R2.4.1」や「令和2年4月1日」のように、和暦で表示されます。

2-2-6　書式のコピー/貼り付け機能を使用してセルに書式を設定する

解説　■書式のコピー/貼り付け

セルに設定されたフォントや表示形式などの書式だけをコピーすることができます。

2019　365　◆《ホーム》タブ→《クリップボード》グループの（書式のコピー/貼り付け）

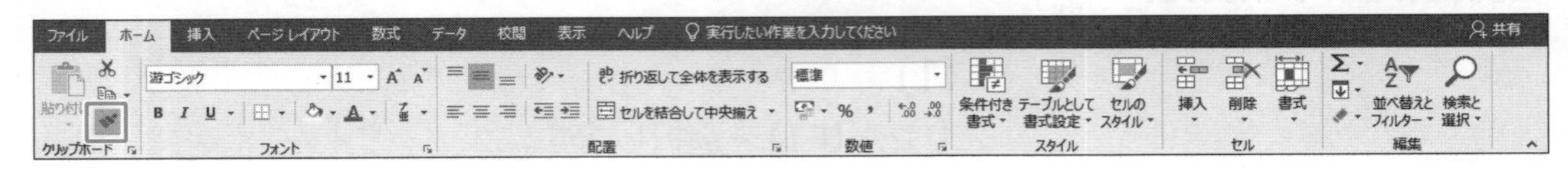

Lesson 38

ブック「Lesson38」を開いておきましょう。

次の操作を行いましょう。

(1) ワークシート「上期」のセル【B3】の書式を、セル【B13】にコピーしてください。

(2) ワークシート「上期」の表の書式を、ワークシート「下期」の表にコピーしてください。

Lesson 38 Answer

(1)

① ワークシート**「上期」**のセル**【B3】**を選択します。

②**《ホーム》**タブ→**《クリップボード》**グループの（書式のコピー/貼り付け）をクリックします。

※マウスポインターの形がに変わります。

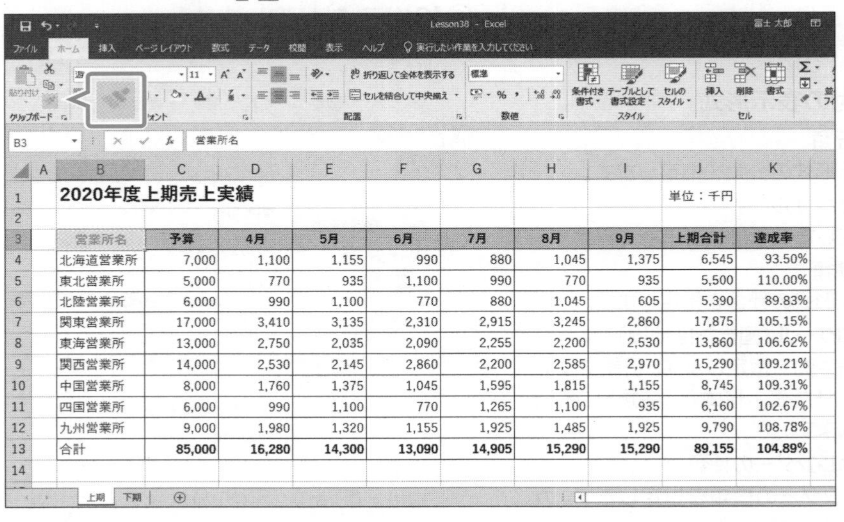

2020年度上期売上実績　　単位：千円

営業所名	予算	4月	5月	6月	7月	8月	9月	上期合計	達成率
北海道営業所	7,000	1,100	1,155	990	880	1,045	1,375	6,545	93.50%
東北営業所	5,000	770	935	1,100	990	770	935	5,500	110.00%
北陸営業所	6,000	990	1,100	770	880	1,045	605	5,390	89.83%
関東営業所	17,000	3,410	3,135	2,310	2,915	3,245	2,860	17,875	105.15%
東海営業所	13,000	2,750	2,035	2,090	2,255	2,200	2,530	13,860	106.62%
関西営業所	14,000	2,530	2,145	2,860	2,200	2,585	2,970	15,290	109.21%
中国営業所	8,000	1,760	1,375	1,045	1,595	1,815	1,155	8,745	109.31%
四国営業所	6,000	990	1,100	770	1,265	1,100	935	6,160	102.67%
九州営業所	9,000	1,980	1,320	1,155	1,925	1,485	1,925	9,790	108.78%
合計	85,000	16,280	14,300	13,090	14,905	15,290	15,290	89,155	104.89%

③セル**【B13】**を選択します。

④書式がコピーされます。

2020年度上期売上実績　　単位：千円

営業所名	予算	4月	5月	6月	7月	8月	9月	上期合計	達成率
北海道営業所	7,000	1,100	1,155	990	880	1,045	1,375	6,545	93.50%
東北営業所	5,000	770	935	1,100	990	770	935	5,500	110.00%
北陸営業所	6,000	990	1,100	770	880	1,045	605	5,390	89.83%
関東営業所	17,000	3,410	3,135	2,310	2,915	3,245	2,860	17,875	105.15%
東海営業所	13,000	2,750	2,035	2,090	2,255	2,200	2,530	13,860	106.62%
関西営業所	14,000	2,530	2,145	2,860	2,200	2,585	2,970	15,290	109.21%
中国営業所	8,000	1,760	1,375	1,045	1,595	1,815	1,155	8,745	109.31%
四国営業所	6,000	990	1,100	770	1,265	1,100	935	6,160	102.67%
九州営業所	9,000	1,980	1,320	1,155	1,925	1,485	1,925	9,790	108.78%
合計	85,000	16,280	14,300	13,090	14,905	15,290	15,290	89,155	104.89%

(2)

① ワークシート「**上期**」のセル範囲【**B3：K13**】を選択します。

②《**ホーム**》タブ→《**クリップボード**》グループの （書式のコピー/貼り付け）をクリックします。

※マウスポインターの形が に変わります。

③ ワークシート「**下期**」のセル【**B3**】を選択します。

	A	B	C	D	E	F	G	H	I	J	K
1		2020年度下期売上実績								単位：千円	
2											
3		営業所名	予算	10月	11月	12月	1月	2月	3月	下期合計	達成率
4		北海道営業	8000	990	880	1320	1375	1210	1100	6875	0.859375
5		東北営業	6000	1045	880	1210	825	990	825	5775	0.9625
6		北陸営業	7000	935	935	1100	1045	935	935	5885	0.8407143
7		関東営業所	18000	3025	3245	3850	3630	2970	3245	19965	1.1091667
8		東海営業所	14000	2310	2420	2860	2530	2750	2530	15400	1.1
9		関西営業所	15000	2860	3135	3080	2860	2310	2310	16555	1.1036667
10		中国営業所	9000	1540	1760	1980	1870	1650	1870	10670	1.1855556
11		四国営業所	7000	880	1210	880	1045	1045	935	5995	0.8564286
12		九州営業所	9000	1045	1210	1320	1870	1650	2090	9185	1.0205556
13		合計	93000	14630	15675	17600	17050	15510	15840	96305	1.0355376
14											

上期　下期

④ 書式がコピーされます。

	A	B	C	D	E	F	G	H	I	J	K
1		2020年度下期売上実績								単位：千円	
2											
3		営業所名	予算	10月	11月	12月	1月	2月	3月	下期合計	達成率
4		北海道営業所	8,000	990	880	1,320	1,375	1,210	1,100	6,875	85.94%
5		東北営業所	6,000	1,045	880	1,210	825	990	825	5,775	96.25%
6		北陸営業所	7,000	935	935	1,100	1,045	935	935	5,885	84.07%
7		関東営業所	18,000	3,025	3,245	3,850	3,630	2,970	3,245	19,965	110.92%
8		東海営業所	14,000	2,310	2,420	2,860	2,530	2,750	2,530	15,400	110.00%
9		関西営業所	15,000	2,860	3,135	3,080	2,860	2,310	2,310	16,555	110.37%
10		中国営業所	9,000	1,540	1,760	1,980	1,870	1,650	1,870	10,670	118.56%
11		四国営業所	7,000	880	1,210	880	1,045	1,045	935	5,995	85.64%
12		九州営業所	9,000	1,045	1,210	1,320	1,870	1,650	2,090	9,185	102.06%
13		**合計**	**93,000**	**14,630**	**15,675**	**17,600**	**17,050**	**15,510**	**15,840**	**96,305**	**103.55%**
14											

上期　下期

Point

書式の連続コピー

セルの書式を複数の箇所に連続してコピーするには、 （書式のコピー/貼り付け）をダブルクリックして、貼り付け先のセルを選択する操作を繰り返します。書式のコピーを終了するには、 （書式のコピー/貼り付け）を再度クリックするか、Esc を押します。

2-2-7 セルのスタイルを適用する

■セルのスタイルの適用

フォントやフォントの色、塗りつぶしの色など複数の書式をまとめて登録し、名前を付けたものを**「スタイル」**といいます。適用されているテーマに応じたスタイルがあらかじめ用意されているので、一覧から選択するだけで統一感のある書式を設定することができます。

2019 365 ◆《ホーム》タブ→《スタイル》グループの (セルのスタイル)

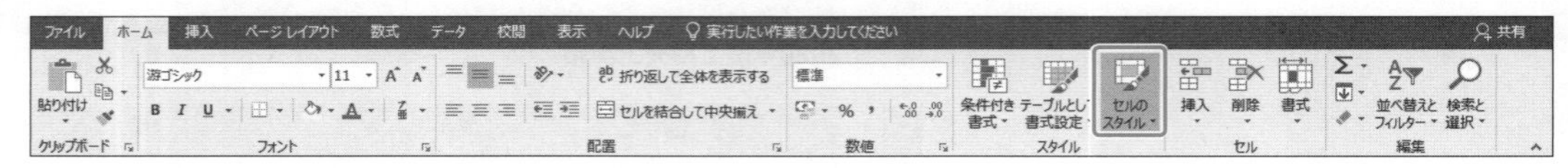

Lesson 39

ブック「Lesson39」を開いておきましょう。

次の操作を行いましょう。

(1) セル【B1】に「タイトル」、セル範囲【B3：K13】に「薄い灰色，20%-アクセント3」、セル範囲【B3：K3】に「見出し2」、セル範囲【B13：K13】に「集計」のセルのスタイルを適用してください。

Lesson 39 Answer

(1)

①セル**【B1】**を選択します。

②**《ホーム》**タブ→**《スタイル》**グループの (セルのスタイル)→**《タイトルと見出し》**の**《タイトル》**をクリックします。

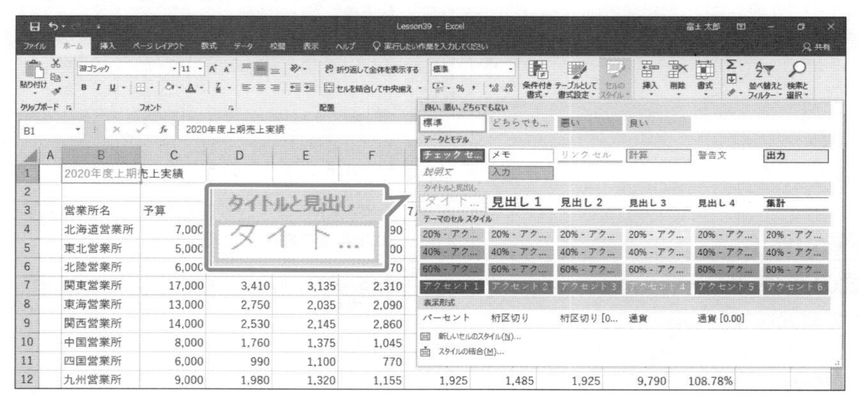

③セルのスタイルが適用されます。

④同様に、セル範囲**【B3：K13】**にスタイル**「薄い灰色，20%-アクセント3」**を適用します。

⑤同様に、セル範囲**【B3：K3】**にスタイル**「見出し2」**を適用します。

⑥同様に、セル範囲**【B13：K13】**にスタイル**「集計」**を適用します。

	B	C	D	E	F	G	H	I	J	K
1	2020年度上期売上実績								単位：千円	
2										
3	営業所名	予算	4月	5月	6月	7月	8月	9月	上期合計	達成率
4	北海道営業所	7,000	1,100	1,155	990	880	1,045	1,375	6,545	93.50%
5	東北営業所	5,000	770	935	1,100	990	770	935	5,500	110.00%
6	北陸営業所	6,000	990	1,100	770	880	1,045	605	5,390	89.83%
7	関東営業所	17,000	3,410	3,135	2,310	2,915	3,245	2,860	17,875	105.15%
8	東海営業所	13,000	2,750	2,035	2,090	2,255	2,200	2,530	13,860	106.62%
9	関西営業所	14,000	2,530	2,145	2,860	2,200	2,585	2,970	15,290	109.21%
10	中国営業所	8,000	1,760	1,375	1,045	1,595	1,815	1,155	8,745	109.31%
11	四国営業所	6,000	990	1,100	770	1,265	1,100	935	6,160	102.67%
12	九州営業所	9,000	1,980	1,320	1,155	1,925	1,485	1,925	9,790	108.78%
13	合計	85,000	16,280	14,300	13,090	14,905	15,290	15,290	89,155	104.89%
14										

Point

セルのスタイルの解除

2019 365

◆《ホーム》タブ→《スタイル》グループの (セルのスタイル)→《標準》

2-2-8 セルの書式設定をクリアする

解説 ■書式のクリア

セルに設定した書式をまとめてクリアできます。書式が設定されていないデータだけの状態に戻す場合に使います。

2019 365 ◆《ホーム》タブ→《編集》グループの [クリア] (クリア)→《書式のクリア》

Lesson 40

ブック「Lesson40」を開いておきましょう。

次の操作を行いましょう。

(1) 表に設定されているすべての書式をクリアしてください。

Lesson 40 Answer

(1)

①セル範囲【B3:E14】を選択します。

②《ホーム》タブ→《編集》グループの [クリア] (クリア)→《書式のクリア》をクリックします。

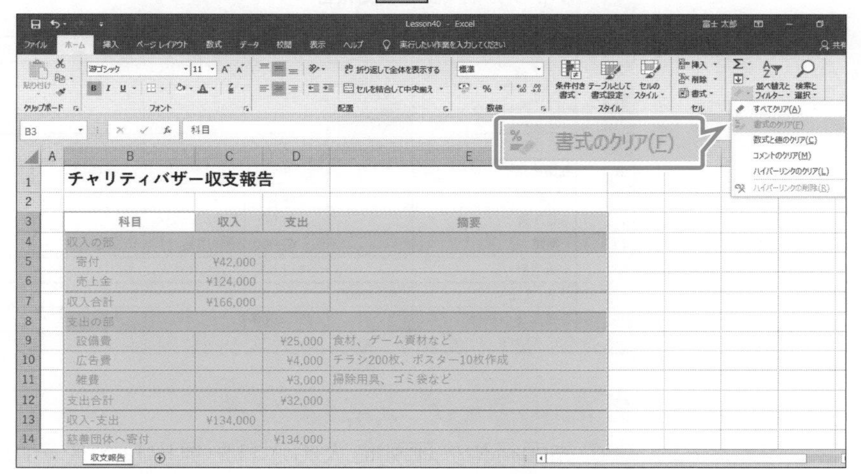

③すべての書式がクリアされます。

	A	B	C	D	E	F	G	H	I
1		チャリティバザー収支報告							
2									
3		科目	収入	支出	摘要				
4		収入の部							
5		寄付	42000						
6		売上金	124000						
7		収入合計	166000						
8		支出の部							
9		設備費		25000	食材、ゲーム資材など				
10		広告費		4000	チラシ200枚、ポスター10枚作成				
11		雑費		3000	掃除用具、ゴミ袋など				
12		支出合計		32000					
13		収入-支出	134000						
14		慈善団体へ寄付		134000					

Point

書式のクリア

[クリア] (クリア)を使うと、書式以外にも、データだけをクリアしたり、データと書式のすべてをクリアしたりすることもできます。

2-3 名前付き範囲を定義する、参照する

出題範囲２　セルやセル範囲のデータの管理

理解度チェック

習得すべき機能	参照Lesson	学習前	学習後	試験直前
■セルやセル範囲に名前を定義できる。	➡Lesson41	☑	☑	☑
■見出し名を使って、名前を定義できる。	➡Lesson42	☑	☑	☑
■名前を変更したり、名前の参照範囲を変更したりできる。	➡Lesson43	☑	☑	☑
■テーブル名を定義できる。	➡Lesson44	☑	☑	☑

2-3-1 名前付き範囲を定義する

解説

■名前の定義

セルやセル範囲に**「名前」**を付けておくと、データを扱いやすくなります。定義した名前を使って、セルやセル範囲を選択したり数式に引用したりできます。

2019 365 ◆セル範囲を選択→名前ボックスに名前を入力

■見出し名を使った名前の定義

表の先頭行や先頭列に入力された見出し名をそのまま名前として利用できます。また、表のすべての見出し名を一括で名前に定義することもできます。

2019 365 ◆《数式》タブ→《定義された名前》グループの 選択範囲から作成 （選択範囲から作成）

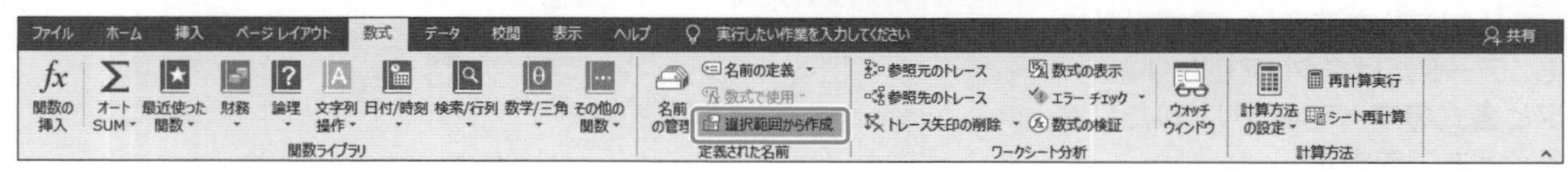

■名前付き範囲の管理

名前を付けたセル範囲は、あとから名前やセル範囲を変更できます。

2019 365 ◆《数式》タブ→《定義された名前》グループの （名前の管理）

Lesson 41

ブック「Lesson41」を開いておきましょう。

次の操作を行いましょう。

(1) セル範囲【C5：C6】に名前「収入」、セル範囲【D9：D11】に名前「支出」をそれぞれ定義してください。

Lesson 41 Answer

その他の方法

名前の定義

2019 365

◆《数式》タブ→《定義された名前》グループの 名前の定義 (名前の定義)

◆セルまたはセル範囲を右クリック→《名前の定義》

Point

名前の定義

名前の定義 (名前の定義)を使って名前を定義すると、名前を利用できる範囲や説明などの詳細を設定できます。

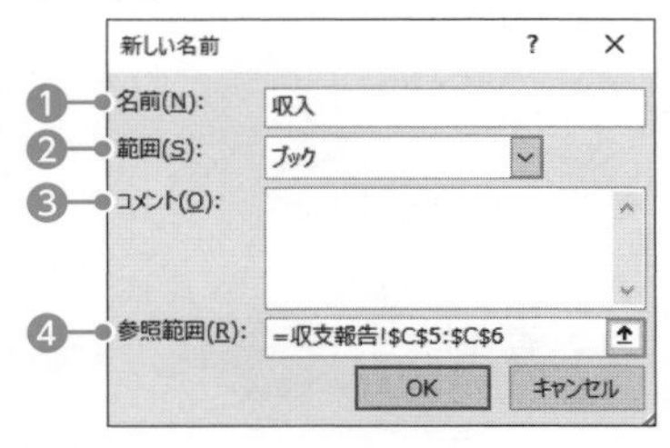

❶名前
定義する名前を指定します。

❷範囲
定義する名前が利用できる範囲を指定します。
・ブック　：ブック全体で利用
・シート名：指定したシートで利用

❸コメント
範囲にコメントを指定します。コメントを指定しておくと、名前の管理の一覧で表示されます。

❹参照範囲
名前を定義するセルまたはセル範囲を指定します。定義済みの範囲を変更することもできます。

(1)

①セル範囲**【C5：C6】**を選択します。

②名前ボックスに**「収入」**と入力し、Enter を押します。

名前ボックス：収入　数式バー：42000

吹き出し：収入

ティバザー収支報告

	科目	収入	支出	摘要
4	収入の部			
5	寄付	¥42,000		
6	売上金	¥124,000		
7	収入合計	¥166,000		
8	支出の部			
9	設備費		¥25,000	食材、ゲーム資材など
10	広告費		¥4,000	チラシ200枚、ポスター10枚作成
11	雑費		¥3,000	掃除用具、ゴミ袋など
12	支出合計		¥32,000	
13	収入-支出	¥134,000		
14	慈善団体へ寄付		¥134,000	

シート：収支報告

③名前が定義されます。

④同様に、セル範囲**【D9：D11】**に名前**「支出」**を定義します。

名前ボックス：支出　数式バー：25000

吹き出し：支出

ティバザー収支報告

	科目	収入	支出	摘要
4	収入の部			
5	寄付	¥42,000		
6	売上金	¥124,000		
7	収入合計	¥166,000		
8	支出の部			
9	設備費		¥25,000	食材、ゲーム資材など
10	広告費		¥4,000	チラシ200枚、ポスター10枚作成
11	雑費		¥3,000	掃除用具、ゴミ袋など
12	支出合計		¥32,000	
13	収入-支出	¥134,000		
14	慈善団体へ寄付		¥134,000	

シート：収支報告

Lesson 42

ブック「Lesson42」を開いておきましょう。

次の操作を行いましょう。

(1) 表内のすべての列に名前を定義してください。名前は、それぞれの列見出しを使います。

(2) 名前「氏名」のセル範囲を選択してください。

Lesson 42 Answer

(1)

①セル範囲**【B3:L25】**を選択します。

②**《数式》**タブ→**《定義された名前》**グループの 選択範囲から作成 （選択範囲から作成）をクリックします。

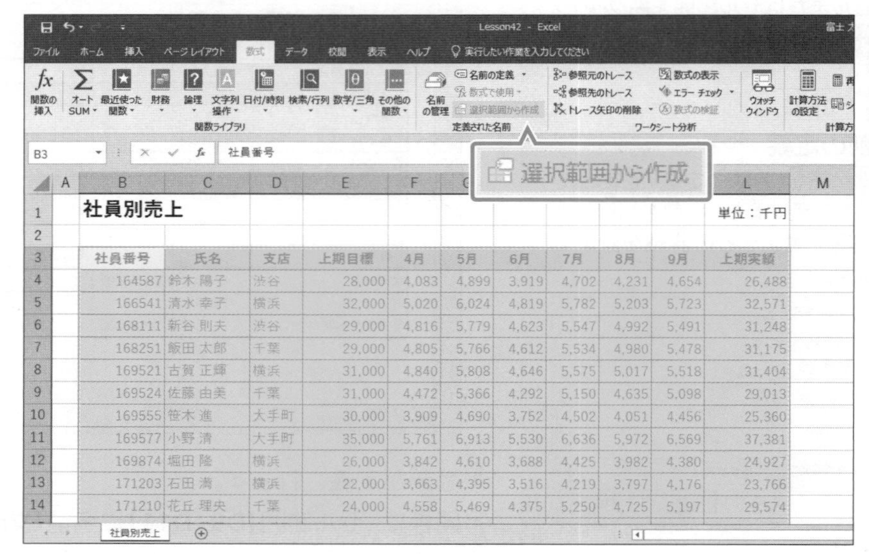

社員番号	氏名	支店	上期目標	4月	5月	6月	7月	8月	9月	上期実績
164587	鈴木 陽子	渋谷	28,000	4,083	4,899	3,919	4,702	4,231	4,654	26,488
166541	清水 幸子	横浜	32,000	5,020	6,024	4,819	5,782	5,203	5,723	32,571
168111	新谷 則夫	渋谷	29,000	4,816	5,779	4,623	5,547	4,992	5,491	31,248
168251	飯田 太郎	千葉	29,000	4,805	5,766	4,612	5,534	4,980	5,478	31,175
169521	古賀 正輝	横浜	31,000	4,840	5,808	4,646	5,575	5,017	5,518	31,404
169524	佐藤 由美	千葉	31,000	4,472	5,366	4,292	5,150	4,635	5,098	29,013
169555	笹木 進	大手町	30,000	3,909	4,690	3,752	4,502	4,051	4,456	25,360
169577	小野 清	大手町	35,000	5,761	6,913	5,530	6,636	5,972	6,569	37,381
169874	堀田 隆	横浜	26,000	3,842	4,610	3,688	4,425	3,982	4,380	24,927
171203	石田 満	横浜	22,000	3,663	4,395	3,516	4,219	3,797	4,176	23,766
171210	花丘 理央	千葉	24,000	4,558	5,469	4,375	5,250	4,725	5,197	29,574

③**《選択範囲から名前を作成》**ダイアログボックスが表示されます。

④**《上端行》**を☑にします。

⑤**《OK》**をクリックします。

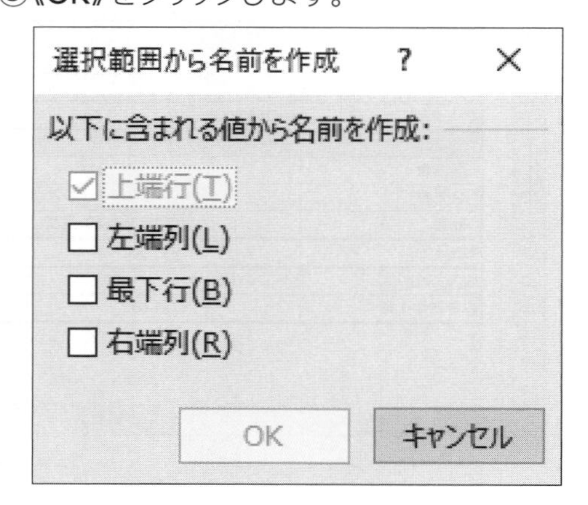

⑥各列に名前が定義されます。

Point

名前の範囲選択

名前ボックスの▼をクリックすると、定義されている名前が一覧で表示されます。一覧から名前を選択すると、対応するセル範囲を選択できます。

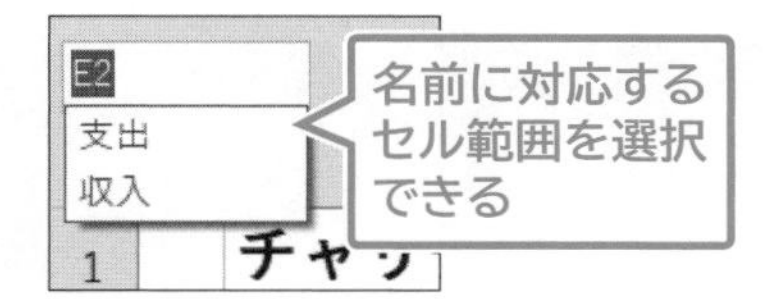

(2)

①名前ボックスの▼をクリックし、一覧から**「氏名」**を選択します。

※定義された名前が一覧に表示されていることを確認しておきましょう。

※名前の先頭には数字が使用できないため、各月の名前の先頭に「_(アンダースコア)」が自動的に付きます。

名前ボックス一覧：A1、_4月、_5月、_6月、_7月、_8月、_9月、支店、氏名、社員番号、上期実績、上期目標

	A	B	C	D	E	F	G	H	I	J	K	L
1		員別売上										単位：千円
3		員番号	氏名	支店	上期目標	4月	5月	6月	7月	8月	9月	上期実績
4		16			28,000	4,083	4,899	3,919	4,702	4,231	4,654	26,488
5		1			32,000	5,020	6,024	4,819	5,782	5,203	5,723	32,571
6		168111			29,000	4,816	5,779	4,623	5,547	4,992	5,491	31,248
7		168251	飯田 太郎	千葉	29,000	4,805	5,766	4,612	5,534	4,980	5,478	31,175
8		169521	古賀 正輝	横浜	31,000	4,840	5,808	4,646	5,575	5,017	5,518	31,404
9		169524	佐藤 由美	千葉	31,000	4,472	5,366	4,292	5,150	4,635	5,098	29,013
10		169555	笹木 進	大手町	30,000	3,909	4,690	3,752	4,502	4,051	4,456	25,360
11		169577	小野 清	大手町	35,000	5,761	6,913	5,530	6,636	5,972	6,569	37,381
12		169874	堀田 隆	横浜	26,000	3,842	4,610	3,688	4,425	3,982	4,380	24,927
13		171203	石田 満	横浜	22,000	3,663	4,395	3,516	4,219	3,797	4,176	23,766

氏名

②名前**「氏名」**のセル範囲が選択されます。

氏名 ▼ 鈴木 陽子

	A	B	C	D	E	F	G	H	I	J	K	L
4		164587	鈴木 陽子	渋谷	28,000	4,083	4,899	3,919	4,702	4,231	4,654	26,488
5		166541	清水 幸子	横浜	32,000	5,020	6,024	4,819	5,782	5,203	5,723	32,571
6		168111	新谷 則夫	渋谷	29,000	4,816	5,779	4,623	5,547	4,992	5,491	31,248
7		168251	飯田 太郎	千葉	29,000	4,805	5,766	4,612	5,534	4,980	5,478	31,175
8		169521	古賀 正輝	横浜	31,000	4,840	5,808	4,646	5,575	5,017	5,518	31,404
9		169524	佐藤 由美	千葉	31,000	4,472	5,366	4,292	5,150	4,635	5,098	29,013
10		169555	笹木 進	大手町	30,000	3,909	4,690	3,752	4,502	4,051	4,456	25,360
11		169577	小野 清	大手町	35,000	5,761	6,913	5,530	6,636	5,972	6,569	37,381
12		169874	堀田 隆	横浜	26,000	3,842	4,610	3,688	4,425	3,982	4,380	24,927
13		171203	石田 満	横浜	22,000	3,663	4,395	3,516	4,219	3,797	4,176	23,766
14		171210	花丘 理央	千葉	24,000	4,558	5,469	4,375	5,250	4,725	5,197	29,574
15		171230	斎藤 華子	大手町	28,000	5,020	6,024	4,819	5,782	5,203	5,723	32,571
16		174100	浜田 正人	渋谷	27,000	5,067	6,080	4,864	5,836	5,252	5,777	32,876

Lesson 43

ブック「Lesson43」を開いておきましょう。

次の操作を行いましょう。

(1) 名前「_4月」の名前を「売上4月」、名前「上期実績」の参照範囲をセル範囲【L4：L25】に変更してください。

Lesson 43 Answer

(1)

①**《数式》**タブ→**《定義された名前》**グループの（名前の管理）をクリックします。

②**《名前の管理》**ダイアログボックスが表示されます。
③一覧から**《_4月》**を選択します。
④**《編集》**をクリックします。

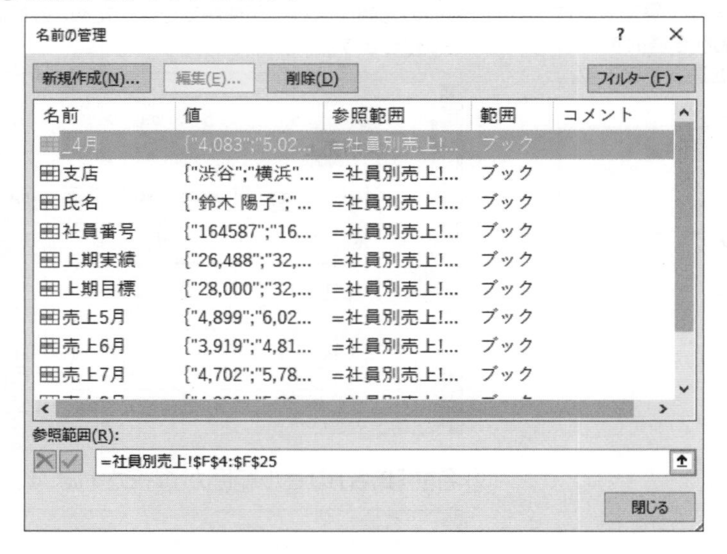

⑤**《名前の編集》**ダイアログボックスが表示されます。
⑥**《名前》**の**「_4月」**を**「売上4月」**に修正します。
⑦**《OK》**をクリックします。

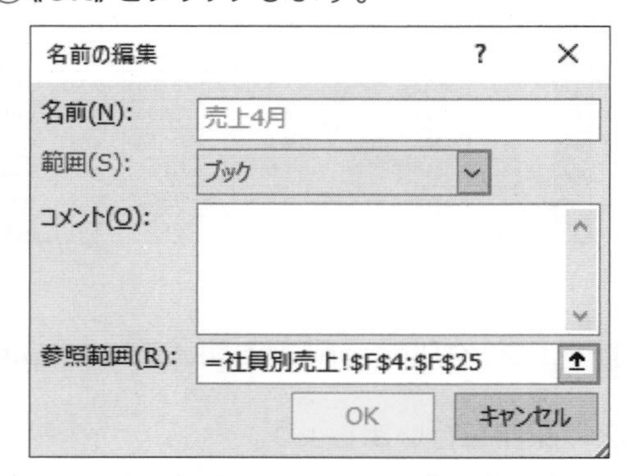

⑧**《名前の管理》**ダイアログボックスに戻ります。
⑨一覧から**《上期実績》**を選択します。
⑩**《編集》**をクリックします。
⑪**《名前の編集》**ダイアログボックスが表示されます。
⑫**《参照範囲》**を**「=社員別売上!$L$4:$L$25」**に修正します。
⑬**《OK》**をクリックします。

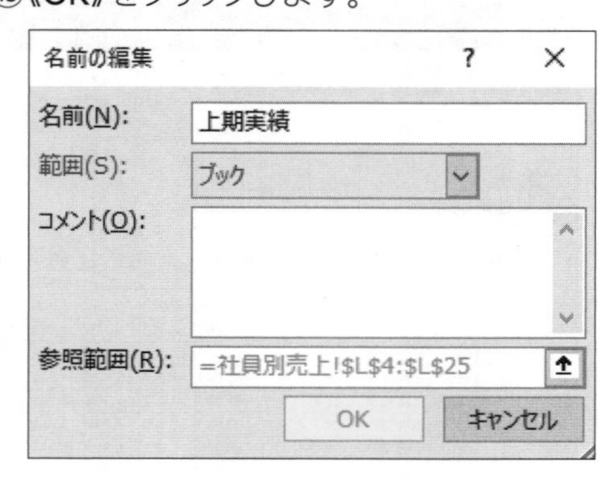

⑭**《名前の管理》**ダイアログボックスに戻ります。
⑮**《閉じる》**をクリックします。

2-3-2 テーブルに名前を付ける

解説

■テーブル名の定義

テーブルを作成すると、**「テーブル1」「テーブル2」**のように、自動的にテーブル名が付きます。テーブル名は、あとから変更できます。ワークシート上に複数のテーブルを作成している場合や、テーブルを参照した数式を入力する場合には、テーブルを区別できるように名前を付けておくとよいでしょう。

2019 ◆《デザイン》タブ→《プロパティ》グループの《テーブル名》に名前を入力

365 ◆《デザイン》タブ／《テーブルデザイン》タブ→《プロパティ》グループの《テーブル名》に名前を入力

※テーブルについては、P.125を参照してください。

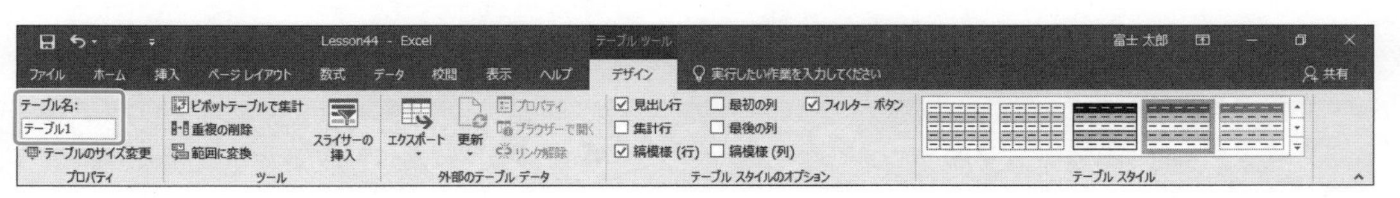

Lesson 44

ブック「Lesson44」を開いておきましょう。

次の操作を行いましょう。

(1) テーブルにテーブル名「社員別売上」を定義してください。

Lesson 44 Answer

Point

テーブルの見出し名

テーブルの見出し名は、名前を定義しなくても、そのまま数式に利用できます。

(1)

①セル【B3】を選択します。

※テーブル内のセルであれば、どこでもかまいません。

	A	B	C	D	E	F	G	H	I	J	K	L	M	N
1		社員別売上										単位：千円		
2														
3		社員番号	氏名	支店	上期目標	4月	5月	6月	7月	8月	9月	上期実績	達成率	
4		164587	鈴木 陽子	渋谷	28,000	4,083	4,899	3,919	4,702	4,231	4,654	26,488	95%	
5		166541	清水 幸子	横浜	32,000	5,020	6,024	4,819	5,782	5,203	5,723	32,571	102%	
6		168111	新谷 則夫	渋谷	29,000	4,816	5,779	4,623	5,547	4,992	5,491	31,248	108%	
7		168251	飯田 太郎	千葉	29,000	4,805	5,766	4,612	5,534	4,980	5,478	31,175	108%	
8		169521	古賀 正輝	横浜	31,000	4,840	5,808	4,646	5,575	5,017	5,518	31,404	101%	
9		169524	佐藤 由美	千葉	31,000	4,472	5,366	4,292	5,150	4,635	5,098	29,013	94%	
10		169555	笹木 進	大手町	30,000	3,909	4,690	3,752	4,502	4,051	4,456	25,360	85%	
11		169577	小野 清	大手町	35,000	5,761	6,913	5,530	6,636	5,972	6,569	37,381	107%	
12		169874	堀田 隆	横浜	26,000	3,842	4,610	3,688	4,425	3,982	4,380	24,927	96%	

②**《デザイン》**タブ→**《プロパティ》**グループの**《テーブル名》**に**「社員別売上」**と入力し、Enter を押します。

③テーブル名が定義されます。

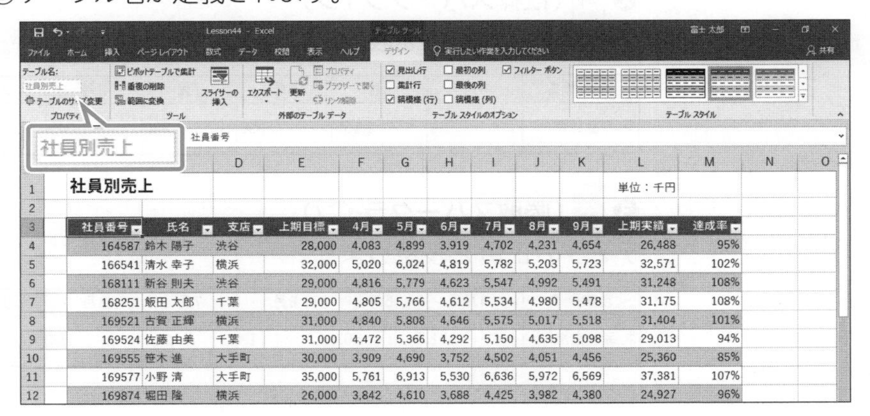

2-4 データを視覚的にまとめる

出題範囲2　セルやセル範囲のデータの管理

理解度チェック

習得すべき機能	参照Lesson	学習前	学習後	試験直前
■スパークラインを作成できる。	➡Lesson45 ➡Lesson46	☑	☑	☑
■条件付き書式を適用できる。	➡Lesson47	☑	☑	☑
■カラースケール、データバー、アイコンセットを設定できる。	➡Lesson48	☑	☑	☑
■条件付き書式を削除できる。	➡Lesson49 ➡Lesson50	☑	☑	☑

2-4-1 スパークラインを挿入する

■スパークラインの挿入

「スパークライン」を使うと、複数のセルに入力された数値をもとに、セル内に小さなグラフを作成でき、データの傾向を視覚的に確認できます。

2019 365 ◆《挿入》タブ→《スパークライン》グループのボタン

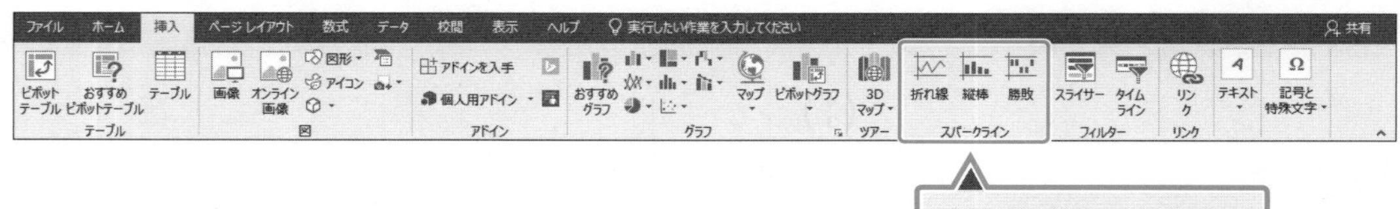

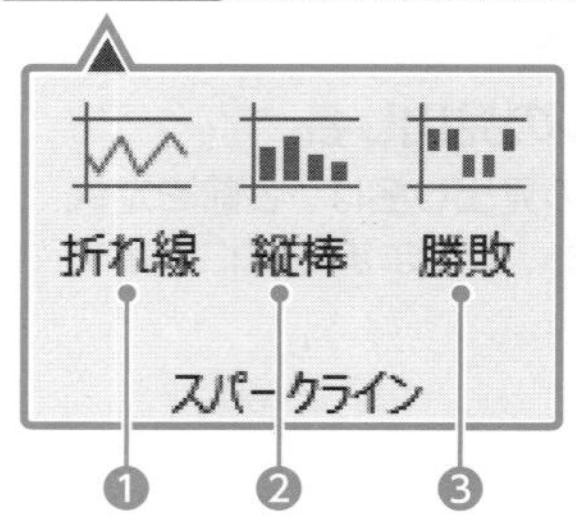

❶ （折れ線スパークライン）

時間の経過によるデータの推移を表現します。

営業所名	4月	5月	6月	7月	8月	9月	推移
北海道営業所	1,100	1,155	990	880	1,045	1,375	

❷ （縦棒スパークライン）

データの大小関係を表現します。

営業所名	4月	5月	6月	7月	8月	9月	推移
北海道営業所	1,100	1,155	990	880	1,045	1,375	

❸ （勝敗スパークライン）

データの正負を表現します。

営業所名	4月	5月	6月	7月	8月	9月	推移
北海道営業所	371	507	18	-133	154	565	

■スパークラインの書式設定

スパークラインは、あとから軸を設定したり、マーカーを変更したり、スタイルを適用したりして、書式を設定することができます。

2019 ◆《デザイン》タブ→《表示》《スタイル》《グループ》グループ

365 ◆《デザイン》タブ／《スパークライン》タブ→《表示》《スタイル》《グループ》グループ

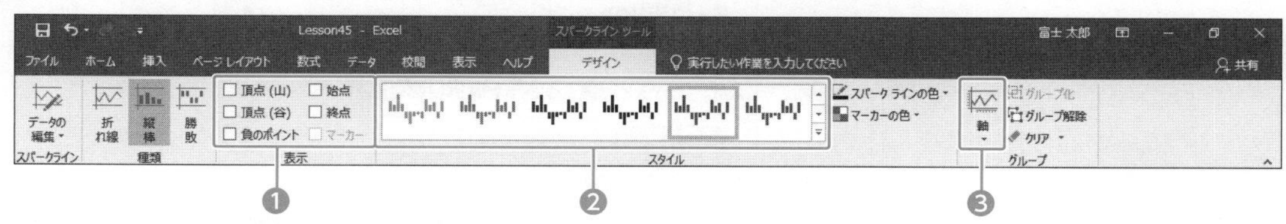

❶マーカーの強調

スパークラインの最大値や最小値を強調します。

❷スパークラインのスタイル

スパークラインやマーカーの色などを組み合わせたスタイルを適用して、スパークライン全体のデザインを設定します。

❸スパークラインの軸

スパークラインの横軸や縦軸のオプションを設定します。

Lesson 45

ブック「Lesson45」を開いておきましょう。

次の操作を行いましょう。

(1) 推移の列に各営業所の売上実績の大小関係を表す縦棒スパークラインを作成してください。

(2) 縦棒スパークラインの縦軸の最小値を「0」、縦軸の最大値を「すべてのスパークラインで同じ値」に設定してください。

Lesson 45 Answer

(1)

①セル範囲【C4：H12】を選択します。

※スパークラインのもとになるセル範囲を選択します。

②《**挿入**》タブ→《**スパークライン**》グループの（縦棒スパークライン）をクリックします。

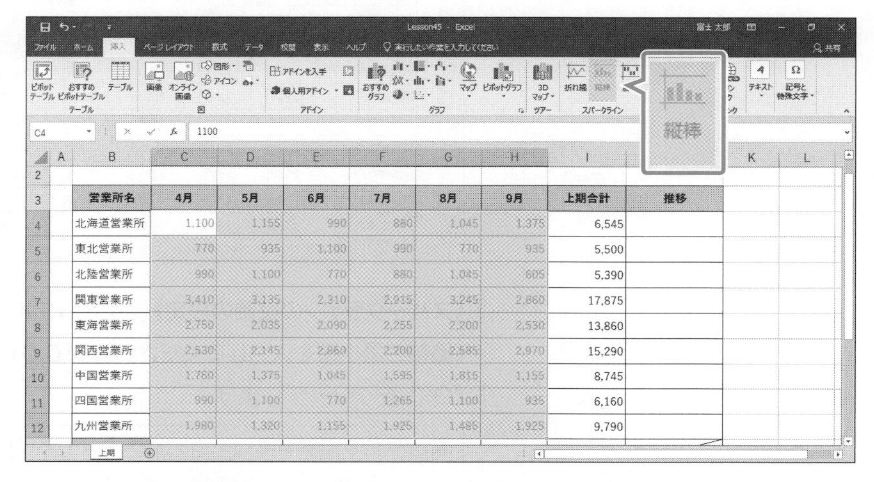

③《**スパークラインの作成**》ダイアログボックスが表示されます。

④《**データ範囲**》に「**C4：H12**」と表示されていることを確認します。

⑤《**場所の範囲**》にカーソルが表示されていることを確認します。

⑥セル範囲【J4：J12】を選択します。

⑦《**場所の範囲**》に「**$J$4：$J$12**」と表示されます。

⑧《**OK**》をクリックします。

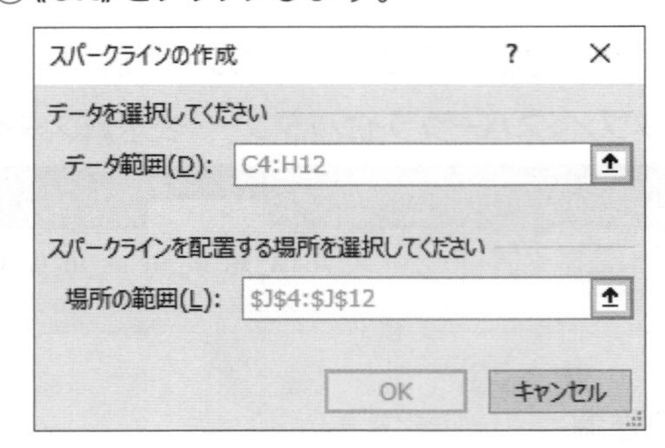

⑨縦棒スパークラインが挿入されます。

	A	B	C	D	E	F	G	H	I	J
2										
3		営業所名	4月	5月	6月	7月	8月	9月	上期合計	推移
4		北海道営業所	1,100	1,155	990	880	1,045	1,375	6,545	
5		東北営業所	770	935	1,100	990	770	935	5,500	
6		北陸営業所	990	1,100	770	880	1,045	605	5,390	
7		関東営業所	3,410	3,135	2,310	2,915	3,245	2,860	17,875	
8		東海営業所	2,750	2,035	2,090	2,255	2,200	2,530	13,860	
9		関西営業所	2,530	2,145	2,860	2,200	2,585	2,970	15,290	
10		中国営業所	1,760	1,375	1,045	1,595	1,815	1,155	8,745	
11		四国営業所	990	1,100	770	1,265	1,100	935	6,160	
12		九州営業所	1,980	1,320	1,155	1,925	1,485	1,925	9,790	

上期

Point

スパークラインのグループ化

作成される複数のスパークラインは、グループ化されています。ひとつのスパークラインをクリックすると、すべてのスパークラインが選択されるので、まとめて書式を設定できます。

(2)

①セル【**J4**】を選択します。

※セル範囲【J4：J12】内であれば、どこでもかまいません。

②《**デザイン**》タブ→《**グループ**》グループの（スパークラインの軸）→《**縦軸の最小値のオプション**》の《**ユーザー設定値**》をクリックします。

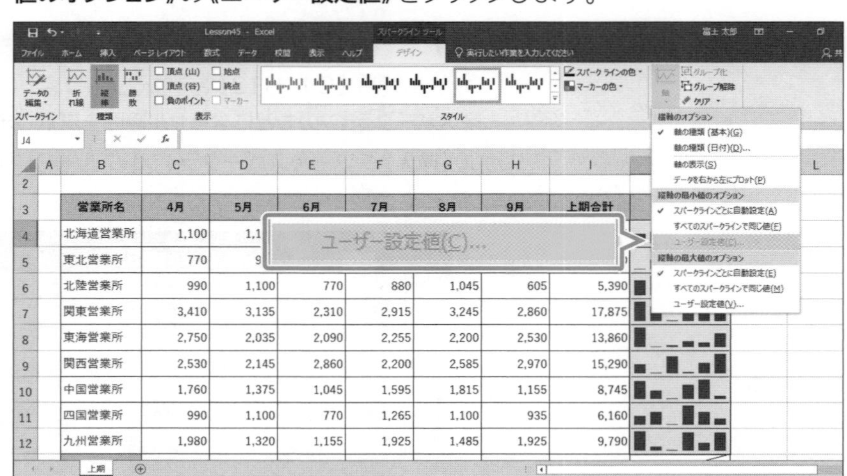

Point

ユーザー設定値

ユーザーが縦軸の最大値や最小値を設定する場合は、《ユーザー設定値》を選択します。

③《**スパークラインの縦軸の設定**》ダイアログボックスが表示されます。

④《**縦軸の最小値を入力してください**》に「**0.0**」と表示されていることを確認します。

⑤《**OK**》をクリックします。

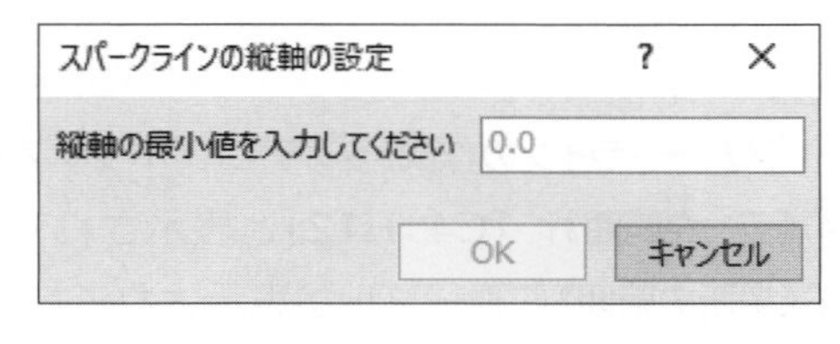

Point

すべてのスパークラインで同じ値

初期の設定では、縦軸の最大値と最小値は《スパークラインごとに自動設定》になっています。このとき、1件分のデータから最大値や最小値が自動的に認識されます。
すべてのデータから最大値や最小値を認識させるには、《すべてのスパークラインで同じ値》に変更します。

⑥《**デザイン**》タブ→《**グループ**》グループの（スパークラインの軸）→《**縦軸の最大値のオプション**》の《**すべてのスパークラインで同じ値**》をクリックします。

すべてのスパークラインで同じ値(M)

⑦すべてのスパークラインで同じ最大値と最小値が設定されます。

2020年度上期売上実績　　単位：千円

営業所名	4月	5月	6月	7月	8月	9月	上期合計	推移
北海道営業所	1,100	1,155	990	880	1,045	1,375	6,545	
東北営業所	770	935	1,100	990	770	935	5,500	
北陸営業所	990	1,100	770	880	1,045	605	5,390	
関東営業所	3,410	3,135	2,310	2,915	3,245	2,860	17,875	
東海営業所	2,750	2,035	2,090	2,255	2,200	2,530	13,860	

Lesson 46

ブック「Lesson46」を開いておきましょう。

次の操作を行いましょう。

(1) ワークシート「上期」の推移の列に各営業所の売上実績の推移を表す折れ線スパークラインを作成してください。

(2) 折れ線スパークラインにスタイル「緑, スパークライン スタイル アクセント6、(基本色)」を適用し、マーカーを表示してください。

(3) ワークシート「前年比較」の増減の列に各営業所の前年度との売上の増減を表す勝敗スパークラインを作成してください。

Lesson 46 Answer

(1)

①ワークシート「**上期**」のセル範囲【**C4：H12**】を選択します。

※スパークラインのもとになるセル範囲を選択します。

②《**挿入**》タブ→《**スパークライン**》グループの（折れ線スパークライン）をクリックします。

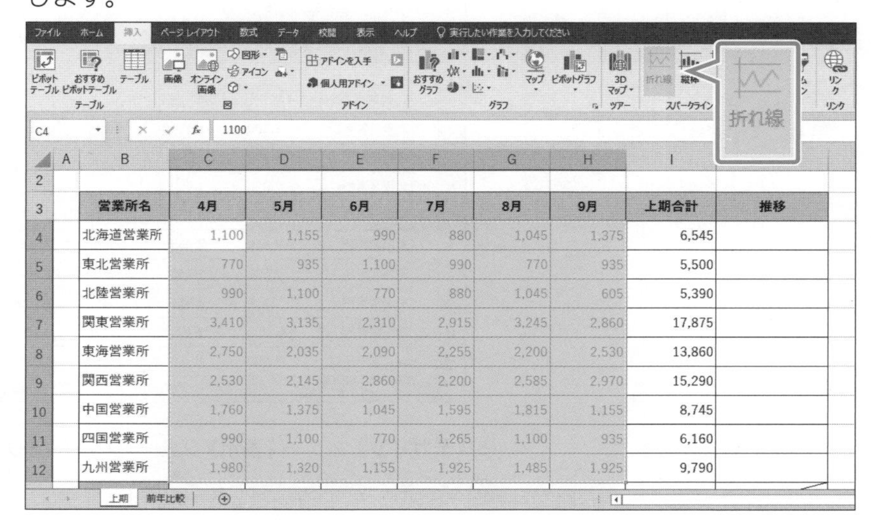

③《スパークラインの作成》ダイアログボックスが表示されます。
④《データ範囲》に「C4:H12」と表示されていることを確認します。
⑤《場所の範囲》にカーソルが表示されていることを確認します。
⑥セル範囲【J4:J12】を選択します。
⑦《場所の範囲》に「$J$4:$J$12」と表示されます。
⑧《OK》をクリックします。

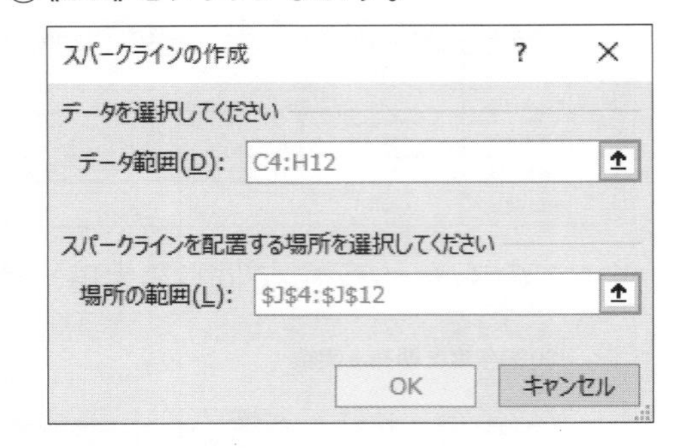

⑨折れ線スパークラインが挿入されます。

営業所名	4月	5月	6月	7月	8月	9月	上期合計	推移
北海道営業所	1,100	1,155	990	880	1,045	1,375	6,545	
東北営業所	770	935	1,100	990	770	935	5,500	
北陸営業所	990	1,100	770	880	1,045	605	5,390	
関東営業所	3,410	3,135	2,310	2,915	3,245	2,860	17,875	
東海営業所	2,750	2,035	2,090	2,255	2,200	2,530	13,860	
関西営業所	2,530	2,145	2,860	2,200	2,585	2,970	15,290	
中国営業所	1,760	1,375	1,045	1,595	1,815	1,155	8,745	
四国営業所	990	1,100	770	1,265	1,100	935	6,160	
九州営業所	1,980	1,320	1,155	1,925	1,485	1,925	9,790	

上期　前年比較

(2)

①セル【J4】を選択します。
※セル範囲【J4:J12】内であれば、どこでもかまいません。
②《デザイン》タブ→《スタイル》グループの［▼］(その他)をクリックします。
③《緑, スパークライン スタイル アクセント6、(基本色)》をクリックします。
④スパークラインのスタイルが適用されます。

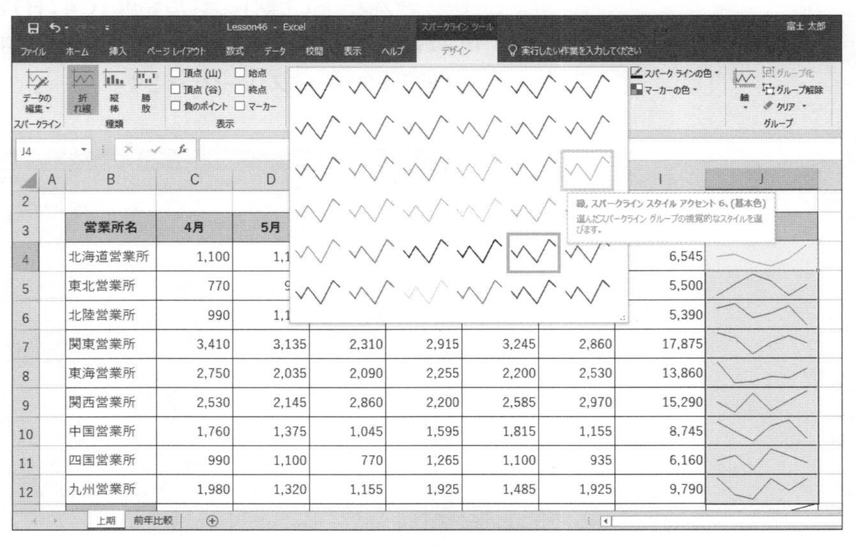

⑤《デザイン》タブ→《表示》グループの《マーカー》を［✓］にします。
⑥マーカーが表示されます。

! Point

マーカーの強調

❶頂点(山)
データの最高点を強調します。

❷頂点(谷)
データの最低点を強調します。

❸負のポイント
負の値を強調します。

❹始点
最初のデータを強調します。

❺終点
最終のデータを強調します。

❻マーカー
折れ線スパークラインでマーカーを表示します。

	B	C	D	E	F	G	H	I	J
3	営業所名				7月	8月	9月	上期合計	推移
4	北海道営業所					1,045	1,375	6,545	
5	東北営業所	770	935	1,100	990	770	935	5,500	
6	北陸営業所	990	1,100	770	880	1,045	605	5,390	
7	関東営業所	3,410	3,135	2,310	2,915	3,245	2,860	17,875	
8	東海営業所	2,750	2,035	2,090	2,255	2,200	2,530	13,860	
9	関西営業所	2,530	2,145	2,860	2,200	2,585	2,970	15,290	
10	中国営業所	1,760	1,375	1,045	1,595	1,815	1,155	8,745	
11	四国営業所	990	1,100	770	1,265	1,100	935	6,160	
12	九州営業所	1,980	1,320	1,155	1,925	1,485	1,925	9,790	

(3)

①ワークシート**「前年比較」**のセル範囲**【C4:H12】**を選択します。

②**《挿入》**タブ→**《スパークライン》**グループの (勝敗スパークライン)をクリックします。

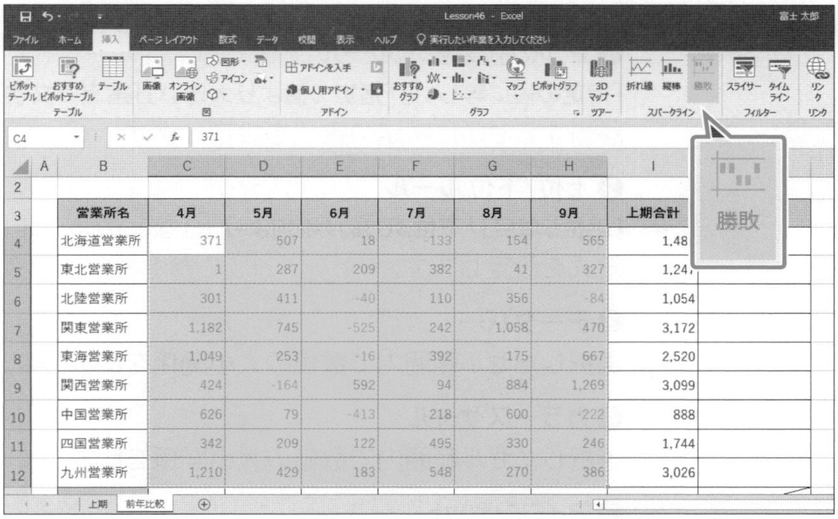

	B	C	D	E	F	G	H	I
3	営業所名	4月	5月	6月	7月	8月	9月	上期合計
4	北海道営業所	371	507	18	-133	154	565	1,48
5	東北営業所	1	287	209	382	41	327	1,24
6	北陸営業所	301	411	-40	110	356	-84	1,054
7	関東営業所	1,182	745	-525	242	1,058	470	3,172
8	東海営業所	1,049	253	-16	392	175	667	2,520
9	関西営業所	424	-164	592	94	884	1,269	3,099
10	中国営業所	626	79	-413	218	600	-222	888
11	四国営業所	342	209	122	495	330	246	1,744
12	九州営業所	1,210	429	183	548	270	386	3,026

③**《スパークラインの作成》**ダイアログボックスが表示されます。

④**《データ範囲》**に**「C4:H12」**と表示されていることを確認します。

⑤**《場所の範囲》**にカーソルが表示されていることを確認します。

⑥セル範囲**【J4:J12】**を選択します。

⑦**《場所の範囲》**に**「$J$4:$J$12」**と表示されます。

⑧**《OK》**をクリックします。

⑨勝敗スパークラインが挿入されます。

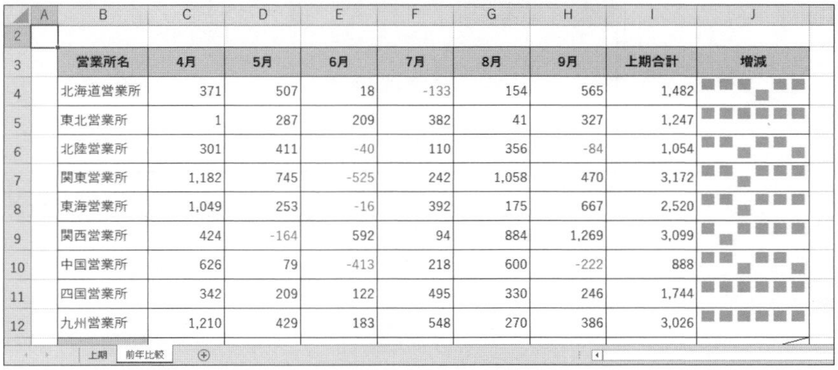

	B	C	D	E	F	G	H	I	J
3	営業所名	4月	5月	6月	7月	8月	9月	上期合計	増減
4	北海道営業所	371	507	18	-133	154	565	1,482	
5	東北営業所	1	287	209	382	41	327	1,247	
6	北陸営業所	301	411	-40	110	356	-84	1,054	
7	関東営業所	1,182	745	-525	242	1,058	470	3,172	
8	東海営業所	1,049	253	-16	392	175	667	2,520	
9	関西営業所	424	-164	592	94	884	1,269	3,099	
10	中国営業所	626	79	-413	218	600	-222	888	
11	四国営業所	342	209	122	495	330	246	1,744	
12	九州営業所	1,210	429	183	548	270	386	3,026	

! Point

スパークラインの削除

2019

◆スパークラインのセルを選択→《デザイン》タブ→《グループ》グループの クリア (選択したスパークラインのクリア)の →《選択したスパークライングループのクリア》

365

◆スパークラインのセルを選択→《デザイン》タブ/《スパークライン》タブ→《グループ》グループの クリア (選択したスパークラインのクリア)の →《選択したスパークライングループのクリア》

2-4-2 組み込みの条件付き書式を適用する

■条件付き書式の適用

「条件付き書式」を使うと、ルール(条件)に基づいてセルに特定の書式を設定したり、数値の大小関係が視覚的にわかるように装飾したりできます。条件付き書式を適用しておくと、数値が変更されたときに、書式が自動的に更新されるので、いつでも条件を満たすデータを視覚的に確認することができます。

2019 365 ◆《ホーム》タブ→《スタイル》グループの (条件付き書式)

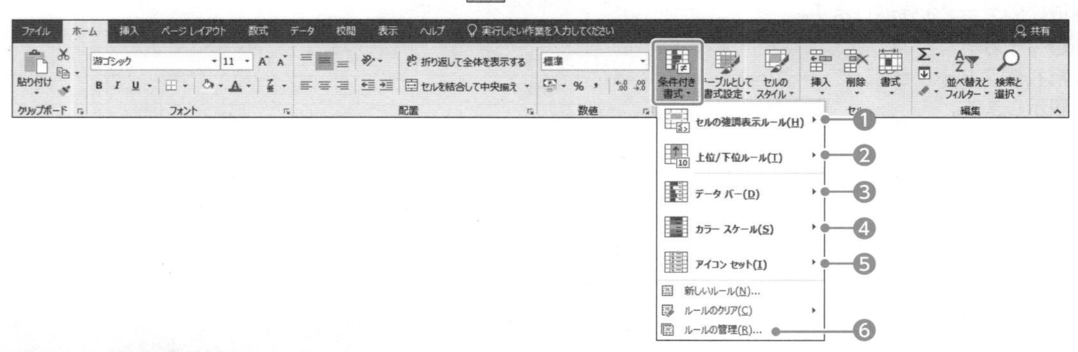

❶セルの強調表示ルール

「指定の値に等しい」「指定の値より大きい」「指定の文字列を含む」などのルールに基づいて、該当するセルに特定の書式を設定します。

❷上位/下位ルール

「上位5項目」「下位30%」「平均より上」などのルールに基づいて、該当するセルに特定の書式を設定します。

❸データバー

選択したセル範囲内で数値の大小関係を比較して、バーの長さで表示します。

❹カラースケール

選択したセル範囲内で数値の大小関係を比較して、段階的に色分けして表示します。

❺アイコンセット

選択したセル範囲内で数値の大小関係を比較して、アイコンの図柄で表示します。

❻ルールの管理

条件付き書式のルールを編集します。

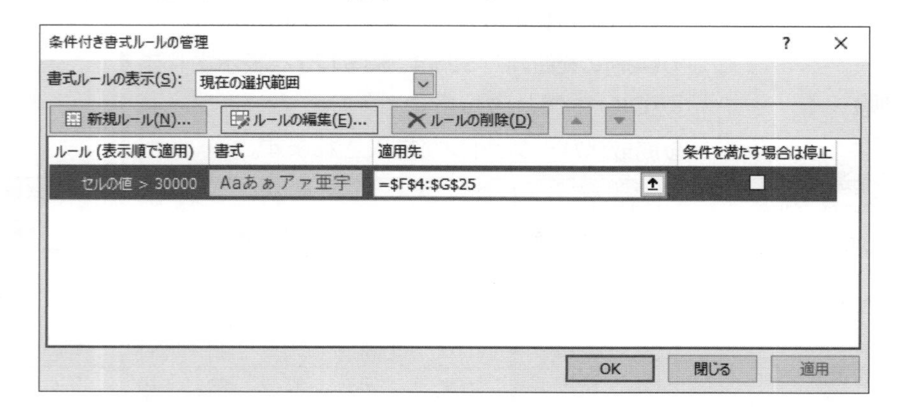

Lesson 47

OPEN ブック「Lesson47」を開いておきましょう。

次の操作を行いましょう。

(1) 上期実績と下期実績のセルの値が30,000より大きい場合に、濃い緑の文字、緑の背景の書式を設定してください。数値が変更されたら、書式が自動的に更新されるようにします。

(2) 年間実績のセルの値が平均値以上の場合に、オレンジの背景色を設定してください。数値が変更されたら、書式が自動的に更新されるようにします。

(3) 達成率のセルの値のうち、上位5件に濃い赤の太字を設定してください。数値が変更されたら、書式が自動的に更新されるようにします。

(4) 上期実績と下期実績に設定した条件を、セルの値が30,000以上の場合に変更してください。

Lesson 47 Answer

(1)

①セル範囲【**F4:G25**】を選択します。

②《**ホーム**》タブ→《**スタイル**》グループの（条件付き書式）→《**セルの強調表示ルール**》→《**指定の値より大きい**》をクリックします。

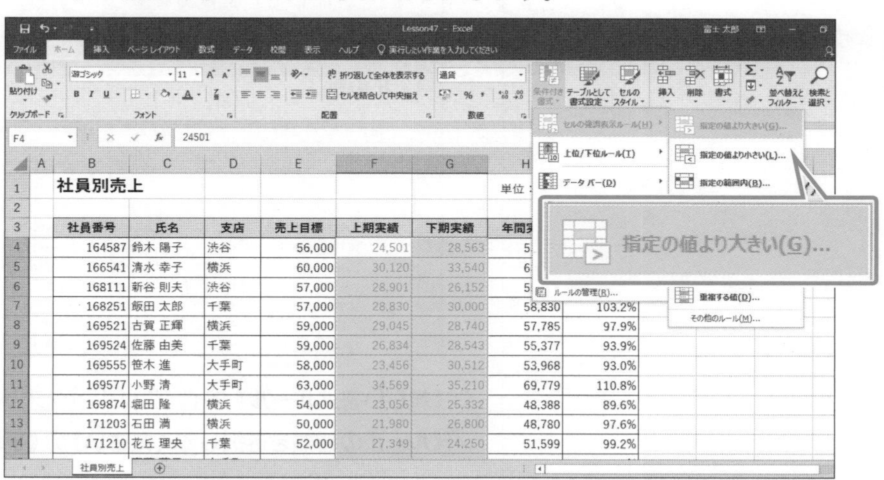

③《**指定の値より大きい**》ダイアログボックスが表示されます。

④《**次の値より大きいセルを書式設定**》に「**30000**」と入力します。

⑤《**書式**》のをクリックし、一覧から《**濃い緑の文字、緑の背景**》を選択します。

⑥《**OK**》をクリックします。

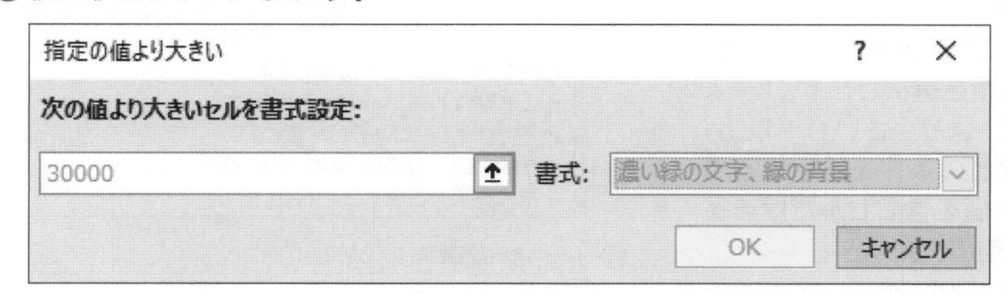

⑦30,000より大きいセルに書式が設定されます。

	A	B	C	D	E	F	G	H	I	J
1		社員別売上						単位：千円		
2										
3		社員番号	氏名	支店	売上目標	上期実績	下期実績	年間実績	達成率	
4		164587	鈴木 陽子	渋谷	56,000	24,501	28,563	53,064	94.8%	
5		166541	清水 幸子	横浜	60,000	30,120	33,540	63,660	106.1%	
6		168111	新谷 則夫	渋谷	57,000	28,901	26,152	55,053	96.6%	
7		168251	飯田 太郎	千葉	57,000	28,830	30,000	58,830	103.2%	
8		169521	古賀 正輝	横浜	59,000	29,045	28,740	57,785	97.9%	
9		169524	佐藤 由美	千葉	59,000	26,834	28,543	55,377	93.9%	
10		169555	笹木 進	大手町	58,000	23,456	30,512	53,968	93.0%	
11		169577	小野 清	大手町	63,000	34,569	35,210	69,779	110.8%	
12		169874	堀田 隆	横浜	54,000	23,056	25,332	48,388	89.6%	
13		171203	石田 満	横浜	50,000	21,980	26,800	48,780	97.6%	
14		171210	花丘 理央	千葉	52,000	27,349	24,250	51,599	99.2%	

(2)

①セル範囲【H4:H25】を選択します。

②《ホーム》タブ→《スタイル》グループの（条件付き書式）→《上位/下位ルール》→《その他のルール》をクリックします。

※「平均値以上」というコマンドがないので、《その他のルール》を選択します。

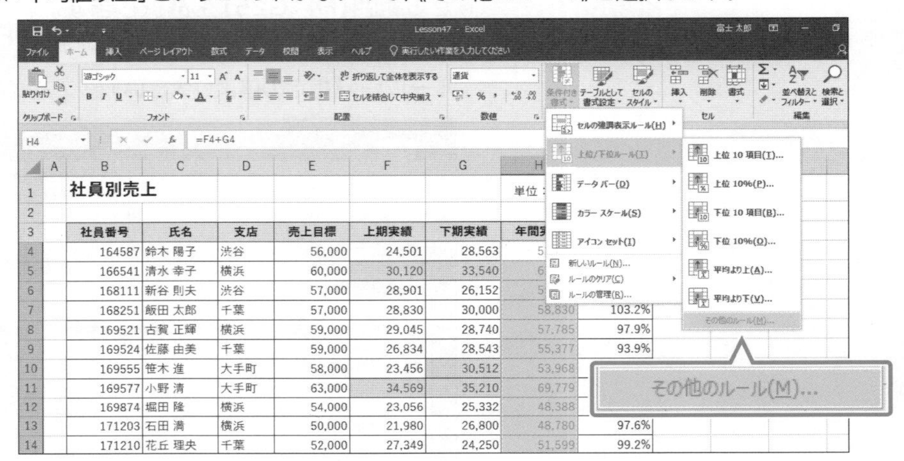

③《新しい書式ルール》ダイアログボックスが表示されます。

④《ルールの種類を選択してください》の《平均より上または下の値だけを書式設定》をクリックします。

⑤《次の値を書式設定》の をクリックし、一覧から《以上》を選択します。

⑥《書式》をクリックします。

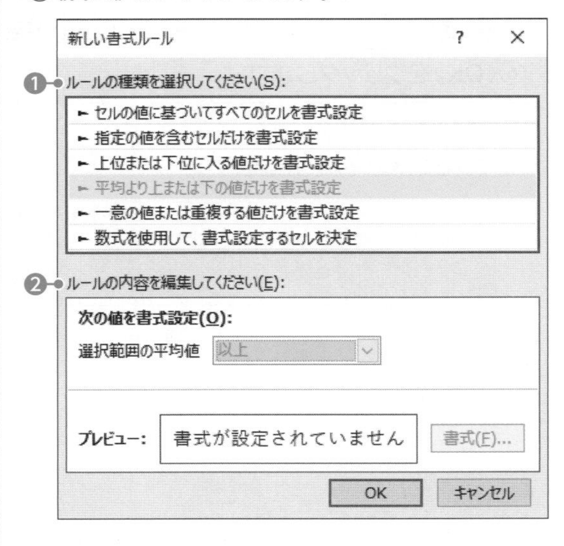

Point

《新しい書式ルール》

❶ルールの種類を選択してください

ルールの種類を選択します。「～より大きい」「～より小さい」「～以上」「～以下」などの条件を設定する場合、《指定の値を含むセルだけを書式設定》を選択します。

❷ルールの内容を編集してください

ルールとルールを満たしている場合の書式を設定します。❶で選択するルールの種類に応じて、表示される項目が異なります。

⑦**《セルの書式設定》**ダイアログボックスが表示されます。
⑧**《塗りつぶし》**タブを選択します。
⑨**《背景色》**の**《オレンジ》**（左から3番目、上から7番目）を選択します。
⑩**《OK》**をクリックします。

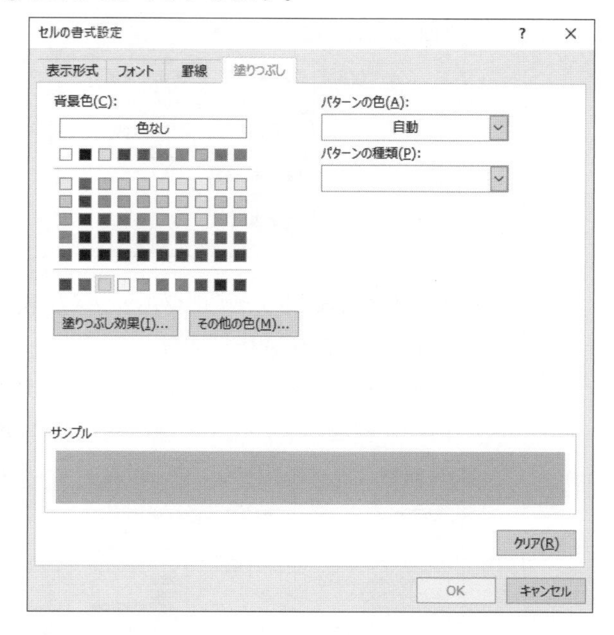

⑪**《新しい書式ルール》**ダイアログボックスに戻ります。
⑫**《OK》**をクリックします。
⑬平均値以上のセルに書式が設定されます。

	A	B	C	D	E	F	G	H	I	J
1		社員別売上						単位：千円		
2										
3		社員番号	氏名	支店	売上目標	上期実績	下期実績	年間実績	達成率	
4		164587	鈴木 陽子	渋谷	56,000	24,501	28,563	53,064	94.8%	
5		166541	清水 幸子	横浜	60,000	30,120	33,540	63,660	106.1%	
6		168111	新谷 則夫	渋谷	57,000	28,901	26,152	55,053	96.6%	
7		168251	飯田 太郎	千葉	57,000	28,830	30,000	58,830	103.2%	
8		169521	古賀 正輝	横浜	59,000	29,045	28,740	57,785	97.9%	
9		169524	佐藤 由美	千葉	59,000	26,834	28,543	55,377	93.9%	
10		169555	笹木 進	大手町	58,000	23,456	30,512	53,968	93.0%	
11		169577	小野 清	大手町	63,000	34,569	35,210	69,779	110.8%	
12		169874	堀田 隆	横浜	54,000	23,056	25,332	48,388	89.6%	
13		171203	石田 満	横浜	50,000	21,980	26,800	48,780	97.6%	
14		171210	花丘 理央	千葉	52,000	27,349	24,250	51,599	99.2%	

社員別売上

(3)

①セル範囲**【I4：I25】**を選択します。
②**《ホーム》**タブ→**《スタイル》**グループの（条件付き書式）→**《上位/下位ルール》**→**《上位10項目》**をクリックします。

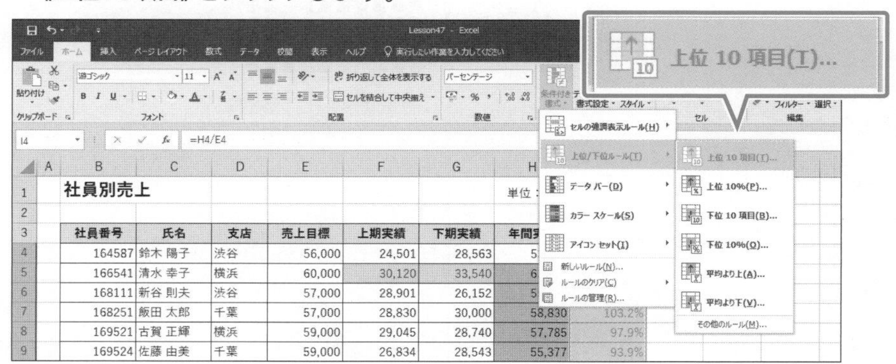

③**《上位10項目》**ダイアログボックスが表示されます。

④左側のボックスを**「5」**に設定します。

⑤**《書式》**の ∨ をクリックし、一覧から**《ユーザー設定の書式》**を選択します。

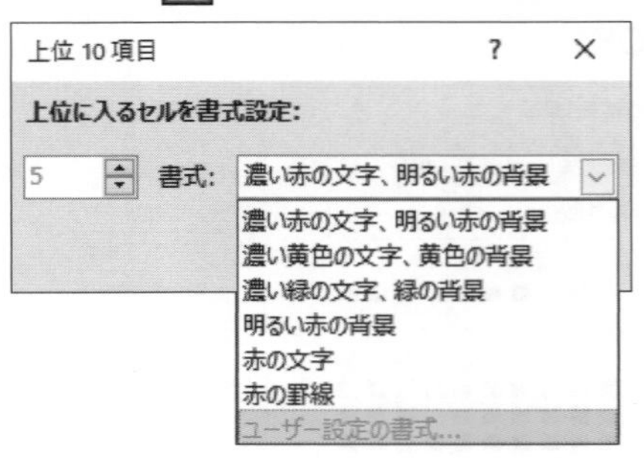

⑥**《セルの書式設定》**ダイアログボックスが表示されます。

⑦**《フォント》**タブを選択します。

⑧**《スタイル》**の一覧から**《太字》**を選択します。

⑨**《色》**の ∨ をクリックし、一覧から**《標準の色》**の**《濃い赤》**を選択します。

⑩**《塗りつぶし》**タブを選択します。

⑪**《背景色》**の**《色なし》**をクリックします。

⑫**《OK》**をクリックします。

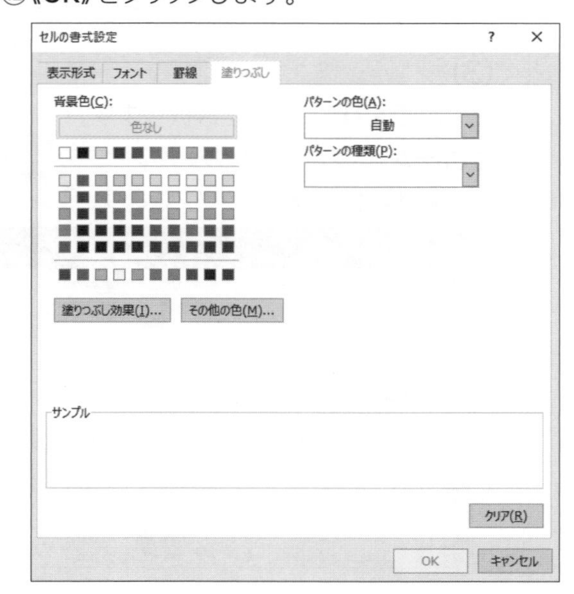

⑬《**上位10項目**》ダイアログボックスに戻ります。

⑭《**OK**》をクリックします。

⑮ 上位5件のセルに書式が設定されます。

	A	B	C	D	E	F	G	H	I	J
1		社員別売上						単位：千円		
2										
3		社員番号	氏名	支店	売上目標	上期実績	下期実績	年間実績	達成率	
4		164587	鈴木 陽子	渋谷	56,000	24,501	28,563	53,064	94.8%	
5		166541	清水 幸子	横浜	60,000	30,120	33,540	63,660	106.1%	
6		168111	新谷 則夫	渋谷	57,000	28,901	26,152	55,053	96.6%	
7		168251	飯田 太郎	千葉	57,000	28,830	30,000	58,830	103.2%	
8		169521	古賀 正輝	横浜	59,000	29,045	28,740	57,785	97.9%	
9		169524	佐藤 由美	千葉	59,000	26,834	28,543	55,377	93.9%	
10		169555	笹木 進	大手町	58,000	23,456	30,512	53,968	93.0%	
11		169577	小野 清	大手町	63,000	34,569	35,210	69,779	110.8%	
12		169874	堀田 隆	横浜	54,000	23,056	25,332	48,388	89.6%	
13		171203	石田 満	横浜	50,000	21,980	26,800	48,780	97.6%	
14		171210	花丘 理央	千葉	52,000	27,349	24,250	51,599	99.2%	

社員別売上

(4)

①セル範囲【**F4：G25**】を選択します。

②《**ホーム**》タブ→《**スタイル**》グループの（条件付き書式）→《**ルールの管理**》をクリックします。

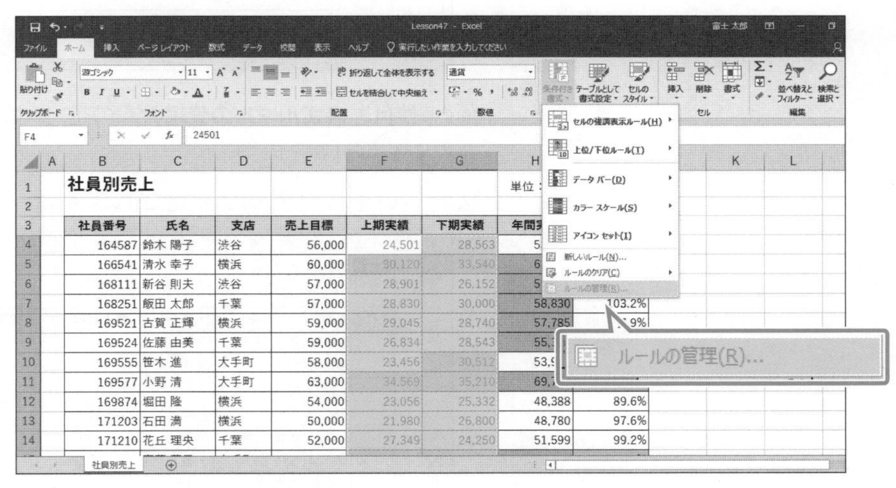

③《**条件付き書式ルールの管理**》ダイアログボックスが表示されます。

④一覧から「**セルの値>30000**」を選択します。

⑤《**ルールの編集**》をクリックします。

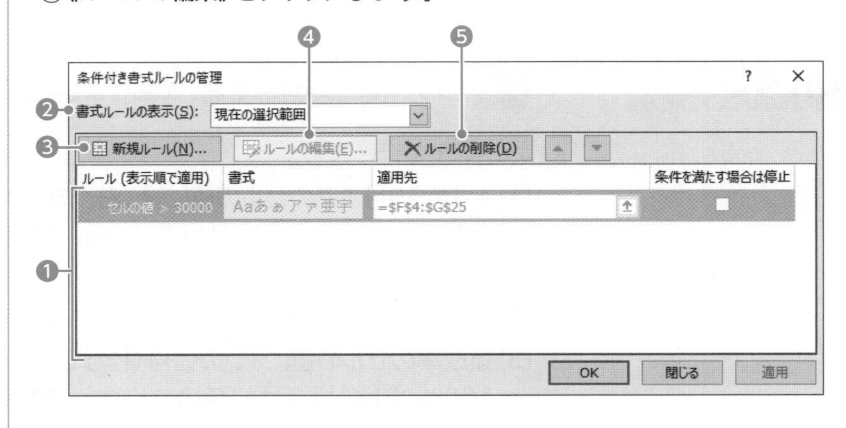

Point

《条件付き書式ルールの管理》

❶条件付き書式ルールの一覧
作成した条件付き書式ルールが一覧で表示されます。

❷書式ルールの表示
❶に表示するルールが設定されている場所を選択します。

❸新規ルール
新しい条件付き書式ルールを作成します。

❹ルールの編集
❶で選択した条件付き書式ルールを編集します。

❺ルールの削除
❶で選択した条件付き書式ルールを削除します。

⑥**《書式ルールの編集》**ダイアログボックスが表示されます。

⑦**《ルールの種類を選択してください》**の**《指定の値を含むセルだけを書式設定》**が選択されていることを確認します。

⑧**《次のセルのみを書式設定》**の2番目のボックスの ∨ をクリックし、一覧から**《次の値以上》**を選択します。

⑨**《OK》**をクリックします。

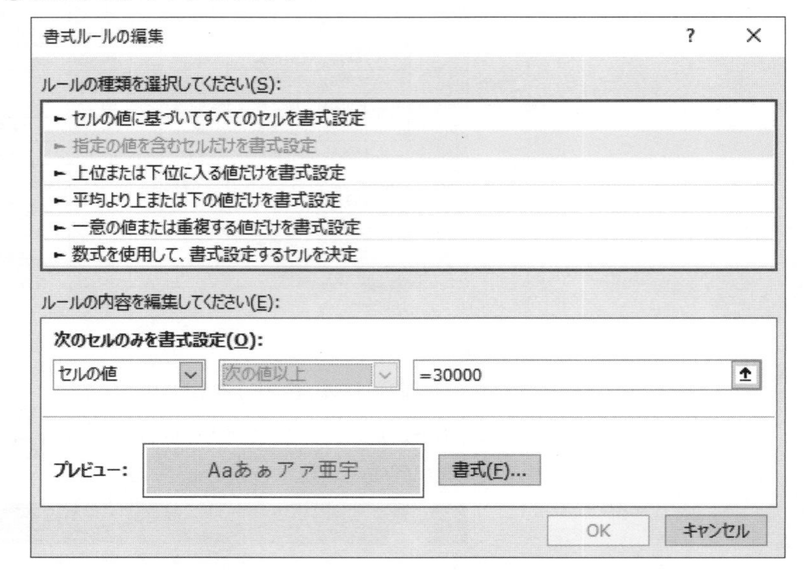

⑩**《条件付き書式ルールの管理》**ダイアログボックスに戻ります。

⑪**《OK》**をクリックします。

⑫新しい条件で書式が設定されます。

	A	B	C	D	E	F	G	H	I	J
1		社員別売上						単位：千円		
2										
3		社員番号	氏名	支店	売上目標	上期実績	下期実績	年間実績	達成率	
4		164587	鈴木 陽子	渋谷	56,000	24,501	28,563	53,064	94.8%	
5		166541	清水 幸子	横浜	60,000	30,120	33,540	63,660	**106.1%**	
6		168111	新谷 則夫	渋谷	57,000	28,901	26,152	55,053	96.6%	
7		168251	飯田 太郎	千葉	57,000	28,830	30,000	58,830	103.2%	
8		169521	古賀 正輝	横浜	59,000	29,045	28,740	57,785	97.9%	
9		169524	佐藤 由美	千葉	59,000	26,834	28,543	55,377	93.9%	
10		169555	笹木 進	大手町	58,000	23,456	30,512	53,968	93.0%	
11		169577	小野 清	大手町	63,000	34,569	35,210	69,779	**110.8%**	
12		169874	堀田 隆	横浜	54,000	23,056	25,332	48,388	89.6%	
13		171203	石田 満	横浜	50,000	21,980	26,800	48,780	97.6%	
14		171210	花丘 理央	千葉	52,000	27,349	24,250	51,599	99.2%	

社員別売上

Lesson 48

ブック「Lesson48」を開いておきましょう。

次の操作を行いましょう。

(1) 4月から9月までのセルの値に緑、白、赤のカラースケールを設定してください。カラースケールの最小値は「最小値」、中間値は百分位「70」、最大値は「最大値」にします。

(2) 上期実績のセルの値に水色（グラデーション）のデータバーを設定してください。

(3) 達成率のセルの値に3つの信号（枠なし）のアイコンセットを設定してください。100%以上の場合は緑色のアイコン、90%以上100%未満の場合は黄色のアイコンとします。

(1)

①セル範囲【F4：K25】を選択します。

②《ホーム》タブ→《スタイル》グループの （条件付き書式）→《カラースケール》→《緑、白、赤のカラースケール》をクリックします。

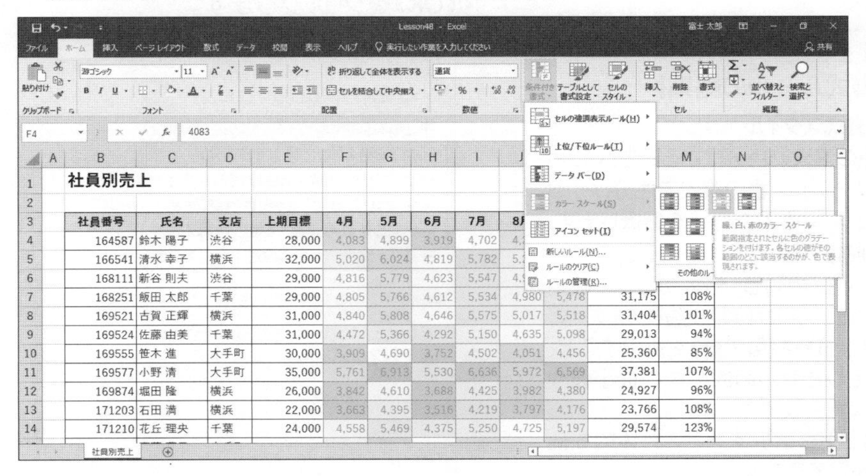

③カラースケールが表示されます。

※選択したセル範囲の数値をもとに、自動的に色分けされます。

④セル範囲【F4：K25】が選択されていることを確認します。

⑤《ホーム》タブ→《スタイル》グループの （条件付き書式）→《ルールの管理》をクリックします。

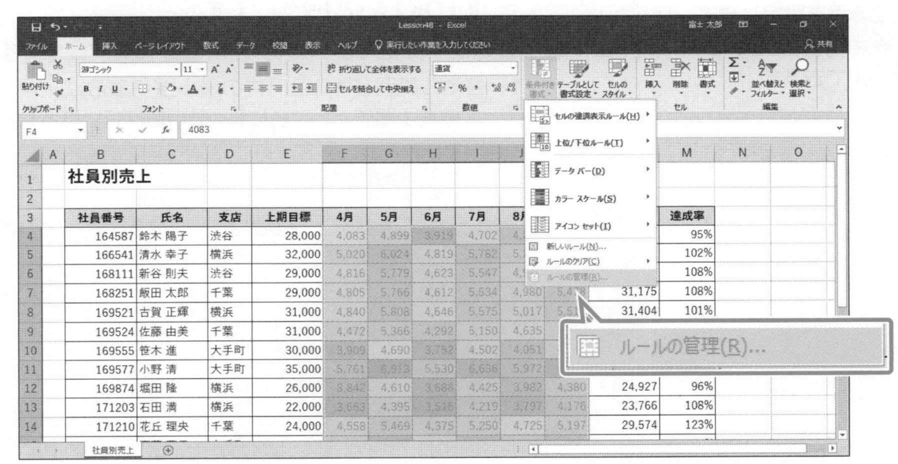

⑥《条件付き書式ルールの管理》ダイアログボックスが表示されます。

⑦一覧から「グラデーションカラースケール」を選択します。

⑧《ルールの編集》をクリックします。

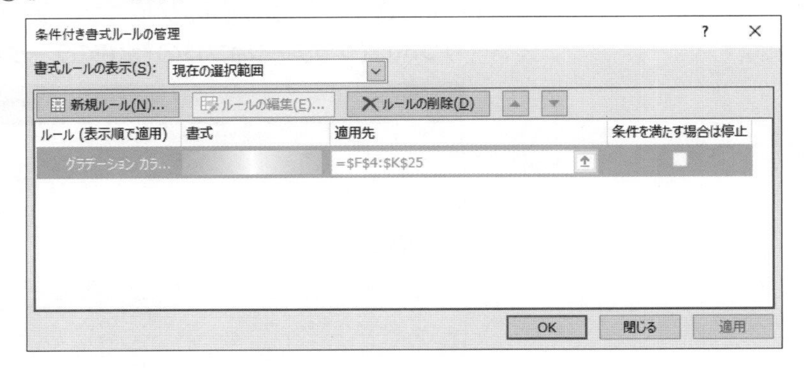

⑨**《書式ルールの編集》**ダイアログボックスが表示されます。

⑩**《最小値》**の**《種類》**が**《最小値》**になっていることを確認します。

⑪**《中間値》**の**《種類》**が**《百分位》**になっていることを確認します。

⑫**《中間値》**の**《値》**に**「70」**と入力します。

⑬**《最大値》**の**《種類》**が**《最大値》**になっていることを確認します。

⑭**《OK》**をクリックします。

⑮**《条件付き書式ルールの管理》**ダイアログボックスに戻ります。

⑯**《OK》**をクリックします。

⑰カラースケールの中間値が変更されます。

※セル範囲【F4:K25】内の最小値「3168」から最大値「6913」までの範囲で100分の70番目の値を中間値として白にし、最小値に近いほど濃い赤に、最大値に近いほど濃い緑になります。

	A	B	C	D	E	F	G	H	I	J	K	L	M	N
1		社員別売上										単位：千円		
2														
3		社員番号	氏名	支店	上期目標	4月	5月	6月	7月	8月	9月	上期実績	達成率	
4		164587	鈴木 陽子	渋谷	28,000	4,083	4,899	3,919	4,702	4,231	4,654	26,488	95%	
5		166541	清水 幸子	横浜	32,000	5,020	6,024	4,819	5,782	5,203	5,723	32,571	102%	
6		168111	新谷 則夫	渋谷	29,000	4,816	5,779	4,623	5,547	4,992	5,491	31,248	108%	
7		168251	飯田 太郎	千葉	29,000	4,805	5,766	4,612	5,534	4,980	5,478	31,175	108%	
8		169521	古賀 正輝	横浜	31,000	4,840	5,808	4,646	5,575	5,017	5,518	31,404	101%	
9		169524	佐藤 由美	千葉	31,000	4,472	5,366	4,292	5,150	4,635	5,098	29,013	94%	
10		169555	笹木 進	大手町	30,000	3,909	4,690	3,752	4,502	4,051	4,456	25,360	85%	
11		169577	小野 清	大手町	35,000	5,761	6,913	5,530	6,636	5,972	6,569	37,381	107%	
12		169874	堀田 隆	横浜	26,000	3,842	4,610	3,688	4,425	3,982	4,380	24,927	96%	
13		171203	石田 満	横浜	22,000	3,663	4,395	3,516	4,219	3,797	4,176	23,766	108%	
14		171210	花丘 理央	千葉	24,000	4,558	5,469	4,375	5,250	4,725	5,197	29,574	123%	

(2)

①セル範囲**【L4:L25】**を選択します。

②**《ホーム》**タブ→**《スタイル》**グループの（条件付き書式）→**《データバー》**→**《塗りつぶし（グラデーション）》**の**《水色のデータバー》**をクリックします。

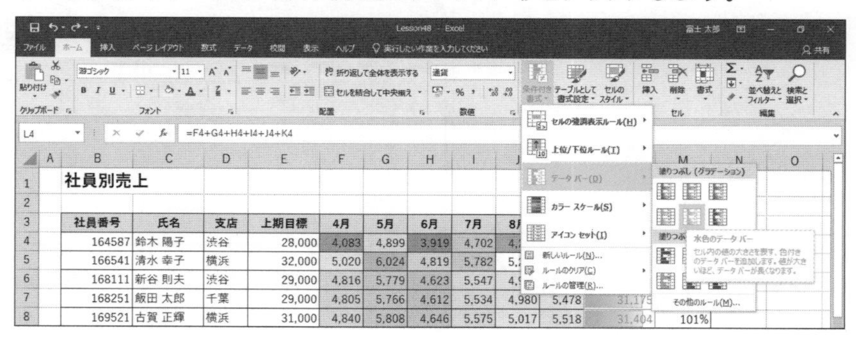

Point

《書式ルールの編集》

❶書式スタイル

2色の濃淡で色分けするときは《2色スケール》、3色の濃淡で色分けするときは《3色スケール》を選択します。

❷種類／値

最小値、中間値、最大値として設定するデータの種類を選択します。

《最小値》や《最大値》を選択すると、指定したセル範囲の中の最小値や最大値を設定できます。

《数値》を選択すると、具体的な値を設定できます。

《百分位》を選択すると、最小値と最大値で指定したデータの範囲を小さい順に並べて全体を100に分割したときの境界となる値を設定できます。

❸色

最小値、中間値、最大値のセルに付ける色を設定します。

※中間値は3色スケールの場合に設定できます。

❗Point

データバーのマイナス表示

マイナスの値のデータバーは左方向に赤色で表示されます。

③データバーが表示されます。

※選択したセル範囲の数値をもとに、データバーの棒の長さは自動的に設定されます。

社員別売上　　単位：千円

社員番号	氏名	支店	上期目標	4月	5月	6月	7月	8月	9月	上期実績	達成率
164587	鈴木 陽子	渋谷	28,000	4,083	4,899	3,919	4,702	4,231	4,654	26,488	95%
166541	清水 幸子	横浜	32,000	5,020	6,024	4,819	5,782	5,203	5,723	32,571	102%
168111	新谷 則夫	渋谷	29,000	4,816	5,779	4,623	5,547	4,992	5,491	31,248	108%
168251	飯田 太郎	千葉	29,000	4,805	5,766	4,612	5,534	4,980	5,478	31,175	108%
169521	古賀 正輝	横浜	31,000	4,840	5,808	4,646	5,575	5,017	5,518	31,404	101%
169524	佐藤 由美	千葉	31,000	4,472	5,366	4,292	5,150	4,635	5,098	29,013	94%
169555	笹木 進	大手町	30,000	3,909	4,690	3,752	4,502	4,051	4,456	25,360	85%
169577	小野 清	大手町	35,000	5,761	6,913	5,530	6,636	5,972	6,569	37,381	107%
169874	堀田 隆	横浜	26,000	3,842	4,610	3,688	4,425	3,982	4,380	24,927	96%
171203	石田 満	横浜	22,000	3,663	4,395	3,516	4,219	3,797	4,176	23,766	108%
171210	花丘 理央	千葉	24,000	4,558	5,469	4,375	5,250	4,725	5,197	29,574	123%
171230	斎藤 華子	大手町	28,000	5,020	6,024	4,819	5,782	5,203	5,723	32,571	116%
174100	浜田 正人	渋谷	27,000	5,067	6,080	4,864	5,836	5,252	5,777	32,876	122%
174561	小池 公彦	大手町	28,000	5,017	6,020	4,816	5,779	5,201	5,721	32,554	116%

社員別売上

(3)

①セル範囲【**M4：M25**】を選択します。

②《**ホーム**》タブ→《**スタイル**》グループの（条件付き書式）→《**アイコンセット**》→《**図形**》の《**3つの信号（枠なし）**》をクリックします。

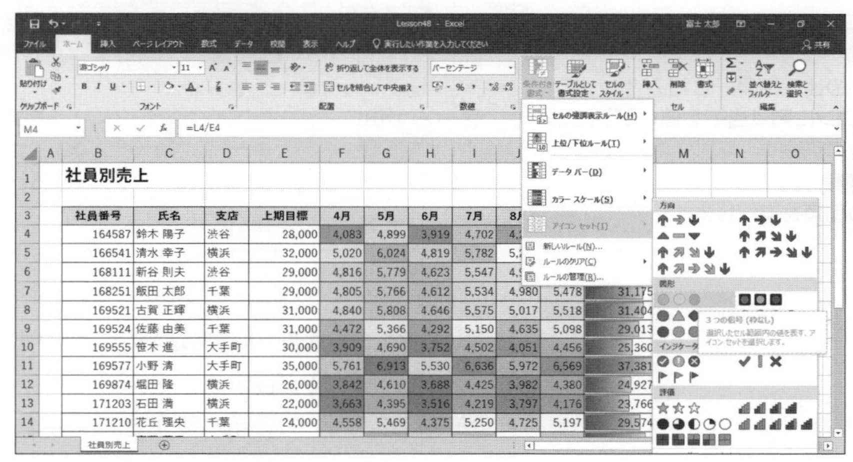

③アイコンセットが表示されます。

④セル範囲【**M4：M25**】が選択されていることを確認します。

⑤《**ホーム**》タブ→《**スタイル**》グループの（条件付き書式）→《**ルールの管理**》をクリックします。

⑥《**条件付き書式ルールの管理**》ダイアログボックスが表示されます。

⑦一覧から《**アイコンセット**》を選択します。

⑧《**ルールの編集**》をクリックします。

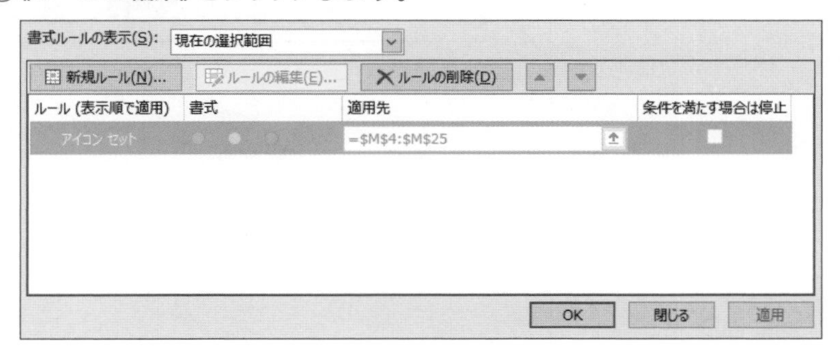

⑨**《書式ルールの編集》**ダイアログボックスが表示されます。

⑩緑の丸の1番目のボックスが**《>=》**になっていることを確認します。

⑪緑の丸の**《種類》**の[∨]をクリックし、一覧から**《数値》**を選択します。

※《パーセント》は全体に対する割合を求める場合に選択するので、ここでは《数値》を選択します。

⑫緑の丸の**《値》**に**「1」**と入力します。

⑬黄色の丸の1番目のボックスが**《>=》**になっていることを確認します。

⑭黄色の丸の**《種類》**の[∨]をクリックし、一覧から**《数値》**を選択します。

⑮黄色の丸の**《値》**に**「0.9」**と入力します。

⑯**《OK》**をクリックします。

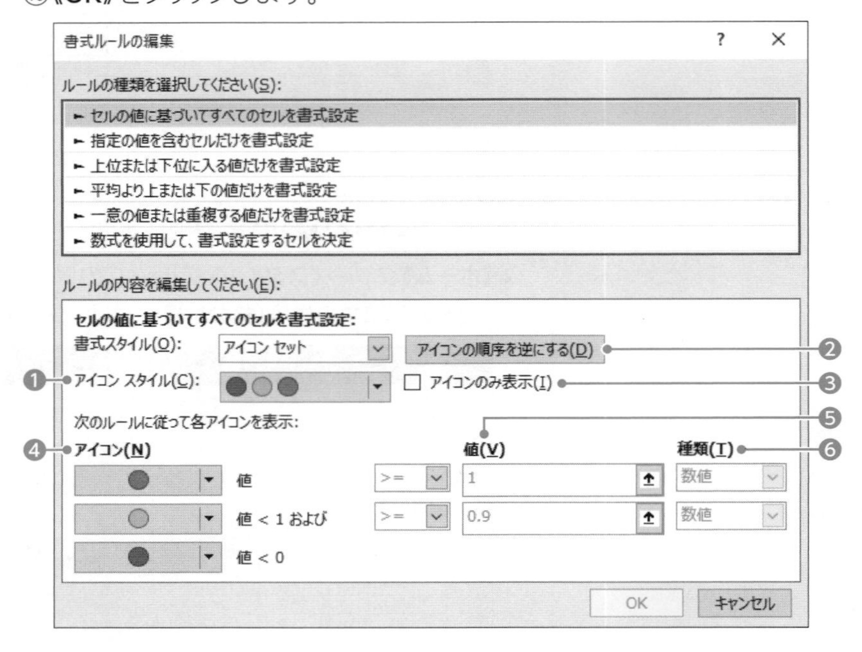

Point

《書式ルールの編集》

❶アイコンスタイル
アイコンセットの種類を選択します。

❷アイコンの順序を逆にする
アイコンの順番を逆にします。

❸アイコンのみ表示
セルのデータを非表示にします。

❹アイコン
アイコンの種類を選択します。

❺値
左側の比較演算子と組み合わせて、アイコンに割り当てる値の範囲を設定します。

❻種類
値の種類を選択します。

⑰**《条件付き書式ルールの管理》**ダイアログボックスに戻ります。

⑱**《OK》**をクリックします。

⑲アイコンセットの表示が変更されます。

	A	B	C	D	E	F	G	H	I	J	K	L	M	N
1		社員別売上										単位：千円		
2														
3		社員番号	氏名	支店	上期目標	4月	5月	6月	7月	8月	9月	上期実績	達成率	
4		164587	鈴木 陽子	渋谷	28,000	4,083	4,899	3,919	4,702	4,231	4,654	26,488	95%	
5		166541	清水 幸子	横浜	32,000	5,020	6,024	4,819	5,782	5,203	5,723	32,571	102%	
6		168111	新谷 則夫	渋谷	29,000	4,816	5,779	4,623	5,547	4,992	5,491	31,248	108%	
7		168251	飯田 太郎	千葉	29,000	4,805	5,766	4,612	5,534	4,980	5,478	31,175	108%	
8		169521	古賀 正輝	横浜	31,000	4,840	5,808	4,646	5,575	5,017	5,518	31,404	101%	
9		169524	佐藤 由美	千葉	31,000	4,472	5,366	4,292	5,150	4,635	5,098	29,013	94%	
10		169555	笹木 進	大手町	30,000	3,909	4,690	3,752	4,502	4,051	4,456	25,360	85%	
11		169577	小野 清	大手町	35,000	5,761	6,913	5,530	6,636	5,972	6,569	37,381	107%	
12		169874	堀田 隆	横浜	26,000	3,842	4,610	3,688	4,425	3,982	4,380	24,927	96%	
13		171203	石田 満	横浜	22,000	3,663	4,395	3,516	4,219	3,797	4,176	23,766	108%	
14		171210	花丘 理央	千葉	24,000	4,558	5,469	4,375	5,250	4,725	5,197	29,574	123%	

社員別売上

2-4-3 条件付き書式を削除する

解説 ■条件付き書式の削除

設定した条件付き書式は削除できます。条件付き書式は、選択したセルまたはセル範囲から削除したり、表示しているワークシート全体から削除したりすることができます。また、セル範囲に設定されている条件付き書式の一部のルールを削除することもできます。

2019 365 ◆《ホーム》タブ→《スタイル》グループの（条件付き書式）→《ルールのクリア》／《ルールの管理》

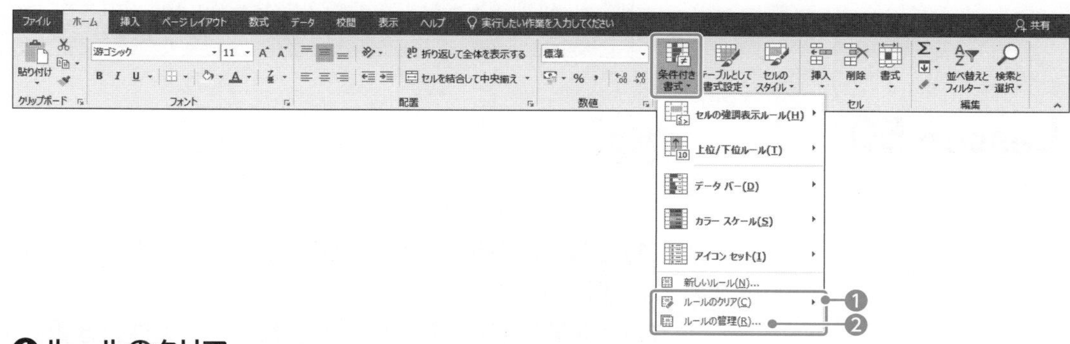

❶ルールのクリア

選択したセル範囲に設定されている条件付き書式やワークシートに設定されているすべての条件付き書式を削除します。

❷ルールの管理

設定されている条件付き書式の一部のルールを削除します。

Lesson 49

 ブック「Lesson49」を開いておきましょう。

次の操作を行いましょう。

(1) ワークシートに設定されているすべての条件付き書式のルールを削除してください。

Lesson 49 Answer

(1)

①**《ホーム》**タブ→**《スタイル》**グループの（条件付き書式）→**《ルールのクリア》**→**《シート全体からルールをクリア》**をクリックします。

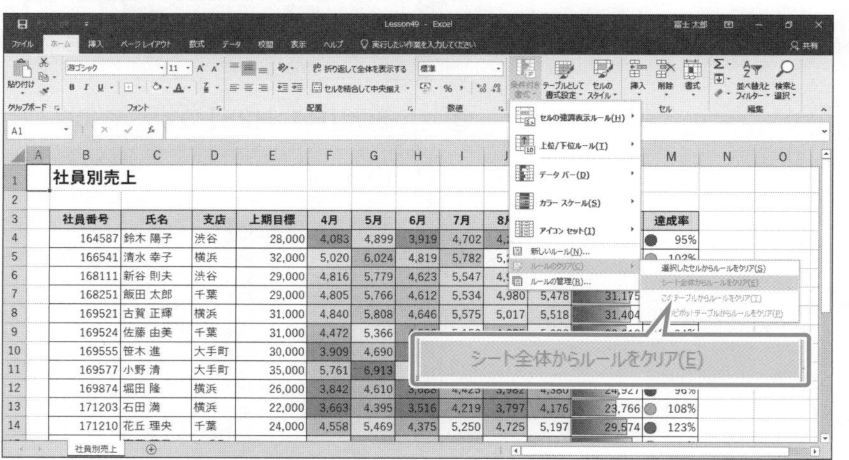

②ワークシートに設定されているすべての条件付き書式のルールが削除されます。

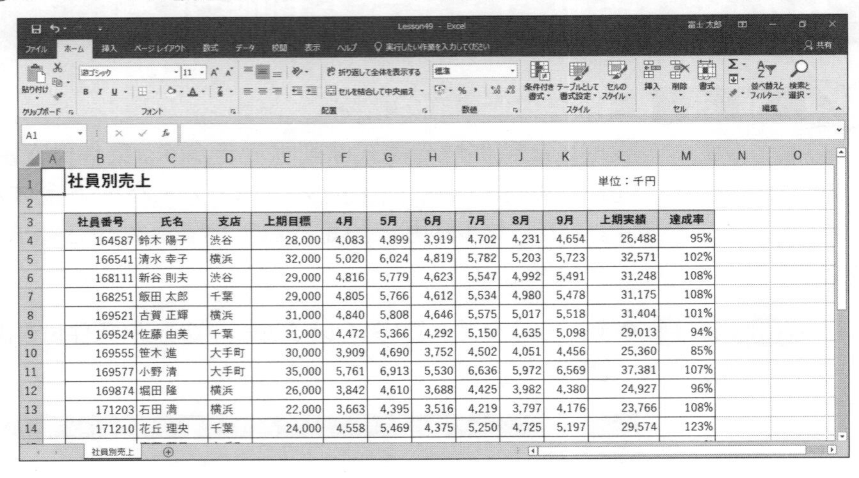

Lesson 50

 ブック「Lesson50」を開いておきましょう。

次の操作を行いましょう。

(1) セル範囲【H4：H25】に設定されているすべての条件付き書式のルールを削除してください。

(2) セル範囲【I4：I25】に設定されている条件付き書式のうち、ルール「上位5位」を削除してください。

Lesson 50 Answer

(1)

①セル範囲**【H4：H25】**を選択します。

②**《ホーム》**タブ→**《スタイル》**グループの 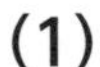（条件付き書式）→**《ルールのクリア》**→**《選択したセルからルールをクリア》**をクリックします。

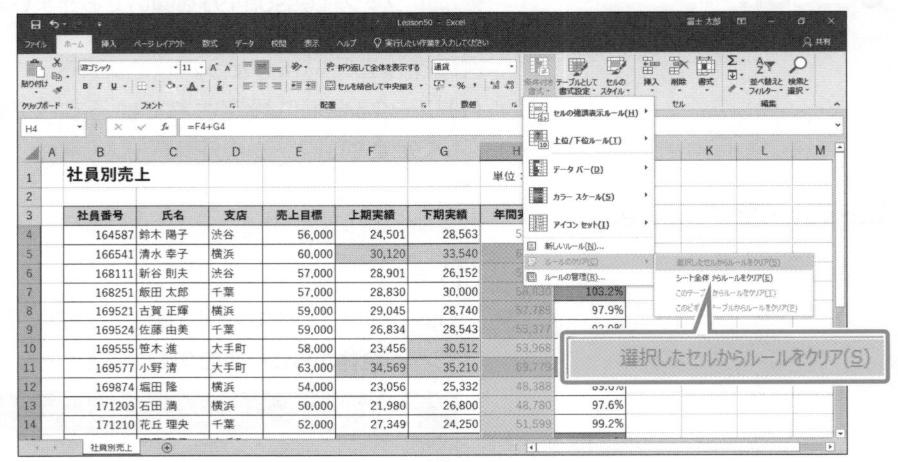

③セル範囲**【H4：H25】**のすべての条件付き書式のルールが削除されます。

(2)

①セル範囲【I4:I25】を選択します。

②《ホーム》タブ→《スタイル》グループの（条件付き書式）→《ルールの管理》をクリックします。

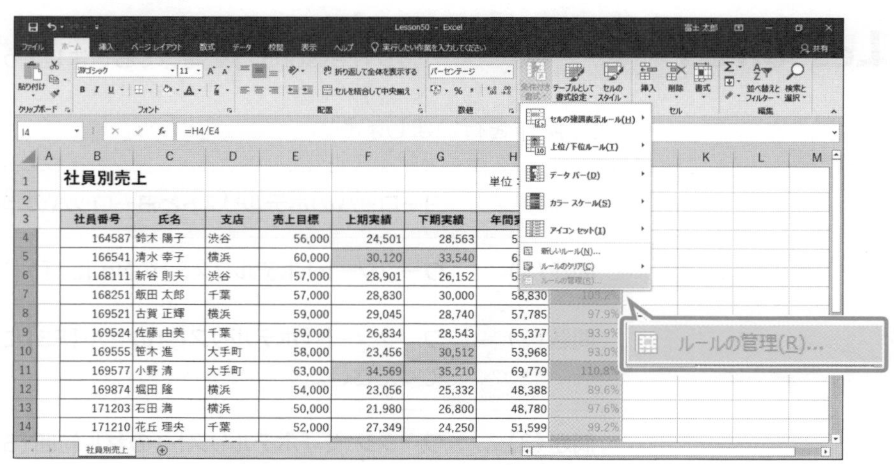

③《条件付き書式ルールの管理》ダイアログボックスが表示されます。

④《上位5位》のルールを選択します。

⑤《ルールの削除》をクリックします。

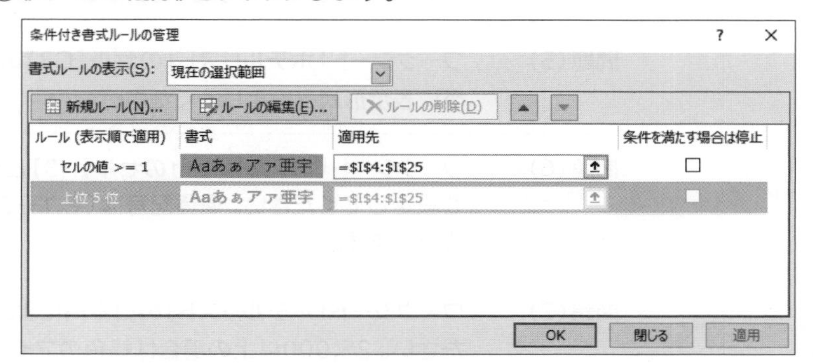

⑥《OK》をクリックします。

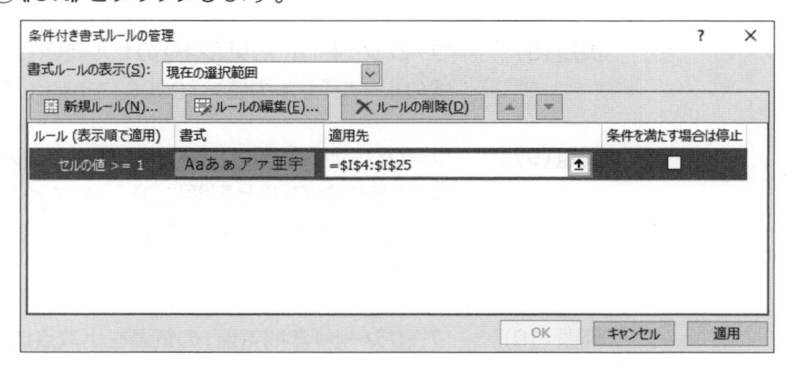

⑦セル範囲【I4:I25】の条件付き書式のルール「**上位5位**」が削除されます。

※太字の設定が解除されます。

社員別売上　　単位：千円

社員番号	氏名	支店	売上目標	上期実績	下期実績	年間実績	達成率
164587	鈴木 陽子	渋谷	56,000	24,501	28,563	53,064	94.8%
166541	清水 幸子	横浜	60,000	30,120	33,540	63,660	106.1%
168111	新谷 則夫	渋谷	57,000	28,901	26,152	55,053	96.6%
168251	飯田 太郎	千葉	57,000	28,830	30,000	58,830	103.2%
169521	古賀 正輝	横浜	59,000	29,045	28,740	57,785	97.9%
169524	佐藤 由美	千葉	59,000	26,834	28,543	55,377	93.9%
169555	笹木 進	大手町	58,000	23,456	30,512	53,968	93.0%
169577	小野 清	大手町	63,000	34,569	35,210	69,779	110.8%
169874	堀田 隆	横浜	54,000	23,056	25,332	48,388	89.6%
171203	石田 満	横浜	50,000	21,980	26,800	48,780	97.6%
171210	花丘 理央	千葉	52,000	27,349	24,250	51,599	99.2%

Exercise 確認問題

解答 ▶ P.206

Lesson 51

ブック「Lesson51」を開いておきましょう。

次の操作を行いましょう。

	ヨーロッパのホテルリストとヨーロッパの年間気温のデータを管理します。
問題（1）	ワークシート「ホテルリスト」のNo.に、「1」「2」…「30」と入力してください。
問題（2）	ワークシート「ホテルリスト」のセル【F3】に設定されている書式をすべてクリアしてください。
問題（3）	ワークシート「ホテルリスト」のセル範囲【B1：B2】のタイトルと副題を、表の幅の中央に配置してください。ただし、セルは結合しません。
問題（4）	ワークシート「ホテルリスト」のセル範囲【B5：I5】に中央揃え、太字、線の色「濃い青」の二重下罫線、背景色「薄い水色」を設定してください。
問題（5）	ワークシート「ホテルリスト」のセル【G3】の日付が「1-Apr-20」と表示されるように表示形式を設定してください。
問題（6）	ワークシート「ホテルリスト」のセル【H3】とセル範囲【H6：H35】に通貨表示形式を設定してください。通貨記号は「€ユーロ（€123）」とし、小数点以下2桁まで表示します。
問題（7）	ワークシート「ホテルリスト」の日本円に3つの図形のアイコンセットを設定してください。25,000以上の場合は緑色のアイコン、15,000以上の場合は黄色のアイコンにします。
問題（8）	ワークシート「ホテルリスト」のセル範囲【I6：I35】に設定されている条件付き書式のルール「セルの値＞30000」を削除してください。
問題（9）	ワークシート「ホテルリスト」の表のタイトルと副題の書式を、ワークシート「年間気温」の表のタイトルと副題にコピーしてください。次に、ワークシート「ホテルリスト」の5行目の見出し名の書式を、ワークシート「年間気温」の4行目の見出し名にコピーしてください。
問題（10）	ワークシート「年間気温」の気温を小数点以下1桁まで表示してください。
問題（11）	ワークシート「年間気温」の年間推移に、1月から12月の気温の推移を表す折れ線スパークラインを挿入してください。縦軸の最小値は「0」、最大値は「すべてのスパークラインで同じ値」にし、マーカーを表示します。
問題（12）	ワークシート「年間気温」の気温が25度より大きいセルに「濃い赤の文字、明るい赤の背景」、5度より小さいセルにフォントの色「濃い青」、背景色「薄い水色」を設定してください。数値が変更されたら、書式が自動的に更新されるようにします。

出題範囲 3

テーブルとテーブルのデータの管理

3-1　テーブルを作成する、書式設定する …………………………… 125
3-2　テーブルを変更する ………………………………………………… 129
3-3　テーブルのデータをフィルターする、並べ替える ………… 135
確認問題 ………………………………………………………………… 145

3-1 テーブルを作成する、書式設定する

出題範囲3 テーブルとテーブルのデータの管理

☑ 理解度チェック

習得すべき機能	参照Lesson	学習前	学習後	試験直前
■セル範囲をテーブルに変換できる。	➡Lesson52	☑	☑	☑
■テーブルスタイルを適用できる。	➡Lesson53	☑	☑	☑
■テーブルをセル範囲に変換できる。	➡Lesson54	☑	☑	☑

3-1-1 セル範囲からExcelのテーブルを作成する

解説

■テーブルに変換

表を**「テーブル」**に変換すると、並べ替えやフィルターなどデータベース管理が簡単に行えるようになります。また、自動的に罫線や塗りつぶしの色などの**「テーブルスタイル」**が適用され、表全体の見栄えを瞬時に整えることができます。
テーブルには、次のような特長があります。

セミナー開催状況

No.	開催日	地区	セミナー名	受講料	定員	受講者数	受講率	売上金額
1	2020/4/4	東京	日本料理基礎	3,800	20	18	90%	68,400
2	2020/4/5	東京	日本料理応用	5,500	20	15	75%	82,500
3	2020/4/5	大阪	日本料理基礎	3,800	15	13	87%	49,400
4	2020/4/7	東京	洋菓子専門	3,500	20	14	70%	49,000
5	2020/4/8	福岡	日本料理基礎	3,800	14	8	57%	30,400
6	2020/4/11	大阪	フランス料理基		15	15	100%	60,000
7	2020/4/11	東京	イタリア料理基		20	20	100%	60,000
8	2020/4/12	大阪	日本料理応用		15	12	80%	66,000
9	2020/4/12	東京	イタリア料理応用	4,000	20	16	80%	64,000
10	2020/4/15	福岡	日本料理応用	5,500	14	4	29%	22,000
11	2020/4/18	大阪	フランス料理応用	5,000	15	14	93%	70,000
12	2020/4/18	東京	フランス料理基礎	4,000	20	15	75%	60,000
13	2020/4/19	東京	フランス料理応用	5,000	20	15	75%	75,000
14	2020/4/19	大阪	イタリア料理基礎	3,000	15	10	67%	30,000

セミナー開催状況

フィルターモードが設定され、並べ替えやフィルターを実行できる

テーブルスタイルが設定される

No.	開催日	地区	セミナー名	受講料	定員	受講者数	受講率	売上金額
31	2020/6/7	大阪	イタリア料理基礎	3,000	15	14	93%	42,000
32	2020/6/9	東京	イタリア		20	15	75%	45,000
33	2020/6/10	東京	イタリ		20	14	70%	56,000
34	2020/6/13	大阪	日本料		15	15	100%	82,500
35	2020/6/14	大阪	イタリ		15	8	53%	32,000
36	2020/6/16	東京	フランス		20	19	95%	76,000
37	2020/6/17	東京	フランス料理応用	5,000	20	16	80%	80,000
38	2020/6/20	大阪	フランス料理基礎	4,000	15	6	40%	24,000
39	2020/6/22	東京	和菓子専門	3,500	20	17	85%	59,500
40	2020/6/27	大阪	フランス料理応用	5,000	15	9	60%	45,000

ワークシートをスクロールすると、列番号が列見出しに置き換わる

2019 365 ◆《挿入》タブ→《テーブル》グループの (テーブル)

ファイル ホーム 挿入 ページレイアウト 数式 データ 校閲 表示 ヘルプ

Lesson 52

![OPEN] ブック「Lesson52」を開いておきましょう。

次の操作を行いましょう。

(1) 表をテーブルに変換してください。

Lesson 52 Answer

その他の方法

テーブルに変換

2019 365

◆表内のセルを選択
→ Ctrl + T

(1)

①セル【B3】を選択します。

※表内のセルであれば、どこでもかまいません。

②《挿入》タブ→《テーブル》グループの (テーブル) をクリックします。

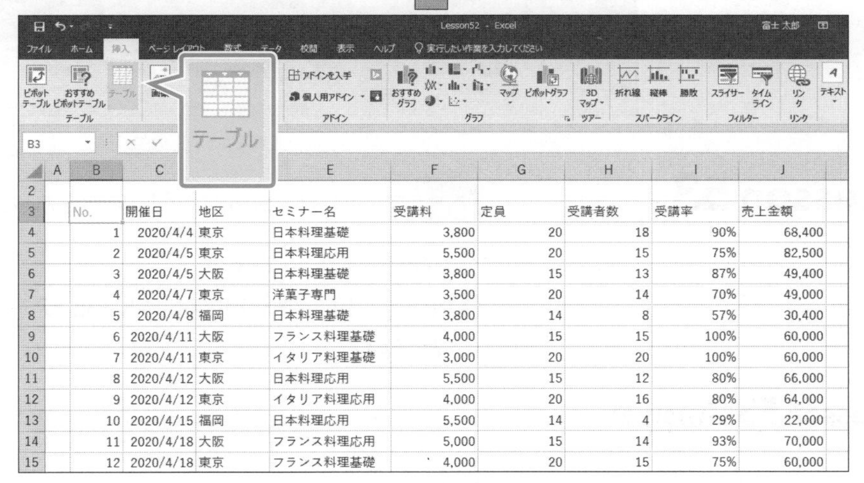

③《テーブルの作成》ダイアログボックスが表示されます。

④《テーブルに変換するデータ範囲を指定してください》が「＝$B$3:$J$43」になっていることを確認します。

⑤《先頭行をテーブルの見出しとして使用する》を ☑ にします。

※表の先頭行が項目名の場合、☑ にします。

⑥《OK》をクリックします。

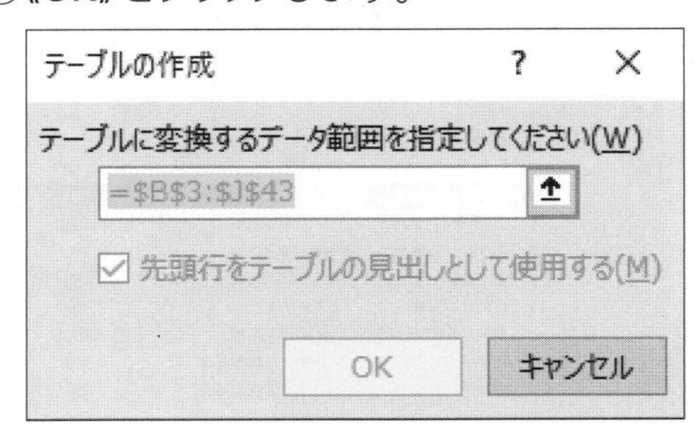

⑦テーブルに変換されます。

	A	B	C	D	E	F	G	H	I	J
1		セミナー開催状況								
2										
3		No.	開催日	地区	セミナー名	受講料	定員	受講者数	受講率	売上金額
4		1	2020/4/4	東京	日本料理基礎	3,800	20	18	90%	68,400
5		2	2020/4/5	東京	日本料理応用	5,500	20	15	75%	82,500
6		3	2020/4/5	[illegible]	[illegible]	[illegible]	[illegible]	[illegible]	[illegible]	[illegible]
7		4	2020/4/7	東京	洋菓子専門	3,500	20	14	70%	49,000
8		5	2020/4/8	福岡	日本料理基礎	3,800	14	8	57%	30,400
9		6	2020/4/11	大阪	フランス料理基礎	4,000	15	15	100%	60,000
10		7	2020/4/11	東京	イタリア料理基礎	3,000	20	20	100%	60,000
11		8	2020/4/12	大阪	日本料理応用	5,500	15	12	80%	66,000
12		9	2020/4/12	東京	イタリア料理応用	4,000	20	16	80%	64,000
13		10	2020/4/15	福岡	日本料理応用	5,500	14	4	29%	22,000
14		11	2020/4/18	大阪	フランス料理応用	5,000	15	14	93%	70,000
15		12	2020/4/18	東京	フランス料理基礎	4,000	20	15	75%	60,000
16		13	2020/4/19	東京	フランス料理応用	5,000	20	15	75%	75,000
17		14	2020/4/19	大阪	イタリア料理基礎	3,000	15	10	67%	30,000

❶ ❷ ❸

Point

データベース用の表

「データベース」とは、特定のテーマや目的に沿って集められたデータの集まりです。テーブルに変換してデータベース機能を利用するには、「フィールド」と「レコード」から構成される表を作成します。

❶列見出し(フィールド名)

データを分類する項目名です。列見出しは必ず設定し、レコード部分と異なる書式にします。

❷フィールド

列単位のデータです。列見出しに対応した同じ種類のデータを入力します。

❸レコード

行単位のデータです。1行あたり1件分のデータを入力します。

3-1-2 テーブルにスタイルを適用する

■テーブルスタイルの適用

「テーブルスタイル」とは、罫線や塗りつぶしの色などテーブル全体の書式が定義されたもので、あらかじめ様々なパターンが用意されています。セル範囲をテーブルに変換すると、テーブルスタイルが自動的に適用されますが、あとから変更することもできます。

2019 ◆《デザイン》タブ→《テーブルスタイル》グループ

365 ◆《デザイン》タブ／《テーブルデザイン》タブ→《テーブルスタイル》グループ

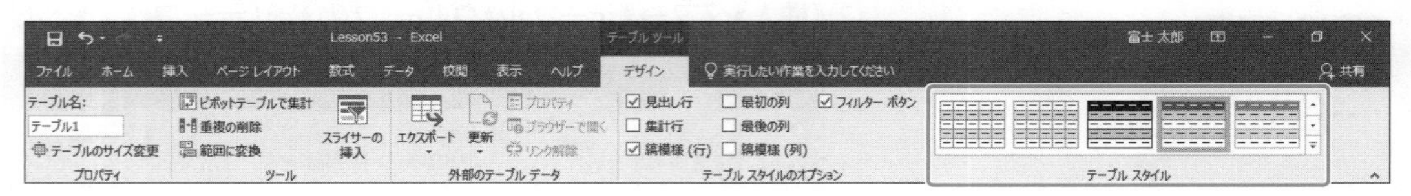

Lesson 53

ブック「Lesson53」を開いておきましょう。

次の操作を行いましょう。

(1) テーブルにテーブルスタイル「緑,テーブルスタイル（中間）7」を適用してください。

Lesson 53 Answer

(1)

① セル**【B3】**を選択します。

※テーブル内のセルであれば、どこでもかまいません。

②**《デザイン》**タブ→**《テーブルスタイル》**グループの ▼（その他）→**《中間》**の**《緑,テーブルスタイル（中間）7》**をクリックします。

③ テーブルスタイルが適用されます。

Point

テーブルスタイルのクリア

書式を設定した表をテーブルに変換すると、元の書式にテーブルスタイルが重なって適用されます。
元の表の書式だけを設定する場合は、テーブルスタイルをクリアします。

2019

◆テーブル内のセルを選択→《デザイン》タブ→《テーブルスタイル》グループの ▼（その他）→《クリア》／《淡色》の《なし》

365

◆テーブル内のセルを選択→《デザイン》タブ／《テーブルデザイン》タブ→《テーブルスタイル》グループの ▼（その他）→《クリア》／《淡色》の《なし》

3-1-3 テーブルをセル範囲に変換する

解 説

■セル範囲に変換

テーブルを解除して元のセル範囲に戻すことができます。元のセル範囲に戻しても、テーブルの変換時に設定された書式は残ります。

2019 ◆《デザイン》タブ→《ツール》グループの 範囲に変換 (範囲に変換)

365 ◆《デザイン》タブ／《テーブルデザイン》タブ→《ツール》グループの 範囲に変換 (範囲に変換)

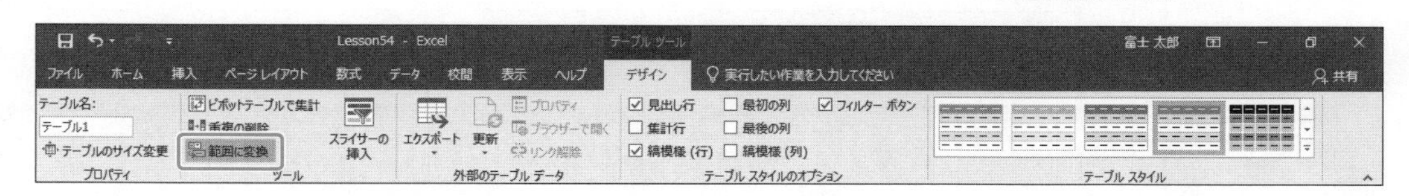

Lesson 54

ブック「Lesson54」を開いておきましょう。

次の操作を行いましょう。

(1) テーブルをセル範囲に変換してください。書式は変更しないようにします。

Lesson 54 Answer

(1)

①セル**【B3】**を選択します。

※テーブル内のセルであれば、どこでもかまいません。

②**《デザイン》**タブ→**《ツール》**グループの 範囲に変換 (範囲に変換)をクリックします。

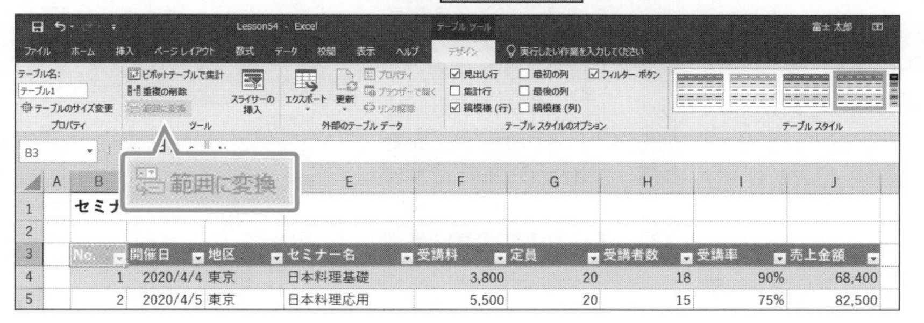

③**《はい》**をクリックします。

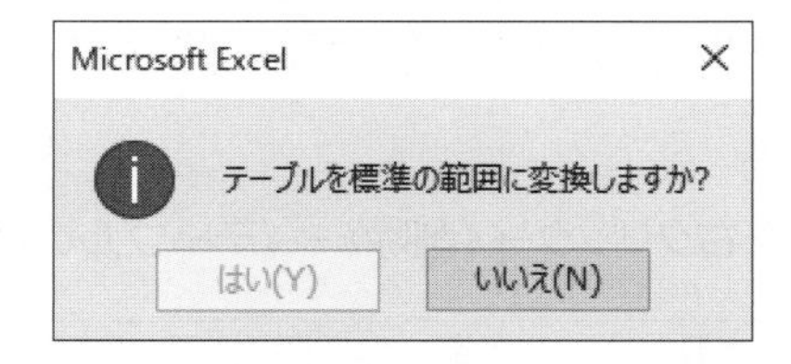

④セル範囲に変換されます。

	A	B	C	D	E	F	G	H	I	J
1		セミナー開催状況								
2										
3		No.	開催日	地区	セミナー名	受講料	定員	受講者数	受講率	売上金額
4		1	2020/4/4	東京	日本料理基礎	3,800	20	18	90%	68,400
5		2	2020/4/5	東京	日本料理応用	5,500	20	15	75%	82,500
6		3	2020/4/5	大阪	日本料理基礎	3,800	15	13	87%	49,400
7		4	2020/4/7	東京	洋菓子専門	3,500	20	14	70%	49,000
8		5	2020/4/8	福岡	日本料理基礎	3,800	14	8	57%	30,400
9		6	2020/4/11	大阪	フランス料理基礎	4,000	15	15	100%	60,000
10		7	2020/4/11	東京	イタリア料理基礎	3,000	20	20	100%	60,000
11		8	2020/4/12	大阪	日本料理応用	5,500	15	12	80%	66,000
12		9	2020/4/12	東京	イタリア料理応用	4,000	20	16	80%	64,000
13		10	2020/4/15	福岡	日本料理応用	5,500	14	4	29%	22,000
14		11	2020/4/18	大阪	フランス料理応用	5,000	15	14	93%	70,000
15		12	2020/4/18	東京	フランス料理基礎	4,000	20	15	75%	60,000

その他の方法

セル範囲に変換

2019 365

◆テーブル内のセルを右クリック→《テーブル》→《範囲に変換》

3-2 出題範囲3　テーブルとテーブルのデータの管理
テーブルを変更する

理解度チェック

習得すべき機能	参照Lesson	学習前	学習後	試験直前
■テーブルに行や列を追加したり削除したりできる。	➡Lesson55	☑	☑	☑
■テーブルスタイルのオプションを設定できる。	➡Lesson56	☑	☑	☑
■テーブルに集計行を表示して、集計方法を設定できる。	➡Lesson57	☑	☑	☑

3-2-1 テーブルに行や列を追加する、削除する

解説

■テーブルへの行や列の追加

テーブルに行や列を挿入すると、自動的にテーブルの範囲が拡大され、書式も再設定されます。また、テーブルの最終行や最終列に新しくデータを追加したときも同様です。行や列はテーブル内にだけ追加されるので、テーブル以外のセルには影響がありません。

2019 365 ◆テーブル内のセルを右クリック→《挿入》→《テーブルの列（左）》／《テーブルの行（上）》

	A	B	C	D	G	H	I	J
1		セミナー開催状況					6月までの開催状況	
2								
3		No.	開催日	地区	定員	受講者数	受講率	売上金額
4		1	2020/4/4	東京	20	18	90%	68,400
5		2	2020/4/5	東京	20	15	75%	82,500
6				大阪	15	13	87%	49,400
7				東京		14	70%	49,000
8				福岡		8	57%	30,400
9		6	2020/4/11	大阪		15	100%	60,000
10		7	2020/4/11	東京	20	20	100%	60,000
11		8	2020/4/12	大阪	15	12	80%	66,000
12		9	2020/4/12	東京	20	16	80%	64,000

テーブル内を右クリック

切り取り(T)
コピー(C)
貼り付けのオプション:
形式を選択して貼り付け(S)...
スマート検索(L)
更新(R)
挿入(I)
削除(D)
選択(L)
数式と値のクリア(N)
クイック分析(Q)
並べ替え(O)

テーブルの列（左）(L)
テーブルの行（上）(A)

■テーブルからの行や列の削除

テーブルから行や列を削除すると、自動的にテーブルの範囲が縮小され、書式も再設定されます。テーブル内の行や列だけが削除されるので、テーブル以外のセルには影響がありません。

2019 365 ◆テーブル内のセルを右クリック→《削除》→《テーブルの列》／《テーブルの行》

	A	B	C	D	E	H	I	J
1		セミナー開催状況						6月までの開催状況
2								
3		No.	開催日	地区	セミナー名	受講者数	受講率	売上金額
4		1	2020/4/4	東京	日本料理基礎	18	90%	68,400
5		2			日本料理応用	15	75%	82,500
6		3			日本料理基礎	13	87%	49,400
7		4	2020/4/7	東京	洋菓子専門	14	70%	49,000
8		5	2020/4/8	福岡	日本料理基礎			30,400
9		6	2020/4/11	大阪	フランス料理基礎			60,000
10		7	2020/4/11	東京	イタリア料理基礎			60,000
11		8	2020/4/12	大阪	日本料理応用	12	80%	66,000
12		9	2020/4/12	東京	イタリア料理応用	16	80%	64,000

テーブル内を右クリック

切り取り(T)
コピー(C)
貼り付けのオプション:
形式を選択して貼り付け(S)...
スマート検索(L)
更新(R)
挿入(I)
削除(D)
選択(L)
数式と値のクリア(N)
クイック分析(Q)
並べ替え(O)

テーブルの列(C)
テーブルの行(R)

Lesson 55

ブック「Lesson55」を開いておきましょう。

次の操作を行いましょう。

(1) テーブルの「売上金額」の左に列を追加し、項目名に「受講率」と入力してください。テーブル以外には影響がないようにします。

(2) 追加した列に受講率を算出し、パーセントで表示してください。受講率は、「受講者数÷定員」で求めます。

(3) テーブルから4月開催のレコードを削除してください。テーブル以外には影響がないようにします。

Lesson 55 Answer

(1)

①セル【I4】を選択し、右クリックします。

※テーブル内の売上金額の列のセルであれば、どこでもかまいません。

②**《挿入》**をポイントし、**《テーブルの列（左）》**をクリックします。

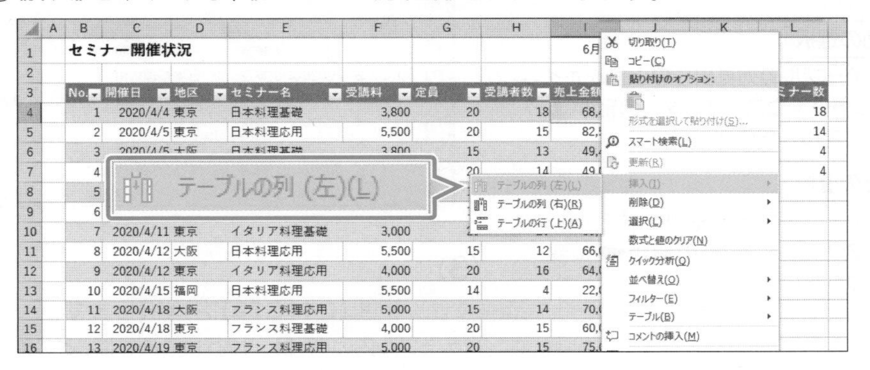

③**「売上金額」**の左側に**「列1」**という列見出しの列が挿入されます。

④セル【I3】に**「受講率」**と入力します。

	A	B	C	D	E	F	G	H	I	J
1		セミナー開催状況								6月までの開催状況
2										
3		No.	開催日	地区	セミナー名	受講料	定員	受講者数	受講率	売上金額
4		1	2020/4/4	東京	日本料理基礎	3,800	20	18		68,400
5		2	2020/4/5	東京	日本料理応用	5,500	20			82,500
6		3	2020/4/5	大阪	日本料理基礎	3,800	15			49,400
7		4	2020/4/7	東京	洋菓子専門	3,500	20			49,000
8		5	2020/4/8	福岡	日本料理基礎	3,800	14	8		30,400
9		6	2020/4/11	大阪	フランス料理基礎	4,000	15	15		60,000
10		7	2020/4/11	東京	イタリア料理基礎	3,000	20	20		60,000
11		8	2020/4/12	大阪	日本料理応用	5,500	15	12		66,000

受講率

(2)

①セル【I4】に**「=[@受講者数]/[@定員]」**と入力します。

※「[@受講者数]」はセル【H4】、「[@定員]」はセル【G4】をクリックして指定します。

※「=H4/G4」と入力してもかまいません。

G4 =[@受講者数]/[@定員]

	A	B	C	D	E	F	G	H	I	J
1		セミナー開催状況								6月までの開催状況
2										
3		No.	開催日	地区	セミナー名	受講料	定員	受講者数	受講率	売上金額
4		1	2020/4/4	東京	日本料理基礎	3,800	20	18	=[@受講者数]/[@定員]	
5		2	2020/4/5	東京	日本料理応用	5,500	20	15		82,500
6		3	2020/4/5	大阪	日本料理基礎	3,800	15	13		49,400
7		4	2020/4/7	東京	洋菓子専門					
8		5	2020/4/8	福岡	日本料理基礎					
9		6	2020/4/11	大阪	フランス料理基礎					
10		7	2020/4/11	東京	イタリア料理基礎	3,000	20	20		60,000
11		8	2020/4/12	大阪	日本料理応用	5,500	15	12		66,000

=[@受講者数]/[@定員]

②セル範囲【I5：I43】にも数式が作成されていることを確認します。

※フィールド内の残りのセルにも自動的に数式が作成されます。

I5 =[@受講者数]/[@定員]

セミナー開催状況　　6月までの開催状況

No.	開催日	地区	セミナー名	受講料	定員	受講者数	受講率	売上金額
1	2020/4/4	東京	日本料理基礎	3,800	20	18	0.9	68,400
2	2020/4/5	東京	日本料理応用	5,500	20	15	0.75	82,500
3	2020/4/5	大阪	日本料理基礎	3,800	15	13	0.86666667	49,400
4	2020/4/7	東京	洋菓子専門	3,500	20	14	0.7	49,000
5	2020/4/8	福岡	日本料理基礎	3,800	14	8	0.57142857	30,400
6	2020/4/11	大阪	フランス料理基礎	4,000	15	15	1	60,000
7	2020/4/11	東京	イタリア料理基礎	3,000	20	20	1	60,000

③セル範囲【I4：I43】を選択します。

④《**ホーム**》タブ→《**数値**》グループの［%］（パーセントスタイル）をクリックします。

⑤パーセントで表示されます。

セミナー開催状況　　6月までの開催状況

No.	開催日	地区	セミナー名	受講料	定員	受講者数	受講率	売上金額
1	2020/4/4	東京	日本料理基礎	3,800	20	18	90%	68,400
2	2020/4/5	東京	日本料理応用	5,500	20	15	75%	82,500
3	2020/4/5	大阪	日本料理基礎	3,800	15	13	87%	49,400
4	2020/4/7	東京	洋菓子専門	3,500	20	14	70%	49,000
5	2020/4/8	福岡	日本料理基礎	3,800	14	8	57%	30,400
6	2020/4/11	大阪	フランス料理基礎	4,000	15	15	100%	60,000
7	2020/4/11	東京	イタリア料理基礎	3,000	20	20	100%	60,000

(3)

①セル範囲【C4：C19】を選択します。

※テーブル内の4行目～19行目であれば、どの列でもかまいません。

②選択した範囲内を右クリックします。

③《**削除**》をポイントし、《**テーブルの行**》をクリックします。

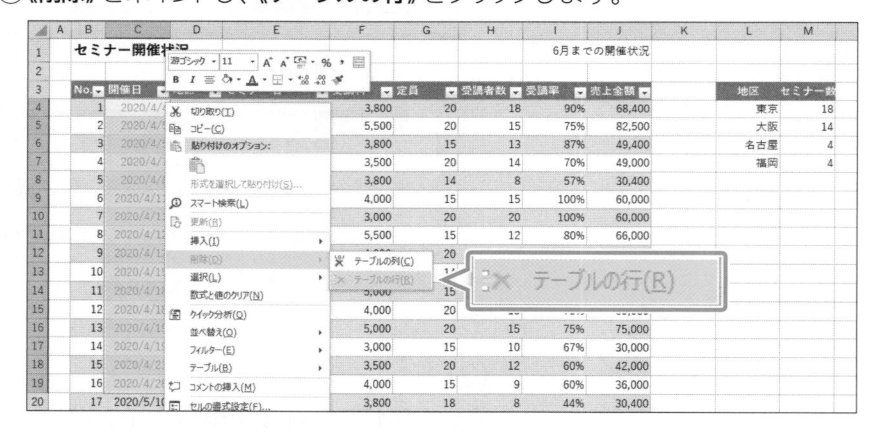

④テーブル内のレコードだけが削除されます。

※L列～M列の表に影響がないことを確認しておきましょう。

セミナー開催状況　　6月までの開催状況

No.	開催日	地区	セミナー名	受講料	定員	受講者数	受講率	売上金額
17	2020/5/10	名古屋	日本料理基礎	3,800	18	8	44%	30,400
18	2020/5/12	大阪	中華料理基礎	3,500	15	7	47%	24,500
19	2020/5/17	名古屋	日本料理応用	5,500	18	6	33%	33,000
20	2020/5/17	福岡	イタリア料理基礎	3,000	14	7	50%	21,000
21	2020/5/19	大阪	中華料理応用	5,000	15	11	73%	55,000
22	2020/5/23	東京	中華料理基礎	3,500	20	16	80%	56,000
23	2020/5/24	東京	中華料理応用	5,000	20	14	70%	70,000
24	2020/5/24	名古屋	イタリア料理基礎	3,000	18	11	61%	33,000
25	2020/5/24	福岡	イタリア料理応用	4,000	14	6	43%	24,000
26	2020/5/31	名古屋	イタリア料理応用	4,000	18	11	61%	44,000
27	2020/6/2	東京	日本料理基礎	3,800	20	20	100%	76,000
28	2020/6/3	東京	日本料理応用	5,500	20	19	95%	104,500
29	2020/6/6	大阪	日本料理基礎	3,800	15	12	80%	45,600

地区	セミナー数
東京	10
大阪	8
名古屋	4
福岡	2

Point

テーブルの列や行の選択

テーブル内の列全体や行全体を選択する場合、セル範囲をドラッグする以外に、次の操作で行うこともできます。

列の選択

◆テーブルの列見出しの上側をポイント→マウスポインターの形が⬇に変わったらクリック

行の選択

◆テーブルの行の左側をポイント→マウスポインターの形が➡に変わったらクリック

3-2-2 テーブルスタイルのオプションを設定する

解説 ■テーブルスタイルのオプションの設定

テーブルスタイルのオプションを設定すると、テーブルに見出し行や縞模様の書式を設定したり、特定の列や行を強調したりできます。

2019 ◆《デザイン》タブ→《テーブルスタイルのオプション》グループ

365 ◆《デザイン》タブ／《テーブルデザイン》タブ→《テーブルスタイルのオプション》グループ

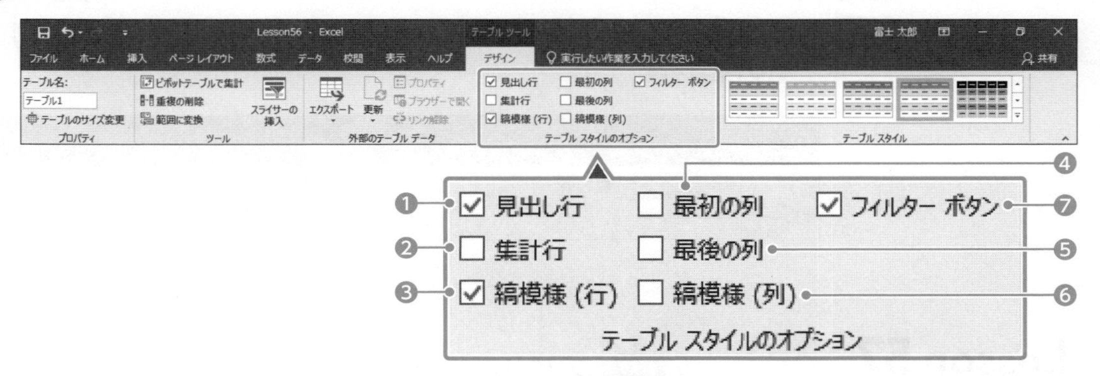

❶見出し行
テーブルの一番上の行に見出しを表示します。

❷集計行
テーブルの最終行に集計行を挿入します。

❸縞模様（行）
1行おきに異なる書式を設定して、データを読み取りやすくします。

❹最初の列
テーブルの一番左の列を強調します。

❺最後の列
テーブルの一番右の列を強調します。

❻縞模様（列）
1列おきに異なる書式を設定して、データを読み取りやすくします。

❼フィルターボタン
フィルターボタンを表示します。

Lesson 56

 ブック「Lesson56」を開いておきましょう。

次の操作を行いましょう。
(1) テーブルの一番右の列を強調してください。

Lesson 56 Answer

(1)

①セル**【B3】**を選択します。
※テーブル内のセルであれば、どこでもかまいません。
②**《デザイン》**タブ→**《テーブルスタイルのオプション》**グループの**《最後の列》**を☑にします。
③**「売上金額」**が太字になります。

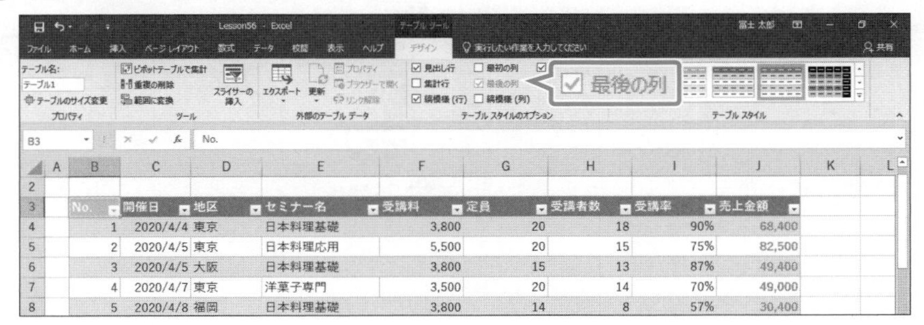

3-2-3 集計行を挿入する、設定する

■集計行の表示

テーブルの最終行に集計行を表示できます。集計行のセルを選択したときに表示される ▼ をクリックして、列ごとに集計方法を設定することができます。集計方法には、**「平均」「個数」「最大」「最小」「合計」**などがあります。

2019 ◆《デザイン》タブ→《テーブルスタイルのオプション》グループの《✔集計行》

365 ◆《デザイン》タブ／《テーブルデザイン》タブ→《テーブルスタイルのオプション》グループの《✔集計行》

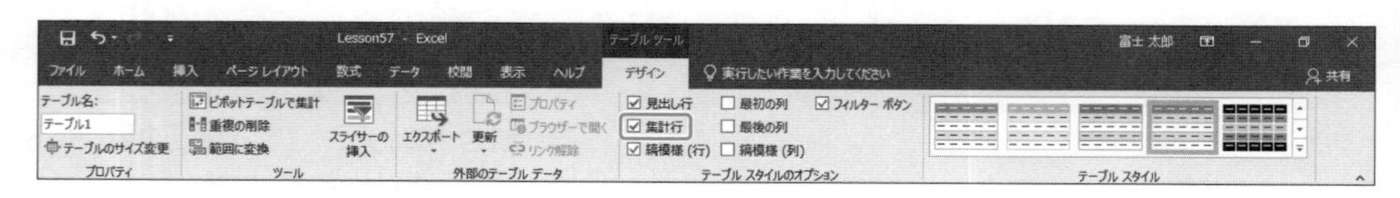

Lesson 57

ブック「Lesson57」を開いておきましょう。

次の操作を行いましょう。

(1) テーブルに集計行を追加し、「開催日」のデータの個数、「受講者数」の合計、「受講率」の平均、「売上金額」の合計を表示してください。

Lesson 57 Answer

(1)

①セル**【B3】**を選択します。

※テーブル内のセルであれば、どこでもかまいません。

②**《デザイン》**タブ→**《テーブルスタイルのオプション》**グループの**《集計行》**を ✔ にします。

③集計行が表示されます。

④集計行の**「開催日」**のセルを選択します。

⑤ ▼ をクリックし、一覧から**《個数》**を選択します。

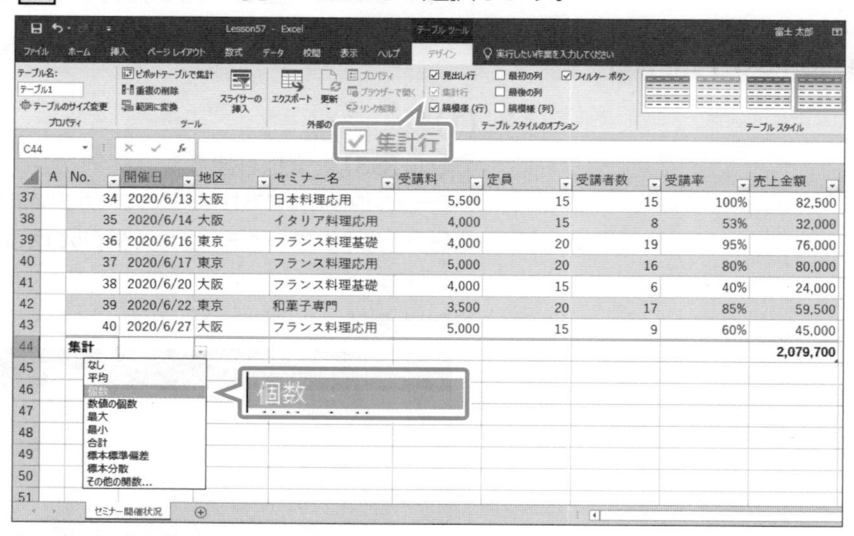

⑥集計行の**「受講者数」**のセルを選択します。

⑦ ▼ をクリックし、一覧から**《合計》**を選択します。

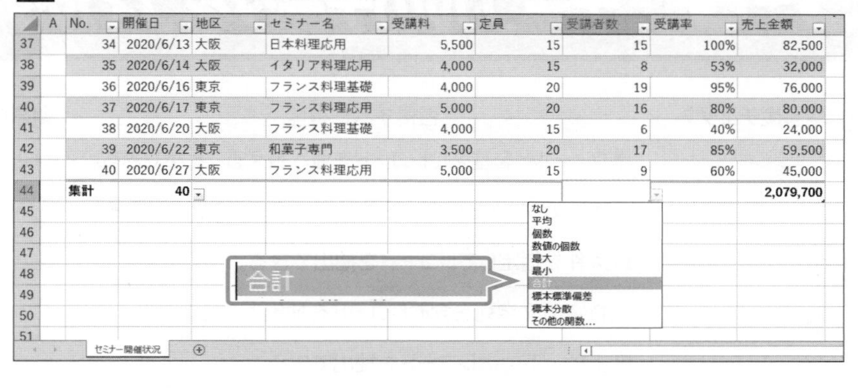

	A	No.	開催日	地区	セミナー名	受講料	定員	受講者数	受講率	売上金額
37		34	2020/6/13	大阪	日本料理応用	5,500	15	15	100%	82,500
38		35	2020/6/14	大阪	イタリア料理応用	4,000	15	8	53%	32,000
39		36	2020/6/16	東京	フランス料理基礎	4,000	20	19	95%	76,000
40		37	2020/6/17	東京	フランス料理応用	5,000	20	16	80%	80,000
41		38	2020/6/20	大阪	フランス料理基礎	4,000	15	6	40%	24,000
42		39	2020/6/22	東京	和菓子専門	3,500	20	17	85%	59,500
43		40	2020/6/27	大阪	フランス料理応用	5,000	15	9	60%	45,000
44		集計	40							2,079,700

⑧集計行の**「受講率」**のセルを選択します。

⑨ ▼ をクリックし、一覧から**《平均》**を選択します。

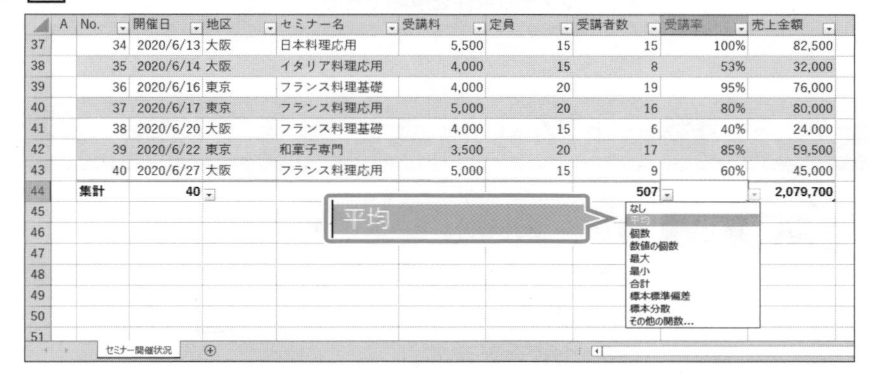

	A	No.	開催日	地区	セミナー名	受講料	定員	受講者数	受講率	売上金額
37		34	2020/6/13	大阪	日本料理応用	5,500	15	15	100%	82,500
38		35	2020/6/14	大阪	イタリア料理応用	4,000	15	8	53%	32,000
39		36	2020/6/16	東京	フランス料理基礎	4,000	20	19	95%	76,000
40		37	2020/6/17	東京	フランス料理応用	5,000	20	16	80%	80,000
41		38	2020/6/20	大阪	フランス料理基礎	4,000	15	6	40%	24,000
42		39	2020/6/22	東京	和菓子専門	3,500	20	17	85%	59,500
43		40	2020/6/27	大阪	フランス料理応用	5,000	15	9	60%	45,000
44		集計	40					507		2,079,700

⑩集計行の**「売上金額」**のセルに合計が表示されていることを確認します。

⑪集計結果が表示されます。

I44 =SUBTOTAL(101,[受講率])

	A	No.	開催日	地区	セミナー名	受講料	定員	受講者数	受講率	売上金額
37		34	2020/6/13	大阪	日本料理応用	5,500	15	15	100%	82,500
38		35	2020/6/14	大阪	イタリア料理応用	4,000	15	8	53%	32,000
39		36	2020/6/16	東京	フランス料理基礎	4,000	20	19	95%	76,000
40		37	2020/6/17	東京	フランス料理応用	5,000	20	16	80%	80,000
41		38	2020/6/20	大阪	フランス料理基礎	4,000	15	6	40%	24,000
42		39	2020/6/22	東京	和菓子専門	3,500	20	17	85%	59,500
43		40	2020/6/27	大阪	フランス料理応用	5,000	15	9	60%	45,000
44		集計	40					507	72%	2,079,700

セミナー開催状況

Point

最終列の集計

テーブルの最終列が数値フィールドの場合、自動的に合計値が表示されます。

Point

集計方法の非表示

集計行の集計結果を非表示にするには《なし》を選択します。

Point

集計行の数式

集計行のセルには、「SUBTOTAL関数」が自動的に設定されます。

=SUBTOTAL(集計方法,参照)
　　　　　　　　❶　　❷

❶集計方法

集計方法に応じて関数を番号で指定します。

例：

101：AVERAGE（平均）

102：COUNT（数値データの個数）

103：COUNTA（データの個数）

104：MAX（最大）

105：MIN（最小）

109：SUM（合計）

❷参照

集計するセル範囲を指定します。

3-3 テーブルのデータをフィルターする、並べ替える

理解度チェック

習得すべき機能	参照Lesson	学習前	学習後	試験直前
■フィールドを基準にレコードを並べ替えることができる。	➡Lesson58	☑	☑	☑
■複数のフィールドでレコードを並べ替えることができる。	➡Lesson58	☑	☑	☑
■条件を指定してレコードを抽出できる。	➡Lesson59	☑	☑	☑
■特定の文字列を含むレコードを抽出できる。	➡Lesson59	☑	☑	☑
■上位・下位のレコードを抽出できる。	➡Lesson59	☑	☑	☑
■範囲のあるレコードを抽出できる。	➡Lesson59	☑	☑	☑
■フィルターの条件を解除できる。	➡Lesson59	☑	☑	☑

3-3-1 複数の列でデータを並べ替える

■テーブルのレコードの並べ替え

表をテーブルに変換すると、フィルターモードになり、列見出しに▼（フィルターボタン）が表示されます。列見出しの▼を使って、テーブルのレコードを簡単に並べ替えることができます。

2019 365 ◆列見出しの▼（フィルターボタン）→《昇順》／《降順》

フィルターボタンをクリック

❶ 昇順(S)
❷ 降順(O)

並べ替えの順序には、**「昇順」**と**「降順」**があります。

❶昇順

データ	順序
数値	0→9
英字	A→Z
日付	古→新
かな	あ→ん
JISコード	小→大

❷降順

データ	順序
数値	9→0
英字	Z→A
日付	新→古
かな	ん→あ
JISコード	大→小

■複数フィールドによる並べ替え

《並べ替え》ダイアログボックスを使うと、複数のフィールドを基準にレコードを並べ替える条件をまとめて設定できるので効率的です。

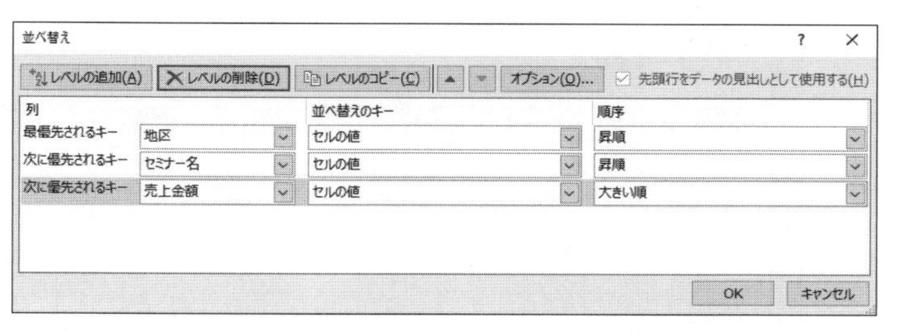

2019 365 ◆《データ》タブ→《並べ替えとフィルター》グループの  (並べ替え)

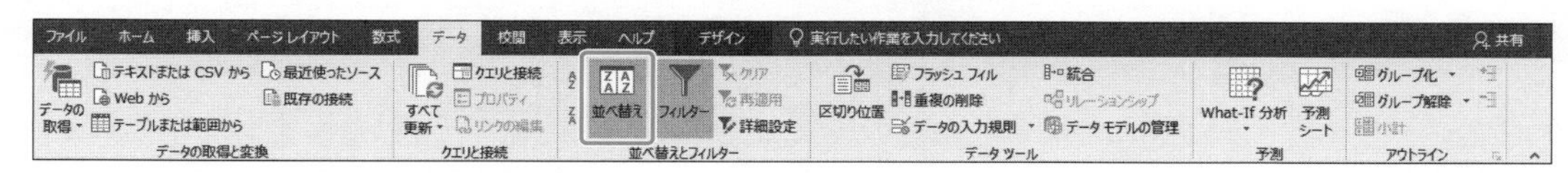

Lesson 58

OPEN ブック「Lesson58」を開いておきましょう。

次の操作を行いましょう。

(1) セミナー名を基準に五十音順に並べ替えてください。

(2) 受講率が高い順に並べ替えてください。

(3) 地区を基準に五十音順に並べ替え、地区が同じ場合は、セミナー名を基準に五十音順に並べ替えてください。さらに、セミナー名が同じ場合は、売上金額が高い順に並べ替えてください。

Lesson 58 Answer

(1)

①**「セミナー名」**の ▼ をクリックします。

②**《昇順》**をクリックします。

	A	B	C	D	E	F	G	H	I	J
1		セミナー開催状況								
2										
3		No.	開催日	地区	セミナー名	受講料	定員	受講者数	受講率	売上金額
4		1	202			3,800	20	18	90%	68,400
5		2	202			5,500	20	15	75%	82,500
6		3	202					13	87%	49,400
7		4	202					14	70%	49,000
8		5	202					8	57%	30,400
9		6	2020					15	100%	60,000
10		7	2020			3,000	20	20	100%	60,000

③レコードが並び替わります。

※フィルターボタンが ▾↑ に変わります。

	A	B	C	D	E	F	G	H	I	J
1		セミナー開催状況								
2										
3		No.	開催日	地区	セミナー名	受講料	定員	受講者数	受講率	売上金額
4		9	2020/4/12	東京	イタリア料理応用	4,000	20	16	80%	64,000
5		16	2020/4/26	大阪	イタリア料理応用	4,000	15	9	60%	36,000
6		25	2020/5/24	福岡	イタリア料理応用	4,000	14	6	43%	24,000
7		26	2020/5/31	名古屋	イタリア料理応用	4,000	18	11	61%	44,000
8		33	2020/6/10	東京	イタリア料理応用	4,000	20	14	70%	56,000
9		35	2020/6/14	大阪	イタリア料理応用	4,000	15	8	53%	32,000
10		7	2020/4/11	東京	イタリア料理基礎	3,000	20	20	100%	60,000
11		14	2020/4/19	大阪	イタリア料理基礎	3,000	15	10	67%	30,000
12		20	2020/5/17	福岡	イタリア料理基礎	3,000	14	7	50%	21,000
13		24	2020/5/24	名古屋	イタリア料理基礎	3,000	18	11	61%	33,000
14		31	2020/6/7	大阪	イタリア料理基礎	3,000	15	14	93%	42,000
15		32	2020/6/9	東京	イタリア料理基礎	3,000	20	15	75%	45,000
16		21	2020/5/19	大阪	中華料理応用	5,000	15	11	73%	55,000
17		23	2020/5/24	東京	中華料理応用	5,000	20	14	70%	70,000

その他の方法

昇順で並べ替え

2019 365

◆並べ替えの基準となる列のセルを選択→《データ》タブ→《並べ替えとフィルター》グループの A↓Z (昇順)

Point

ふりがな情報で並べ替え

漢字が入力されているセルは、ふりがな情報をもとに並べ替えが行われます。

ふりがな情報を確認したり、修正したりする方法は、次のとおりです。

2019 365

◆セルを選択→《ホーム》タブ→《フォント》グループの ア亜 ▾ (ふりがなの表示/非表示)の ▾ →《ふりがなの表示》/《ふりがなの編集》

※ふりがな情報は、漢字を入力するときに自動的にセルに格納されます。

(2)

①「**受講率**」の ▼ をクリックします。

②《**降順**》をクリックします。

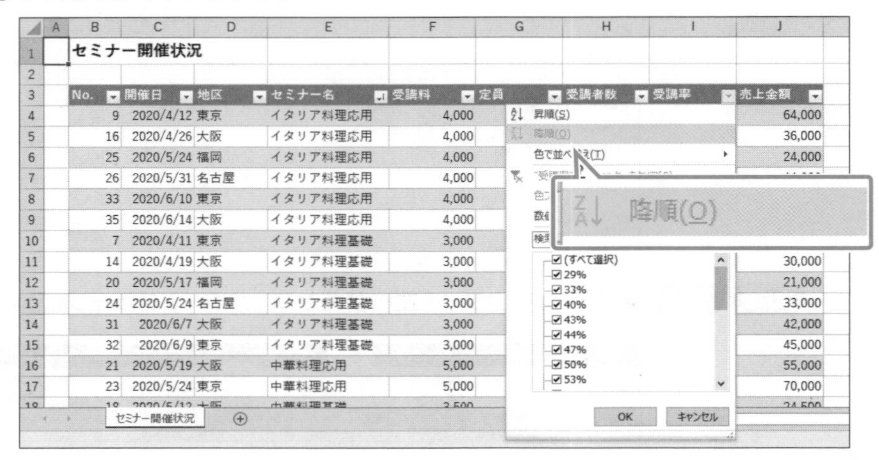

③レコードが並び替わります。

※フィルターボタンが ↓ に変わります。

セミナー開催状況

No.	開催日	地区	セミナー名	受講料	定員	受講者数	受講率	売上金額
7	2020/4/11	東京	イタリア料理基礎	3,000	20	20	100%	60,000
34	2020/6/13	大阪	日本料理応用	5,500	15	15	100%	82,500
27	2020/6/2	東京	日本料理基礎	3,800	20	20	100%	76,000
6	2020/4/11	大阪	フランス料理基礎	4,000	15	15	100%	60,000
28	2020/6/3	東京	日本料理応用	5,500	20	19	95%	104,500
36	2020/6/16	東京	フランス料理基礎	4,000	20	19	95%	76,000
31	2020/6/7	大阪	イタリア料理基礎	3,000	15	14	93%	42,000
11	2020/4/18	大阪	フランス料理応用	5,000	15	14	93%	70,000
1	2020/4/4	東京	日本料理基礎	3,800	20	18	90%	68,400
3	2020/4/5	大阪	日本料理基礎	3,800	15	13	87%	49,400
39	2020/6/22	東京	和菓子専門	3,500	20	17	85%	59,500
9	2020/4/12	東京	イタリア料理応用	4,000	20	16	80%	64,000
22	2020/5/23	東京	中華料理基礎	3,500	20	16	80%	56,000
8	2020/4/12	大阪	日本料理応用	5,500	15	12	80%	66,000

(3)

①セル【**B3**】を選択します。

※テーブル内のセルであれば、どこでもかまいません。

②《**データ**》タブ→《**並べ替えとフィルター**》グループの （並べ替え）をクリックします。

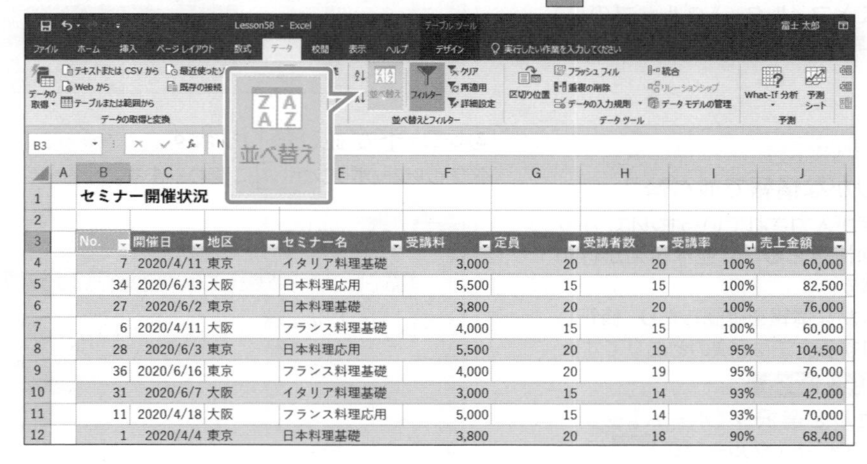

③《**並べ替え**》ダイアログボックスが表示されます。

④《**最優先されるキー**》の《**列**》の ∨ をクリックし、一覧から《**地区**》を選択します。

⑤《**並べ替えのキー**》の ∨ をクリックし、一覧から《**セルの値**》を選択します。

その他の方法

降順で並べ替え

2019 365

◆並べ替えの基準となる列のセルを選択→《データ》タブ→《並べ替えとフィルター》グループの （降順）

その他の方法

複数フィールドによる並べ替え

2019 365

◆テーブル内のセルを右クリック→《並べ替え》→《ユーザー設定の並べ替え》

⑥《**順序**》の ∨ をクリックし、一覧から《**昇順**》を選択します。

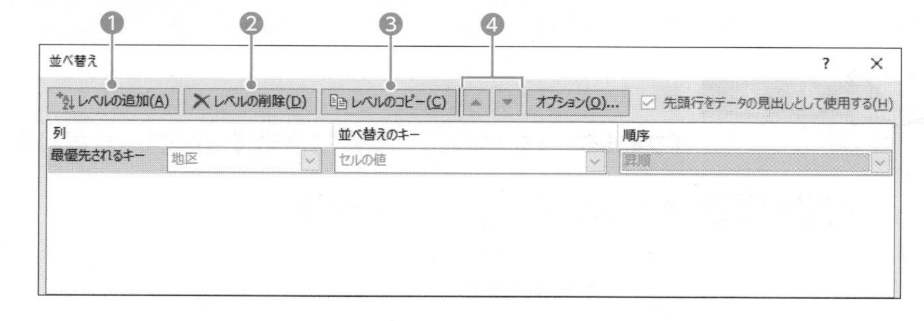

《並べ替え》

❶レベルの追加
並べ替えの基準を追加します。

❷レベルの削除
並べ替えの基準を削除します。

❸レベルのコピー
並べ替えの基準をコピーします。

❹上へ移動/下へ移動
並べ替えの基準の優先順位を変更します。

⑦《**レベルの追加**》をクリックします。

※一覧に《次に優先されるキー》が表示されます。

⑧《**次に優先されるキー**》の《**列**》の ∨ をクリックし、一覧から《**セミナー名**》を選択します。

⑨《**並べ替えのキー**》の ∨ をクリックし、一覧から《**セルの値**》を選択します。

⑩《**順序**》の ∨ をクリックし、一覧から《**昇順**》を選択します。

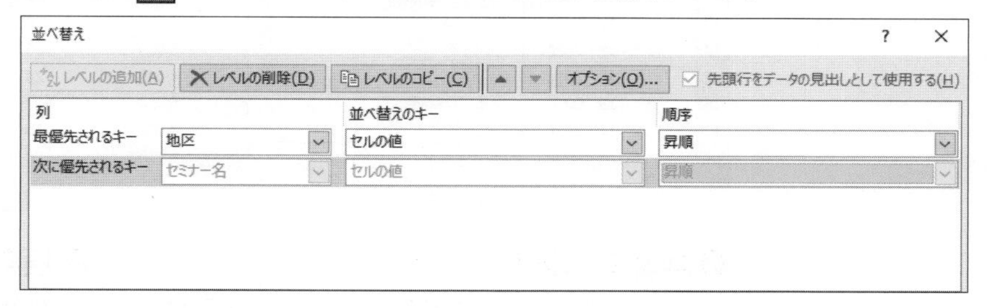

⑪《**レベルの追加**》をクリックします。

※一覧に《次に優先されるキー》が表示されます。

⑫《**次に優先されるキー**》の《**列**》の ∨ をクリックし、一覧から《**売上金額**》を選択します。

⑬《**並べ替えのキー**》の ∨ をクリックし、一覧から《**セルの値**》を選択します。

⑭《**順序**》の ∨ をクリックし、一覧から《**大きい順**》を選択します。

⑮《**OK**》をクリックします。

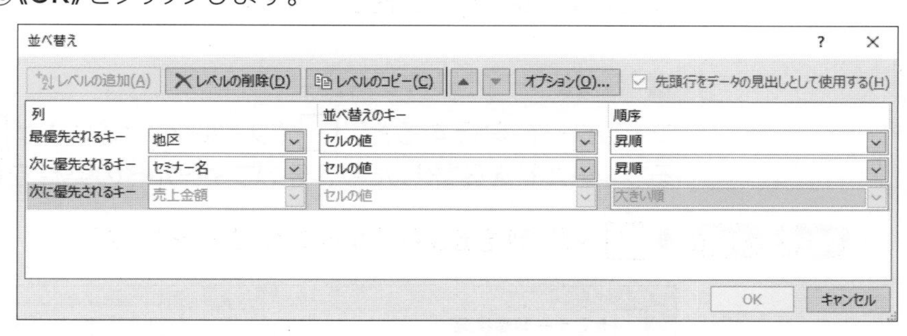

⑯レコードが並び替わります。

	A	B	C	D	E	F	G	H	I	J
1		セミナー開催状況								
2										
3		No.	開催日	地区	セミナー名	受講料	定員	受講者数	受講率	売上金額
4		16	2020/4/26	大阪	イタリア料理応用	4,000	15	9	60%	36,000
5		35	2020/6/14	大阪	イタリア料理応用	4,000	15	8	53%	32,000
6		31	2020/6/7	大阪	イタリア料理基礎	3,000	15	14	93%	42,000
7		14	2020/4/19	大阪	イタリア料理基礎	3,000	15	10	67%	30,000
8		21	2020/5/19	大阪	中華料理応用	5,000	15	11	73%	55,000
9		18	2020/5/12	大阪	中華料理基礎	3,500	15	7	47%	24,500
10		34	2020/6/13	大阪	日本料理応用	5,500	15	15	100%	82,500
11		8	2020/4/12	大阪	日本料理応用	5,500	15	12	80%	66,000
12		3	2020/4/5	大阪	日本料理基礎	3,800	15	13	87%	49,400
13		29	2020/6/6	大阪	日本料理基礎	3,800	15	12	80%	45,600
14		11	2020/4/18	大阪	フランス料理応用	5,000	15	14	93%	70,000
15		40	2020/6/27	大阪	フランス料理応用	5,000	15	9	60%	45,000
16		6	2020/4/11	大阪	フランス料理基礎	4,000	15	15	100%	60,000
17		38	2020/6/20	大阪	フランス料理基礎	4,000	15	6	40%	24,000
18		9	2020/4/12	東京	イタリア料理応用	4,000	20	16	80%	64,000

セミナー開催状況

Point 並べ替えの変更

並べ替えの基準や優先順位をあとから変更するには、再度、テーブル内のセルを選択し、《データ》タブ→《並べ替えとフィルター》グループの （並べ替え）をクリックします。

Point 並べ替えの解除

並べ替えを実行したあとに元の順序に戻す場合は、「No.」の列のように、あらかじめ連番を入力したフィールドを用意しておき、そのフィールドを昇順で並べ替えます。並べ替えを実行した直後であれば、 （元に戻す）で並べ替える前の状態に戻すこともできます。

3-3-2 レコードをフィルターする

■フィルターの実行

「フィルター」を使うと、条件に合致するレコードだけを抽出できます。

2019 365 ◆列見出しの ▼ (フィルターボタン)

❶詳細フィルター

フィールドに入力されているデータの種類によって、**「テキストフィルター」「数値フィルター」「日付フィルター」**に表示が切り替わります。

「○○を含む」や**「○○より大きい」**、**「○○～○○の期間」**のように範囲のある条件を設定して、レコードを抽出します。

❷検索

条件となるキーワードを入力します。
キーワードを含むレコードが抽出されます。

❸データ一覧

フィールドに入力されているデータが一覧で表示されます。
☑にして、該当するレコードを抽出します。

■フィルターの条件の解除

フィルターを実行すると、▼ (フィルターボタン) が ▼ に変わり、条件が設定されているフィールドを確認したり、そのフィールドの条件を解除したりできます。

2019 365 ◆ ▼ →《"(列見出し名)"からフィルターをクリア》

また、複数のフィールドに設定された条件をまとめて解除することもできます。

2019 365 ◆《データ》タブ→《並べ替えとフィルター》グループの クリア (クリア)

Lesson 59

ブック「Lesson59」を開いておきましょう。

次の操作を行いましょう。

(1) 地区が「東京」で、セミナー名が「日本料理基礎」のレコードを抽出してください。

(2) フィルターの条件をすべて解除してください。

(3) セミナー名に「フランス」または「イタリア」を含むレコードを抽出してください。
※抽出後、フィルターの条件を解除しておきましょう。

(4) 売上金額が50,000以上のレコードを抽出してください。
※抽出後、フィルターの条件を解除しておきましょう。

(5) 売上金額の上位20%のレコードを抽出してください。
※抽出後、フィルターの条件を解除しておきましょう。

(6) 開催日が2020年5月10日から2020年5月20日までのレコードを抽出してください。

Lesson 59 Answer

(1)

①**「地区」**の▼をクリックします。

②**《(すべて選択)》**を☐にし、**「東京」**を☑にします。

③**《OK》**をクリックします。

※18件のレコードが抽出され、フィルターボタンがに変わります。

	A	B	C	D	E	F	G	H	I	J
1		セミナー開催状況								
2										
3		No.	開催日	地区	セミナー名	受講料	定員	受講者数	受講率	売上金額
4					日本料理基礎	3,800	20	18	90%	68,400
5					日本料理応用	5,500	20	15	75%	82,500
6					日本料理基礎	3,800	15	13	87%	49,400
7					洋菓子専門	3,500	20	14	70%	49,000
8					日本料理基礎	3,800	14	8	57%	30,400
9					フランス料理基礎	4,000	15	15	100%	60,000
10					イタリア料理基礎	3,000	20	20	100%	60,000
11					日本料理応用	5,500	15	12	80%	66,000
12					イタリア料理応用	4,000	20	16	80%	64,000
13					日本料理応用	5,500	14	4	29%	22,000
14					フランス料理応用	5,000	15	14	93%	70,000
15					フランス料理基礎	4,000	20	15	75%	60,000
16					フランス料理応用	5,000	20	15	75%	75,000
17					イタリア料理基礎	3,000	15	10	67%	30,000

昇順(S)
降順(O)
色で並べ替え(T)
"地区" からフィルターをクリア(C)
色フィルター(I)
テキスト フィルター(F)
検索
(すべて選択)
大阪
東京
名古屋
福岡
OK
キャンセル

☑東京

④**「セミナー名」**の▼をクリックします。

⑤**《(すべて選択)》**を☐にし、**「日本料理基礎」**を☑にします。

⑥**《OK》**をクリックします。

	A	B	C	D	E	F	G	H	I	J
1		セミナー開催状況								
2										
3		No.	開催日	地区	セミナー名	受講料	定員	受講者数	受講率	売上金額
4		1	202			3,800	20	18	90%	68,400
5		2	202			5,500	20	15	75%	82,500
7		4	202			3,500	20	14	70%	49,000
10		7	2020			3,000	20	20	100%	60,000
12		9	2020			4,000	20	16	80%	64,000
15		12	2020			4,000	20	15	75%	60,000
16		13	2020			5,000	20	15	75%	75,000
18		15	2020			3,500	20	12	60%	42,000
25		22	2020			3,500	20	16	80%	56,000
26		23	2020			5,000	20	14	70%	70,000
30		27	202				20	20	100%	76,000
31		28	202				20	19	95%	104,500
33		30	202				20	16	80%	56,000
35		32	202			3,000	20	15	75%	45,000

昇順(S)
降順(O)
色で並べ替え(T)
"セミナー名" からフィルターをクリア(C)
色フィルター(I)
テキスト フィルター(F)
検索
(すべて選択)
イタリア料理応用
イタリア料理基礎
中華料理応用
中華料理基礎
日本料理応用
日本料理基礎
フランス料理応用
フランス料理基礎
OK
キャンセル

☑日本料理基礎

セミナー開
40 レコード中 18 個が見つかりました

⑦条件に合致するレコードが抽出されます。
※2件のレコードが抽出されます。

(2)

①セル【B3】を選択します。
※テーブル内のセルであれば、どこでもかまいません。
②《データ》タブ→《並べ替えとフィルター》グループの（クリア）をクリックします。

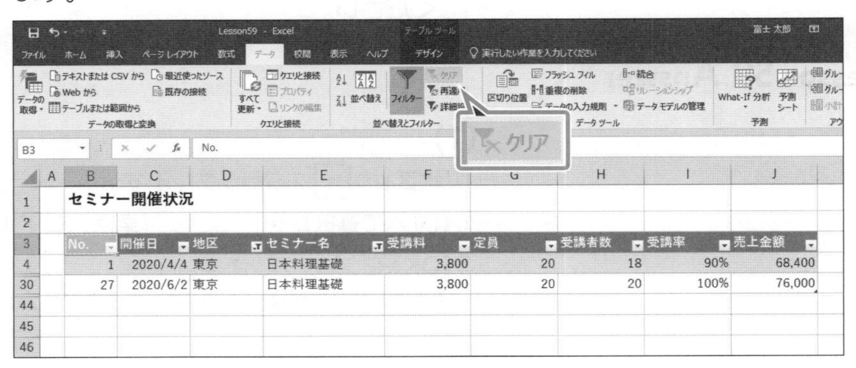

③すべてのフィルターの条件が解除されます。

(3)

①「セミナー名」のをクリックします。
②《テキストフィルター》をポイントし、《指定の値を含む》をクリックします。

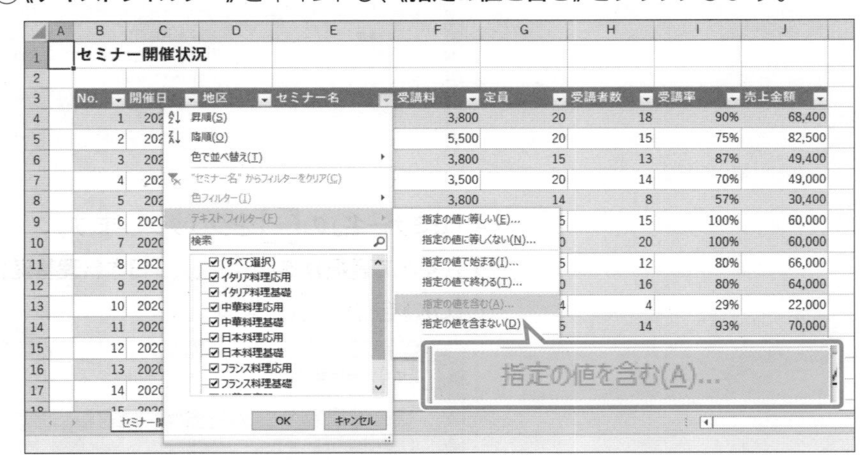

③《オートフィルターオプション》ダイアログボックスが表示されます。
④左上のボックスに「フランス」と入力します。
⑤右上のボックスが《を含む》になっていることを確認します。
⑥《OR》を◉にします。
⑦左下のボックスに「イタリア」と入力します。
⑧右下のボックスのをクリックし、一覧から《を含む》を選択します。
⑨《OK》をクリックします。

Point

《オートフィルターオプション》

❶AND
複数の条件を設定するときに使います。2つの条件の両方を満たす場合に使います。

❷OR
複数の条件を設定するときに使います。2つの条件のうち少なくともどちらか一方を満たす場合に使います。

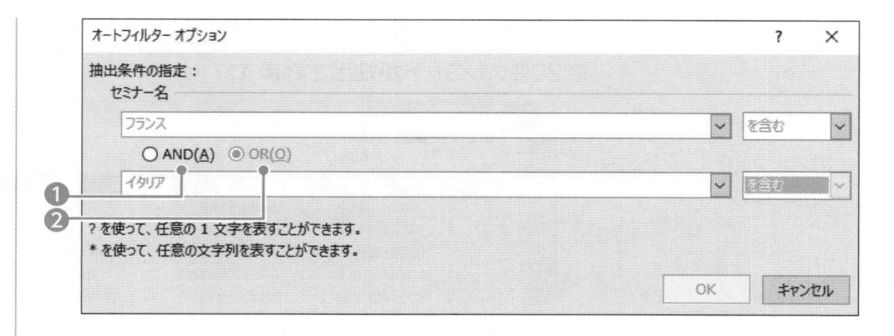

⑩条件に合致するレコードが抽出されます。
※20件のレコードが抽出されます。

セミナー開催状況

行	No.	開催日	地区	セミナー名	受講料	定員	受講者数	受講率	売上金額
9	6	2020/4/11	大阪	フランス料理基礎	4,000	15	15	100%	60,000
10	7	2020/4/11	東京	イタリア料理基礎	3,000	15	20	100%	60,000
12	9	2020/4/12	東京	イタリア料理応用	4,000	20	16	80%	64,000
14	11	2020/4/18	大阪	フランス料理応用	5,000	15	14	93%	70,000
15	12	2020/4/18	東京	フランス料理基礎	4,000	20	15	75%	60,000
16	13	2020/4/19	東京	フランス料理応用	5,000	20	15	75%	75,000
17	14	2020/4/19	大阪	イタリア料理基礎	3,000	15	10	67%	30,000
19	16	2020/4/26	大阪	イタリア料理応用	4,000	15	9	60%	36,000
23	20	2020/5/17	福岡	イタリア料理基礎	3,000	14	7	50%	21,000
27	24	2020/5/24	名古屋	イタリア料理基礎	3,000	18	11	61%	33,000
28	25	2020/5/24	福岡	イタリア料理応用	4,000	14	6	43%	24,000
29	26	2020/5/31	名古屋	イタリア料理応用	4,000	18	11	61%	44,000
34	31	2020/6/7	大阪	イタリア料理基礎	3,000	15	14	93%	42,000
35	32	2020/6/9	東京	イタリア料理基礎	3,000	20	15	75%	45,000
36	33	2020/6/10	東京	イタリア料理応用	4,000	20	14	70%	56,000

セミナー開催状況

※「セミナー名」の［フィルターボタン］→《"セミナー名"からフィルターをクリア》をクリックしておきましょう。

(4)

①**「売上金額」**の［▼］をクリックします。
②**《数値フィルター》**をポイントし、**《指定の値以上》**をクリックします。

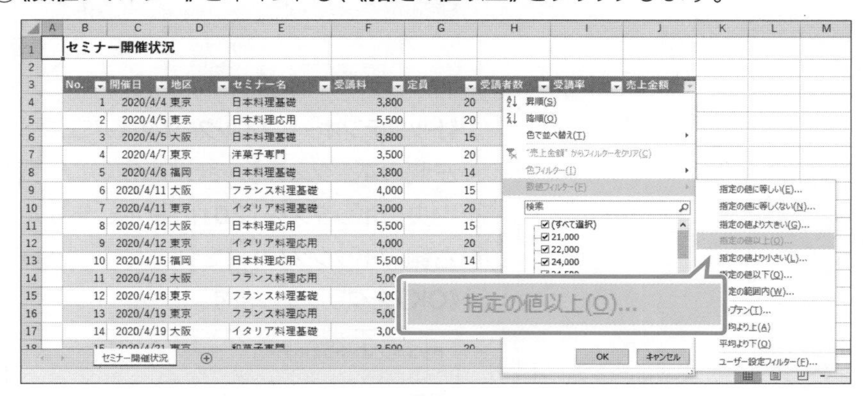

③**《オートフィルターオプション》**ダイアログボックスが表示されます。
④左上のボックスに**「50000」**と入力します。
⑤右上のボックスが**《以上》**になっていることを確認します。
⑥**《OK》**をクリックします。

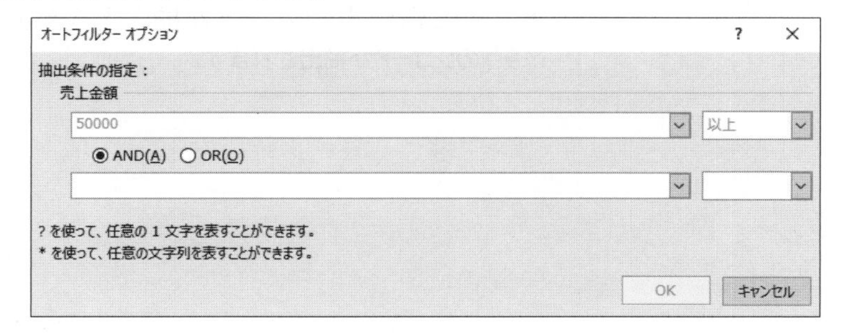

⑦条件に合致するレコードが抽出されます。
※20件のレコードが抽出されます。

	A	B	C	D	E	F	G	H	I	J
1		セミナー開催状況								
2										
3		No.	開催日	地区	セミナー名	受講料	定員	受講者数	受講率	売上金額
4		1	2020/4/4	東京	日本料理基礎	3,800	20	18	90%	68,400
5		2	2020/4/5	東京	日本料理応用	5,500	20	15	75%	82,500
9		6	2020/4/11	大阪	フランス料理基礎	4,000	15	15	100%	60,000
10		7	2020/4/11	東京	イタリア料理基礎	3,000	20	20	100%	60,000
11		8	2020/4/12	大阪	日本料理応用	5,500	15	12	80%	66,000
12		9	2020/4/12	東京	イタリア料理応用	4,000	20	16	80%	64,000
14		11	2020/4/18	大阪	フランス料理応用	5,000	15	14	93%	70,000
15		12	2020/4/18	東京	フランス料理基礎	4,000	20	15	75%	60,000
16		13	2020/4/19	東京	フランス料理応用	5,000	20	15	75%	75,000
24		21	2020/5/19	大阪	中華料理応用	5,000	15	11	73%	55,000
25		22	2020/5/23	東京	中華料理基礎	3,500	20	16	80%	56,000
26		23	2020/5/24	東京	中華料理応用	5,000	20	14	70%	70,000
30		27	2020/6/2	東京	日本料理基礎	3,800	20	20	100%	76,000
31		28	2020/6/3	東京	日本料理応用	5,500	20	19	95%	104,500

セミナー開催状況

40 レコード中 20 個が見つかりました

※「売上金額」の[フィルターボタン]→《"売上金額"からフィルターをクリア》をクリックしておきましょう。

(5)

①**「売上金額」**の[▼]をクリックします。
②**《数値フィルター》**をポイントし、**《トップテン》**をクリックします。

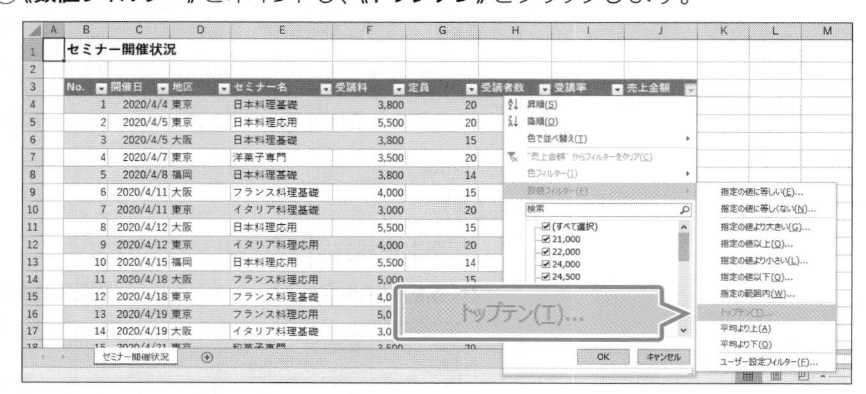

③**《トップテンオートフィルター》**ダイアログボックスが表示されます。
④左側のボックスの[v]をクリックし、一覧から**《上位》**を選択します。
⑤中央のボックスを**「20」**に設定します。
⑥右側のボックスの[v]をクリックし、一覧から**《パーセント》**を選択します。
⑦**《OK》**をクリックします。

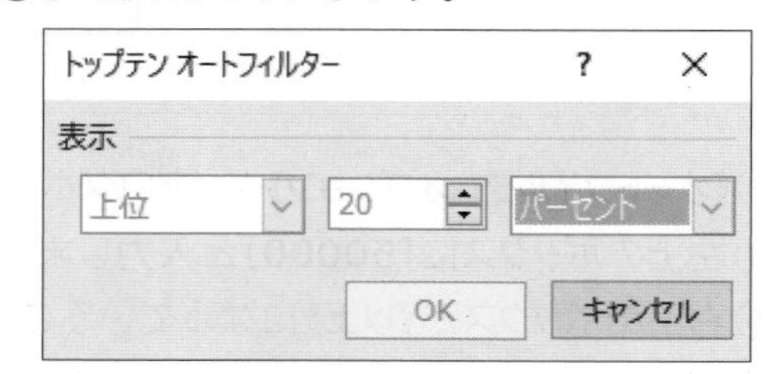

⑧条件に合致するレコードが抽出されます。
※9件のレコードが抽出されます。

	A	B	C	D	E	F	G	H	I	J
1		セミナー開催状況								
2										
3		No.	開催日	地区	セミナー名	受講料	定員	受講者数	受講率	売上金額
5		2	2020/4/5	東京	日本料理応用	5,500	20	15	75%	82,500
14		11	2020/4/18	大阪	フランス料理応用	5,000	15	14	93%	70,000
16		13	2020/4/19	東京	フランス料理応用	5,000	20	15	75%	75,000
26		23	2020/5/24	東京	中華料理応用	5,000	20	14	70%	70,000
30		27	2020/6/2	東京	日本料理基礎	3,800	20	20	100%	76,000
31		28	2020/6/3	東京	日本料理応用	5,500	20	19	95%	104,500
37		34	2020/6/13	大阪	日本料理応用	5,500	15	15	100%	82,500
39		36	2020/6/16	東京	フランス料理基礎	4,000	20	19	95%	76,000
40		37	2020/6/17	東京	フランス料理応用	5,000	20	16	80%	80,000
44										

※「売上金額」の[ボタン]→《"売上金額"からフィルターをクリア》をクリックしておきましょう。

(6)

①**《開催日》**の[▼]をクリックします。

②**《日付フィルター》**をポイントし、**《指定の範囲内》**をクリックします。

③**《オートフィルターオプション》**ダイアログボックスが表示されます。

④左上のボックスに**「2020/5/10」**と入力します。

⑤右上のボックスが**《以降》**になっていることを確認します。

⑥**《AND》**を◉にします。

⑦左下のボックスに**「2020/5/20」**と入力します。

⑧右下のボックスが**《以前》**になっていることを確認します。

⑨**《OK》**をクリックします。

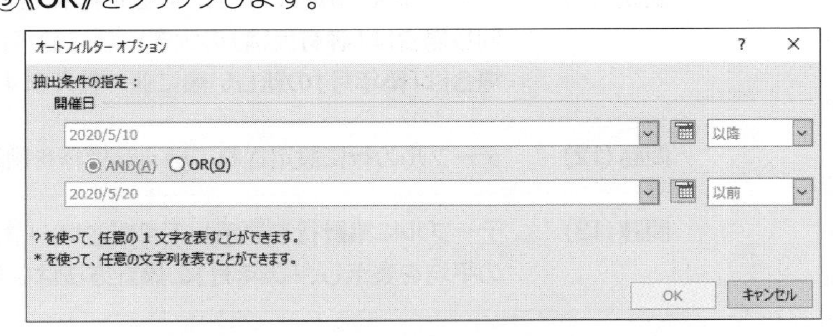

⑩条件に合致するレコードが抽出されます。

※5件のレコードが抽出されます。

	A	B	C	D	E	F	G	H	I	J
1		セミナー開催状況								
2										
3		No.	開催日	地区	セミナー名	受講料	定員	受講者数	受講率	売上金額
20		17	2020/5/10	名古屋	日本料理基礎	3,800	18	8	44%	30,400
21		18	2020/5/12	大阪	中華料理基礎	3,500	18	7	47%	24,500
22		19	2020/5/17	名古屋	日本料理応用	5,500	18	6	33%	33,000
23		20	2020/5/17	福岡	イタリア料理基礎	3,000	14	7	50%	21,000
24		21	2020/5/19	大阪	中華料理応用	5,000	15	11	73%	55,000
44										

Exercise 確認問題

解答 ▶ P.209

Lesson 60

ブック「Lesson60」を開いておきましょう。

次の操作を行いましょう。

	あなたは不動産会社の社員で、新着物件のデータを管理します。
問題(1)	表をテーブルに変換し、テーブルスタイル「緑，テーブルスタイル(中間)14」を適用してください。
問題(2)	間取りが「2LDK」のレコードを抽出してください。
問題(3)	間取りが「2LDK」かつ最寄駅が「代々木上原」のレコードを抽出してください。
問題(4)	間取りが「2LDK」かつ最寄駅が「代々木上原」または「代々木公園」のレコードを抽出してください。抽出後、すべての条件をクリアします。
問題(5)	「価格(万円)」が8000万円以上のレコードを抽出してください。
問題(6)	「価格(万円)」が8000万円以上9000万円以下のレコードを抽出してください。
問題(7)	「価格(万円)」が8000万円以上9000万円以下かつ「専有面積」が80㎡より大きいレコードを抽出してください。抽出後、すべての条件をクリアします。
問題(8)	テーブルを「価格(万円)」の低い順に並べ替えてください。
問題(9)	価格が6000万円のレコードをテーブルから削除してください。テーブル以外には影響がないようにします。
問題(10)	テーブルを「価格(万円)」の低い順に並べ替えてください。「価格(万円)」が同じ場合は「専有面積」の大きい順に並べ替えます。
問題(11)	テーブルを「価格(万円)」の低い順に並べ替えてください。「価格(万円)」が同じ場合は「専有面積」の大きい順に並べ替えます。さらに、「専有面積」が同じ場合は「築年月」の新しい順に並べ替えます。
問題(12)	テーブルの行に設定されている縞模様を削除してください。
問題(13)	テーブルに集計行を表示してください。「物件名」のデータの個数、「価格(万円)」の平均を表示し、「築年月」の集計方法はなしにします。
問題(14)	テーブルをセル範囲に変換してください。書式は変更しないようにします。

出題範囲 4

数式や関数を使用した演算の実行

4-1　参照を追加する …… 147
4-2　データを計算する、加工する …… 155
4-3　文字列を変更する、書式設定する …… 165
確認問題 …… 173

4-1 参照を追加する

理解度チェック

習得すべき機能	参照Lesson	学習前	学習後	試験直前
■相対参照、絶対参照、複合参照を使い分けて、数式を入力できる。	➡Lesson61 ➡Lesson62 ➡Lesson63	☑	☑	☑
■名前付き範囲を使って数式を入力できる。	➡Lesson64	☑	☑	☑
■テーブルの見出しを使って数式を入力できる。	➡Lesson65	☑	☑	☑
■テーブル名を使って数式を入力できる。	➡Lesson66	☑	☑	☑

4-1-1 セルの相対参照、絶対参照、複合参照を追加する

■セルの参照

数式を入力する場合、**「=A1＊A2」**のように、セルを参照して入力するのが一般的です。参照するセルは、同じワークシート内だけでなく、同じブック内の別のワークシートや別のブック内のワークシートでもかまいません。セルの参照形式には、次の3つがあります。それぞれの形式は、数式をコピーしたときに違いがあります。

●相対参照

「相対参照」は、セルの位置を相対的に参照する形式です。数式をコピーすると、セルの参照は自動的に調整されます。

	A	B	C	D	E
1					
2		商品名	定価	掛け率	販売価格
3		スーツ	¥56,000	80%	¥44,800
4		コート	¥75,000	60%	¥45,000
5		シャツ	¥15,000	70%	¥10,500
6					

=C3＊D3
=C4＊D4
=C5＊D5

「C3」や「D3」は相対参照

数式をコピーするとセル番地は自動的に調整

●絶対参照

「絶対参照」は、特定の位置にあるセルを必ず参照する形式です。数式をコピーしても、セルの参照は固定されたままで調整されません。セルを絶対参照にするには、**「$」**を付けます。

	A	B	C	D
1				
2		掛け率	75%	
3				
4		商品名	定価	販売価格
5		スーツ	¥56,000	¥42,000
6		コート	¥75,000	¥56,250
7		シャツ	¥15,000	¥11,250
8				

=C5＊$C$2
=C6＊$C$2
=C7＊$C$2

「$C$2」は絶対参照

数式をコピーしても「$C$2」は固定

●複合参照

「複合参照」は、セルの列と行のどちらか一方を固定し、もう一方を相対的に参照する形式です。数式をコピーすると、列または行の一方が固定されたまま、もう一方のセルの参照は自動的に調整されます。

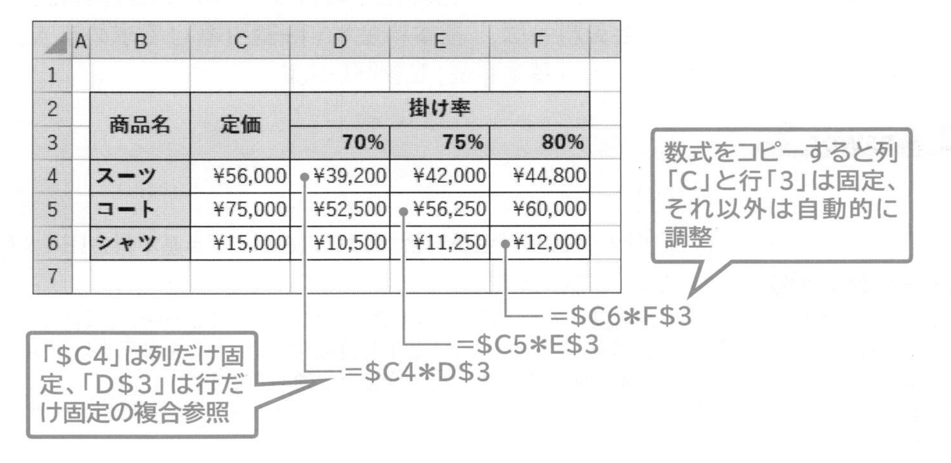

	A	B	C	D	E	F
1						
2		商品名	定価	掛け率		
3				70%	75%	80%
4		スーツ	¥56,000	¥39,200	¥42,000	¥44,800
5		コート	¥75,000	¥52,500	¥56,250	¥60,000
6		シャツ	¥15,000	¥10,500	¥11,250	¥12,000
7						

Lesson 61

ブック「Lesson61」を開いておきましょう。

次の操作を行いましょう。

(1) 会員料金を算出してください。会員料金は、「基本料金×(1−割引率)」で求めます。

Lesson 61 Answer

Point

演算記号

数式で使う演算記号には、次のようなものがあります。

演算記号	計算方法	数式
+(プラス)	加算	=2+3
−(マイナス)	減算	=2−3
*(アスタリスク)	乗算	=2*3
/(スラッシュ)	除算	=2/3
^(キャレット)	べき乗	=2^3

(1)

①セル**【G4】**に**「=F4*(1−E4)」**と入力します。

※「=」を入力後、セルをクリックすると、セル番地が自動的に入力されます。

SUM　=F4*(1-E4)

	A	B	C	D	E	F	G	H	I
1		レンタカー料金							
2									
3		クラス	車種	定員	割引率	基本料金	会員料金	延長料金(1時間単位)	延長料金(1日単位)
4		KK	コンパクトカー	4	20%	8,000	=F4*(1-E4)	800	6,500
5		SD	セダン	5	30%	15,000		1,100	11,000
6		SU	SUV	5	10%	20,000			16,000
7		HV	ハイブリッド	5	20%	16,000			13,000
8		SW	ステーションワゴン	8	10%	21,000			17,000
9									

=F4*(1-E4)

②会員料金が算出されます。

※会員料金の列には、あらかじめ表示形式が設定されています。

③セル**【G4】**を選択し、セル右下の■(フィルハンドル)をダブルクリックします。

④数式がコピーされます。

A1

	A	B	C	D	E	F	G	H	I
1		レンタカー料金							
2									
3		クラス	車種	定員	割引率	基本料金	会員料金	延長料金(1時間単位)	延長料金(1日単位)
4		KK	コンパクトカー	4	20%	8,000	6,400	800	6,500
5		SD	セダン	5	30%	15,000	10,500	1,100	11,000
6		SU	SUV	5	10%	20,000	18,000	2,200	16,000
7		HV	ハイブリッド	5	20%	16,000	12,800	1,600	13,000
8		SW	ステーションワゴン	8	10%	21,000	18,900	2,200	17,000
9									

Lesson 62

ブック「Lesson62」を開いておきましょう。

次の操作を行いましょう。

(1) ワークシート「会員料金」の各コースの列に会員料金を算出してください。
会員料金は、「基本料金×(1−割引率)」で求めます。基本料金は、ワークシート「基本料金」を参照します。

Point

別のワークシートのセル参照

別のワークシートのセルを参照する場合は、数式の入力時にワークシートを切り替えて、参照するセルをクリックして入力します。
別のワークシートのセルを参照すると、次のように表示されます。

ワークシート名!セル番地

Point

$の入力

「$」は直接入力してもかまいませんが、F4 を使うと簡単に入力できます。F4 を連続して押すと、「$B$3」(列行ともに固定)、「B$3」(行だけ固定)、「$B3」(列だけ固定)、「B3」(固定しない)の順番で切り替わります。

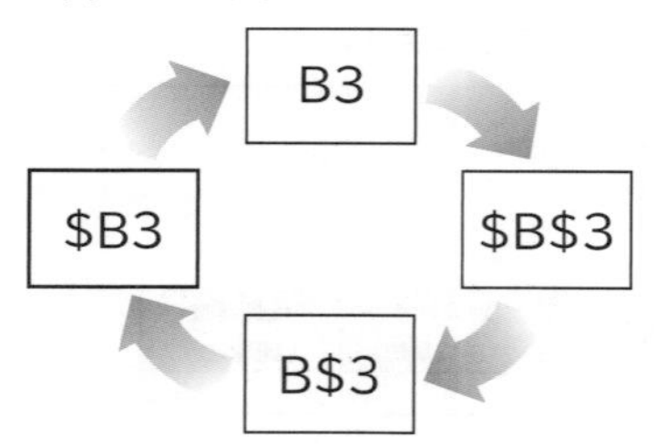

(1)

① ワークシート**「会員料金」**のセル**【E4】**に**「=基本料金!E4*(1−会員料金!$I$1)」**と入力します。

※別のワークシートのセルを参照するには、ワークシートを切り替えてセルをクリックします。
※数式をコピーするため、セル【I1】は常に同じセルを参照するように絶対参照にします。
※絶対参照の指定は、F4 を使うと効率的です。

②会員料金が算出されます。
※各コースの列には、あらかじめ表示形式が設定されています。

③セル**【E4】**を選択し、セル右下の■(フィルハンドル)をダブルクリックします。

④セル範囲**【E4:E8】**を選択し、セル範囲右下の■(フィルハンドル)をセル**【G8】**までドラッグします。

⑤数式がコピーされます。

会員料金　　割引率 20%

クラス	車種	定員	6時間コース	12時間コース	24時間コース	延長料金(1時間単位)	延長料金(1日単位)
KK	コンパクトカー	4	4,800	5,600	6,400	800	6,500
SD	セダン	5	8,000	9,600	12,000	1,100	11,000
SU	SUV	5	11,200	13,600	16,000	2,200	16,000
HV	ハイブリッド	5	9,600	10,400	12,800	1,600	13,000
SW	ステーションワゴン	8	12,000	14,400	16,800	2,200	17,000

※絶対参照にしたセル【I1】が固定されていることを確認しておきましょう。

Lesson 63

ブック「Lesson63」を開いておきましょう。

次の操作を行いましょう。

(1) ワークシート「会員料金」の各コースの列に会員料金を算出してください。
会員料金は、「基本料金×（1−割引率）」で求めます。基本料金は、ワークシート「基本料金」を参照します。

Lesson 63 Answer

(1)

① ワークシート**「会員料金」**のセル**【F4】**に**「=基本料金!E4*(1−会員料金!$E4)」**と入力します。

※別のワークシートのセルを参照するには、ワークシートを切り替えてセルをクリックします。
※数式をコピーするため、E列が常に参照されるように複合参照にします。
※複合参照の指定は、F4 を使うと効率的です。

SUM　=基本料金!E4*(1-会員料金!$E4)

会員料金

クラス	車種	定員	割引率	6時間コース	12時間コース	24時間コース	延長料金（1時間単位）	延長料金（1日単位）
KK	コンパクトカー	4	20%	=基本料金!E4*(1-会員料金!$E4)			800	6,500
SD	セダン	5	30%				1,100	11,000
SU	SUV	5						16,000
HV	ハイブリッド	5						13,000
SW	ステーションワゴン	8						17,000

=基本料金!E4*(1-会員料金!$E4)

基本料金　会員料金

② 会員料金が算出されます。

※各コースの列には、あらかじめ表示形式が設定されています。

③ セル**【F4】**を選択し、セル右下の■（フィルハンドル）をダブルクリックします。

④ セル範囲**【F4：F8】**を選択し、セル範囲右下の■（フィルハンドル）をセル**【H8】**までドラッグします。

⑤ 数式がコピーされます。

会員料金

クラス	車種	定員	割引率	6時間コース	12時間コース	24時間コース	延長料金（1時間単位）	延長料金（1日単位）
KK	コンパクトカー	4	20%	4,800	5,600	6,400	800	6,500
SD	セダン	5	30%	7,000	8,400	10,500	1,100	11,000
SU	SUV	5	10%	12,600	15,300	18,000	2,200	16,000
HV	ハイブリッド	5	20%	9,600	10,400	12,800	1,600	13,000
SW	ステーションワゴン	8	10%	13,500	16,200	18,900	2,200	17,000

基本料金　会員料金

※複合参照にしたE列が固定されていることを確認しておきましょう。

4-1-2 数式の中で名前付き範囲やテーブル名を参照する

解 説

■名前付き範囲の参照

数式の参照先には、セルやセル範囲に定義した**「名前」**を使うことができます。数式で定義された名前を指定すると、その名前の参照範囲を使って計算されます。参照する範囲が広範囲だったり、複数のセル範囲を参照したりする場合は、あらかじめセルやセル範囲に名前を定義しておき、数式に使うと効率的です。名前の参照範囲を変更した場合でも、自動的に再計算されるので数式を変更する必要がありません。

2019 365 ◆《数式》タブ→《定義された名前》グループの 数式で使用▼ (数式で使用)

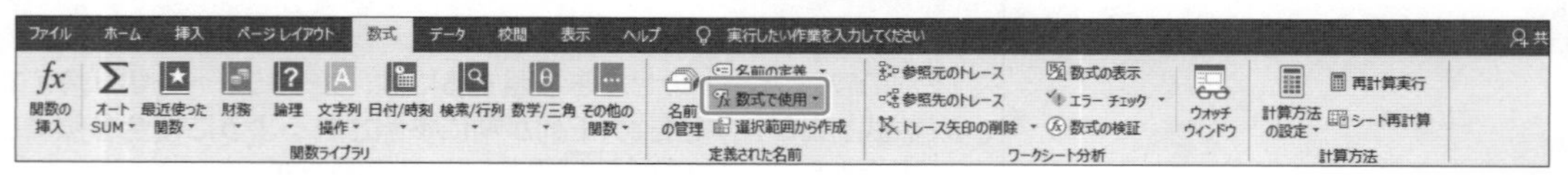

■テーブル名の参照

テーブルを作成すると、テーブル名が自動的に追加され、列は列見出し名で管理されます。数式の参照にテーブルのセルを指定すると、テーブル名と列見出しの組み合わせで表示されます。この組み合わせを**「構造化参照」**といいます。テーブル内の行や列を削除したり追加したりした場合でも、参照範囲が自動的に調整されるので効率的です。数式と同じテーブル内のセルを参照した場合はテーブル名は省略されます。
また、同じワークシート上に作成されたテーブルでも、別のワークシート上に作成されたテーブルでも参照できます。

数式と同じテーブル内を参照する

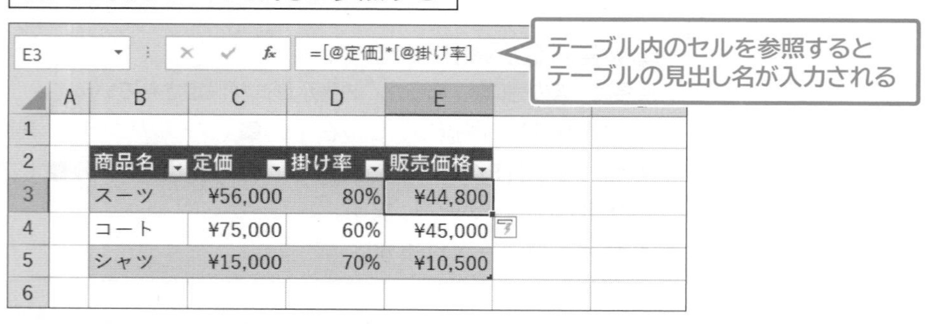

数式と別のテーブル内を参照する

D3　=[@定価]*掛け率テーブル[@掛け率]

別のテーブルのセルを参照するとテーブル名とテーブルの見出し名が入力される

商品名	定価	販売価格
スーツ	¥56,000	¥44,800
コート	¥75,000	¥45,000
シャツ	¥15,000	¥10,500

販売価格　掛け率

商品名	掛け率
スーツ	80%
コート	60%
シャツ	70%

掛け率テーブル

販売価格　掛け率

Lesson 64

 ブック「Lesson64」を開いておきましょう。

次の操作を行いましょう。

(1) 会員料金を算出してください。会員料金は、「基本料金×(1−割引率)」で求めます。セル【H1】には名前「割引率」が定義されています。

Lesson 64 Answer

(1)

①セル**【F4】**に**「=E4*(1−」**と入力します。

②**《数式》**タブ→**《定義された名前》**グループの 数式で使用 (数式で使用)→**《割引率》**をクリックします。

※「割引率」と入力してもかまいません。

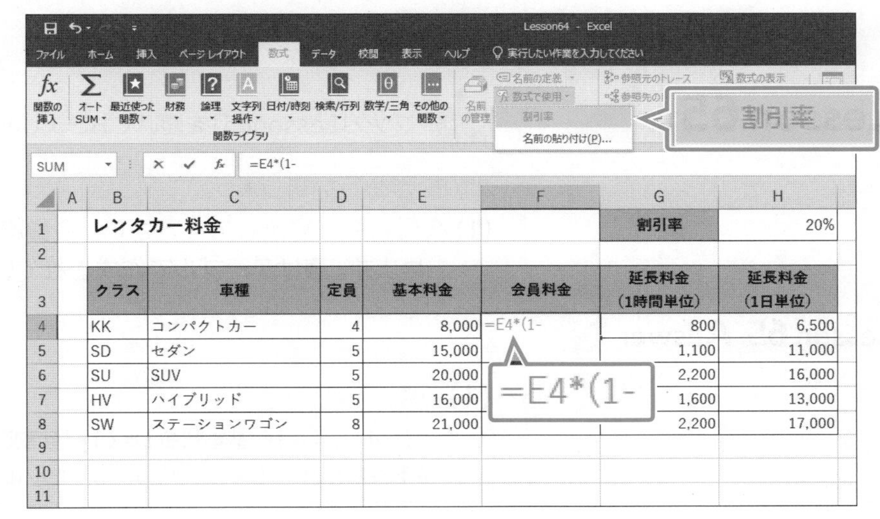

③数式バーに**「=E4*(1−割引率」**と表示されます。

④続けて、**「)」**を入力します。

⑤ Enter を押します。

=E4*(1-割引率)

	B	C	D	E	F	G	H
1	レンタカー料金					割引率	20%
2							
3	クラス	車種	定員	基本料金	会員料金	延長料金(1時間単位)	延長料金(1日単位)
4	KK	コンパクトカー	4	8,000	=E4*(1-割引率)	800	6,500
5	SD	セダン	5	15,000		1,100	11,000
6	SU	SUV	5	20,000		2,200	16,000
7	HV	ハイブリッド	5	16,000		1,600	13,000
8	SW	ステーションワゴン	8	21,000		2,200	17,000

⑥会員料金が算出されます。

※会員料金の列には、あらかじめ表示形式が設定されています。

⑦セル【F4】を選択し、セル右下の■（フィルハンドル）をダブルクリックします。

⑧数式がコピーされます。

A1

	A	B	C	D	E	F	G	H
1		レンタカー料金					割引率	20%
2								
3		クラス	車種	定員	基本料金	会員料金	延長料金（1時間単位）	延長料金（1日単位）
4		KK	コンパクトカー	4	8,000	6,400	800	6,500
5		SD	セダン	5	15,000	12,000	1,100	11,000
6		SU	SUV	5	20,000	16,000	2,200	16,000
7		HV	ハイブリッド	5	16,000	12,800	1,600	13,000
8		SW	ステーションワゴン	8	21,000	16,800	2,200	17,000
9								
10								
11								

Point

名前付き範囲を指定した数式のコピー

数式内の名前付き範囲は、数式をコピーすると、絶対参照と同様にセル番地は固定されたままで調整されません。

Lesson 65

ブック「Lesson65」を開いておきましょう。

次の操作を行いましょう。

(1) 会員料金を算出してください。会員料金は、「基本料金×（1−割引率）」で求めます。表はテーブルで作成されています。

Lesson 65 Answer

(1)

①セル【G4】に「=[@基本料金]*(1-[@割引率])」と入力します。

※[@基本料金]はセル【F4】、[@割引率]はセル【E4】をクリックして指定します。

G4　=[@基本料金]*(1-[@割引率])

	A	B	C	D	E	F	G	H	I
1		レンタカー料金							
2									
3		クラス	車種	定員	割引率	基本料金	会員料金	延長料金（1時間単位）	延長料金（1日単位）
4		KK	コンパクトカー	4	20%	8,000	=[@基本料金]*(1-[@割引率])		6,500
5		SD	セダン	5	30%	15,000			11,000
6		SU	SUV	5	1				
7		HV	ハイブリッド	5	2				
8		SW	ステーションワゴン	8	1				
9									
10									
11									

=[@基本料金]*(1-[@割引率])

②会員料金が算出されます。

※会員料金の列には、あらかじめ表示形式が設定されています。

③セル範囲【G5:G8】にも数式がコピーされていることを確認します。

※テーブル内のセルに数式を入力すると、自動的にその列全体に数式がコピーされ、セルの参照が調整されます。

G5　=[@基本料金]*(1-[@割引率])

	A	B	C	D	E	F	G	H	I
1		レンタカー料金							
2									
3		クラス	車種	定員	割引率	基本料金	会員料金	延長料金（1時間単位）	延長料金（1日単位）
4		KK	コンパクトカー	4	20%	8,000	6,400	800	6,500
5		SD	セダン	5	30%	15,000	10,500	1,100	11,000
6		SU	SUV	5	10%	20,000	18,000	2,200	16,000
7		HV	ハイブリッド	5	20%	16,000	12,800	1,600	13,000
8		SW	ステーションワゴン	8	10%	21,000	18,900	2,200	17,000
9									
10									
11									

Lesson 66

ブック「Lesson66」を開いておきましょう。

次の操作を行いましょう。

(1) 会員料金を算出してください。会員料金は、「基本料金×(1−割引率)」で求めます。割引率は、ワークシート「割引率」のテーブル「割引テーブル」を参照します。表はテーブルで作成されています。

Lesson 66 Answer

(1)

①ワークシート**「レンタカー料金」**のセル**【F4】**に**「=[@基本料金]*(1-」**と入力します。

※[@基本料金]はセル【E4】をクリックして指定します

F4　=[@基本料金]*(1-

レンタカー料金

クラス	車種	定員	基本料金	会員料金	延長料金(1時間単位)	延長料金(1日単位)
KK	コンパクトカー	4	8,000	=[@基本料金]*(1-		6,500
SD	セダン	5	15,000		1,100	11,000
SU	SUV	5	20,0			16,000
HV	ハイブリッド	5	16,0			13,000
SW	ステーションワゴン	8	21,0			17,000

=[@基本料金]*(1-

レンタカー料金　割引率

②ワークシート**「割引率」**のセル**【D4】**をクリックします。

③続けて**「)」**を入力します。

④数式バーに**「=[@基本料金]*(1-割引テーブル[@割引率])」**と表示されます。

⑤ Enter を押します。

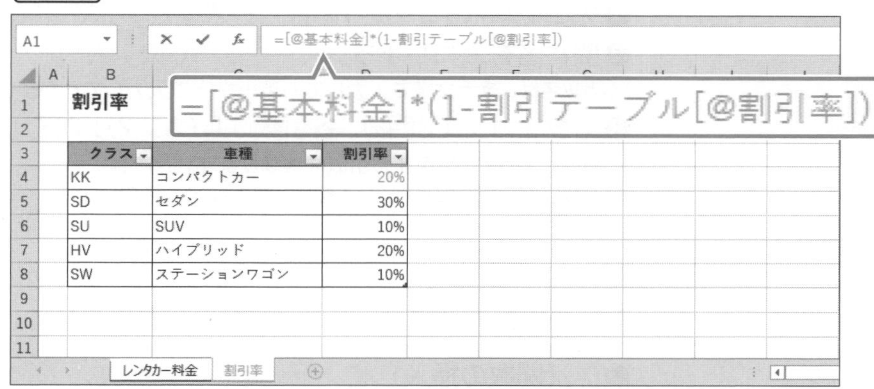
A1　=[@基本料金]*(1-割引テーブル[@割引率])

=[@基本料金]*(1-割引テーブル[@割引率])

割引率

クラス	車種	割引率
KK	コンパクトカー	20%
SD	セダン	30%
SU	SUV	10%
HV	ハイブリッド	20%
SW	ステーションワゴン	10%

レンタカー料金　割引率

⑥会員料金が算出されます。

※会員料金の列には、あらかじめ表示形式が設定されています。

⑦セル範囲**【F5:F8】**にも数式がコピーされていることを確認します。

※テーブル内のセルに数式を入力すると、自動的にその列全体に数式がコピーされ、セルの参照が調整されます。

F5　=[@基本料金]*(1-割引テーブル[@割引率])

レンタカー料金

クラス	車種	定員	基本料金	会員料金	延長料金(1時間単位)	延長料金(1日単位)
KK	コンパクトカー	4	8,000	6,400	800	6,500
SD	セダン	5	15,000	10,500	1,100	11,000
SU	SUV	5	20,000	18,000	2,200	16,000
HV	ハイブリッド	5	16,000	12,800	1,600	13,000
SW	ステーションワゴン	8	21,000	18,900	2,200	17,000

4-2 データを計算する、加工する

理解度チェック

習得すべき機能	参照Lesson	学習前	学習後	試験直前
■SUM関数を使うことができる。	➡Lesson67	☑	☑	☑
■AVERAGE関数を使うことができる。	➡Lesson68	☑	☑	☑
■MAX関数、MIN関数を使うことができる。	➡Lesson69	☑	☑	☑
■COUNT関数、COUNTA関数、COUNTBLANK関数を使うことができる。	➡Lesson70	☑	☑	☑
■IF関数を使って、条件に合った結果を表示することができる。	➡Lesson71	☑	☑	☑

4-2-1 SUM、AVERAGE、MAX、MIN関数を使用して計算を行う

解説

■関数

「関数」とは、あらかじめ定義されている計算方法です。数式に関数を利用すると、引数を指定するだけで簡単に計算を行うことができます。

> **＝関数名（引数1，引数2，・・・）**
> ❶ ❷ ❸

❶先頭に**「＝（イコール）」**を入力します。

❷関数名を入力します。

※関数名は、英大文字で入力しても英小文字で入力してもかまいません。

❸引数をカッコで囲み、各引数は**「,（カンマ）」**で区切ります。

※関数によって、指定する引数は異なります。

※引数には、対象のセル、セル範囲、数値などを指定します。

■関数の入力

関数の入力方法には、次のようなものがあります。

● fx（関数の挿入）

ダイアログボックス上で関数や引数の説明を確認しながら、数式を入力できます。

2019 365 ◆数式バーの fx（関数の挿入）

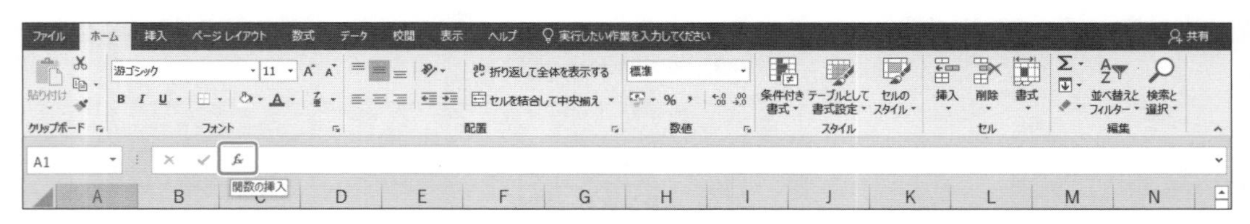

● Σ (合計)

「合計」「平均」「数値の個数」「最大値」「最小値」の関数を入力できます。関数名やカッコが自動的に入力され、引数も簡単に指定できます。

2019 365 ◆《ホーム》タブ→《編集》グループの Σ (合計)

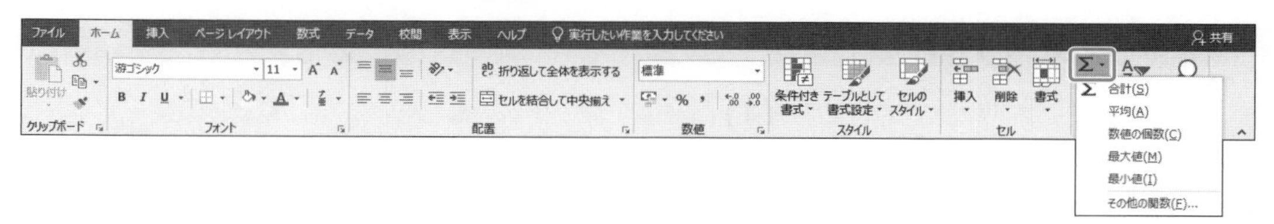

● **《数式》タブの《関数ライブラリ》グループ**

関数の分類ごとにボタンが用意されています。ボタンをクリックすると、一覧から関数を選択できます。

2019 365 ◆《数式》タブの《関数ライブラリ》グループ

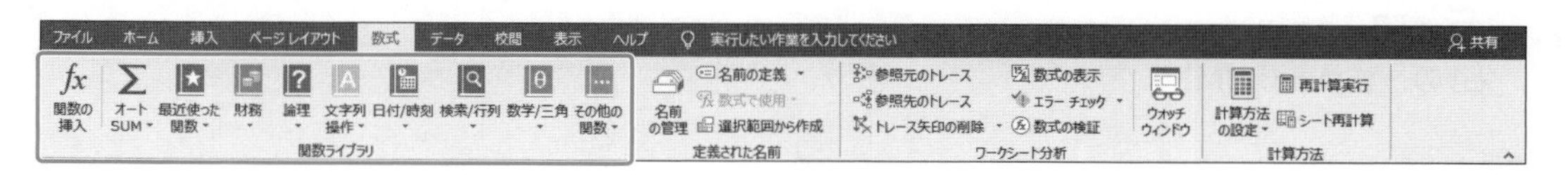

● **関数の直接入力**

セルに関数を直接入力できます。引数に何を指定すればよいかわかっている場合には、直接入力した方が効率的な場合があります。

■SUM関数

指定した範囲内にある数値の合計を求めることができます。

＝SUM(数値1, 数値2, ・・・)

※引数には、合計する対象のセルやセル範囲などを指定します。

■AVERAGE関数

指定した範囲内にある数値の平均値を求めることができます。

＝AVERAGE(数値1, 数値2, ・・・)

※引数には、平均する対象のセルやセル範囲などを指定します。

■MAX関数

指定した範囲内にある数値の最大値を求めることができます。

＝MAX(数値1, 数値2, ・・・)

※引数には、対象のセルやセル範囲などを指定します。

■MIN関数

指定した範囲内にある数値の最小値を求めることができます。

＝MIN(数値1, 数値2, ・・・)

※引数には、対象のセルやセル範囲などを指定します。

Lesson 67

ブック「Lesson67」を開いておきましょう。

次の操作を行いましょう。

(1) 関数を使って、受験者ごとの合計点を算出してください。

Lesson 67 Answer

(1)

①セル【I4】を選択します。

②《ホーム》タブ→《編集》グループの[Σ]（合計）をクリックします。

③数式バーに「=SUM(E4:H4)」と表示されます。

④ Enter を押します。

※[Σ]（合計）を再度クリックして確定することもできます。

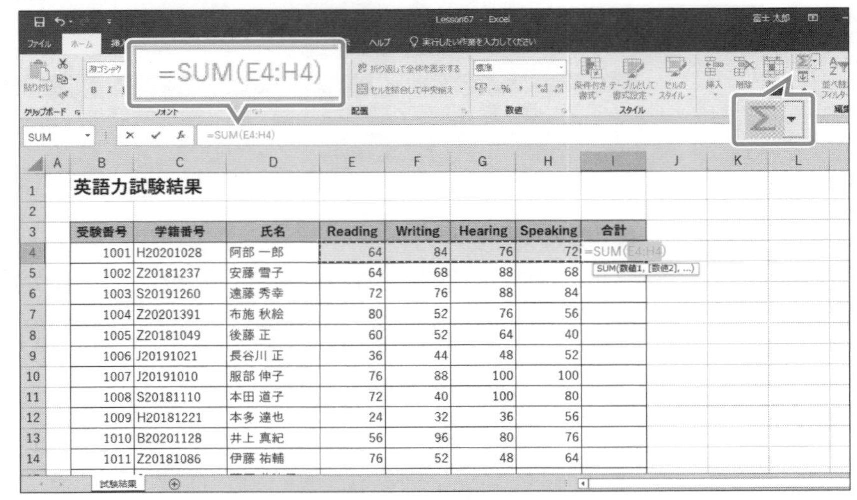

⑤合計点が算出されます。

⑥セル【I4】を選択し、セル右下の■（フィルハンドル）をダブルクリックします。

⑦数式がコピーされます。

英語力試験結果

受験番号	学籍番号	氏名	Reading	Writing	Hearing	Speaking	合計
1001	H20201028	阿部 一郎	64	84	76	72	296
1002	Z20181237	安藤 雪子	64	68	88	68	288
1003	S20191260	遠藤 秀幸	72	76	88	84	320
1004	Z20201391	布施 秋絵	80	52	76	56	264
1005	Z20181049	後藤 正	60	52	64	40	216
1006	J20191021	長谷川 正	36	44	48	52	180
1007	J20191010	服部 伸子	76	88	100	100	364
1008	S20181110	本田 道子	72	40	100	80	292
1009	H20181221	本多 達也	24	32	36	56	148
1010	B20201128	井上 真紀	56	96	80	76	308
1011	Z20181086	伊藤 祐輔	76	52	48	64	240

試験結果

その他の方法

SUM関数の入力

2019　365

◆《数式》タブ→《関数ライブラリ》グループの[Σ]（合計）

◆[fx]（関数の挿入）→《関数の分類》の[∨]→《数学/三角》→《関数名》の一覧から《SUM》

Point

引数の自動認識

[Σ]（合計）を使ってSUM関数を入力すると、セルの上側または左側の数値が引数として自動的に認識されます。

Point

縦横の合計

表の縦方向と横方向の両方向でまとめて合計を求めるには、データと合計値を求めるセルを含めて範囲選択し、[Σ]（合計）をクリックします。

Point

離れたセルの合計

離れたセルを合計する場合は、1つ目のセルを選択したあとに、Ctrl を押しながら2つ目以降のセルを選択します。

Lesson 68

ブック「Lesson68」を開いておきましょう。

次の操作を行いましょう。

(1) 関数を使って、科目ごとの平均点を算出してください。小数点以下1桁まで表示します。

Lesson 68 Answer

その他の方法

AVERAGE関数の入力

2019 365

◆《数式》タブ→《関数ライブラリ》グループの（合計）の→《平均》

◆（関数の挿入）→《関数の分類》の→《統計》→《関数名》の一覧から《AVERAGE》

(1)

①セル【**E3**】を選択します。

②《**ホーム**》タブ→《**編集**》グループの（合計）の→《**平均**》をクリックします。

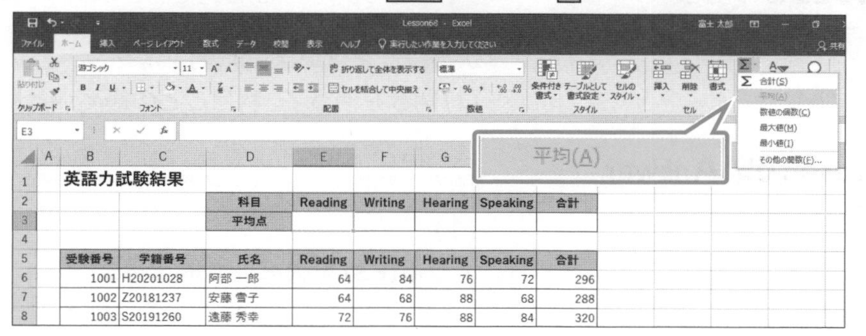

	A	B	C	D	E	F	G	H
1		英語力試験結果						
2				科目	Reading	Writing	Hearing	Speaking	合計
3				平均点					
4									
5		受験番号	学籍番号	氏名	Reading	Writing	Hearing	Speaking	合計
6		1001	H20201028	阿部 一郎	64	84	76	72	296
7		1002	Z20181237	安藤 雪子	64	68	88	68	288
8		1003	S20191260	遠藤 秀幸	72	76	88	84	320

③セル範囲【**E6：E50**】を選択します。

※セル【E6】を選択し、Shift＋Ctrl＋↓を押すと効率的です。

④数式バーに「**＝AVERAGE(E6：E50)**」と表示されます。

⑤Enterを押します。

E6 =AVERAGE(E6:E50)

=AVERAGE(E6:E50)

	A	B	C	D	E	F	G	H	I
40		1035	Z20171022	佐藤 圭子	48	52	72	72	244
41		1036	B20181056	進藤 ゆかり	AVERAGE(数値1, [数値2], ...)		60	76	288
42		1037	H20191153	高橋 久美	32	27	24	40	123
43		1038	I20191156	田村 和寿	56	68	36	72	232
44		1039	K20171018	手塚 香	60	72	48	64	244
45		1040	H20181098	戸田 文夫	72	100	68	84	324
46		1041	B20201048	上田 浩二	76	72	68	80	296
47		1042	N20191051	和田 幸二	64	44	28	52	188
48		1043	B20171156	渡部 勇	36	44	16	48	144
49		1044	I20201043	山本 あい	68	56	88	84	296
50		1045	B20171060	湯来 京香	64	76	72	84	296
51									

⑥平均点が算出されます。

⑦セル【**E3**】を選択し、セル右下の■（フィルハンドル）をセル【**I3**】までドラッグします。

⑧数式がコピーされます。

⑨セル範囲【**E3：I3**】が選択されていることを確認します。

⑩《**ホーム**》タブ→《**数値**》グループの（小数点以下の表示桁数を減らす）を小数点以下1桁になるまでクリックします。

※お使いの環境によって、表示される小数点以下の桁数が異なる場合があります。

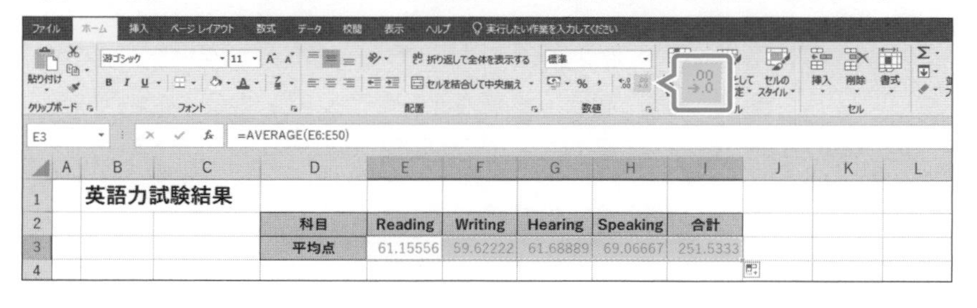

E3 =AVERAGE(E6:E50)

	A	B	C	D	E	F	G	H	I
1		英語力試験結果							
2				科目	Reading	Writing	Hearing	Speaking	合計
3				平均点	61.15556	59.62222	61.68889	69.06667	251.5333
4									

⑪平均点が小数点以下1桁まで表示されます。

	A	B	C	D	E	F	G	H	I	J
1		英語力試験結果								
2				科目	Reading	Writing	Hearing	Speaking	合計	
3				平均点	61.2	59.6	61.7	69.1	251.5	
4										
5		受験番号	学籍番号	氏名	Reading	Writing	Hearing	Speaking	合計	
6		1001	H20201028	阿部 一郎	64	84	76	72	296	
7		1002	Z20181237	安藤 雪子	64	68	88	68	288	
8		1003	S20191260	遠藤 秀幸	72	76	88	84	320	
9		1004	Z20201391	布施 秋絵	80	52	76	56	264	
10		1005	Z20181049	後藤 正	60	52	64	40	216	

Lesson 69

ブック「Lesson69」を開いておきましょう。

次の操作を行いましょう。

(1)関数を使って、科目ごとの最高点と最低点を算出してください。

Lesson 69 Answer

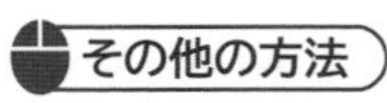

その他の方法

MAX関数の入力

2019 365

◆《数式》タブ→《関数ライブラリ》グループの(合計)の→《最大値》

◆(関数の挿入)→《関数の分類》の→《統計》→《関数名》の一覧から《MAX》

(1)

①セル**【E3】**を選択します。

②**《ホーム》**タブ→**《編集》**グループの(合計)の→**《最大値》**をクリックします。

③セル範囲**【E7:E51】**を選択します。

※セル【E7】を選択し、Shift+Ctrl+↓を押すと効率的です。

④数式バーに**「=MAX(E7:E51)」**と表示されます。

⑤Enterを押します。

=MAX(E7:E51)

	A	B	C	D	E	F	G	H	I	J
1		英語力試験結果								
2				科目	Reading	Writing	Hearing	Speaking	合計	
3				最高点	=MAX(E7:E51)					
4				最低点	MAX(数値1, [数値2], ...)					
5										
6		受験番号	学籍番号	氏名	Reading	Writing	Hearing	Speaking	合計	
7		1001	H20201028	阿部 一郎	64	84	76	72	296	
8		1002	Z20181237	安藤 雪子	64	68	88	68	288	
9		1003	S20191260	遠藤 秀幸	72	76	88	84	320	
10		1004	Z20201391	布施 秋絵	80	52	76	56	264	
11		1005	Z20181049	後藤 正	60	52	64	40	216	
12		1006	J20191021	長谷川 正	36	44	48	52	180	
13		1007	J20191010	服部 伸子	76	88	100	100	364	
14		1008	S20181110	本田 道子	72	40	100	80	292	

その他の方法

MIN関数の入力

2019 365

◆《数式》タブ→《関数ライブラリ》グループの Σ (合計)の オートSUM →《最小値》

◆ fx (関数の挿入)→《関数の分類》の ⌄ →《統計》→《関数名》の一覧から《MIN》

⑥最高点が算出されます。

⑦セル【**E4**】を選択します。

⑧《**ホーム**》タブ→《**編集**》グループの Σ (合計)の ⌄ →《**最小値**》をクリックします。

最小値(I)

	A	B	C	D	E	F	G	H	I
1		英語力試験結果							
2				科目	Reading	Writing	Hearing	Speaking	合計
3				最高点	96				
4				最低点					
5									
6		受験番号	学籍番号	氏名	Reading	Writing	Hearing	Speaking	合計
7		1001	H20201028	阿部 一郎	64	84	76	72	296
8		1002	Z20181237	安藤 雪子	64	68	88	68	288
9		1003	S20191260	遠藤 秀幸	72	76	88	84	320
10		1004	Z20201391	布施 秋絵	80	52	76	56	264
11		1005	Z20181049	後藤 正	60	52	64	40	216
12		1006	J20191021	長谷川 正	36	44	48	52	180
13		1007	J20191010	服部 伸子	76	88	100	100	364
14		1008	S20181110	本田 道子	72	40	100	80	292

⑨セル範囲【**E7：E51**】を選択します。

※セル【E7】を選択し、Shift＋Ctrl＋↓を押すと効率的です。

⑩数式バーに「**=MIN(E7：E51)**」と表示されます。

⑪ Enter を押します。

=MIN(E7:E51)

	A	B	C	D	E	F	G	H	I
1		英語力試験結果							
2				科目	Reading	Writing	Hearing	Speaking	合計
3				最高点	96				
4				最低点	=MIN(E7:E51)				
5					MIN(数値1, [数値2], ...)				
6		受験番号	学籍番号	氏名	Reading	Writing	Hearing	Speaking	合計
7		1001	H20201028	阿部 一郎	64	84	76	72	296
8		1002	Z20181237	安藤 雪子	64	68	88	68	288
9		1003	S20191260	遠藤 秀幸	72	76	88	84	320
10		1004	Z20201391	布施 秋絵	80	52	76	56	264
11		1005	Z20181049	後藤 正	60	52	64	40	216
12		1006	J20191021	長谷川 正	36	44	48	52	180
13		1007	J20191010	服部 伸子	76	88	100	100	364
14		1008	S20181110	本田 道子	72	40	100	80	292

⑫最低点が算出されます。

⑬セル範囲【**E3：E4**】を選択し、セル範囲右下の■(フィルハンドル)をセル【**I4**】までドラッグします。

⑭数式がコピーされます。

	A	B	C	D	E	F	G	H	I
1		英語力試験結果							
2				科目	Reading	Writing	Hearing	Speaking	合計
3				最高点	96	100	100	100	364
4				最低点	24	8	4	12	48
5									
6		受験番号	学籍番号	氏名	Reading	Writing	Hearing	Speaking	合計
7		1001	H20201028	阿部 一郎	64	84	76	72	296
8		1002	Z20181237	安藤 雪子	64	68	88	68	288
9		1003	S20191260	遠藤 秀幸	72	76	88	84	320
10		1004	Z20201391	布施 秋絵	80	52	76	56	264
11		1005	Z20181049	後藤 正	60	52	64	40	216
12		1006	J20191021	長谷川 正	36	44	48	52	180
13		1007	J20191010	服部 伸子	76	88	100	100	364
14		1008	S20181110	本田 道子	72	40	100	80	292

4-2-2 COUNT、COUNTA、COUNTBLANK関数を使用してセルの数を数える

解説

■COUNT関数

指定した範囲内にある数値データの個数を求めることができます。

=COUNT(値1, 値2, ・・・)

※引数には、対象のセルやセル範囲などを指定します。

■COUNTA関数

指定した範囲内にあるデータの個数を求めることができます。

=COUNTA(値1, 値2, ・・・)

※数値や文字列など、データの種類に関係なく個数を求めます。
※引数には、対象のセルやセル範囲などを指定します。

■COUNTBLANK関数

指定した範囲内のデータが入力されていないセルの個数を求めることができます。

=COUNTBLANK(範囲)

※引数には、対象のセルやセル範囲などを指定します。

Lesson 70

ブック「Lesson70」を開いておきましょう。

次の操作を行いましょう。

(1) 関数を使って、生徒数を算出してください。生徒数は学籍番号のデータの個数をカウントします。

(2) 関数を使って、科目ごとの受験者数と未受験者数を表の下に算出してください。受験者数は点数のデータの個数をカウントします。未受験者数は点数が入力されていないセルの個数をカウントします。

Lesson 70 Answer

Point

関数の直接入力

「=」に続けて英字を入力すると、その英字で始まる関数名が一覧で表示されます。一覧の関数名をクリックすると、ポップヒントに関数の説明が表示されます。一覧の関数名をダブルクリックすると関数を入力できます。

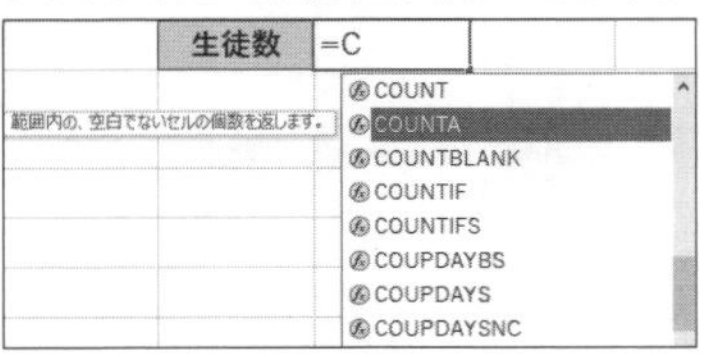

その他の方法

COUNTA関数の入力

2019 365

◆《数式》タブ→《関数ライブラリ》グループの (その他の関数)→《統計》→《COUNTA》

(1)

①セル【I2】に「=COUNTA(C5:C49)」と入力します。

=COUNTA(C5:C49)

	A	B	C	D	E	F	G	H	I
1		英語力試験結果							
2								生徒数	=COUNTA(C5:C49)
3									
4		受験番号	学籍番号	氏名	Reading	Writing	Hearing		
5		1001	H20201028	阿部 一郎	64	84	76		
6		1002	Z20181237	安藤 雪子	64	68	88		
7		1003	S20191260	遠藤 秀幸		76	88	84	248

②生徒数が算出されます。

	A	B	C	D	E	F	G	H	I
1		英語力試験結果							
2								生徒数	45
3									
4		受験番号	学籍番号	氏名	Reading	Writing	Hearing	Speaking	合計
5		1001	H20201028	阿部 一郎	64	84	76	72	296
6		1002	Z20181237	安藤 雪子	64	68	88	68	288
7		1003	S20191260	遠藤 秀幸		76	88	84	248
8		1004	Z20201391	布施 秋絵	80	52	76	56	264
9		1005	Z20181049	後藤 正	60	52	64	40	216

(2)

①セル【E50】を選択します。

②《ホーム》タブ→《編集》グループの[Σ▾](合計)の[▾]→《数値の個数》をクリックします。

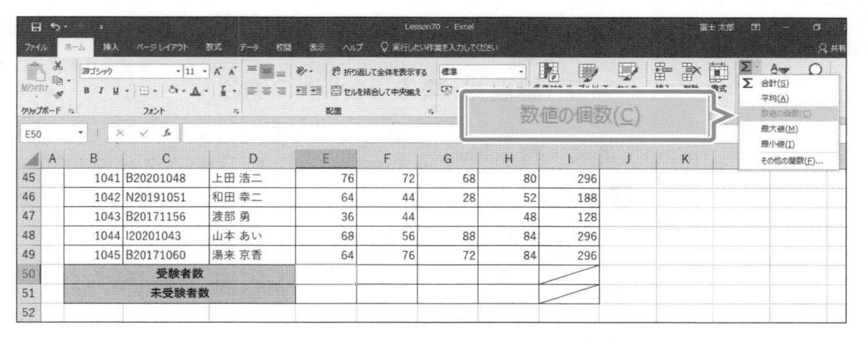

	A	B	C	D	E	F	G	H	I	J	K
45		1041	B20201048	上田 浩二	76	72	68	80	296		
46		1042	N20191051	和田 幸二	64	44	28	52	188		
47		1043	B20171156	渡部 勇	36	44		48	128		
48		1044	I20201043	山本 あい	68	56	88	84	296		
49		1045	B20171060	湯来 京香	64	76	72	84	296		
50		受験者数									
51		未受験者数									
52											

その他の方法

COUNT関数の入力

2019 365

◆《数式》タブ→《関数ライブラリ》グループの[Σ](合計)の[オートSUM▾]→《数値の個数》

◆[fx](関数の挿入)→《関数の分類》の[▾]→《統計》→《関数名》の一覧から《COUNT》

③セル範囲【E5:E49】を選択します。

④数式バーに「=COUNT(E5:E49)」と表示されます。

⑤[Enter]を押します。

	A	B	C	D	E	F	G	H	I	J
45		1041	B20201048	上田 浩二	76	72	68	80	296	
46		1042	N20191051	和田 幸二	64	44	28	52	188	
47		1043	B20171156	渡部 勇	36	44		48	128	
48		1044	I20201043	山本 あい	68	56	88	84	296	
49		1045	B20171060	湯来 京香	64	76	72	84	296	
50		受験者数			=COUNT(E5:E49)					
51		未受験者数								
52										

⑥「Reading」の受験者数が算出されます。

⑦セル【E51】に「=COUNTBLANK(E5:E49)」と入力します。

その他の方法

COUNTBLANK関数の入力

2019 365

◆《数式》タブ→《関数ライブラリ》グループの[その他の関数▾](その他の関数)→《統計》→《COUNTBLANK》

◆[fx](関数の挿入)→《関数の分類》の[▾]→《統計》→《関数名》の一覧から《COUNTBLANK》

E5 =COUNTBLANK(E5:E49)

	A	B	C	D	E	F	G	H	I	J
45		1041	B20201048	上田 浩二	76	72	68	80	296	
46		1042	N20191051	和田 幸二	64	44	28	52	188	
47		1043	B20171156	渡部 勇	36					
48		1044	I20201043	山本 あい	68					
49		1045	B20171060	湯来 京香	64					
50		受験者数			41					
51		未受験者数			=COUNTBLANK(E5:E49)					
52					COUNTBLANK(範囲)					

=COUNTBLANK(E5:E49)

⑧「Reading」の未受験者数が算出されます。

⑨セル範囲【E50:E51】を選択し、セル範囲右下の■(フィルハンドル)をセル【H51】までドラッグします。

⑩数式がコピーされます。

	A	B	C	D	E	F	G	H	I	J
45		1041	B20201048	上田 浩二	76	72	68	80	296	
46		1042	N20191051	和田 幸二	64	44	28	52	188	
47		1043	B20171156	渡部 勇	36	44		48	128	
48		1044	I20201043	山本 あい	68	56	88	84	296	
49		1045	B20171060	湯来 京香	64	76	72	84	296	
50		受験者数			41	41	40	43		
51		未受験者数			4	4	5	2		
52										

4-2-3 IF関数を使用して条件付きの計算を実行する

■IF関数

指定した条件を満たしている場合と満たしていない場合の結果を表示できます。

＝IF（論理式, 真の場合, 偽の場合）
❶ ❷ ❸

❶論理式

判断の基準となる数式を指定します。

❷真の場合

論理式の結果が真（TRUE）の場合の処理を指定します。

❸偽の場合

論理式の結果が偽（FALSE）の場合の処理を指定します。

例：
=IF（E3=100,"○","×"）

セル**【E3】**が**「100」**であれば**「○」**、そうでなければ**「×」**を表示します。
※引数に文字列を指定する場合、文字列の前後に「"（ダブルクォーテーション）」を入力します。

F3　=IF(E3=100,"○","×")

	A	B	C	D	E	F
1						
2		氏名	筆記	実技	点数	判定
3		阿部 一郎	50	50	100	○
4		安藤 雪子	45	50	95	×
5		遠藤 秀幸	50	40	90	×
6						

■論理式

IF関数の論理式は、次のような演算子を使って数式を指定します。

演算子	例	意味
=	A=B	AとBが等しい
<>	A<>B	AとBが等しくない
>=	A>=B	AがB以上
<=	A<=B	AがB以下
>	A>B	AがBより大きい
<	A<B	AがBより小さい

Lesson 71

ブック「Lesson71」を開いておきましょう。

何も表示しない場合は、「"(ダブルクォーテーション)」を2回続けて「""」のように指定します。

次の操作を行いましょう。

(1) 関数を使って、判定の列に合計が280以上であれば「合格」を表示し、そうでなければ何も表示しないでください。

Lesson 71 Answer

その他の方法

IF関数の入力

2019 365

◆《数式》タブ→《関数ライブラリ》グループの (論理)→《IF》

◆ (関数の挿入)→《関数の分類》の →《論理》→《関数名》の一覧から《IF》

(1)

①セル【J4】に「**=IF(I4>=280,"合格","")**」と入力します。

I4　=IF(I4>=280,"合格","")

	A	B	C	D	E	F	G	H	I	J	K	L
1		英語力試験結果										
2												
3		受験番号	学籍番号	氏名	Reading	Writing	Hearing	Speaking	合計	判定		
4		1001	H20201028	阿部 一郎	64	84	76	72	=IF(I4>=280,"合格","")			
5		1002	Z20181237	安藤 雪子	64	68	88	68				
6		1003	S20191260	遠藤 秀幸	72	76	88					
7		1004	Z20201391	布施 秋絵	80	52	76					
8		1005	Z20181049	後藤 正	60	52	64					
9		1006	J20191021	長谷川 正	36	44	48	52	180			
10		1007	J20191010	服部 伸子	76	88	100	100	364			
11		1008	S20181110	本田 道子	72	40	100	80	292			
12		1009	H20181221	本多 達也	24	32	36	56	148			
13		1010	B20201128	井上 真紀	56	96	80	76	308			
14		1011	Z20181086	伊藤 祐輔	76	52	48	64	240			

=IF(I4>=280,"合格","")

試験結果

②セル【J4】に「**合格**」が表示されます。

	A	B	C	D	E	F	G	H	I	J	K	L
1		英語力試験結果										
2												
3		受験番号	学籍番号	氏名	Reading	Writing	Hearing	Speaking	合計	判定		
4		1001	H20201028	阿部 一郎	64	84	76	72	296	合格		
5		1002	Z20181237	安藤 雪子	64	68	88	68	288			
6		1003	S20191260	遠藤 秀幸	72	76	88	84	320			
7		1004	Z20201391	布施 秋絵	80	52	76	56	264			
8		1005	Z20181049	後藤 正	60	52	64	40	216			
9		1006	J20191021	長谷川 正	36	44	48	52	180			
10		1007	J20191010	服部 伸子	76	88	100	100	364			
11		1008	S20181110	本田 道子	72	40	100	80	292			
12		1009	H20181221	本多 達也	24	32	36	56	148			
13		1010	B20201128	井上 真紀	56	96	80	76	308			
14		1011	Z20181086	伊藤 祐輔	76	52	48	64	240			

試験結果

③セル【J4】を選択し、セル右下の■(フィルハンドル)をダブルクリックします。

④数式がコピーされます。

	A	B	C	D	E	F	G	H	I	J	K	L
1		英語力試験結果										
2												
3		受験番号	学籍番号	氏名	Reading	Writing	Hearing	Speaking	合計	判定		
4		1001	H20201028	阿部 一郎	64	84	76	72	296	合格		
5		1002	Z20181237	安藤 雪子	64	68	88	68	288	合格		
6		1003	S20191260	遠藤 秀幸	72	76	88	84	320	合格		
7		1004	Z20201391	布施 秋絵	80	52	76	56	264			
8		1005	Z20181049	後藤 正	60	52	64	40	216			
9		1006	J20191021	長谷川 正	36	44	48	52	180			
10		1007	J20191010	服部 伸子	76	88	100	100	364	合格		
11		1008	S20181110	本田 道子	72	40	100	80	292	合格		
12		1009	H20181221	本多 達也	24	32	36	56	148			
13		1010	B20201128	井上 真紀	56	96	80	76	308	合格		
14		1011	Z20181086	伊藤 祐輔	76	52	48	64	240			

試験結果

4-3 出題範囲4　数式や関数を使用した演算の実行
文字列を変更する、書式設定する

理解度チェック

習得すべき機能	参照Lesson	学習前	学習後	試験直前
■RIGHT関数、LEFT関数、MID関数を使うことができる。	➡Lesson72	☑	☑	☑
■UPPER関数、LOWER関数を使うことができる。	➡Lesson73	☑	☑	☑
■LEN関数を使うことができる。	➡Lesson74	☑	☑	☑
■CONCAT関数を使うことができる。	➡Lesson75	☑	☑	☑
■TEXTJOIN関数を使うことができる。	➡Lesson76	☑	☑	☑

4-3-1 RIGHT、LEFT、MID関数を使用して文字の書式を設定する

解説

■RIGHT関数

文字列の右端から指定した文字数分の文字列を取り出すことができます。

＝RIGHT（文字列, 文字数）
　　　　　❶　　　❷

❶文字列

文字列またはセルを指定します。

❷文字数

取り出す文字数を数値またはセルで指定します。省略すると**「1」**を指定したことになり、右端の1文字が取り出されます。

例：

=RIGHT（"富士通エフ・オー・エム株式会社", 4）→株式会社

「富士通エフ・オー・エム株式会社」の文字列の右端から4文字分の文字列を取り出します。

※引数に文字列を指定する場合、文字列の前後に「"（ダブルクォーテーション）」を入力します。

■LEFT関数

文字列の左端から指定した文字数分の文字列を取り出すことができます。

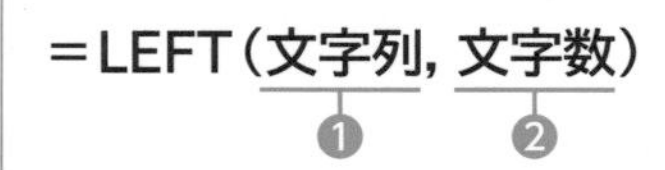
＝LEFT（文字列, 文字数）
　　　　❶　　　❷

❶文字列

文字列またはセルを指定します。

❷文字数

取り出す文字数を数値またはセルで指定します。省略すると**「1」**を指定したことになり、左端の1文字が取り出されます。

例：

=LEFT（"富士通エフ・オー・エム株式会社", 3）→富士通

「富士通エフ・オー・エム株式会社」の文字列の左端から3文字分の文字列を取り出します。

※引数に文字列を指定する場合、文字列の前後に「"（ダブルクォーテーション）」を入力します。

■MID関数

文字列の指定した位置から指定した文字数分の文字列を取り出すことができます。

❶文字列

文字列またはセルを指定します。

❷開始位置

文字列の何文字目から取り出すかを数値またはセルで指定します。

❸文字数

取り出す文字数を数値またはセルで指定します。

例：

=MID("富士通エフ・オー・エム株式会社", 4, 8)→エフ・オー・エム

「富士通エフ・オー・エム株式会社」の文字列の先頭から4文字目を開始位置として8文字分の文字列を取り出します。

※引数に文字列を指定する場合、文字列の前後に「"(ダブルクォーテーション)」を入力します。

Lesson 72

ブック「Lesson72」を開いておきましょう。

次の操作を行いましょう。

(1) 関数を使って、学籍番号の左端から1文字分を取り出して、学部略称に表示してください。

(2) 関数を使って、学籍番号の2文字目から4文字分を取り出して、入学年度に表示してください。

(3) 関数を使って、学籍番号の右端の4文字分を取り出して、出席番号に表示してください。

Lesson 72 Answer

その他の方法

LEFT関数の入力

2019 365

◆《数式》タブ→《関数ライブラリ》グループの（文字列操作関数）→《LEFT》

◆（関数の挿入）→《関数の分類》の→《文字列操作》→《関数名》の一覧から《LEFT》

(1)

①セル**【H4】**に**「=LEFT(F4,1)」**と入力します。

H4 =LEFT(F4,1)

	A	B	C	D	E	F	G	H	I	J
1		英語力試験受験者								
2										
3		受験番号	氏名（漢字）	氏名（英字）	性別	学籍番号	学部名	学部略称	入学年度	出席番号
4		1001	阿部 一郎	Abe Ichiro	男	H20201028	法学部	=LEFT(F4,1)		
5		1002	安藤 雪子	Ando Yukiko	女	Z20181237	経済学部			
6		1003	遠藤 秀幸	Endo Hideyuki	男	S20191260	商学部			
7		1004	布施 秋絵	Fuse Akie	女	Z20201391	経済学部			

=LEFT(F4,1)

②学籍番号の左端から1文字分が取り出されます。

③セル**【H4】**を選択し、セル右下の■(フィルハンドル)をダブルクリックします。

④数式がコピーされます。

	A	B	C	D	E	F	G	H	I	J
1		英語力試験受験者								
2										
3		受験番号	氏名（漢字）	氏名（英字）	性別	学籍番号	学部名	学部略称	入学年度	出席番号
4		1001	阿部 一郎	Abe Ichiro	男	H20201028	法学部	H		
5		1002	安藤 雪子	Ando Yukiko	女	Z20181237	経済学部	Z		
6		1003	遠藤 秀幸	Endo Hideyuki	男	S20191260	商学部	S		
7		1004	布施 秋絵	Fuse Akie	女	Z20201391	経済学部	Z		

その他の方法

MID関数の入力

2019　365

◆《数式》タブ→《関数ライブラリ》グループの（文字列操作関数）→《MID》

◆（関数の挿入）→《関数の分類》の→《文字列操作》→《関数名》の一覧から《MID》

(2)

①セル【I4】に「=MID(F4,2,4)」と入力します。

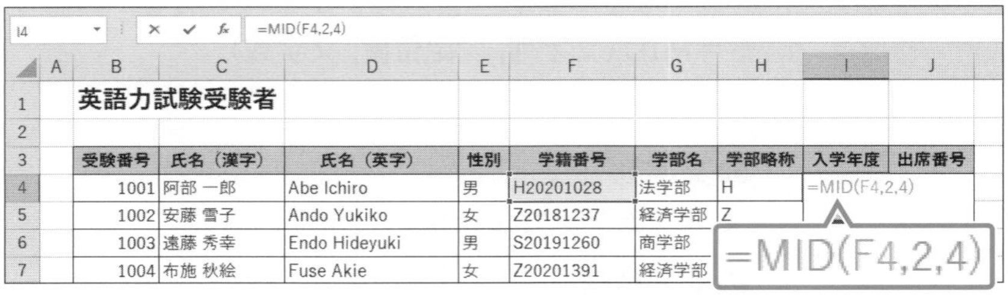

I4　=MID(F4,2,4)

	B	C	D	E	F	G	H	I	J
1	英語力試験受験者								
2									
3	受験番号	氏名（漢字）	氏名（英字）	性別	学籍番号	学部名	学部略称	入学年度	出席番号
4	1001	阿部 一郎	Abe Ichiro	男	H20201028	法学部	H	=MID(F4,2,4)	
5	1002	安藤 雪子	Ando Yukiko	女	Z20181237	経済学部	Z		
6	1003	遠藤 秀幸	Endo Hideyuki	男	S20191260	商学部			
7	1004	布施 秋絵	Fuse Akie	女	Z20201391	経済学部			

=MID(F4,2,4)

②学籍番号の2文字目から4文字分が取り出されます。

※取り出された数値は文字列として保存されるので左揃えで表示されます。

③セル【I4】を選択し、セル右下の■（フィルハンドル）をダブルクリックします。

④数式がコピーされます。

	B	C	D	E	F	G	H	I	J
1	英語力試験受験者								
2									
3	受験番号	氏名（漢字）	氏名（英字）	性別	学籍番号	学部名	学部略称	入学年度	出席番号
4	1001	阿部 一郎	Abe Ichiro	男	H20201028	法学部	H	2020	
5	1002	安藤 雪子	Ando Yukiko	女	Z20181237	経済学部	Z	2018	
6	1003	遠藤 秀幸	Endo Hideyuki	男	S20191260	商学部	S	2019	
7	1004	布施 秋絵	Fuse Akie	女	Z20201391	経済学部	Z	2020	
8	1005	後藤 正	Goto Tadashi	男	Z20181049	経済学部	Z	2018	
9	1006	長谷川 正	Hasegawa Tadashi	男	J20191021	情報学部	J	2019	
10	1007	服部 伸子	Hattori Nobuko	女	J20191010	情報学部	J	2019	
11	1008	本田 道子	Honda Michiko	女	S20181110	商学部	S	2018	
12	1009	本多 達也	Honda Tatsuya	男	H20181221	法学部	H	2018	
13	1010	井上 真紀	Inoue Maki	女	B20201128	文学部	B	2020	
14	1011	伊藤 祐輔	Ito Yusuke	男	Z20181086	経済学部	Z	2018	

受験者

その他の方法

RIGHT関数の入力

2019　365

◆《数式》タブ→《関数ライブラリ》グループの（文字列操作関数）→《RIGHT》

◆（関数の挿入）→《関数の分類》の→《文字列操作》→《関数名》の一覧から《RIGHT》

(3)

①セル【J4】に「=RIGHT(F4,4)」と入力します。

J4　=RIGHT(F4,4)

	B	C	D	E	F	G	H	I	J
1	英語力試験受験者								
2									
3	受験番号	氏名（漢字）	氏名（英字）	性別	学籍番号	学部名	学部略称	入学年度	出席番号
4	1001	阿部 一郎	Abe Ichiro	男	H20201028	法学部	H	2020	=RIGHT(F4,4)
5	1002	安藤 雪子	Ando Yukiko	女	Z20181237	経済学部	Z	2018	
6	1003	遠藤 秀幸	Endo Hideyuki	男	S20191260	商学部	S		
7	1004	布施 秋絵	Fuse Akie	女	Z20201391	経済学部	Z		

=RIGHT(F4,4)

②学籍番号の右端から4文字分が取り出されます。

※取り出された数値は文字列として保存されるので左揃えで表示されます。

③セル【J4】を選択し、セル右下の■（フィルハンドル）をダブルクリックします。

④数式がコピーされます。

	B	C	D	E	F	G	H	I	J
1	英語力試験受験者								
2									
3	受験番号	氏名（漢字）	氏名（英字）	性別	学籍番号	学部名	学部略称	入学年度	出席番号
4	1001	阿部 一郎	Abe Ichiro	男	H20201028	法学部	H	2020	1028
5	1002	安藤 雪子	Ando Yukiko	女	Z20181237	経済学部	Z	2018	1237
6	1003	遠藤 秀幸	Endo Hideyuki	男	S20191260	商学部	S	2019	1260
7	1004	布施 秋絵	Fuse Akie	女	Z20201391	経済学部	Z	2020	1391
8	1005	後藤 正	Goto Tadashi	男	Z20181049	経済学部	Z	2018	1049
9	1006	長谷川 正	Hasegawa Tadashi	男	J20191021	情報学部	J	2019	1021
10	1007	服部 伸子	Hattori Nobuko	女	J20191010	情報学部	J	2019	1010
11	1008	本田 道子	Honda Michiko	女	S20181110	商学部	S	2018	1110
12	1009	本多 達也	Honda Tatsuya	男	H20181221	法学部	H	2018	1221
13	1010	井上 真紀	Inoue Maki	女	B20201128	文学部	B	2020	1128
14	1011	伊藤 祐輔	Ito Yusuke	男	Z20181086	経済学部	Z	2018	1086

受験者

4-3-2 UPPER、LOWER、LEN関数を使用して文字の書式を設定する

■UPPER関数

英字をすべて大文字に変換します。

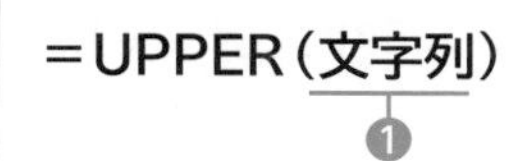

❶文字列

文字列またはセルを指定します。

例：
=UPPER("Microsoft Excel")→MICROSOFT EXCEL

「Microsoft Excel」の文字列に含まれる英字をすべて大文字に変換します。
※引数に文字列を指定する場合、文字列の前後に「"(ダブルクォーテーション)」を入力します。

■LOWER関数

英字をすべて小文字に変換します。

❶文字列

文字列またはセルを指定します。

例：
=LOWER("Microsoft Excel")→microsoft excel

「Microsoft Excel」の文字列に含まれる英字をすべて小文字に変換します。
※引数に文字列を指定する場合、文字列の前後に「"(ダブルクォーテーション)」を入力します。

■LEN関数

文字列の文字数を表示します。全角半角に関係なく1文字を1と数えます。

❶文字列

文字列またはセルを指定します。数字や記号、空白、句読点なども文字列に含まれます。

例：
=LEN("Microsoft Excel")→15

「Microsoft Excel」の文字数を表示します。
※引数に文字列を指定する場合、文字列の前後に「"(ダブルクォーテーション)」を入力します。

Lesson 73

ブック「Lesson73」を開いておきましょう。

次の操作を行いましょう。

(1) 関数を使って、氏名（英字）をすべて大文字に変換して、NAMEの列に表示してください。

(2) 関数を使って、氏名（英字）をすべて小文字に変換して、nameの列に表示してください。

Lesson 73 Answer

その他の方法

UPPER関数の入力

2019 365

◆《数式》タブ→《関数ライブラリ》グループの（文字列操作関数）→《UPPER》

◆ （関数の挿入）→《関数の分類》の → 《文字列操作》→《関数名》の一覧から《UPPER》

(1)

①セル【E4】に「=UPPER(D4)」と入力します。

E4 =UPPER(D4)

	A	B	C	D	E	F	G	H
1		英語力試験受験者						
2								
3		受験番号	氏名（漢字）	氏名（英字）	NAME	name	性別	学籍番号
4		1001	阿部 一郎	Abe Ichiro	=UPPER(D4)		男	H20201028
5		1002	安藤 雪子	Ando Yukiko			女	Z20181237
6		1003	遠藤 秀幸	Endo Hideyuki			男	S20191260
7		1004	布施 秋絵	Fuse Akie			女	Z20201391

=UPPER(D4)

②すべて大文字に変換されます。

③セル【E4】を選択し、セル右下の■（フィルハンドル）をダブルクリックします。

④数式がコピーされます。

	A	B	C	D	E	F	G	H
1		英語力試験受験者						
2								
3		受験番号	氏名（漢字）	氏名（英字）	NAME	name	性別	学籍番号
4		1001	阿部 一郎	Abe Ichiro	ABE ICHIRO		男	H20201028
5		1002	安藤 雪子	Ando Yukiko	ANDO YUKIKO		女	Z20181237
6		1003	遠藤 秀幸	Endo Hideyuki	ENDO HIDEYUKI		男	S20191260
7		1004	布施 秋絵	Fuse Akie	FUSE AKIE		女	Z20201391

その他の方法

LOWER関数の入力

2019 365

◆《数式》タブ→《関数ライブラリ》グループの（文字列操作関数）→《LOWER》

◆ （関数の挿入）→《関数の分類》の → 《文字列操作》→《関数名》の一覧から《LOWER》

(2)

①セル【F4】に「=LOWER(D4)」と入力します。

F4 =LOWER(D4)

	A	B	C	D	E	F	G	H
1		英語力試験受験者						
2								
3		受験番号	氏名（漢字）	氏名（英字）	NAME	name	性別	学籍番号
4		1001	阿部 一郎	Abe Ichiro	ABE ICHIRO	=LOWER(D4)	男	H20201028
5		1002	安藤 雪子	Ando Yukiko	ANDO YUKIKO		女	Z20181237
6		1003	遠藤 秀幸	Endo Hideyuki	ENDO HIDEYUKI			191260
7		1004	布施 秋絵	Fuse Akie	FUSE AKIE			201391

=LOWER(D4)

②すべて小文字に変換されます。

③セル【F4】を選択し、セル右下の■（フィルハンドル）をダブルクリックします。

④数式がコピーされます。

	A	B	C	D	E	F	G	H
1		英語力試験受験者						
2								
3		受験番号	氏名（漢字）	氏名（英字）	NAME	name	性別	学籍番号
4		1001	阿部 一郎	Abe Ichiro	ABE ICHIRO	abe ichiro	男	H20201028
5		1002	安藤 雪子	Ando Yukiko	ANDO YUKIKO	ando yukiko	女	Z20181237
6		1003	遠藤 秀幸	Endo Hideyuki	ENDO HIDEYUKI	endo hideyuki	男	S20191260
7		1004	布施 秋絵	Fuse Akie	FUSE AKIE	fuse akie	女	Z20201391

Lesson 74

OPEN ブック「Lesson74」を開いておきましょう。

次の操作を行いましょう。

(1) 関数を使って、住所の文字数の列に住所の文字数、住所1の文字数の列に住所1の文字数を表示してください。

(2) 関数を使って、住所2の列に住所の列から都道府県名以降の住所を取り出してください。住所の文字数と住所1の文字数を使います。

Lesson 74 Answer

(1)

①セル【G4】に「=LEN(F4)」と入力します。

G4 =LEN(F4)

	B	C	D	E	F	G	H	I	J
1	英語力試験受験者								
2									
3	受験番号	学籍番号	氏名	郵便番号	住所	住所の文字数	住所1	住所1の文字数	住所2
4	1001	H20201028	阿部 一郎	100-0005	東京都千代田区丸の内X-X-X	=LEN(F4)			
5	1002	Z20181237	安藤 雪子	261-0012	千葉県千葉市美浜区磯辺X-X-X				
6	1003	S20191260	遠藤 秀幸	230-0045	神奈川県横浜市鶴見区末広町X-X-X				
7	1004	Z20201391	布施 秋絵	222-0035	神奈川県横浜市港北区鳥山町X-X-X				
8	1005	Z20181049	後藤 正	231-0045	神奈川県横浜市中区伊勢佐木町X-X-X				
9	1006	J20191021	長谷川 正	142-0042	東京都品川区豊町X-X-X		東京都		

=LEN(F4)

②住所の文字数が表示されます。

③セル【G4】を選択し、セル右下の■（フィルハンドル）をダブルクリックします。

④数式がコピーされます。

⑤同様に、セル【I4】に住所1の文字数を表示します。

B1 英語力試験受験者

	B	C	D	E	F	G	H	I	J
1	英語力試験受験者								
2									
3	受験番号	学籍番号	氏名	郵便番号	住所	住所の文字数	住所1	住所1の文字数	住所2
4	1001	H20201028	阿部 一郎	100-0005	東京都千代田区丸の内X-X-X	15	東京都	3	
5	1002	Z20181237	安藤 雪子	261-0012	千葉県千葉市美浜区磯辺X-X-X	16	千葉県	3	
6	1003	S20191260	遠藤 秀幸	230-0045	神奈川県横浜市鶴見区末広町X-X-X	18	神奈川県	4	
7	1004	Z20201391	布施 秋絵	222-0035	神奈川県横浜市港北区鳥山町X-X-X	18	神奈川県	4	
8	1005	Z20181049	後藤 正	231-0045	神奈川県横浜市中区伊勢佐木町X-X-X	19	神奈川県	4	
9	1006	J20191021	長谷川 正	142-0042	東京都品川区豊町X-X-X	13	東京都	3	

(2)

①セル【J4】に「=RIGHT(F4,G4-I4)」と入力します。

I4 =RIGHT(F4,G4-I4)

	B	C	D	E	F	G	H	I	J
1	英語力試験受験者								
2									
3	受験番号	学籍番号	氏名	郵便番号	住所	住所の文字数	住所1	住所1の文字数	住所2
4	1001	H20201028	阿部 一郎	100-0005	東京都千代田区丸の内X-X-X	15	東京都	3	=RIGHT(F4,G4-I4)
5	1002	Z20181237	安藤 雪子	261-0012	千葉県千葉市美浜区磯辺X-X-X	16	千葉県	3	
6	1003	S20191260	遠藤 秀幸	230-0045	神奈川県横浜市鶴見区末広町X-X-X	18	神		
7	1004	Z20201391	布施 秋絵	222-0035	神奈川県横浜市港北区鳥山町X-X-X	18	神		
8	1005	Z20181049	後藤 正	231-0045	神奈川県横浜市中区伊勢佐木町X-X-X	19	神		
9	1006	J20191021	長谷川 正	142-0042	東京都品川区豊町X-X-X	13	東京都	3	

=RIGHT(F4,G4-I4)

②都道府県名以降の住所が取り出されます。

③セル【J4】を選択し、セル右下の■（フィルハンドル）をダブルクリックします。

④数式がコピーされます。

B1 英語力試験受験者

	B	C	D	E	F	G	H	I	J
1	英語力試験受験者								
2									
3	受験番号	学籍番号	氏名	郵便番号	住所	住所の文字数	住所1	住所1の文字数	住所2
4	1001	H20201028	阿部 一郎	100-0005	東京都千代田区丸の内X-X-X	15	東京都	3	千代田区丸の内X-X-X
5	1002	Z20181237	安藤 雪子	261-0012	千葉県千葉市美浜区磯辺X-X-X	16	千葉県	3	千葉市美浜区磯辺X-X-X
6	1003	S20191260	遠藤 秀幸	230-0045	神奈川県横浜市鶴見区末広町X-X-X	18	神奈川県	4	横浜市鶴見区末広町X-X-X
7	1004	Z20201391	布施 秋絵	222-0035	神奈川県横浜市港北区鳥山町X-X-X	18	神奈川県	4	横浜市港北区鳥山町X-X-X
8	1005	Z20181049	後藤 正	231-0045	神奈川県横浜市中区伊勢佐木町X-X-X	19	神奈川県	4	横浜市中区伊勢佐木町X-X-X
9	1006	J20191021	長谷川 正	142-0042	東京都品川区豊町X-X-X	13	東京都	3	品川区豊町X-X-X

その他の方法

LEN関数の入力

2019 365

◆《数式》タブ→《関数ライブラリ》グループの（文字列操作関数）→《LEN》

◆（関数の挿入）→《関数の分類》の→《文字列操作》→《関数名》の一覧から《LEN》

Point

関数のネスト

関数の引数に別の関数を組み込むことを「関数のネスト」といいます。関数のネストを使うと、(2)のように「住所の文字数」や「住所1の文字数」の列を用意しなくても、同じ数式内でまとめて計算できます。

例：

=RIGHT(F4,LEN(F4)-LEN(H4))

4-3-3 CONCAT、TEXTJOIN関数を使用して文字の書式を設定する

解説

■CONCAT関数

「CONCAT関数」を使うと、複数の文字列を結合してひとつの文字列として表示できます。

=CONCAT（テキスト1，・・・）
❶

❶テキスト1
文字列またはセル、セル範囲を指定します。

例：
=CONCAT（"Excel"，"□"，"2019"）→Excel□2019

「Excel」と全角空白と**「2019」**を結合してひとつの文字列として表示します。
※□は全角空白を表します。
※引数に文字列を指定する場合、文字列の前後に「"（ダブルクォーテーション）」を入力します。

■TEXTJOIN関数

「TEXTJOIN関数」を使うと、指定した区切り文字を挿入しながら、引数をすべてつなげた文字列として表示できます。

=TEXTJOIN（区切り文字，空のセルは無視，テキスト1，・・・）
❶ ❷ ❸

❶区切り文字
文字列の間に挿入する区切り文字を指定します。

❷空のセルは無視
空のセルを無視するかどうかを指定します。
TRUEを指定すると、空のセルを無視し、区切り文字は挿入しません。
FALSEを指定すると、空のセルも文字列とみなし、区切り文字を挿入します。

❸テキスト1
文字列またはセル、セル範囲を指定します。

例：
=TEXTJOIN（"-"，TRUE，"Excel"，"2019"）→Excel-2019

指定した区切り文字**「-（ハイフン）」**を挿入し、文字列**「Excel-2019」**を表示します。
※指定する区切り文字は前後に「"（ダブルクォーテーション）」を入力します。
※引数に文字列を指定する場合、文字列の前後に「"（ダブルクォーテーション）」を入力します。

Lesson 75

ブック「Lesson75」を開いておきましょう。

次の操作を行いましょう。

(1) 関数を使って、学部略称、入学年度、出席番号の文字列を結合して学籍番号の列に表示してください。

Lesson 75 Answer

その他の方法

CONCAT関数の入力

2019 365

◆《数式》タブ→《関数ライブラリ》グループの(文字列操作関数)→《CONCAT》

◆(関数の挿入)→《関数の分類》の→《文字列操作》→《関数名》の一覧から《CONCAT》

Point

文字列演算子を使った結合

文字列演算子「&」を使っても、複数の文字列を結合することができます。「&」を使って文字列を結合するには、「=G4&H4&I4」と入力します。

(1)

①セル【J4】に「=CONCAT(G4:I4)」と入力します。

※入力途中で表示される関数名をダブルクリックすると効率的です。

G4 =CONCAT(G4:I4)

=CONCAT(G4:I4)

	A	B	C	D	E	F	G	H	I	J
1		英語力試験受験者								
2										
3		受験番号	氏名（漢字）	氏名（英字）	性別	学部名	学部略称	入学年度	出席番号	学籍番号
4		1001	阿部 一郎	Abe Ichiro	男	法学部	H	2020	1028	=CONCAT(G4:I4)
5		1002	安藤 雪子	Ando Yukiko	女	経済学部	Z	2018	1237	
6		1003	遠藤 秀幸	Endo Hideyuki	男	商学部	S	2019	1260	
7		1004	布施 秋絵	Fuse Akie	女	経済学部	Z	2020	1391	

②文字列が結合されます。

③セル【J4】を選択し、セル右下の■(フィルハンドル)をダブルクリックします。

④数式がコピーされます。

	A	B	C	D	E	F	G	H	I	J	K
1		英語力試験受験者									
2											
3		受験番号	氏名（漢字）	氏名（英字）	性別	学部名	学部略称	入学年度	出席番号	学籍番号	
4		1001	阿部 一郎	Abe Ichiro	男	法学部	H	2020	1028	H20201028	
5		1002	安藤 雪子	Ando Yukiko	女	経済学部	Z	2018	1237	Z20181237	
6		1003	遠藤 秀幸	Endo Hideyuki	男	商学部	S	2019	1260	S20191260	
7		1004	布施 秋絵	Fuse Akie	女	経済学部	Z	2020	1391	Z20201391	
8		1005	後藤 正	Goto Tadashi	男	経済学部	Z	2018	1049	Z20181049	
9		1006	長谷川 正	Hasegawa Tadashi	男	情報学部	J	2019	1021	J20191021	
10		1007	服部 伸子	Hattori Nobuko	女	情報学部	J	2019	1010	J20191010	

Lesson 76

ブック「Lesson76」を開いておきましょう。

次の操作を行いましょう。

(1) 関数を使って、学部略称、入学年度、出席番号を「-(ハイフン)」を挿入しながら、すべてつなげて学籍番号の列に表示してください。結合するセルが空の場合は、空のセルは無視して、区切り文字は挿入しません。

Lesson 76 Answer

その他の方法

TEXTJOIN関数の入力

2019 365

◆《数式》タブ→《関数ライブラリ》グループの(文字列操作関数)→《TEXTJOIN》

◆(関数の挿入)→《関数の分類》の→《文字列操作》→《関数名》の一覧から《TEXTJOIN》

(1)

①セル【J4】に「=TEXTJOIN("-",TRUE,G4:I4)」と入力します。

J4 =TEXTJOIN("-",TRUE,G4:I4)

=TEXTJOIN("-",TRUE,G4:I4)

	A	B	C	D	E	F	G	H	I	J
1		英語力試験受験者								
2										
3		受験番号	氏名（漢字）	氏名（英字）	性別	学部名	学部略称	入学年度	出席番号	学籍番号
4		1001	阿部 一郎	Abe Ichiro	男	法学部	H	2020	1028	=TEXTJOIN("-",TRUE,G4:I4)
5		1002	安藤 雪子	Ando Yukiko	女	経済学部	Z	2018	1237	
6		1003	遠藤 秀幸	Endo Hideyuki	男	商学部	S	2019	1260	
7		1004	布施 秋絵	Fuse Akie	女	経済学部	Z	2020	1391	

②「-(ハイフン)」で結合された文字列が表示されます。

③セル【J4】を選択し、セル右下の■(フィルハンドル)をダブルクリックします。

④数式がコピーされます。

	A	B	C	D	E	F	G	H	I	J	K
1		英語力試験受験者									
2											
3		受験番号	氏名（漢字）	氏名（英字）	性別	学部名	学部略称	入学年度	出席番号	学籍番号	
4		1001	阿部 一郎	Abe Ichiro	男	法学部	H	2020	1028	H-2020-1028	
5		1002	安藤 雪子	Ando Yukiko	女	経済学部	Z	2018	1237	Z-2018-1237	
6		1003	遠藤 秀幸	Endo Hideyuki	男	商学部	S	2019	1260	S-2019-1260	
7		1004	布施 秋絵	Fuse Akie	女	経済学部	Z	2020	1391	Z-2020-1391	
8		1005	後藤 正	Goto Tadashi	男	経済学部	Z	2018	1049	Z-2018-1049	
9		1006	長谷川 正	Hasegawa Tadashi	男	情報学部	J	2019	1021	J-2019-1021	
10		1007	服部 伸子	Hattori Nobuko	女	情報学部	J	2019	1010	J-2019-1010	

Exercise 確認問題

解答 ▶ P.212

Lesson 77

ブック「Lesson77」を開いておきましょう。

次の操作を行いましょう。

	ワークシート「試験結果」「科目別集計」「試験申込者」を作成します。
問題（1）	関数を使って、ワークシート「試験結果」のセル【H3】の数式を、試験IDが小文字で表示されるように変更してください。
問題（2）	関数を使って、ワークシート「試験結果」のセル【J3】に申込者数を算出してください。氏名のデータをカウントして求めます。
問題（3）	関数を使って、ワークシート「試験結果」のセル【K3】に欠席人数を算出してください。基礎一般の空白セルをカウントして求めます。
問題（4）	関数を使って、ワークシート「試験結果」の合計点の列に、必須科目と選択科目の合計を算出してください。
問題（5）	関数を使って、ワークシート「試験結果」の判定の列に、合計点が170以上であれば「合格」と表示、そうでなければ何も表示しないようにしてください。
問題（6）	ワークシート「試験結果」の受験番号の列に、試験IDと申込No.と選択科目IDを結合して表示してください。
問題（7）	関数を使って、ワークシート「科目別集計」の表に、ワークシート「試験結果」の基礎一般、セキュリティ、プログラミングA、プログラミングBの受験者数を算出してください。点数をカウントして求めます。
問題（8）	関数を使って、ワークシート「科目別集計」の表に、ワークシート「試験結果」の基礎一般、セキュリティ、プログラミングA、プログラミングBの平均点、最高点、最低点を算出してください。
問題（9）	関数を使って、ワークシート「試験申込者」の住所の文字数の列に住所の文字数、住所1の文字数の列に住所1の文字数を表示してください。 次に、関数を使って、ワークシート「試験申込者」の住所2の列に、住所の列の都道府県名以降の住所を表示してください。住所の文字数と住所1の文字数を使います。

MOS Excel 365&2019

出題範囲 5

グラフの管理

5-1　グラフを作成する …… 175
5-2　グラフを変更する …… 183
5-3　グラフを書式設定する …… 197
確認問題 …… 201

5-1 グラフを作成する

出題範囲5　グラフの管理

☑ 理解度チェック

習得すべき機能	参照Lesson	学習前	学習後	試験直前
■データ範囲を適切に選択して、3-D円グラフを作成できる。	➡Lesson78	☑	☑	☑
■データ範囲を適切に選択して、積み上げ横棒グラフを作成できる。	➡Lesson78	☑	☑	☑
■データ範囲を適切に選択して、ツリーマップを作成できる。	➡Lesson79	☑	☑	☑
■データ範囲を適切に選択して、散布図を作成できる。	➡Lesson80	☑	☑	☑
■グラフの場所を変更できる。	➡Lesson81	☑	☑	☑

5-1-1 グラフを作成する

解説

■グラフの作成

表のデータをもとに、グラフを作成できます。グラフはデータを視覚的に表現できるため、データを比較したり傾向を分析したりするのに適しています。

2019 365 ◆《挿入》タブ→《グラフ》グループのボタン

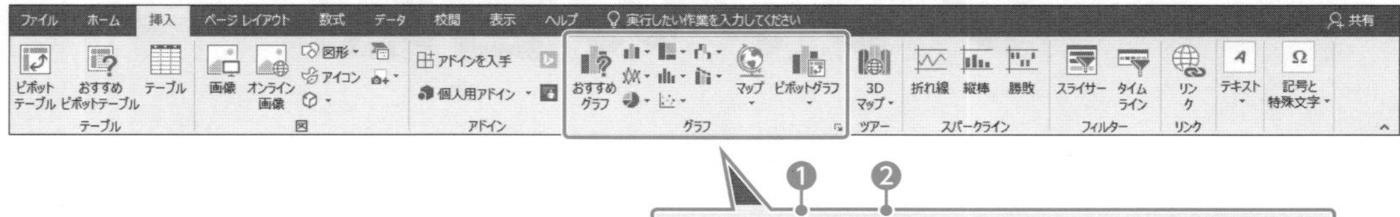

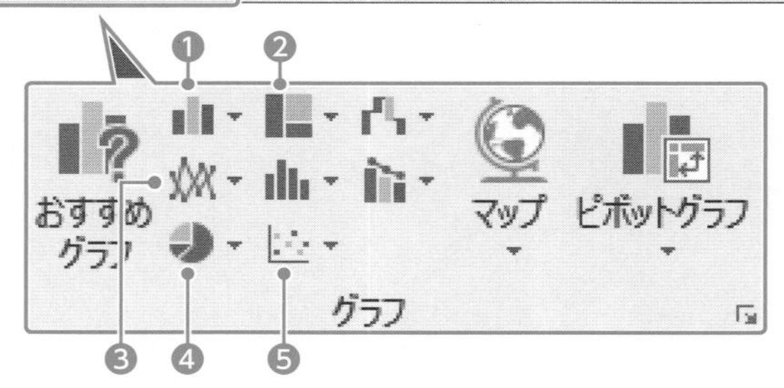

❶ （縦棒/横棒グラフの挿入）

縦棒グラフや横棒グラフを作成します。

❷ （階層構造グラフの挿入）

ツリーマップやサンバーストなどの階層構造グラフを作成します。

❸ （折れ線/面グラフの挿入）

折れ線グラフや面グラフを作成します。

❹ （円またはドーナツグラフの挿入）

円グラフやドーナツグラフを作成します。

❺ （散布図（X,Y）またはバブルチャートの挿入）

散布図やバブルチャートを作成します。

■データ範囲の選択

グラフのもとになるデータが入力されているセル範囲を**「データ範囲」**といいます。
グラフを作成するには、まずデータ範囲を選択し、次にリボンからボタンを選択します。

●円グラフの場合

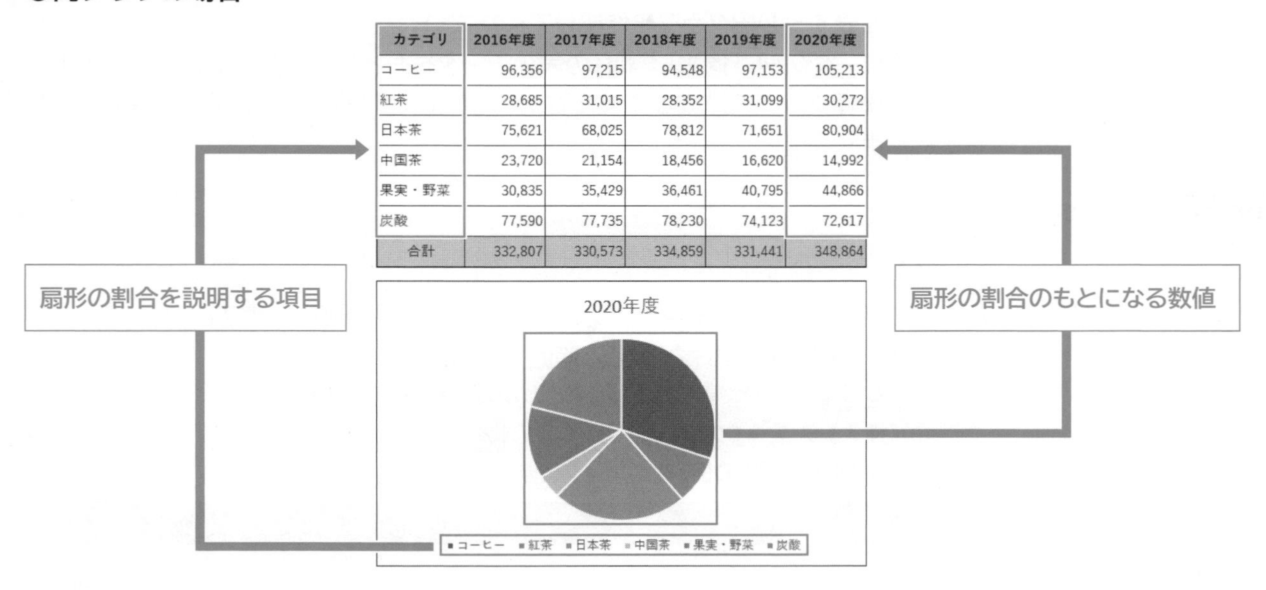

カテゴリ	2016年度	2017年度	2018年度	2019年度	2020年度
コーヒー	96,356	97,215	94,548	97,153	105,213
紅茶	28,685	31,015	28,352	31,099	30,272
日本茶	75,621	68,025	78,812	71,651	80,904
中国茶	23,720	21,154	18,456	16,620	14,992
果実・野菜	30,835	35,429	36,461	40,795	44,866
炭酸	77,590	77,735	78,230	74,123	72,617
合計	332,807	330,573	334,859	331,441	348,864

●棒グラフの場合

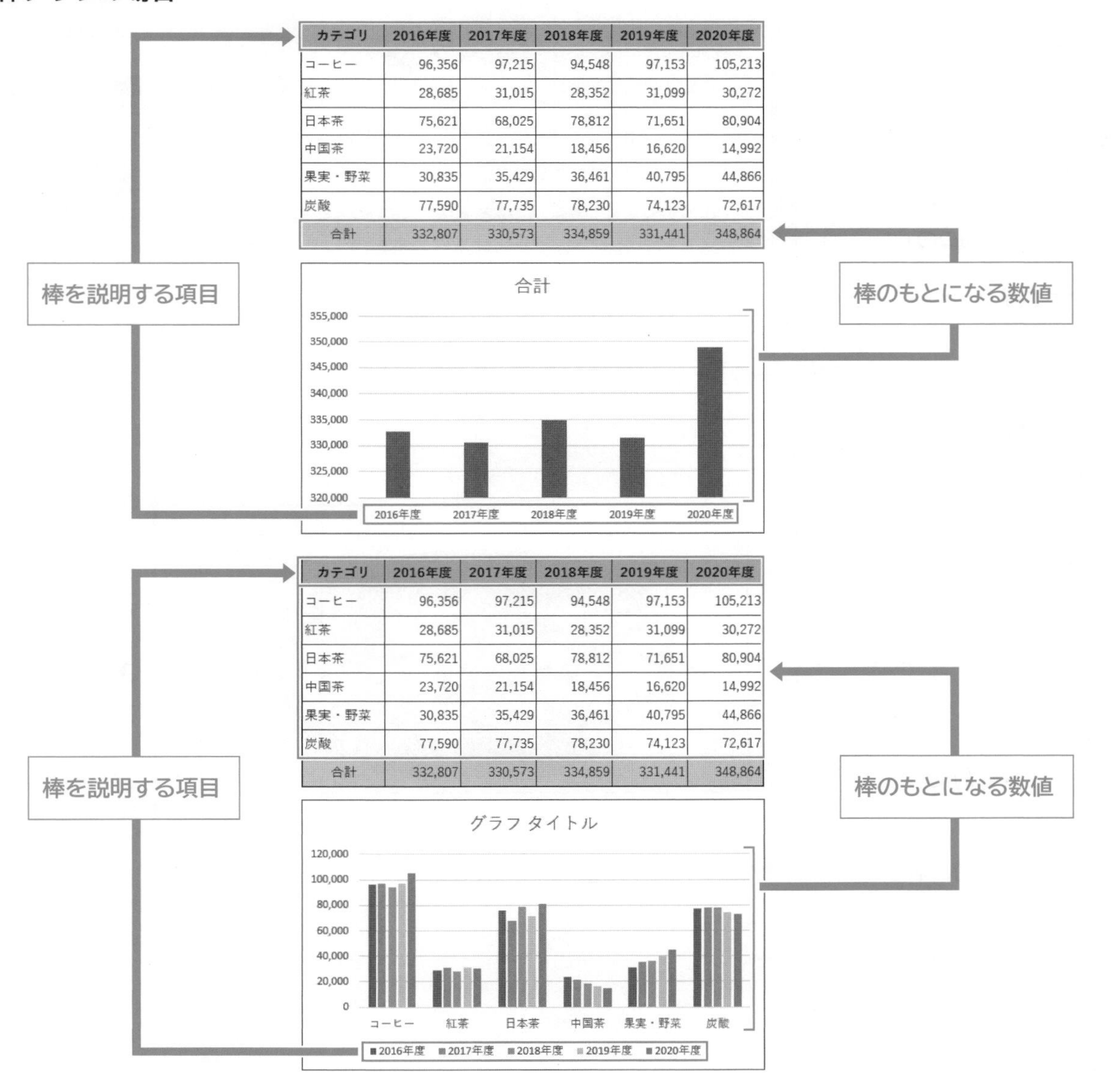

カテゴリ	2016年度	2017年度	2018年度	2019年度	2020年度
コーヒー	96,356	97,215	94,548	97,153	105,213
紅茶	28,685	31,015	28,352	31,099	30,272
日本茶	75,621	68,025	78,812	71,651	80,904
中国茶	23,720	21,154	18,456	16,620	14,992
果実・野菜	30,835	35,429	36,461	40,795	44,866
炭酸	77,590	77,735	78,230	74,123	72,617
合計	332,807	330,573	334,859	331,441	348,864

カテゴリ	2016年度	2017年度	2018年度	2019年度	2020年度
コーヒー	96,356	97,215	94,548	97,153	105,213
紅茶	28,685	31,015	28,352	31,099	30,272
日本茶	75,621	68,025	78,812	71,651	80,904
中国茶	23,720	21,154	18,456	16,620	14,992
果実・野菜	30,835	35,429	36,461	40,795	44,866
炭酸	77,590	77,735	78,230	74,123	72,617
合計	332,807	330,573	334,859	331,441	348,864

Lesson 78

ブック「Lesson78」を開いておきましょう。

次の操作を行いましょう。

(1) ワークシート「2020年度」の表のデータをもとに、カテゴリごとの売上割合を表す3-D円グラフを作成してください。

(2) ワークシート「過去5年間」の表のデータをもとに、売上実績を表す積み上げ横棒グラフを作成してください。縦軸（項目軸）には、カテゴリ名を表示します。

Lesson 78 Answer

(1)

① ワークシート「**2020年度**」のセル範囲【**B3：B9**】を選択します。

② Ctrl を押しながら、セル範囲【**O3：O9**】を選択します。

※ Ctrl を使うと、離れた場所にあるセル範囲を選択できます。

③《**挿入**》タブ→《**グラフ**》グループの（円またはドーナツグラフの挿入）→《**3-D円**》の《**3-D円**》をクリックします。

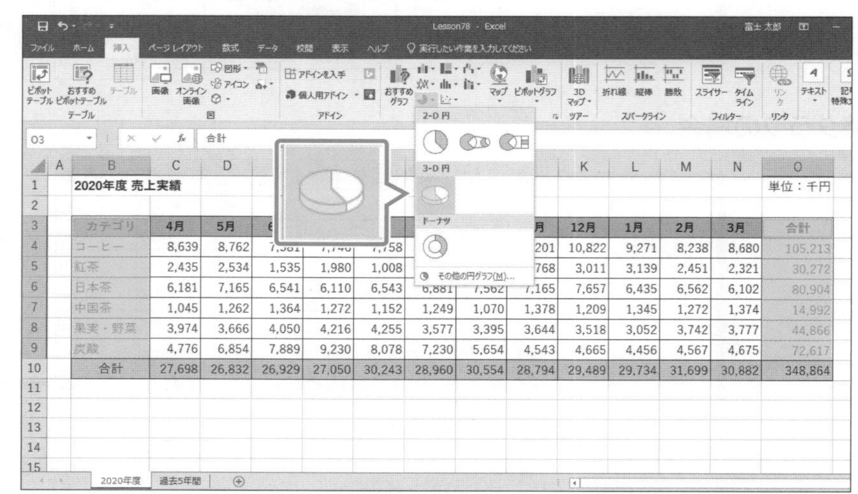

④ ワークシート上にグラフが作成されます。

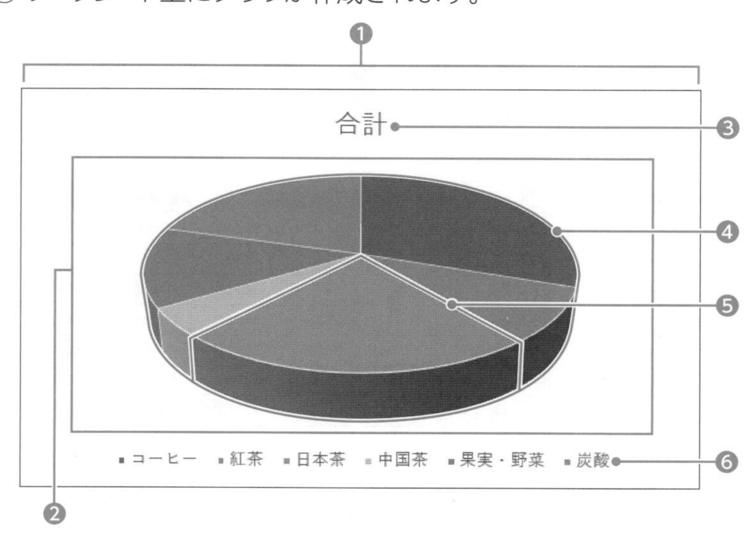

Point

グラフの移動

ワークシート上のグラフを移動するには、グラフの枠線をポイントし、マウスポインターが の状態でドラッグします。

Point

グラフのサイズ変更

ワークシート上のグラフのサイズを変更するには、グラフの周囲の○（ハンドル）をポイントし、マウスポインターが や の状態でドラッグします。

Point

円グラフの構成要素

円グラフの各要素の名称は、次のとおりです。

❶グラフエリア
グラフ全体の領域です。すべての要素が含まれます。

❷プロットエリア
円グラフの領域です。

❸グラフタイトル
グラフのタイトルです。

❹データ系列
もとになる数値を視覚的に表すすべての扇形です。

❺データ要素
もとになる数値を視覚的に表す個々の扇形です。

❻凡例
データ要素に割り当てられた色を識別するための情報です。

(2)

① ワークシート「**過去5年間**」のセル範囲【**B3:G9**】を選択します。

②《**挿入**》タブ→《**グラフ**》グループの (縦棒/横棒グラフの挿入)→《**2-D横棒**》の《**積み上げ横棒**》をクリックします。

③ ワークシート上にグラフが作成されます。

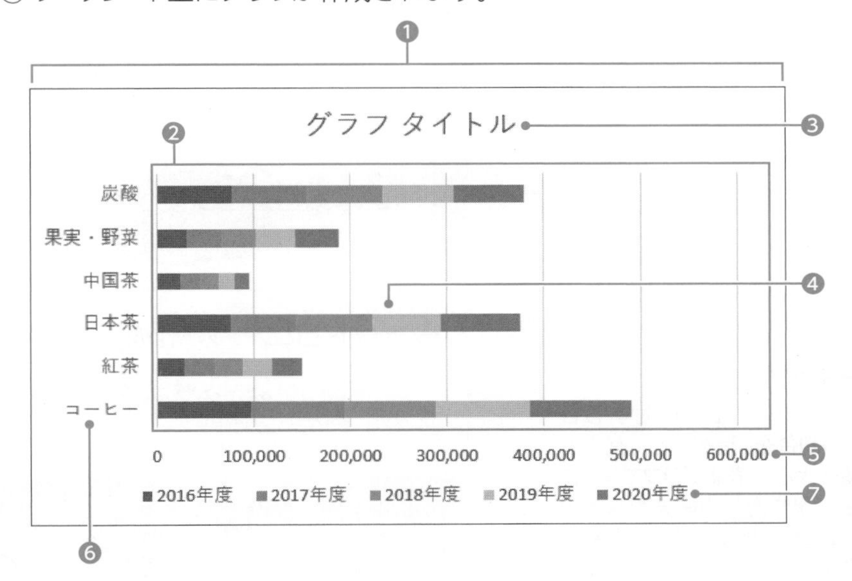

Point

棒グラフの構成要素

棒グラフの各要素の名称は、次のとおりです。

❶グラフエリア
グラフ全体の領域です。すべての要素が含まれます。

❷プロットエリア
棒グラフの領域です。

❸グラフタイトル
グラフのタイトルです。

❹データ系列
もとになる数値を視覚的に表すすべての棒です。

❺値軸
データ系列の数値を表す軸です。

❻項目軸
データ系列の項目を表す軸です。

❼凡例
データ系列に割り当てられた色を識別するための情報です。

Point

グラフの種類の変更

2019

◆グラフを選択→《デザイン》タブ→《種類》グループの (グラフの種類の変更)

◆グラフを右クリック→《グラフの種類の変更》

365

◆グラフを選択→《デザイン》タブ/《グラフのデザイン》タブ→《種類》グループの (グラフの種類の変更)

参考 グラフの特徴

グラフは、種類によって特徴が異なります。伝えたい内容に適したグラフの種類を選択しましょう。

伝えたい内容	グラフの種類
大小関係を表す	縦棒、横棒
内訳を表す	円、積み上げ縦棒、積み上げ横棒
時間の経過による推移を表す	折れ線、面
複数項目の比較やバランスを表す	レーダーチャート
分布を表す	散布図
全体に占める割合を表す	ツリーマップ

Lesson 79

ブック「Lesson79」を開いておきましょう。

次の操作を行いましょう。

(1) 商品別売上の表のデータをもとに、商品別売上の割合を表すツリーマップを作成してください。

Lesson 79 Answer

(1)

① セル範囲【B3:D13】を選択します。

②《挿入》タブ→《グラフ》グループの（階層構造グラフの挿入）→《ツリーマップ》の《ツリーマップ》をクリックします。

分類名	商品名	売上金額
ビール	SAKURA　BEER	1,386,000
	SAKURA　レッドラベル	1,821,600
	クラシック　さくら	1,740,800
	季節限定　シクラメン	910,800
ワイン	カサブランカ（白）	1,352,400
	スイートピー（赤）	2,331,000
	すずらん（白）	909,720
	薔薇（赤）	1,562,400
発泡酒	MOMO	483,840
	マーガレット	933,120

③ ワークシート上にグラフが作成されます。

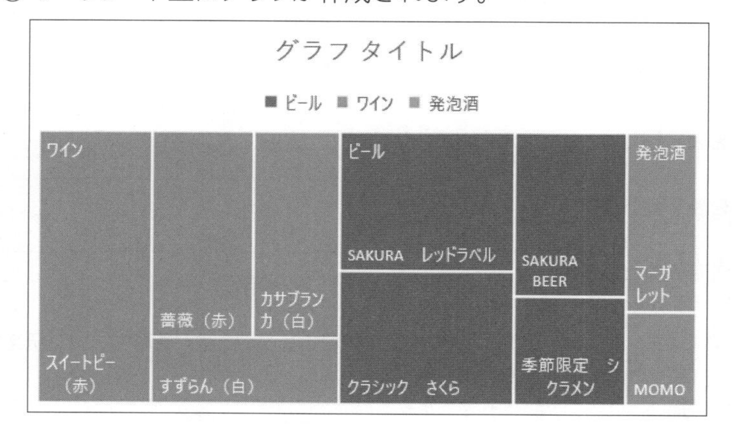

Point

ツリーマップ

ツリーマップは、全体に対する各データの割合を、階層ごとに長方形の面積の大小で表すグラフです。作物の生産量や商品の販売数などの市場シェアを表現する場合によく使われます。

Lesson 80

ブック「Lesson80」を開いておきましょう。

次の操作を行いましょう。

(1) 男子身体測定の表のデータをもとに、身長と体重の散布図を作成してください。

Lesson 80 Answer

(1)

① セル範囲**【C4：D23】**を選択します。

②**《挿入》**タブ→**《グラフ》**グループの（散布図（X，Y）またはバブルチャートの挿入）→**《散布図》**の**《散布図》**をクリックします。

③ ワークシート上にグラフが作成されます。

Point

散布図

散布図は、2種類の項目を値軸と項目軸にとり、データの分布状態を表すグラフです。2種類の項目の相関関係を調べるときによく使われます。

5-1-2 グラフシートを作成する

解説

■グラフの場所の変更

作成したグラフは、**「オブジェクト」**としてワークシート上に配置されます。オブジェクトとは、セルとは別に独立した状態で、ワークシート上に配置される部品の総称です。**「図形」**や**「画像」**などもオブジェクトです。
グラフは、オブジェクトとして配置するほかに、**「グラフシート」**に配置することもできます。グラフシートとは、グラフ専用のシートで、シート全体にグラフを表示します。

●ワークシート上のグラフ

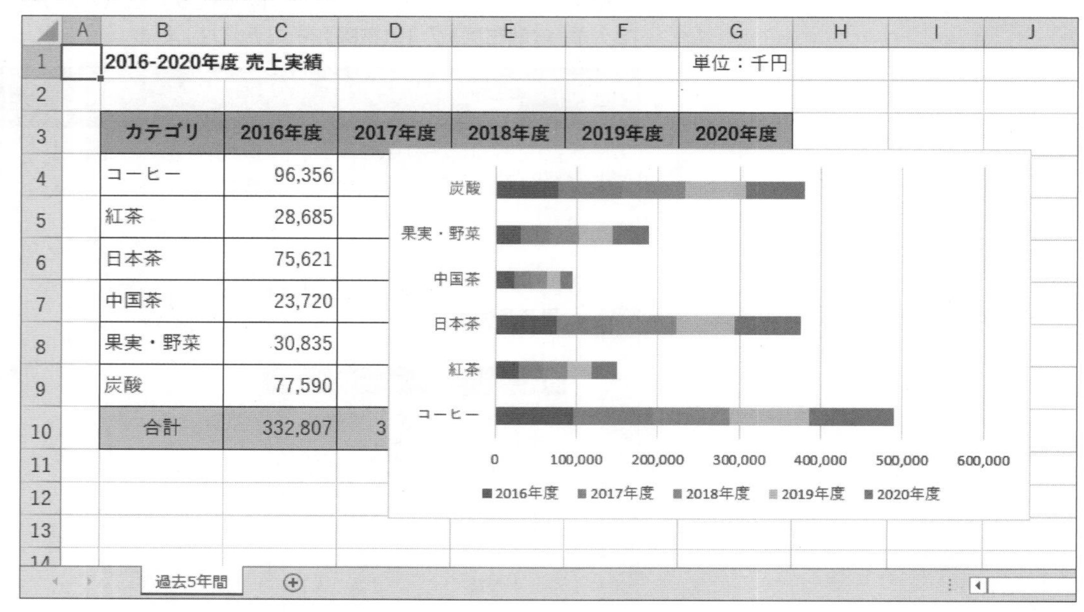

●グラフシート上のグラフ

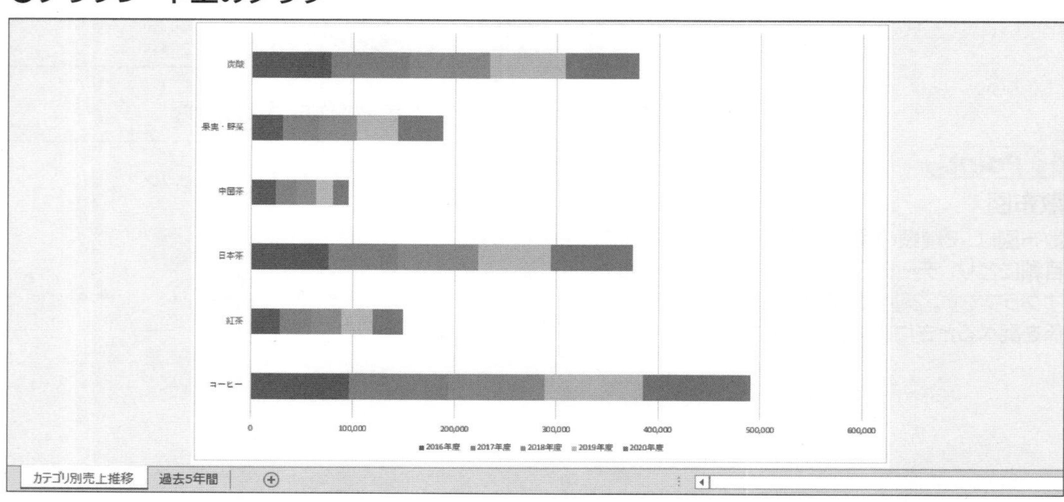

2019 ◆《デザイン》タブ→《場所》グループの（グラフの移動）

365 ◆《デザイン》タブ／《グラフのデザイン》タブ→《場所》グループの（グラフの移動）

Lesson 81

ブック「Lesson81」を開いておきましょう。

次の操作を行いましょう。

(1) ワークシート上のグラフをグラフシート「カテゴリ別売上推移」に移動してください。

Lesson 81 Answer

(1)

①グラフを選択します。

②**《デザイン》**タブ→**《場所》**グループの（グラフの移動）をクリックします。

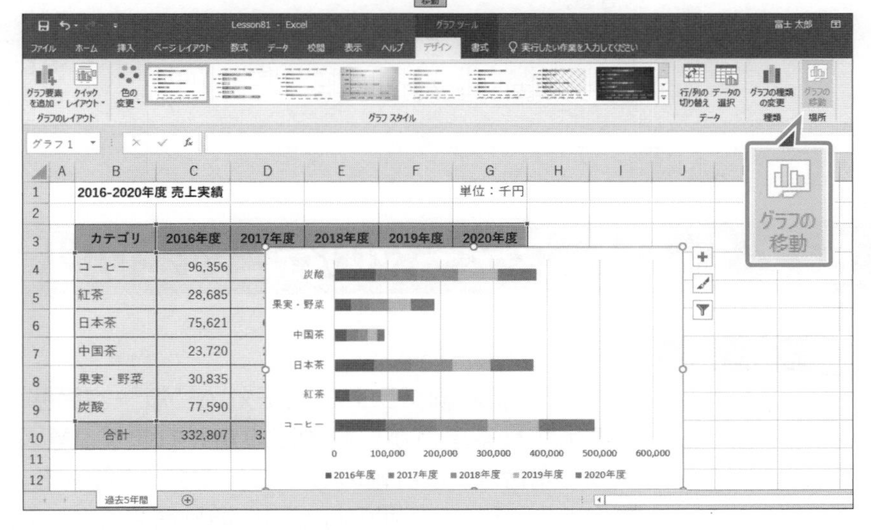

③**《グラフの移動》**ダイアログボックスが表示されます。

④**《新しいシート》**を◉にし、**「カテゴリ別売上推移」**と入力します。

⑤**《OK》**をクリックします。

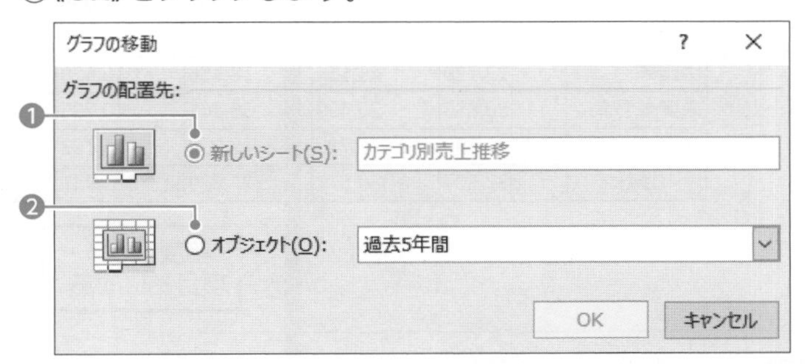

⑥ワークシート上のグラフがグラフシート**「カテゴリ別売上推移」**に移動します。

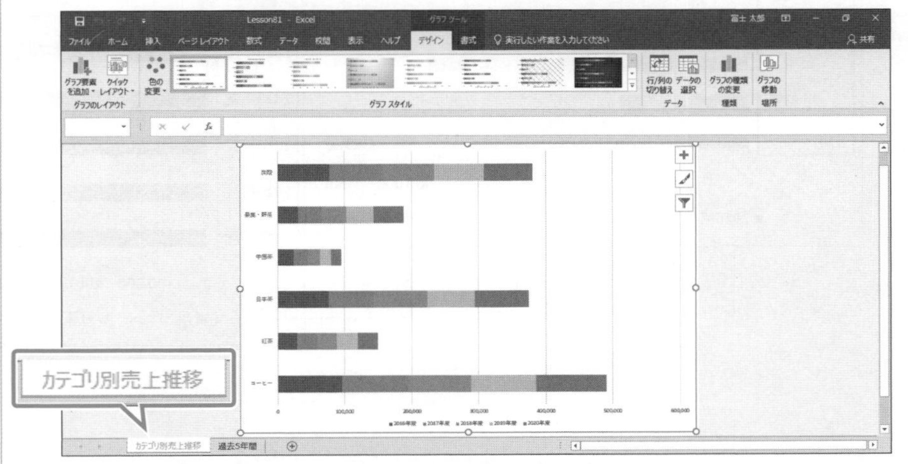

※ワークシート「過去5年間」に切り替えて、グラフが移動していることを確認しておきましょう。

その他の方法

グラフの場所の変更

2019 365

◆グラフエリアを右クリック→《グラフの移動》

Point

《グラフの移動》

❶新しいシート

グラフシートにグラフを配置します。テキストボックスにグラフシートの名前を入力します。

❷オブジェクト

ワークシート上にグラフを配置します。移動先のワークシートを選択します。

5-2 グラフを変更する

理解度チェック

習得すべき機能	参照Lesson	学習前	学習後	試験直前
■データ範囲の行と列を切り替えることができる。	➡Lesson82	☑	☑	☑
■データ系列を追加できる。	➡Lesson83	☑	☑	☑
■グラフ要素を表示したり非表示にしたりすることができる。	➡Lesson84 ➡Lesson85 ➡Lesson86	☑	☑	☑
■グラフ要素に書式を設定できる。	➡Lesson84 ➡Lesson85 ➡Lesson86	☑	☑	☑

5-2-1 ソースデータの行と列を切り替える

解説

■行/列の切り替え

棒グラフや折れ線グラフでは、Excelがデータ範囲の項目名の数を読み取って、項目軸に表示される項目が自動的に設定されます。意図したとおりに項目軸が設定されなかった場合は、項目軸のもとになるデータ範囲を、行から列、または列から行に切り替えます。データ範囲の行と列を切り替えると、項目軸と凡例が入れ替わります。

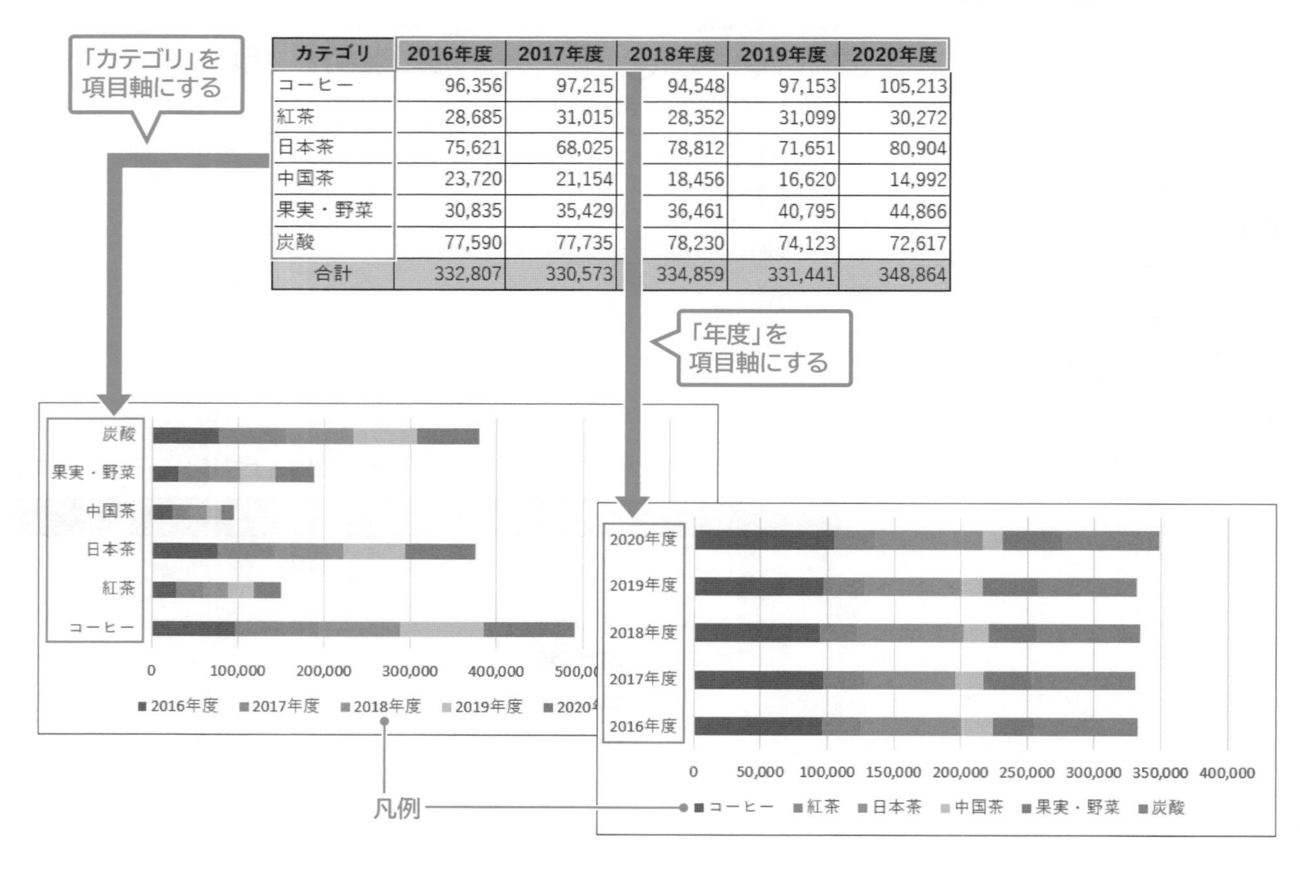

カテゴリ	2016年度	2017年度	2018年度	2019年度	2020年度
コーヒー	96,356	97,215	94,548	97,153	105,213
紅茶	28,685	31,015	28,352	31,099	30,272
日本茶	75,621	68,025	78,812	71,651	80,904
中国茶	23,720	21,154	18,456	16,620	14,992
果実・野菜	30,835	35,429	36,461	40,795	44,866
炭酸	77,590	77,735	78,230	74,123	72,617
合計	332,807	330,573	334,859	331,441	348,864

データ範囲の行と列を切り替える方法は、次のとおりです。

2019 ◆《デザイン》タブ→《データ》グループの （行/列の切り替え）

365 ◆《デザイン》タブ/《グラフのデザイン》タブ→《データ》グループの （行/列の切り替え）

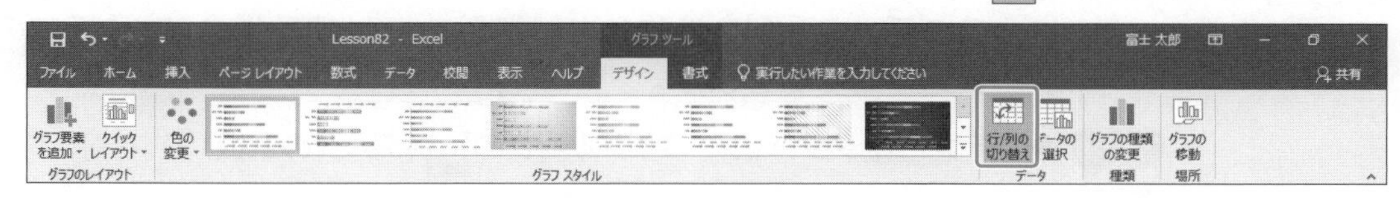

Lesson 82

ブック「Lesson82」を開いておきましょう。

次の操作を行いましょう。

(1) グラフの項目軸に年度、凡例にカテゴリが表示されるように変更してください。

Lesson 82 Answer

(1)

① グラフを選択します。

② **《デザイン》**タブ→**《データ》**グループの （行/列の切り替え）をクリックします。

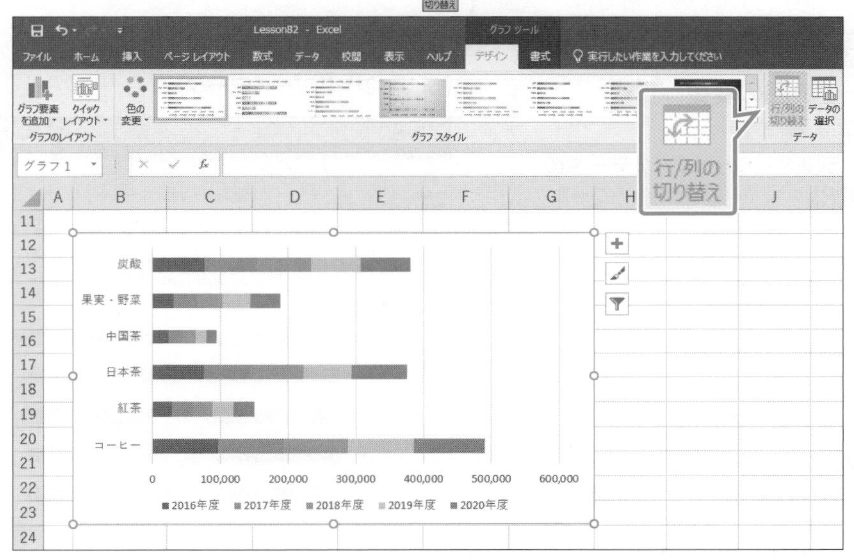

③ 項目軸に年度、凡例にカテゴリが表示されます。

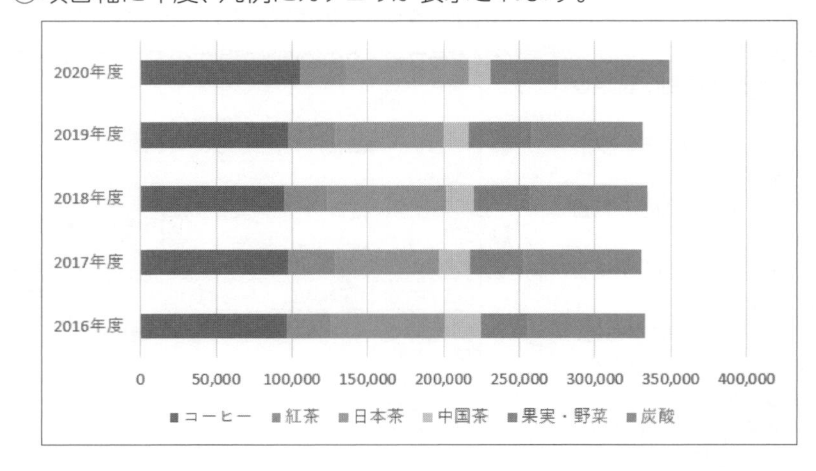

その他の方法

行/列の切り替え

2019 365

◆ グラフを右クリック→《データの選択》→《行/列の切り替え》

5-2-2 グラフにデータ範囲（系列）を追加する

■データ範囲の変更

グラフにデータ系列を追加したり削除したりする場合は、グラフのもとになっているデータ範囲を変更します。

2019 ◆《デザイン》タブ→《データ》グループの（データの選択）

365 ◆《デザイン》タブ／《グラフのデザイン》タブ→《データ》グループの（データの選択）

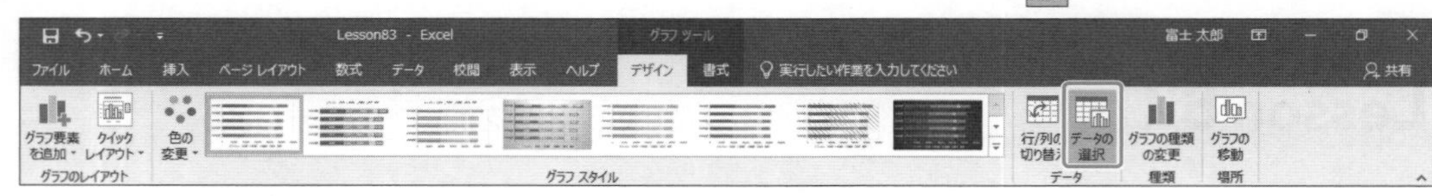

Lesson 83

ブック「Lesson83」を開いておきましょう。

次の操作を行いましょう。

(1) グラフに炭酸のデータ系列を追加してください。

Lesson 83 Answer

(1)

①グラフを選択します。

②**《デザイン》**タブ→**《データ》**グループの（データの選択）をクリックします。

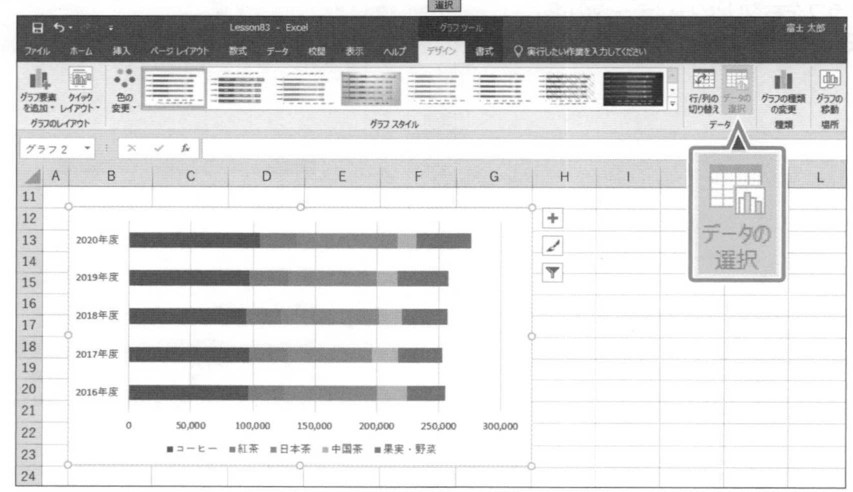

③**《データソースの選択》**ダイアログボックスが表示されます。

④**《グラフデータの範囲》**に現在のデータ範囲が反転表示されていることを確認します。

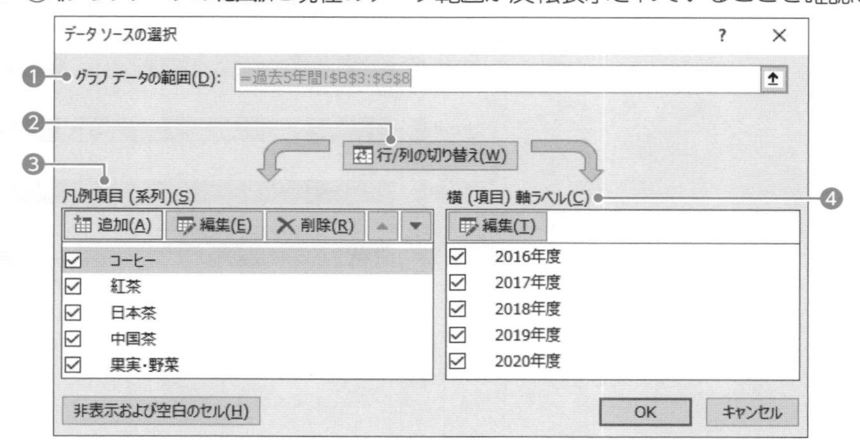

その他の方法

データ範囲の変更

2019 365

◆グラフを右クリック→《データの選択》

Point

《データソースの選択》

❶グラフデータの範囲
グラフ作成時に選択したセル範囲が表示されます。選択しなおすと、データ範囲を変更できます。

❷行/列の切り替え
データ範囲の行と列を切り替えます。

❸凡例項目(系列)
グラフのデータ系列を個別に設定します。
《追加》を使うと、グラフにデータ系列を追加できます。
《編集》を使うと、データ系列の範囲を変更できます。
《削除》を使うと、グラフからデータ系列を削除できます。
また、各系列の☑を☐にすると、そのデータ系列を非表示にできます。

❹横(項目)軸ラベル
各データ系列の項目名を設定します。
《編集》を使うと、項目名の範囲を変更できます。

⑤セル範囲【B3：G9】を選択します。

	A	B	C	D	E	F	G	H	I	J
1		2016-2020年度 売上実績					単位：千円			
2										
3		カテゴリ	2016年度	2017年度	2018年度	2019年度	2020年度			
4		コーヒー	96,356							
5		紅茶	28,685							
6		日本茶	75,621							
7		中国茶	23,720	21,154	18,456	16,620	14,992			
8		果実・野菜	30,835	35,429	36,461	40,795	44,866			
9		炭酸	77,590	77,735	78,230	74,123	72,617			
10		合計	332,807	330,573	334,859	331,441	348,864	7R x 6C		

データ ソースの選択 ?
=過去5年間!$B$3:$G$9

2020年度
2019年度

過去5年間

⑥**《グラフデータの範囲》**が**「=過去5年間!$B$3：$G$9」**になり、**《凡例項目（系列）》**に**「炭酸」**が追加されていることを確認します。

⑦**《OK》**をクリックします。

⑧グラフに炭酸のデータ系列が追加されます。

2020年度
2019年度
2018年度
2017年度
2016年度
0 50,000 100,000 150,000 200,000 250,000 300,000 350,000 400,000
■コーヒー ■紅茶 ■日本茶 ■中国茶 ■果実・野菜 ■炭酸

Point

色枠線を利用したデータ範囲の変更

グラフを選択すると、データ範囲が色枠線で囲まれて表示されます。色枠線をドラッグして、データ範囲を変更することもできます。

データ範囲の枠線をマウスポインターの形が✥の状態でドラッグすると、領域を移動できます。

データ範囲の四隅の■（ハンドル）をマウスポインターの形が⤡や⤢の状態でドラッグすると、領域を変更できます。

5-2-3 グラフの要素を追加する、変更する

解説

■グラフ要素の表示・非表示

グラフタイトルや凡例などのグラフ要素は、必要に応じて表示したり非表示にしたりできます。

2019 ◆《デザイン》タブ→《グラフのレイアウト》グループの（グラフ要素を追加）

365 ◆《デザイン》タブ／《グラフのデザイン》タブ→《グラフのレイアウト》グループの（グラフ要素を追加）

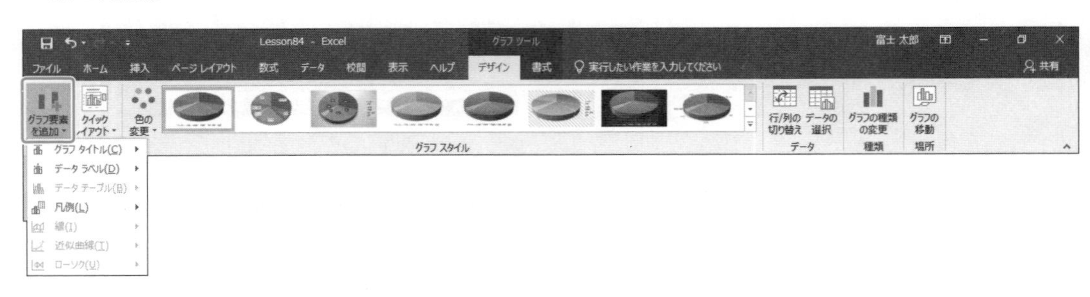

■グラフ要素の書式設定

《(グラフ要素名)の書式設定》作業ウィンドウを使うと、グラフの各要素に対して、詳細に書式を設定できます。
《(グラフ要素名)の書式設定》作業ウィンドウを表示する方法は、次のとおりです。

2019 365 ◆グラフ要素を右クリック→《(グラフ要素名)の書式設定》

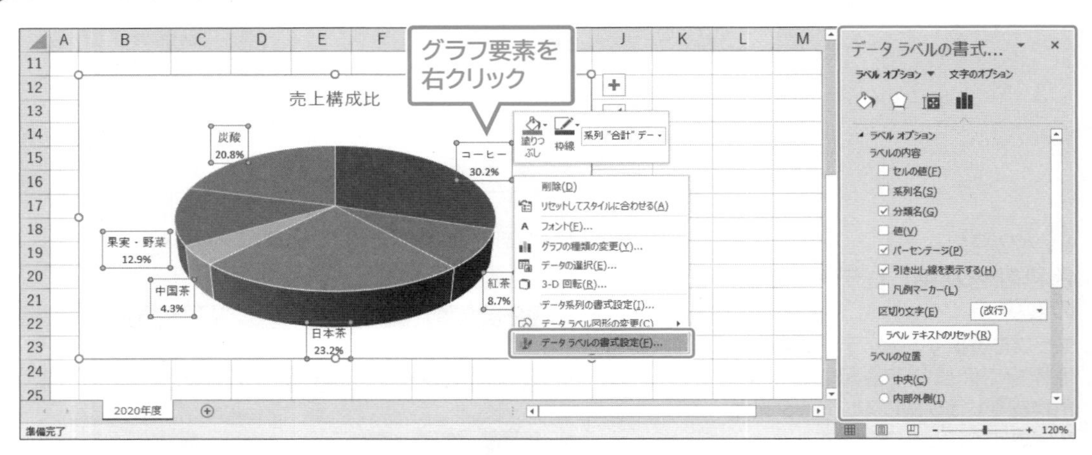

Lesson 84

ブック「Lesson84」を開いておきましょう。

次の操作を行いましょう。

(1) グラフタイトル「売上構成比」を追加してください。
(2) 凡例を非表示にしてください。
(3) データ系列の外側にデータラベルを表示してください。ラベルの内容は分類名とパーセンテージとします。パーセンテージは小数点以下1桁まで表示します。

Lesson 84 Answer

その他の方法

グラフ要素の表示・非表示

2019 365

◆グラフを選択→ショートカットツールの［+］（グラフ要素）→表示する場合は［✔］、非表示にする場合は［ ］にする

Point

ショートカットツール

グラフを選択すると、グラフの右側に「ショートカットツール」という3つのボタンが表示されます。

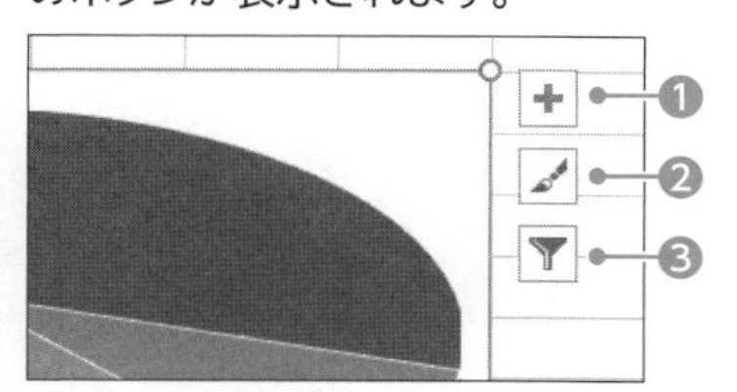

❶**グラフ要素**
タイトルや凡例などのグラフ要素の表示・非表示を切り替えたり、表示位置を変更したりします。
※表示位置を設定する場合は、▶をクリックします。

❷**グラフスタイル**
グラフのスタイルや配色を変更します。

❸**グラフフィルター**
グラフに表示するデータを絞り込みます。

(1)

①グラフを選択します。

②**《デザイン》**タブ→**《グラフのレイアウト》**グループの［グラフ要素を追加］（グラフ要素を追加）→**《グラフタイトル》**→**《グラフの上》**をクリックします。

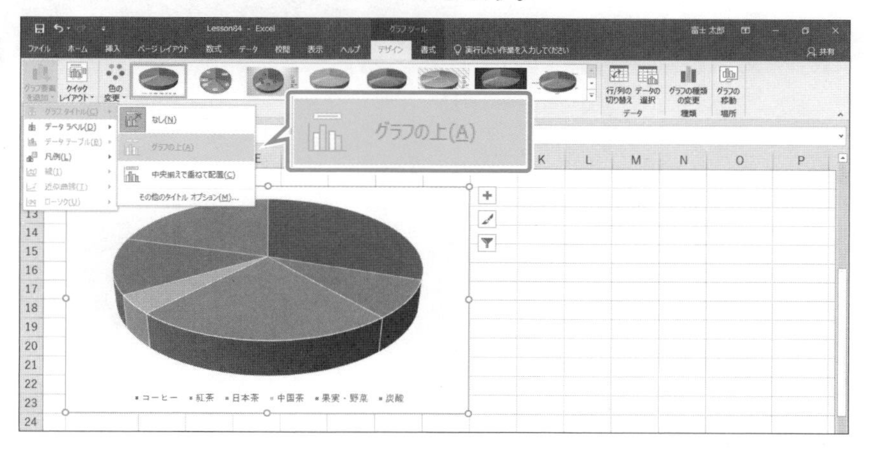

③グラフタイトルが表示されます。

④グラフタイトル内をクリックします。

※合計内にカーソルが表示されます。

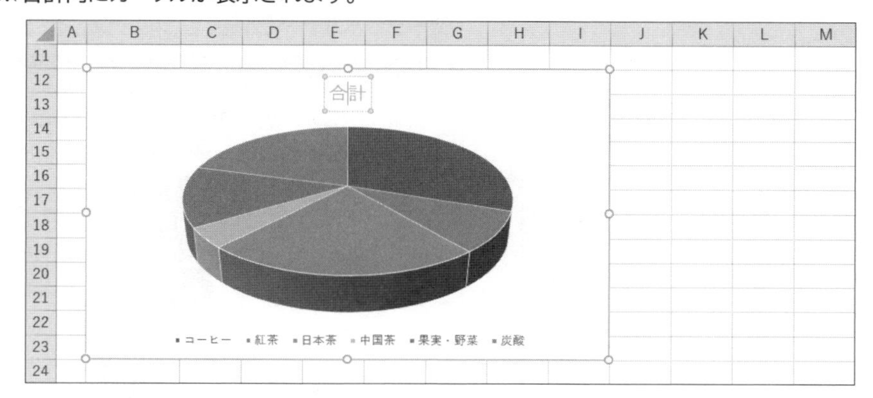

⑤**「合計」**を**「売上構成比」**に修正します。

⑥グラフタイトル以外の場所をクリックします。

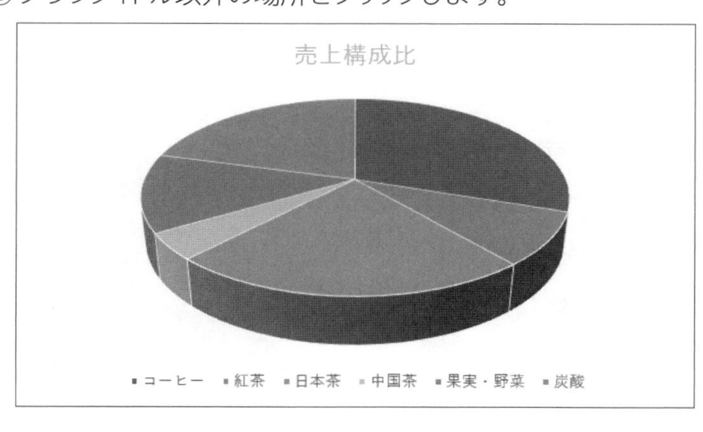

(2)

①グラフを選択します。

②《デザイン》タブ→《グラフのレイアウト》グループの（グラフ要素を追加）→《凡例》→《なし》をクリックします。

③凡例が非表示になります。

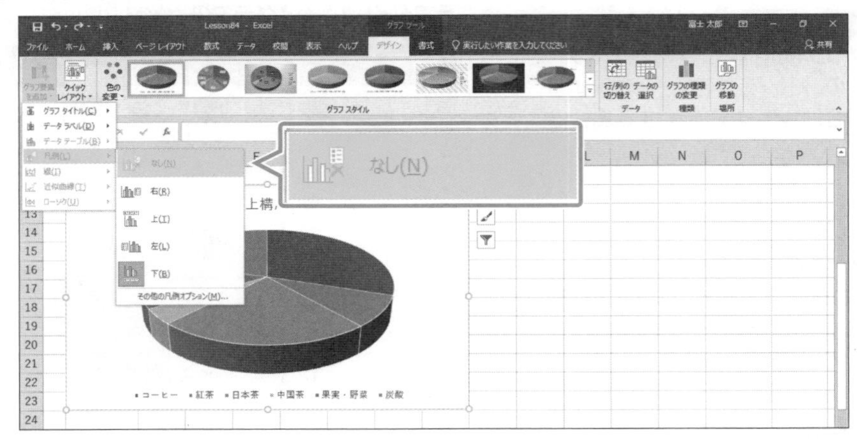

(3)

①グラフを選択します。

②《デザイン》タブ→《グラフのレイアウト》グループの（グラフ要素を追加）→《データラベル》→《外側》をクリックします。

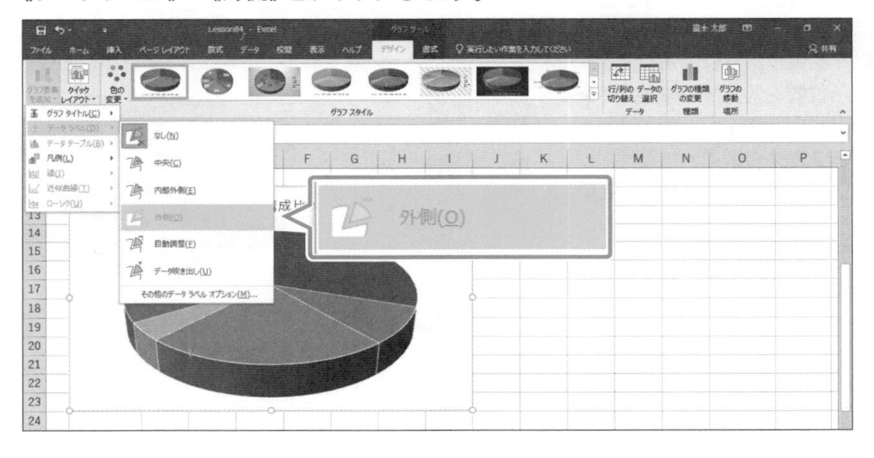

③データラベルが表示されます。

④データラベルを右クリックします。

※どの項目でもかまいません。

⑤《データラベルの書式設定》をクリックします。

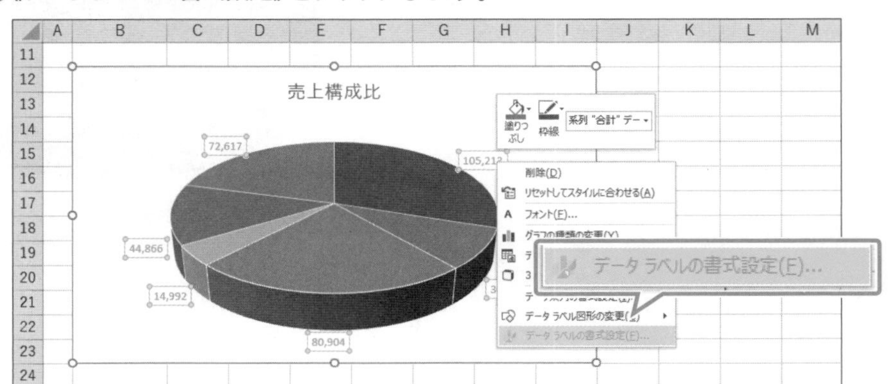

Point

グラフ要素の選択

グラフ要素が小さく選択しにくい場合や、重なって選択できない場合は、リボンを使って選択します。

2019 365

◆グラフを選択→《書式》タブ→《現在の選択範囲》グループの グラフ エリア（グラフ要素）の▼→一覧から選択

その他の方法

グラフ要素の書式設定

2019 365

◆グラフ要素を選択→《書式》タブ→《現在の選択範囲》グループの 選択対象の書式設定（選択対象の書式設定）

⑥**《データラベルの書式設定》**作業ウィンドウが表示されます。

⑦**《ラベルオプション》**の（ラベルオプション）をクリックします。

⑧**《ラベルオプション》**の詳細が表示されていることを確認します。

※表示されていない場合は、《ラベルオプション》をクリックします。

⑨**《ラベルの内容》**の**《分類名》**と**《パーセンテージ》**を☑、それ以外を□にします。

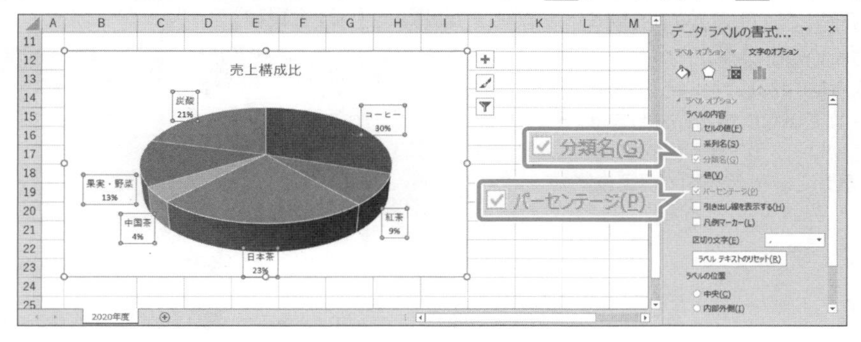

⑩**《表示形式》**をクリックします。

※表示されていない場合は、スクロールして調整します。

⑪**《カテゴリ》**の▼をクリックし、一覧から**《パーセンテージ》**を選択します。

⑫**《小数点以下の桁数》**に**「1」**と入力します。

⑬データラベルの表示が変更されます。

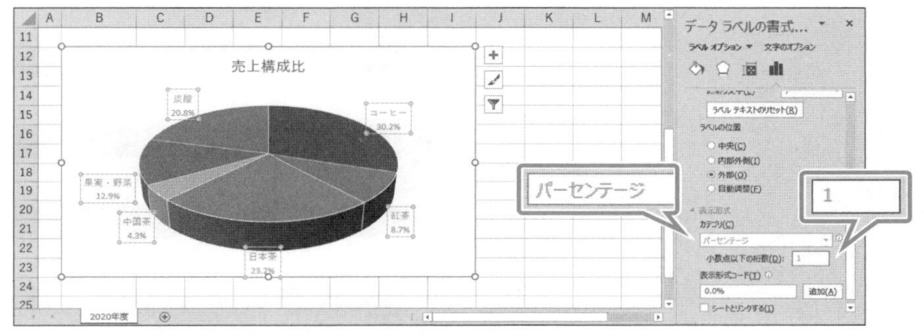

※《データラベルの書式設定》作業ウィンドウを閉じておきましょう。

Lesson 85

ブック「Lesson85」を開いておきましょう。

次の操作を行いましょう。

(1) グラフの目盛線を非表示にしてください。

(2) グラフの区分線を表示してください。

(3) グラフの値軸の目盛の最大値を「350000」に設定してください。

(4) グラフの項目軸が2016年度、2017年度、2018年度…の順番に表示されるように軸を反転してください。

(5) グラフの右上に、横軸ラベル「単位：千円」を表示してください。

(6) グラフに凡例付きのデータテーブルを表示してください。

Lesson 85 Answer 

Point
選択肢に《なし》がない場合

軸ラベルや目盛線などのグラフ要素のように、《なし》という選択肢が用意されていない場合があります。その場合は、グラフ要素名をクリックして、表示と非表示を切り替えます。

(1)

①グラフシート**「売上グラフ」**のグラフを選択します。

②**《デザイン》**タブ→**《グラフのレイアウト》**グループの（グラフ要素を追加）→**《目盛線》**→**《第1主縦軸》**をクリックします。

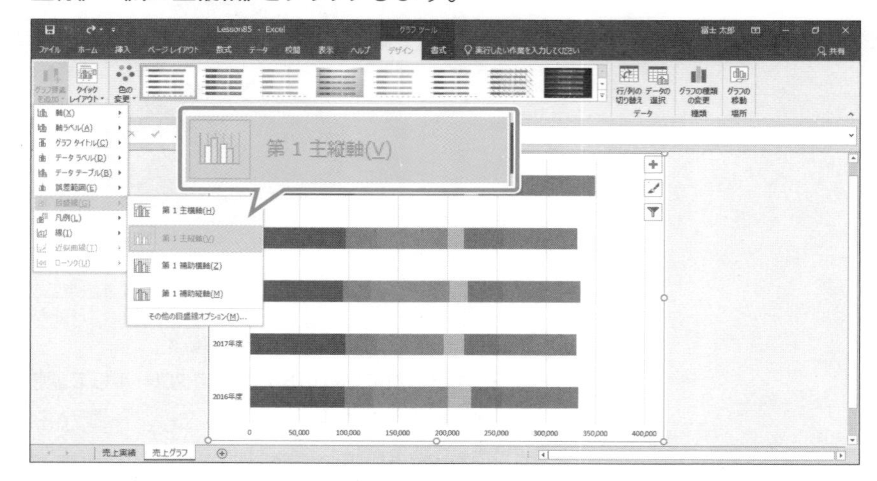

③目盛線が非表示になります。

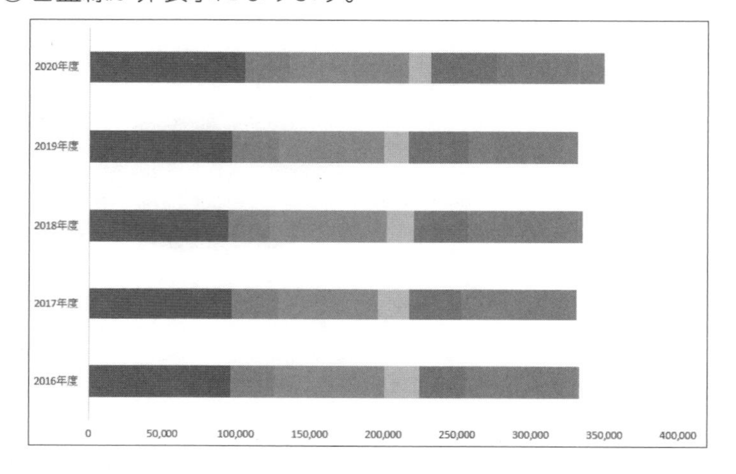

(2)

①グラフを選択します。

②**《デザイン》**タブ→**《グラフのレイアウト》**グループの（グラフ要素を追加）→**《線》**→**《区分線》**をクリックします。

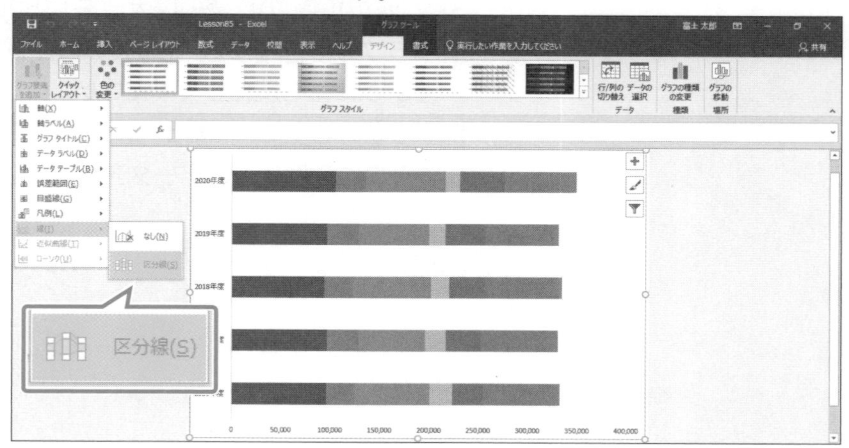

③データ系列を比較する区分線が表示されます。

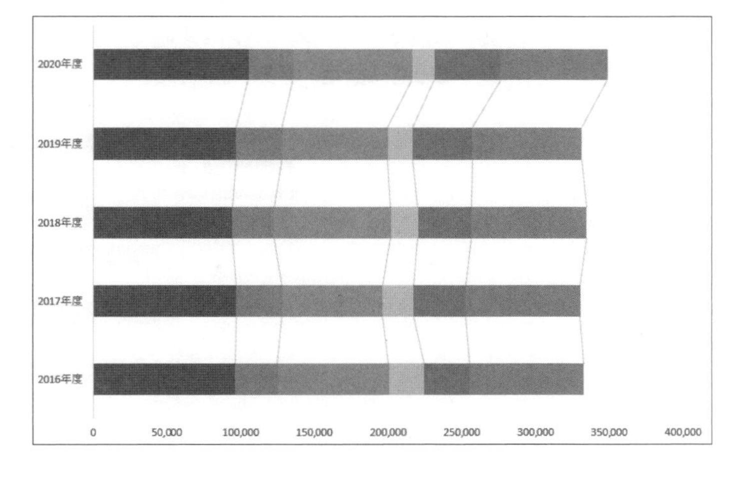

(3)

①値軸を右クリックします。

②**《軸の書式設定》**をクリックします。

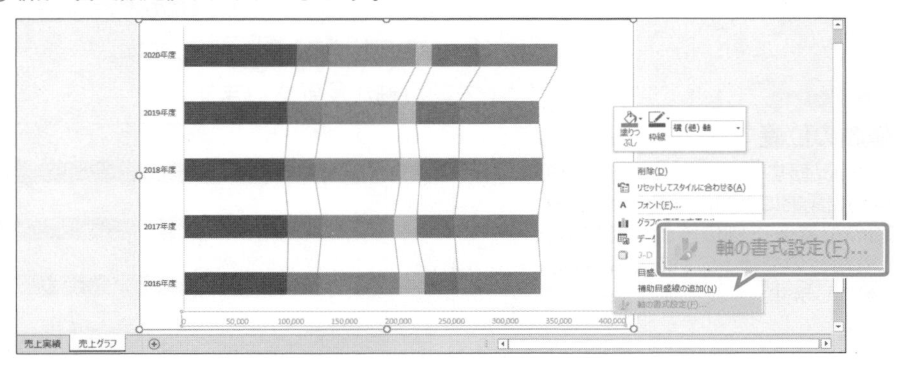

③**《軸の書式設定》**作業ウィンドウが表示されます。

④**《軸のオプション》**の（軸のオプション）をクリックします。

⑤**《軸のオプション》**の詳細が表示されていることを確認します。

※表示されていない場合は、《軸のオプション》をクリックします。

⑥**《最大値》**に**「350000」**と入力します。

⑦値軸の最大値が変更されます。

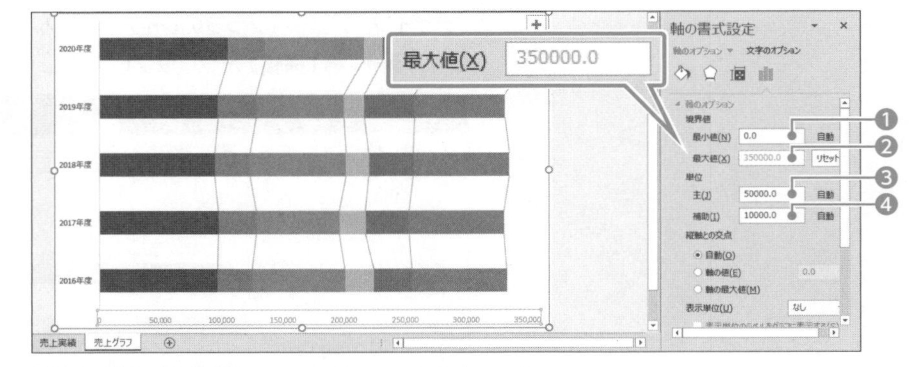

※《軸の書式設定》作業ウィンドウを閉じておきましょう。

Point

《軸のオプション》

❶最小値
値軸の最小値を設定します。
初期の設定は《自動》で、データ範囲の数値を自動的に読み取って設定されます。

❷最大値
値軸の最大値を設定します。
初期の設定は《自動》で、データ範囲の数値を自動的に読み取って設定されます。

❸主
目盛線を表示している場合に、目盛線の間隔を設定します。

❹補助
補助目盛線を表示している場合に、補助目盛線の間隔を設定します。

(4)

①項目軸を右クリックします。

②**《軸の書式設定》**をクリックします。

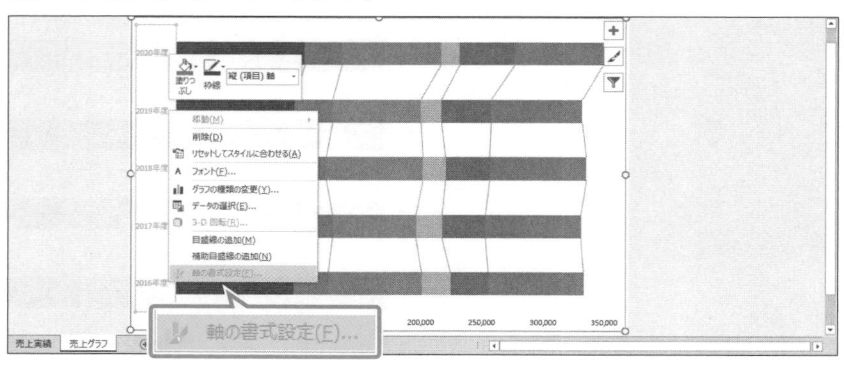

③**《軸の書式設定》**作業ウィンドウが表示されます。

④**《軸のオプション》**の（軸のオプション）をクリックします。

⑤**《軸のオプション》**の詳細が表示されていることを確認します。

※表示されていない場合は、《軸のオプション》をクリックします。

⑥**《軸を反転する》**を☑にします。

⑦項目軸が反転されます。

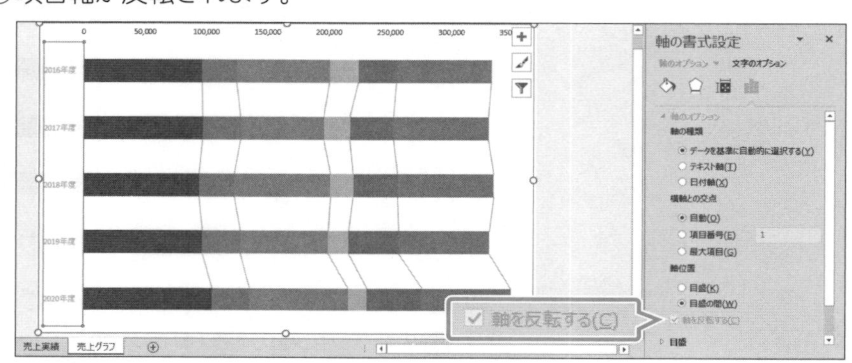

※《軸の書式設定》作業ウィンドウを閉じておきましょう。

Point

値軸の位置

《軸を反転する》を☑にすると、値軸が自動的に上側に移動します。値軸の位置を下側に移動するには、《横軸との交点》の《最大項目》を◉にします。

(5)

①グラフを選択します。

②**《デザイン》**タブ→**《グラフのレイアウト》**グループの（グラフ要素を追加）→**《軸ラベル》**→**《第1横軸》**をクリックします。

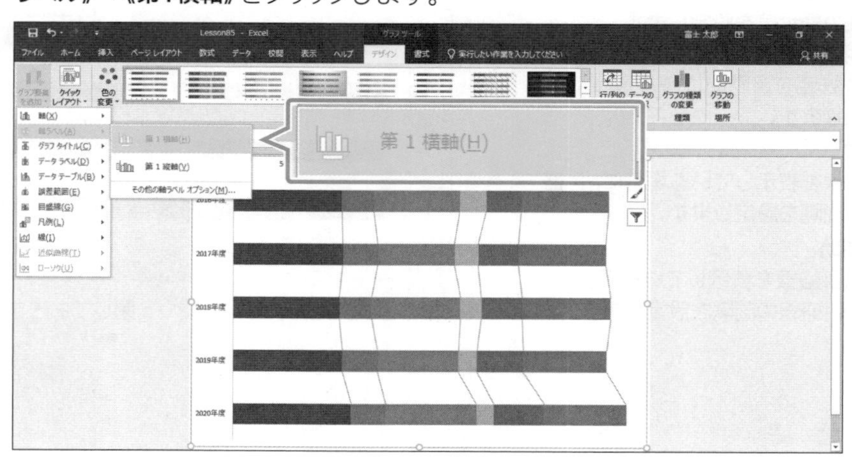

③軸ラベルが表示されます。

④軸ラベル内をクリックします。

※軸ラベル内にカーソルが表示されます。

⑤**「軸ラベル」**を**「単位：千円」**に修正します。

⑥軸ラベルの枠線をポイントし、マウスポインターの形が✥に変わったら、図のようにドラッグして移動します。

⑦軸ラベルが移動します。

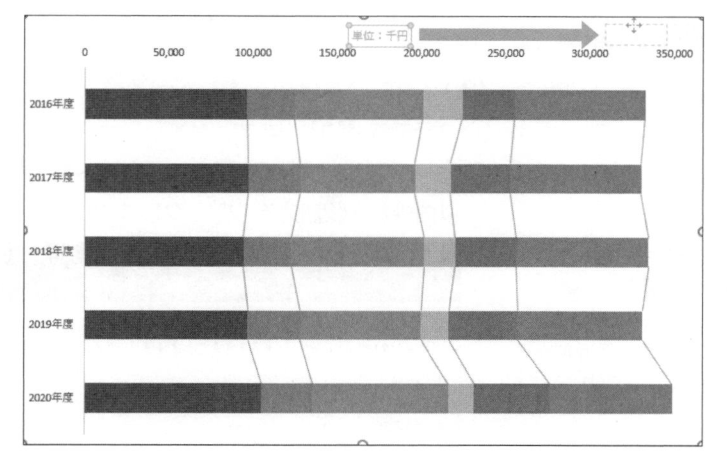

(6)

①グラフを選択します。

②**《デザイン》**タブ→**《グラフのレイアウト》**グループの（グラフ要素を追加）→**《データテーブル》**→**《凡例マーカーあり》**をクリックします。

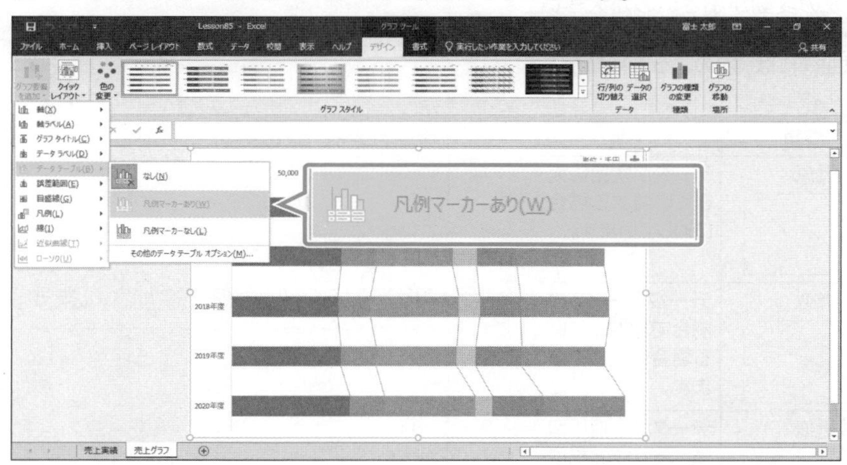

③データテーブルが表示されます。

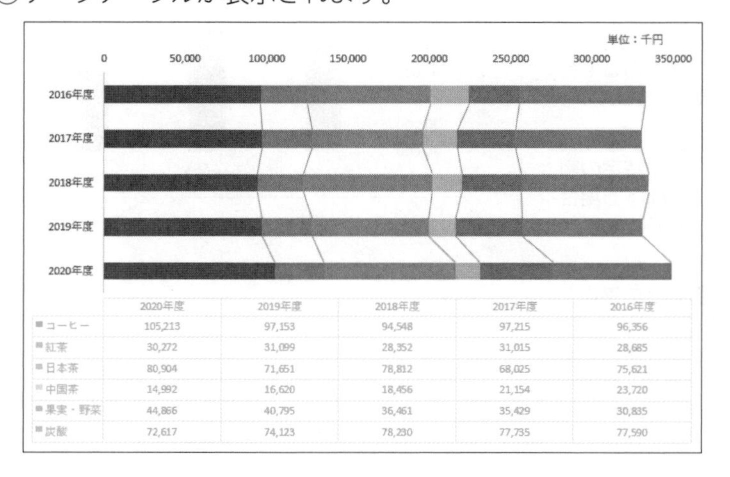

	2020年度	2019年度	2018年度	2017年度	2016年度
コーヒー	105,213	97,153	94,548	97,215	96,356
紅茶	30,272	31,099	28,352	31,015	28,685
日本茶	80,904	71,651	78,812	68,025	75,621
中国茶	14,992	16,620	18,456	21,154	23,720
果実・野菜	44,866	40,795	36,461	35,429	30,835
炭酸	72,617	74,123	78,230	77,735	77,590

Lesson 86

ブック「Lesson86」を開いておきましょう。

Hint

売上を予測するには、《近似曲線の書式設定》作業ウィンドウの《前方補外》の《区間》を使います。

次の操作を行いましょう。

(1) グラフに線形近似の近似曲線を追加してください。

(2) 近似曲線を多項式近似に変更してください。次数は「4」にし、2021年度の売上を予測します。

Lesson 86 Answer

(1)

①グラフを選択します。

②**《デザイン》**タブ→**《グラフのレイアウト》**グループの（グラフ要素を追加）→**《近似曲線》**→**《線形》**をクリックします。

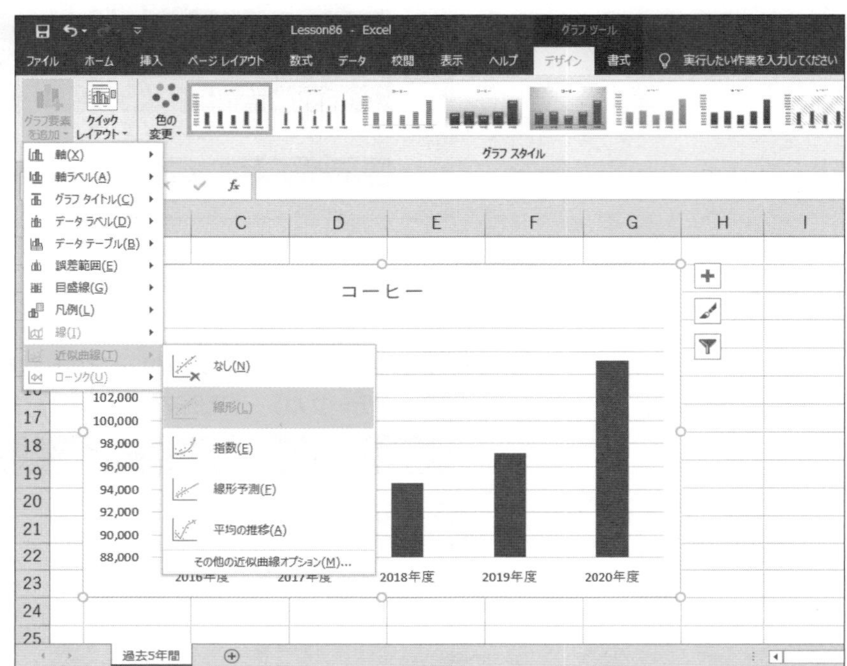

③線形近似の近似曲線が追加されます。

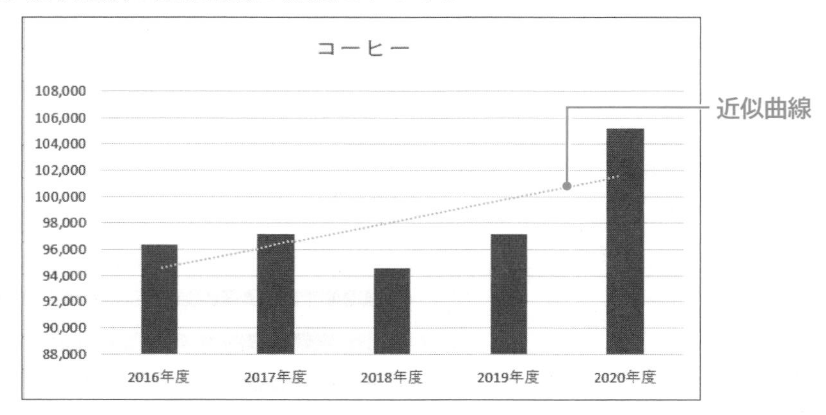

その他の方法

近似曲線の追加

2019 365

◆データ系列を選択→ショートカットツールの[+]（グラフ要素）→《[✓]近似曲線》

◆データ系列を右クリック→《近似曲線の追加》

Point

近似曲線

グラフに近似曲線を追加すると、データの増減を直線または曲線で表現できます。曲線のカーブが緩やかであるか急激であるかによって、データの変動が小さいのか大きいのかがわかります。

近似曲線には、次のような種類があります。

種類	説明
指数近似	データが次第に大きく増減する場合に適しています。
線形近似	データが一定の割合で増減している場合に適しています。
対数近似	データが急速に増減し、そのあと横ばい状態になる場合に適しています。
多項式近似	データが変動し、ばらつきがある場合に適しています。
累乗近似	データが特定の割合で増加する場合に適しています。
移動平均	区間ごとの平均を線でつなぎます。データの傾向を明確に把握する場合に適しています。

(2)

①グラフを選択します。

②近似曲線を右クリックします。

③**《近似曲線の書式設定》**をクリックします。

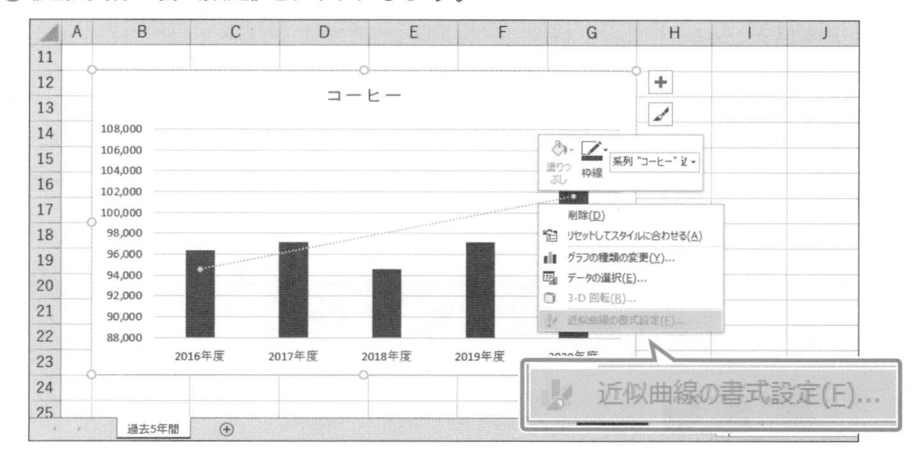

④**《近似曲線の書式設定》**作業ウィンドウが表示されます。

⑤**《近似曲線のオプション》**の（近似曲線のオプション）をクリックします。

⑥**《近似曲線のオプション》**の詳細が表示されていることを確認します。

⑦**《多項式近似》**を◉にし、**《次数》**を**「4」**に設定します。

⑧**《予測》**の**《前方補外》**の**《区間》**に**「1」**と入力します。

※表示されていない場合は、スクロールして調整します。

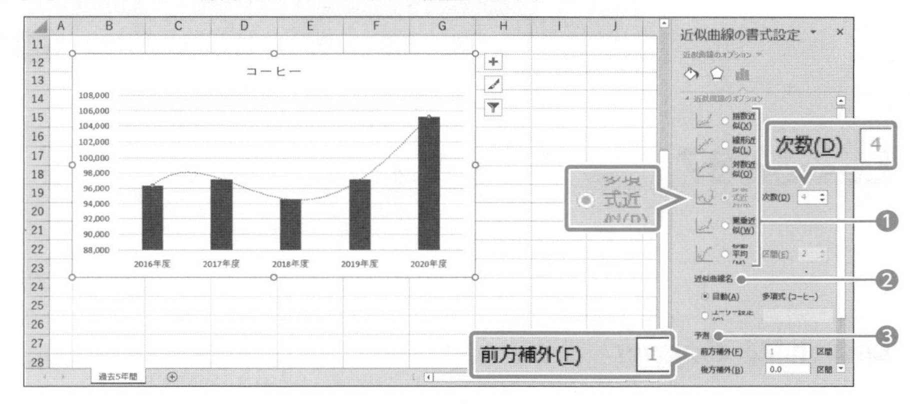

⑨2021年度の売上を予測した、次数が4の多項式近似の近似曲線に変更されます。

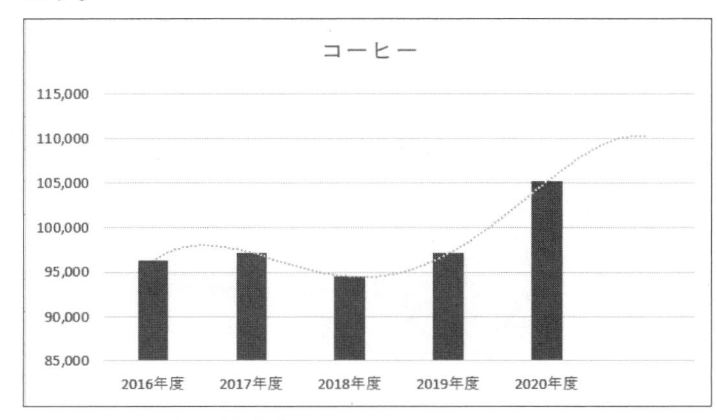

※《近似曲線の書式設定》作業ウィンドウを閉じておきましょう。

Point

《近似曲線のオプション》

❶近似曲線の種類

近似曲線の種類を選択します。

❷近似曲線名

近似曲線の名前を設定します。《自動》が◉のとき、Excelが自動的に設定します。

《ユーザー設定》を◉にすると、ユーザーが設定できます。

❸予測

データの動きを予測するときに、予測する区間を設定します。

《前方補外》に設定すると、未来の動きを予測して、近似曲線が右方向に延長されます。

《後方補外》に設定すると、過去の動きを予測して、近似曲線が左方向に延長されます。

Point

多項式近似の次数

多項式近似曲線の次数は、データの変動の回数によって決まり、次数が2の場合、曲線の中に山または谷が1つ存在する曲線になります。

多項式近似の次数を上げると、近似曲線の信頼度が上がります。

Point

近似曲線の削除

2019 365

◆近似曲線を選択→Delete

5-3 グラフを書式設定する

理解度チェック

習得すべき機能	参照Lesson	学習前	学習後	試験直前
■グラフにレイアウトを適用できる。	➡Lesson87	☑	☑	☑
■グラフにスタイルを適用できる。	➡Lesson88	☑	☑	☑
■グラフに代替テキストを追加できる。	➡Lesson89	☑	☑	☑

5-3-1 グラフのレイアウトを適用する

解説 ■グラフのレイアウトの適用

Excelのグラフには、表示されるグラフ要素やその配置が**「レイアウト」**として用意されています。一覧から選択するだけで、簡単にグラフ全体のレイアウトを変更できます。

2019 ◆《デザイン》タブ→《グラフのレイアウト》グループの （クイックレイアウト）

365 ◆《デザイン》タブ／《グラフのデザイン》タブ→《グラフのレイアウト》グループの （クイックレイアウト）

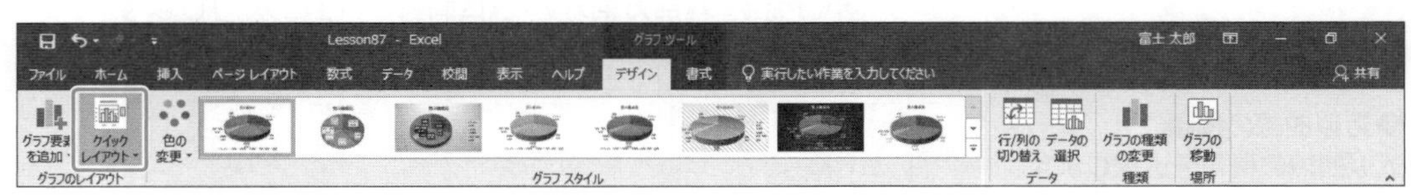

Lesson 87

OPEN ブック「Lesson87」を開いておきましょう。

次の操作を行いましょう。

(1) グラフにレイアウト「レイアウト2」を適用してください。

Lesson 87 Answer

(1)

① グラフを選択します。

②**《デザイン》**タブ→**《グラフのレイアウト》**グループの （クイックレイアウト）→**《レイアウト2》**をクリックします。

③ グラフにレイアウトが適用されます。

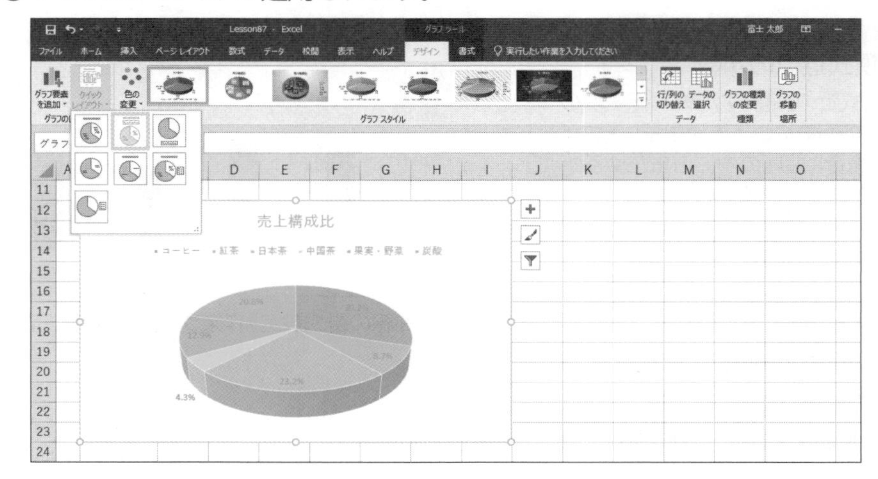

5-3-2 グラフのスタイルを適用する

解説 ■グラフのデザインの変更

Excelのグラフには、塗りつぶしの色や枠線の色などの組み合わせが**「スタイル」**として用意されています。一覧から選択するだけで、グラフ全体のデザインを変更できます。また、データ系列の配色だけを変更することもできます。

2019 ◆《デザイン》タブ→《グラフスタイル》グループのボタン

365 ◆《デザイン》タブ／《グラフのデザイン》タブ→《グラフスタイル》グループのボタン

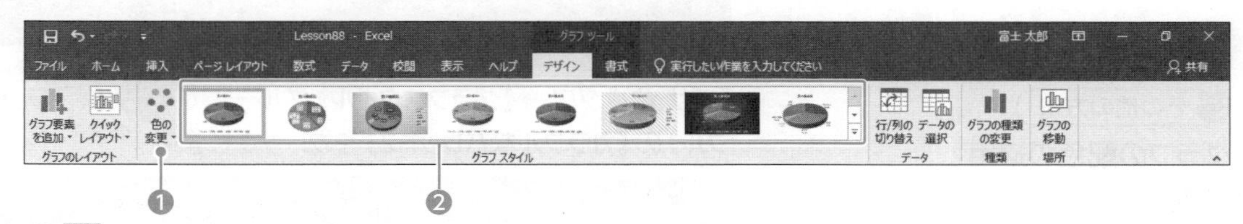

❶  **（グラフクイックカラー）**

データ系列の配色を変更します。一覧に表示される配色は、ブックに設定されているテーマによって異なります。

❷グラフのスタイルの一覧

塗りつぶしの色や枠線の色、太さなどを組み合わせたスタイルを適用します。

Lesson 88

OPEN ブック「Lesson88」を開いておきましょう。

次の操作を行いましょう。

(1) グラフにスタイル「スタイル7」、配色「カラフルなパレット2」を適用してください。

Lesson 88 Answer

その他の方法

グラフのスタイルの適用

2019 365

◆グラフを選択→ショートカットツールの（グラフスタイル）→《スタイル》

(1)

①グラフを選択します。

②**《デザイン》**タブ→**《グラフスタイル》**グループの（その他）→**《スタイル7》**をクリックします。

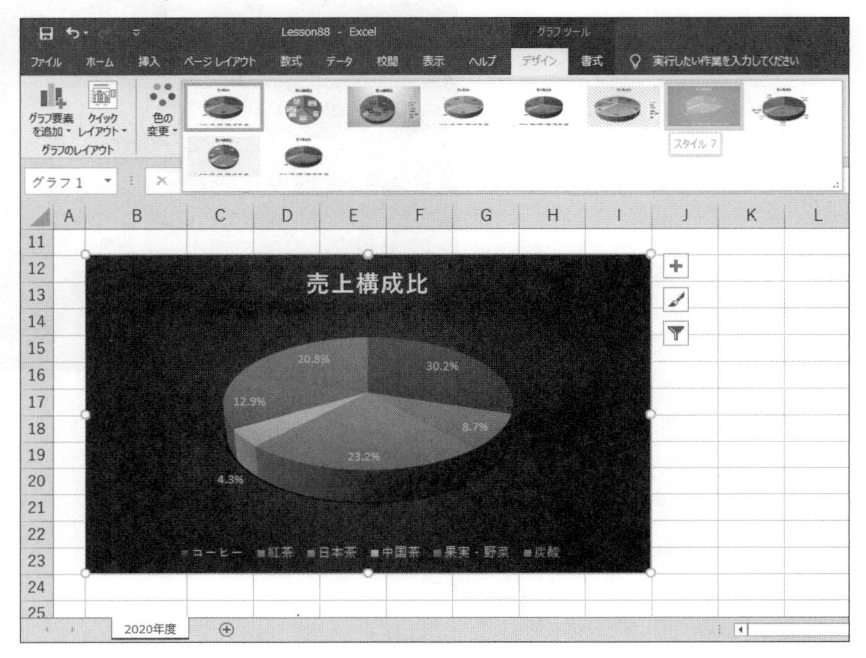

③グラフにスタイルが適用されます。

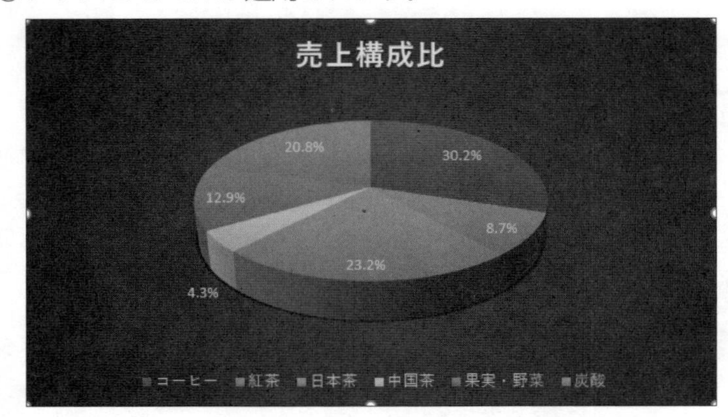

④**《デザイン》**タブ→**《グラフスタイル》**グループの（グラフクイックカラー）→**《カラフル》**の**《カラフルなパレット2》**をクリックします。

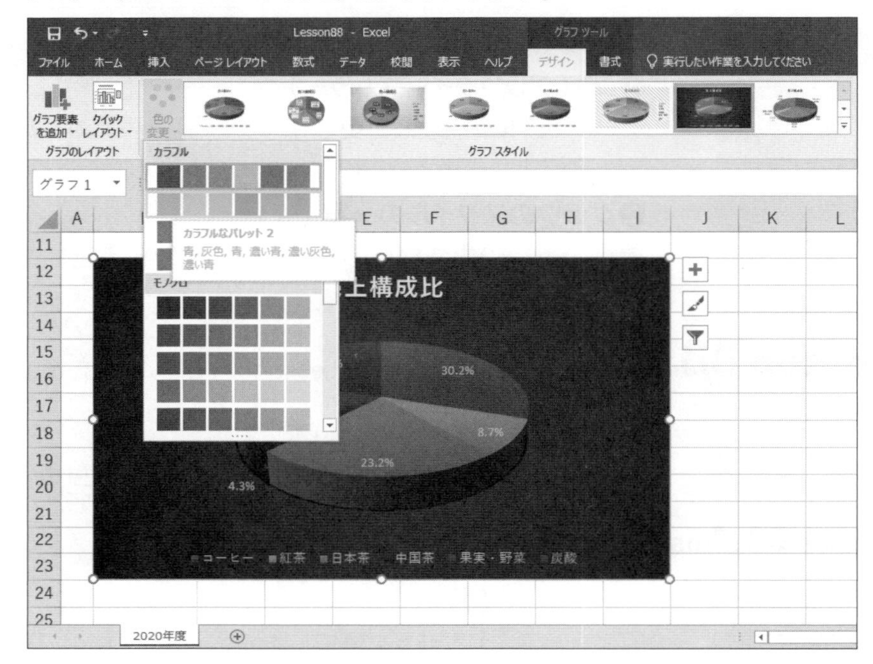

⑤データ系列の配色が変更されます。

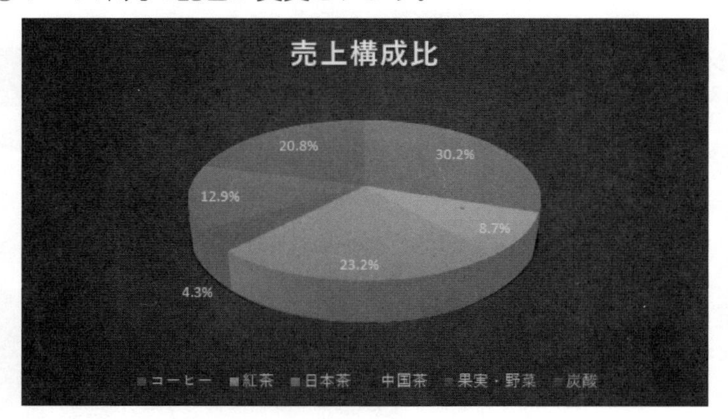

その他の方法

グラフの配色の適用

2019 365

◆グラフを選択→ショートカットツールの（グラフスタイル）→《色》

5-3-3 アクセシビリティ向上のため、グラフに代替テキストを追加する

解説

■グラフの代替テキストの追加

「代替テキスト」とは、グラフや図形、画像などのオブジェクトを説明する文字列のことです。代替テキストを追加しておくと、ユーザーがブックの情報を理解するのに役立ちます。
グラフなどのオブジェクトに代替テキストを追加するには、**《代替テキスト》**作業ウィンドウを使います。**《代替テキスト》**作業ウィンドウを表示する方法は、次のとおりです。

2019 365 ◆グラフを右クリック→《代替テキストの編集》

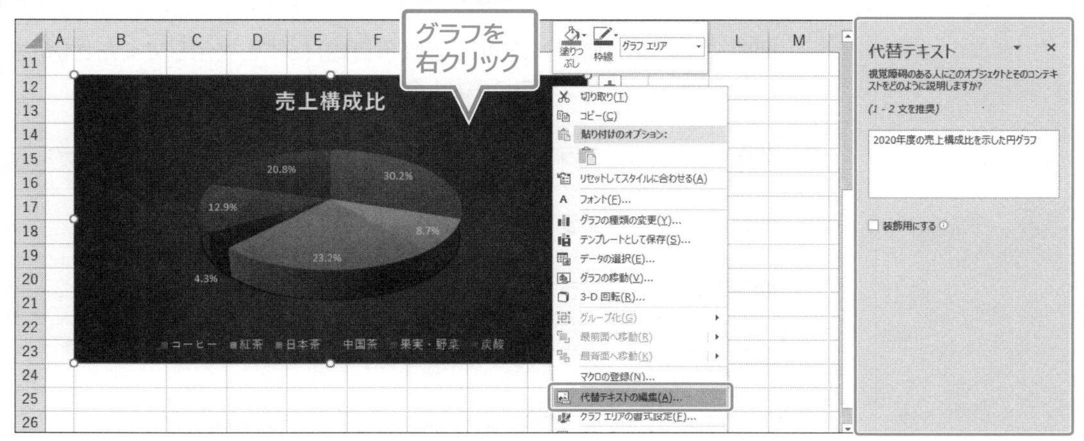

Lesson 89

ブック「Lesson89」を開いておきましょう。

次の操作を行いましょう。

(1) グラフに代替テキスト「2020年度の売上構成比を示した円グラフ」を追加してください。

Lesson 89 Answer

(1)

① グラフエリアを右クリックします。
②**《代替テキストの編集》**をクリックします。
※ポップヒントにグラフエリアと表示されてから、右クリックします。グラフタイトルやプロットエリアなどで右クリックすると、《代替テキストの編集》が表示されないので注意しましょう。
③**《代替テキスト》**作業ウィンドウが表示されます。
④**《テキストボックス》**に**「2020年度の売上構成比を示した円グラフ」**と入力します。
⑤ グラフに代替テキストが追加されます。

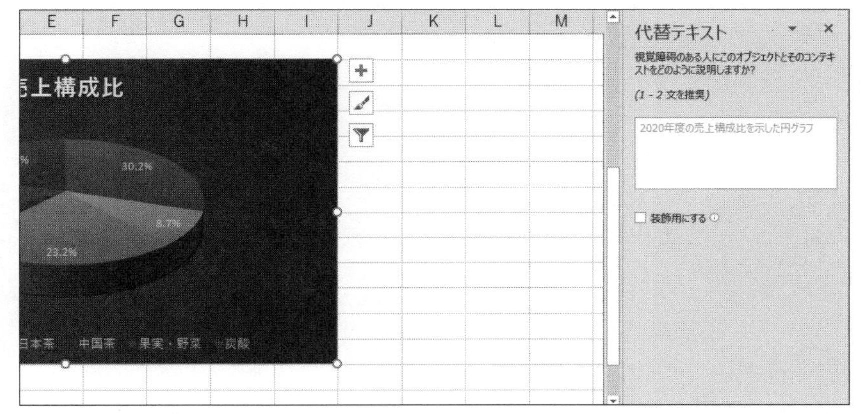

※《代替テキスト》作業ウィンドウを閉じておきましょう。

Point
アクセシビリティチェックの実行
代替テキストが設定されているかどうかは、アクセシビリティチェックの検査対象になっています。
設定されていないと、検査結果にエラーとして検出されます。

Exercise 確認問題

解答 ▶ P.214

Lesson 90

ブック「Lesson90」を開いておきましょう。

次の操作を行いましょう。

	商品分類別売上をもとにグラフを作成したり、書式を設定したりします。
問題(1)	縦棒グラフの横軸（項目軸）に年を表示してください。次に、2019年のデータをグラフに追加してください。
問題(2)	グラフタイトル「商品分類別売上」をグラフの上に表示してください。
問題(3)	グラフにスタイル「スタイル6」を適用してください。
問題(4)	グラフのデータラベルを非表示にしてください。
問題(5)	グラフに第1縦軸を表示してください。
問題(6)	グラフに「第1主横軸」の目盛線を表示してください。
問題(7)	凡例をグラフの下側に表示してください。
問題(8)	グラフの系列の色を「カラフルなパレット3」に変更してください。
問題(9)	2016年～2019年の合計をもとに集合縦棒グラフを作成してください。グラフのタイトルと代替テキストは「年度別売上」にします。
問題(10)	作成した集合縦棒グラフに、2020年の売上を予測した線形近似の近似曲線を追加してください。
問題(11)	作成した集合縦棒グラフをグラフシート「年度別売上」に移動してください。

MOS Excel 365&2019

確認問題 標準解答

出題範囲1　ワークシートやブックの管理 ………………………… 203

出題範囲2　セルやセル範囲のデータの管理 ……………………… 206

出題範囲3　テーブルとテーブルのデータの管理 ………………… 209

出題範囲4　数式や関数を使用した演算の実行 …………………… 212

出題範囲5　グラフの管理 ……………………………………… 214

Answer 確認問題 標準解答

●完成図

株式会社FOMリビング

売上一覧表（10月分）

No	売上日	顧客番号	顧客名	商品番号	商品名	単価	数量	金額
1	2020/10/4	K110	山の手デパート	1020	リビングテーブル	38000	2	76000
2	2020/10/7	K120	ロンドンプラザ	2030	食器棚	108000	1	108000
3	2020/10/7	K180	名古屋特選館	3020	シングルベッド	88000	1	88000
4	2020/10/8	K110	山の手デパート	1010	リビングソファ	98000	2	196000
5	2020/10/8	K200	広島家具販売	3010	ダブルベッド	128000	1	128000
6	2020/10/10	K190	ファニチャーNY	1020	リビングテーブル	38000	1	38000
7	2020/10/11	K120	ロンドンプラザ	2020	ダイニングチェア	35000	2	70000
8	2020/10/11	K180	名古屋特選館	2020	ダイニングチェア	35000	4	140000
9	2020/10/11	K190	ファニチャーNY	1020	リビングテーブル	38000	3	114000
10	2020/10/12	K110	山の手デパート	3010	ダブルベッド	128000	1	128000
11	2020/10/12	K120	ロンドンプラザ	2010	ダイニングテーブル	58000	3	174000
12	2020/10/14	K190	ファニチャーNY	2030	食器棚	108000	1	108000
13	2020/10/14	K180	名古屋特選館	3010	ダブルベッド	128000	1	128000
14	2020/10/15	K110	山の手デパート	2010	ダイニングテーブル	58000	2	116000
15	2020/10/15	K110	山の手デパート	4020	本棚	98000	2	196000
16	2020/10/15	K110	山の手デパート	3020	シングルベッド	88000	1	88000
17	2020/10/16	K180	名古屋特選館	1020	リビングテーブル	38000	2	76000
18	2020/10/16	K110	山の手デパート	2010	ダイニングテーブル	58000	2	116000
19	2020/10/17	K190	ファニチャーNY	3020	シングルベッド	88000	1	88000
20	2020/10/17	K200	広島家具販売	2010	ダイニングテーブル	58000	3	174000
21	2020/10/17	K130	東京家具販売	4020	本棚	98000	2	196000
22	2020/10/18	K150	みどり家具	1030	リクライニングチェア	65000	4	260000
23	2020/10/18	K150	みどり家具	2020	ダイニングチェア	35000	3	105000
24	2020/10/19	K180	名古屋特選館	1020	リビングテーブル	38000	4	152000
25	2020/10/19	K170	油木家具センター	1030	リクライニングチェア	65000	2	130000
26	2020/10/19	K190	ファニチャーNY	2020	ダイニングチェア	35000	2	70000
27	2020/10/19	K110	山の手デパート	3010	ダブルベッド	128000	1	128000
28	2020/10/20	K130	東京家具販売	2010	ダイニングテーブル	58000	3	174000
47	2020/10/26	K170	油木家具センター	3020	シングルベッド	88000	2	176000
48	2020/10/28	K160	冨士商会	1030	リクライニングチェア	65000	3	195000
49	2020/10/28	K180	名古屋特選館	1030	リクライニングチェア	65000	3	195000
50	2020/10/29	K160	冨士商会	4020	本棚	98000	2	196000

1/2

株式会社FOMリビング

No	売上日	顧客番号	顧客名	商品番号	商品名	単価	数量	金額
51	2020/10/29	K170	油木家具センター	1010	リビングソファ	98000	1	98000
52	2020/10/29	K180	名古屋特選館	2030	食器棚	108000	3	324000
53	2020/10/30	K190	ファニチャーNY	3020	シングルベッド	88000	2	176000
54	2020/10/30	K160	冨士商会	2010	ダイニングテーブル	58000	2	116000
55	2020/10/31	K170	油木家具センター	2010	ダイニングテーブル	58000	2	116000

顧客一覧

顧客番号	顧客名	郵便番号	住所	電話番号	担当者名
K110	山の手デパート	103-0027	東京都中央区日本橋1-XX　山の手YKビル	03-3241-XXXX	横山　加奈子
K120	ロンドン[illegible]	[illegible]-0001	東京都港区虎ノ門4-X-X　虎ノ門A1ビル7F	03-3432-XXXX	辻　雅彦
K130	東京家具販売	142-0053	東京都品川区中延5-X-X　大森OMビル11F	03-3782-XXXX	星　竜太郎
K140	サクラファニチャー	102-0082	東京都千代田区一番町5-XX　サクラガーデン4F	03-3263-XXXX	山本　喜一
K150	みどり家具	102-0083	東京都千代田区麹町3-X-X　NHビル	03-3234-XXXX	大月　健一郎
K160	富士商会	135-0063	東京都江東区有明1-X-X　有明ISSビル7F	03-5530-XXXX	井戸　篤
K170	油木家具センター	108-0075	東京都港区港南5-XX　江戸BBビル	03-6717-XXXX	村井　孝太
K180	名古屋特選館	460-0008	愛知県名古屋市中区栄1-X-X	052-224-XXXX	田山　久美子
K190	ファニチャーNY	542-0073	大阪府大阪市中央区日本橋2-X-X	06-6635-XXXX	相沢　桃
K200	広島家具販売	730-0031	広島県広島市中区紙屋町1-X-X	082-543-XXXX	藤本　宏

ウェブサイトを表示

10月　11月　顧客一覧　商品一覧

売上一覧表（10月分）

No	売上日	顧客番号	顧客名	商品番号	商
1	2020/10/4	K110	山の手デパート	1020	リビングテ
2	2020/10/7	K120	ロンドンプラザ	2030	食器棚
3	2020/10/7	K180	名古屋特選館	3020	シングルベ
4	2020/10/8	K110	山の手デパート	1010	リビングソ
5	2020/10/8	K200	広島家具販売	3010	ダブルベッ
6	2020/10/10	K190	ファニチャーNY	1020	リビングテ
7	2020/10/11	K120	ロンドンプラザ	2020	ダイニング
8	2020/10/11	K180	名古屋特選館	2020	ダイニング
9	2020/10/11	K190	ファニチャーNY	1020	リビングテ
10	2020/10/12	K110	山の手デパート	3010	ダブルベッ
11	2020/10/12	K120	ロンドンプラザ	2010	ダイニング
12	2020/10/14	K190	ファニチャーNY	2030	食器棚
13	2020/10/14	K180	名古屋特選館	3010	ダブルベッ
14	2020/10/15	K110	山の手デパート	2010	ダイニング

10月　11月　顧客一覧　商 ...

売上一覧表（11月分）

No.	売上日	顧客番号	顧客名	商品番号	商品名
1	2020/11/1	K180	名古屋特選館	2020	ダイニング
2	2020/11/3	K190	ファニチャーNY	2010	ダイニング
3	2020/11/3	K200	広島家具販売	3020	シングルベ
4	2020/11/5	K200	広島家具販売	2010	ダイニング
5	2020/11/5	K180	名古屋特選館	2020	ダイニング
6	2020/11/5	K130	東京家具販売	4010	ビジネスデ
7	2020/11/6	K150	みどり家具	2010	ダイニング
8	2020/11/7	K160	富士商会	1030	リクライニ
9	2020/11/7	K110	山の手デパート	1030	リクライニ
10	2020/11/9	K200	広島家具販売	3020	シングルベ
11	2020/11/10	K190	ファニチャーNY	2010	ダイニング
12	2020/11/10	K190	ファニチャーNY	2030	食器棚
13	2020/11/10	K190	ファニチャーNY	1010	リビングソ
14	2020/11/13	K160	富士商会	1020	リビングテ

10月　11月　顧客一覧　商 ...

問題(1)

①ワークシート**「10月」**の行番号**【1】**を右クリックします。
②**《行の高さ》**をクリックします。
③**《行の高さ》**に**「30」**と入力します。
④**《OK》**をクリックします。

問題(2)

①**《ページレイアウト》**タブ→**《ページ設定》**グループの（ページの向きを変更）→**《縦》**をクリックします。
②**《ページレイアウト》**タブ→**《拡大縮小印刷》**グループの**《横》**の 自動 の →**《1ページ》**をクリックします。
③**《ファイル》**タブを選択します。
④**《印刷》**をクリックします。
※Escを押して、印刷プレビューを閉じておきましょう。

問題(3)

①セル**【A1】**を選択します。
②**《ホーム》**タブ→**《編集》**グループの（検索と選択）→**《検索》**をクリックします。
③**《検索》**タブを選択します。
④**《検索する文字列》**に**「サクラ」**と入力します。
⑤**《オプション》**をクリックします。
⑥**《検索場所》**のをクリックし、一覧から**《ブック》**を選択します。
⑦**《次を検索》**をクリックします。
⑧同様に、**《次を検索》**をクリックし、検索結果をすべて確認します。
⑨**《閉じる》**をクリックします。

問題(4)

①名前ボックスのをクリックし、一覧から**「商品概要」**を選択します。
②Deleteを押します。

問題(5)

①ワークシート**「10月」**のシート見出しをクリックします。
②**《挿入》**タブ→**《テキスト》**グループの（ヘッダーとフッター）をクリックします。
③ヘッダーの右側をクリックします。
④**「株式会社FOMリビング」**と入力します。

⑤《デザイン》タブ→《ナビゲーション》グループの（フッターに移動）をクリックします。
⑥フッターの中央をクリックします。
⑦《デザイン》タブ→《ヘッダー/フッター要素》グループの（ページ番号）をクリックします。
※「&[ページ番号]」と表示されます。
⑧**「&[ページ番号]」**に続けて、「/」を入力します。
⑨《デザイン》タブ→《ヘッダー/フッター要素》グループの（ページ数）をクリックします。
※「&[ページ番号]/&[総ページ数]」と表示されます。
⑩ヘッダー、フッター以外の場所をクリックします。
※ステータスバーの（標準）をクリックし、標準の表示モードに戻しておきましょう。

問題（6）

①ワークシート**「顧客一覧」**のセル**【B3】**を選択します。
②**《データ》**タブ→**《データの取得と変換》**グループの テキストまたは CSV から（テキストまたはCSVから）をクリックします。
③フォルダー**「Lesson24」**を開きます。
※《PC》→《ドキュメント》→「MOS-Excel 365 2019(1)」→「Lesson24」を選択します。
④一覧から**「顧客データ」**を選択します。
⑤**《インポート》**をクリックします。
⑥**《区切り記号》**が**《タブ》**になっていることを確認します。
⑦データの先頭行が見出しになっていないことを確認します。
⑧**《編集》**をクリックします。
※お使いの環境によっては、《編集》が《データの変換》と表示される場合があります。
⑨**《ホーム》**タブ→**《変換》**グループの 1行目をヘッダーとして使用（1行目をヘッダーとして使用）をクリックします。
⑩データの先頭行が見出しとして表示されていることを確認します。
⑪**《ホーム》**タブ→**《閉じる》**グループの（閉じて読み込む）の→**《閉じて次に読み込む》**をクリックします。
⑫**《テーブル》**を◉にします。
⑬**《既存のワークシート》**を◉にします。
⑭**「=$B$3」**と表示されていることを確認します。
⑮**《OK》**をクリックします。
※《クエリと接続》作業ウィンドウを閉じておきましょう。

問題（7）

①ワークシート**「顧客一覧」**のセル**【C4】**を選択します。
②**《挿入》**タブ→**《リンク》**グループの（ハイパーリンクの追加）をクリックします。
※お使いの環境によっては、「ハイパーリンクの追加」が「リンク」と表示される場合があります。
③**《リンク先》**の**《ファイル、Webページ》**をクリックします。
④**《アドレス》**に**「https://yamanote.xx.xx/」**と入力します。
⑤**《ヒント設定》**をクリックします。
⑥**《ヒントのテキスト》**に**「ウェブサイトを表示」**と入力します。
⑦**《OK》**をクリックします。
⑧**《OK》**をクリックします。

問題（8）

①ワークシート**「顧客一覧」**のセル範囲**【C3：F13】**を選択します。
②**《ページレイアウト》**タブ→**《ページ設定》**グループの（印刷範囲）→**《印刷範囲の設定》**をクリックします。

問題（9）

①**《ファイル》**タブを選択します。
②**《情報》**→**《プロパティをすべて表示》**をクリックします。
③**《タイトルの追加》**をクリックし、**「2020年度月別売上」**と入力します。
④**《タグの追加》**をクリックし、**「第3四半期」**と入力します。
⑤**《会社名の指定》**をクリックし、**「株式会社FOMリビング」**と入力します。
⑥**《会社名の指定》**以外の場所をクリックします。
※【Esc】を押して、ワークシートを表示しておきましょう。

問題（10）

①**《表示》**タブ→**《ウィンドウ》**グループの（新しいウィンドウを開く）をクリックします。
②**《表示》**タブ→**《ウィンドウ》**グループの（整列）をクリックします。
③**《左右に並べて表示》**を◉にします。
④**《OK》**をクリックします。
⑤左側のウィンドウ内をクリックします。
⑥左側のウィンドウのシート見出し**「10月」**をクリックします。
⑦右側のウィンドウ内をクリックします。
⑧右側のウィンドウのシート見出し**「11月」**をクリックします。

Answer 確認問題 標準解答

▶ Lesson 51

●完成図

ホテルリスト

ランク★★以上のヨーロッパのホテル

				最終更新日	1-Apr-20	€ 1.00	¥120.48
No.	**コード**	**ホテル名**	**都市名**	**ランク**	**ルームタイプ**	**ユーロ**	**日本円**
1	RR4S	ルネサンス	ローマ	★★★★	シングル	€ 110.50	¥13,313
2	RR4W	ルネサンス	ローマ	★★★★	ダブル	€ 138.00	¥16,626
3	RR4T	ルネサンス	ローマ	★★★★	トリプル	€ 193.00	¥23,253
4	ML3S	マルクト	ロンドン	★★★	シングル	€ 83.00	¥10,000
5	ML3W	マルクト	ロンドン	★★★	ダブル	€ 115.00	¥13,855
6	CL5W	カイザーロンドン	ロンドン	★★★★★	ダブル	€ 220.50	¥26,566
7	CL5T	カイザーロンドン	ロンドン	★★★★★	トリプル	€ 285.00	¥34,337
8	NL2S	ノルマンディー	ロンドン	★★	シングル	€ 46.00	¥5,542
9	NL2W	ノルマンディー	ロンドン	★★	ダブル	€ 73.50	¥8,855
10	MP5S	モンターナ	パリ	★★★★★	シングル	€ 175.00	¥21,084
11	MP5W	モンターナ	パリ	★★★★★	ダブル	€ 295.00	¥35,542
12	CP4S	シャルルドマン	パリ	★★★★	シングル	€ 110.50	¥13,313
13	CP4W	シャルルドマン	パリ	★★★★	ダブル	€ 165.50	¥19,939
14	CP4T	シャルルドマン	パリ	★★★★	トリプル	€ 184.00	¥22,168
15	PP3S	パリジェンヌ	パリ	★★★	シングル	€ 82.00	¥9,879
16	PP3W	パリジェンヌ	パリ	★★★	ダブル	€ 129.00	¥15,542
17	SR3S	ソクラテス	ローマ	★★★	シングル	€ 64.00	¥7,711
18	SR3W	ソクラテス	ローマ	★★★	ダブル	€ 119.50	¥14,397
19	CL2S	クラウンパーク	ロンドン	★★	シングル	€ 55.00	¥6,626
20	CL2W	クラウンパーク	ロンドン	★★	ダブル	€ 92.50	¥11,144
21	CP5S	シャトーウィーン	パリ	★★★★★	シングル	€ 138.00	¥16,626
22	CP5W	シャトーウィーン	パリ	★★★★★	ダブル	€ 239.00	¥28,795
23	CP5T	シャトーウィーン	パリ	★★★★★	トリプル	€ 350.00	¥42,168
24	ML4W	マウンティン	ロンドン	★★★★	ダブル	€ 92.50	¥11,144
25	ML4T	マウンティン	ロンドン	★★★★	トリプル	€ 147.00	¥17,711
26	OP3S	オールドオイローパ	パリ	★★★	シングル	€ 82.50	¥9,940
27	OP3W	オールドオイローパ	パリ	★★★	ダブル	€ 129.00	¥15,542
28	RR5S	ロイヤルジョルジュ	ローマ	★★★★★	シングル	€ 119.00	¥14,337
29	RR5W	ロイヤルジョルジュ	ローマ	★★★★★	ダブル	€ 175.00	¥21,084
30	RR5T	ロイヤルジョルジュ	ローマ	★★★★★	トリプル	€ 211.00	¥25,421

ホテルリスト　年間気温

年間気温

2019年度ヨーロッパの気温

(℃)

地域	気温種別	1月	2月	3月	4月	5月	6月	7月	8月	9月	10月	11月	12月	年間推移
パリ	最高気温	9.9	4.7	11.0	18.5	22.2	24.5	29.3	27.3	23.2	18.8	10.9	9.0	
	最低気温	5.4	-1.3	3.6	8.5	10.5	14.5	17.8	15.2	11.1	9.3	5.3	4.4	
ローマ	最高気温	13.7	9.9	13.6	22.9	22.7	27.4	31.2	30.8	27.3	21.9	16.1	12.5	
	最低気温	6.4	3.3	6.1	12.4	14.4	17.5	20.5	20.6	17.6	12.7	10.1	6.3	
ロンドン	最高気温	9.2	6.6	9.5	15.2	20.8	24.2	28.2	24.4	20.9	16.3	12.1	10.4	
	最低気温	4.5	1.0	3.2	7.8	9.9	13.1	16.3	14.5	10.9	8.5	6.2	5.8	

ホテルリスト　年間気温

問題(1)

①ワークシート「**ホテルリスト**」のセル【**B6**】を選択し、セル右下の■(フィルハンドル)をダブルクリックします。
② (オートフィルオプション)をクリックします。
※ をポイントすると、 になります。
③《**連続データ**》をクリックします。

問題(2)

①セル【**F3**】を選択します。
②《**ホーム**》タブ→《**編集**》グループの (クリア)→《**書式のクリア**》をクリックします。

問題(3)

①セル範囲【**B1:I2**】を選択します。
②《**ホーム**》タブ→《**配置**》グループの (配置の設定)をクリックします。
③《**配置**》タブを選択します。
④《**横位置**》の をクリックし、一覧から《**選択範囲内で中央**》を選択します。
⑤《**OK**》をクリックします。

問題(4)

①セル範囲【**B5:I5**】を選択します。
②《**ホーム**》タブ→《**配置**》グループの (配置の設定)をクリックします。
③《**配置**》タブを選択します。
④《**横位置**》の をクリックし、一覧から《**中央揃え**》を選択します。
⑤《**フォント**》タブを選択します。
⑥《**スタイル**》の一覧から《**太字**》を選択します。
⑦《**罫線**》タブを選択します。
⑧《**スタイル**》の一覧から《 ══════ 》を選択します。
⑨《**色**》の をクリックし、《**標準の色**》の《**濃い青**》をクリックします。
⑩《**罫線**》の をクリックします。
⑪《**塗りつぶし**》タブを選択します。
⑫《**背景色**》の任意の薄い水色をクリックします。
⑬《**OK**》をクリックします。

問題(5)

①セル【**G3**】を選択します。
②《**ホーム**》タブ→《**数値**》グループの (表示形式)をクリックします。
③《**表示形式**》タブを選択します。
④《**分類**》の一覧から《**日付**》を選択します。
⑤《**種類**》の一覧から上側の《**14-Mar-12**》を選択します。
⑥《**サンプル**》に設定した表示形式の結果が表示されていることを確認します。
※「1-Apr-20」の表示になります。
⑦《**OK**》をクリックします。

問題(6)

①セル【**H3**】を選択します。
② Ctrl を押しながら、セル範囲【**H6:H35**】を選択します。
③《**ホーム**》タブ→《**数値**》グループの (通貨表示形式)の →《**€ユーロ(€123)**》をクリックします。
④小数点以下が2桁で表示されていることを確認します。

問題(7)

①セル範囲【**I6:I35**】を選択します。
②《**ホーム**》タブ→《**スタイル**》グループの (条件付き書式)→《**アイコンセット**》→《**図形**》の《**3つの図形**》をクリックします。
③セル範囲【**I6:I35**】が選択されていることを確認します。
④《**ホーム**》タブ→《**スタイル**》グループの (条件付き書式)→《**ルールの管理**》をクリックします。
⑤一覧から《**アイコンセット**》を選択します。
⑥《**ルールの編集**》をクリックします。
⑦緑の丸の1番目のボックスが《**>=**》になっていることを確認します。
⑧緑の丸の《**種類**》の をクリックし、一覧から《**数値**》を選択します。
⑨緑の丸の《**値**》に「**25000**」と入力します。
⑩黄色の三角の1番目のボックスが《**>=**》になっていることを確認します。
⑪黄色の三角の《**種類**》の をクリックし、一覧から《**数値**》を選択します。
⑫黄色の三角の《**値**》に「**15000**」と入力します。
⑬《**OK**》をクリックします。
⑭《**OK**》をクリックします。

問題(8)

①セル範囲【I6：I35】を選択します。
②《ホーム》タブ→《スタイル》グループの（条件付き書式）→《ルールの管理》をクリックします。
③ルールの一覧から《セルの値＞30000》のルールを選択します。
④《ルールの削除》をクリックします。
⑤《OK》をクリックします。

問題(9)

①ワークシート「ホテルリスト」のセル範囲【B1：I2】を選択します。
②《ホーム》タブ→《クリップボード》グループの（書式のコピー/貼り付け）をクリックします。
③ワークシート「年間気温」のセル範囲【B1:P2】を選択します。
④ワークシート「ホテルリスト」のセル【B5】を選択します。
※セル範囲【B5：I5】のセルであれば、どこでもかまいません。
⑤《ホーム》タブ→《クリップボード》グループの（書式のコピー/貼り付け）をクリックします。
⑥ワークシート「年間気温」のセル範囲【B4:P4】を選択します。

問題(10)

①ワークシート「年間気温」のセル範囲【D5：O10】を選択します。
②《ホーム》タブ→《数値》グループの（小数点以下の表示桁数を増やす）をクリックします。
③《ホーム》タブ→《数値》グループの（小数点以下の表示桁数を減らす）をクリックします。
※②と③の操作手順は、逆でもかまいません。

問題(11)

①セル範囲【D5：O10】を選択します。
②《挿入》タブ→《スパークライン》グループの（折れ線スパークライン）をクリックします。
③《データ範囲》に「D5：O10」と表示されていることを確認します。
④《場所の範囲》にカーソルが表示されていることを確認します。
⑤セル範囲【P5：P10】を選択します。
※《場所の範囲》に「$P$5：$P$10」と表示されます。
⑥《OK》をクリックします。
⑦セル範囲【P5：P10】が選択されていることを確認します。
⑧《デザイン》タブ→《グループ》グループの（スパークラインの軸）→《縦軸の最小値のオプション》の《ユーザー設定値》をクリックします。
⑨《縦軸の最小値を入力してください》に「0.0」と表示されていることを確認します。
⑩《OK》をクリックします。
⑪《デザイン》タブ→《グループ》グループの（スパークラインの軸）→《縦軸の最大値のオプション》の《すべてのスパークラインで同じ値》をクリックします。
⑫《デザイン》タブ→《表示》グループの《マーカー》を☑にします。

問題(12)

①セル範囲【D5：O10】を選択します。
②《ホーム》タブ→《スタイル》グループの（条件付き書式）→《セルの強調表示ルール》→《指定の値より大きい》をクリックします。
③《次の値より大きいセルを書式設定》に「25」と入力します。
④《書式》のをクリックし、一覧から《濃い赤の文字、明るい赤の背景》を選択します。
⑤《OK》をクリックします。
⑥セル範囲【D5：O10】が選択されていることを確認します。
⑦《ホーム》タブ→《スタイル》グループの（条件付き書式）→《セルの強調表示ルール》→《指定の値より小さい》をクリックします。
⑧《次の値より小さいセルを書式設定》に「5」と入力します。
⑨《書式》のをクリックし、一覧から《ユーザー設定の書式》を選択します。
⑩《フォント》タブを選択します。
⑪《色》のをクリックし、《標準の色》の《濃い青》をクリックします。
⑫《塗りつぶし》タブを選択します。
⑬《背景色》の任意の薄い水色をクリックします。
⑭《OK》をクリックします。
⑮《OK》をクリックします。

Answer 確認問題 標準解答

●完成図

	A	B	C	D	E	F	G	H	I	J	K	L	M
1		新着物件一覧											
2													
3		管理番号	物件名	所在地	沿線	最寄駅	徒歩（分）	価格（万円）	間取り	専有面積	階数	総階数	築年月
4		1031	エリアタワー	東京都港区南青山	千代田線	乃木坂	7	5,700	1SLDK	57.8	15	35	2015年10月
5		1050	WコントタワーズEAST	東京都目黒区上目黒	日比谷線	中目黒	7	5,930	2LDK	84	3	10	2018年3月
6		1008	エリアタワー	東京都港区南青山	千代田線	乃木坂	7	5,930	2LDK	77.8	28	35	2015年10月
7		1004	パークタウン虎ノ門	東京都港区虎ノ門	日比谷線	神谷町	9	6,080	1SLDK	74.2	15	34	2014年12月
8		1027	シティタウン南青山	東京都港区南青山	千代田線	乃木坂	9	6,080	3LDK	74.2	3	28	2014年5月
9		1010	パークタウン上目黒	東京都目黒区上目黒	日比谷線	中目黒	8	6,150	3LDK	79.8	1	14	2013年11月
10		1020	パークタウン神宮前	東京都渋谷区神宮前	千代田線	明治神宮前	15	6,150	1LDK	77.2	2	4	2013年9月
11		1028	エリアタワー	東京都港区南青山	千代田線	乃木坂	7	6,230	3LDK	82.5	29	35	2015年10月
12		1044	道玄坂サウスコートレジデンス	東京都渋谷区道玄坂	山手線	渋谷	5	6,280	1LDK	32	2	13	2016年6月
13		1036	セントリーパークタワー	東京都港区虎ノ門	日比谷線	神谷町	7	6,450	2LDK	79.8	9	34	2017年8月
14		1018	WコントタワーズEAST	東京都目黒区上目黒	日比谷線	中目黒	7	6,530	3LDK	77.8	5	10	2018年3月
15		1015	セントリーパークタワー	東京都港区虎ノ門	日比谷線	神谷町	7	6,530	2LDK	77.8	15	34	2017年8月
16		1002	WコントタワーズEAST	東京都目黒区上目黒	日比谷線	中目黒	7	6,680	3LDK	77.8	7	10	2018年3月
17		1035	パークタウン上目黒	東京都目黒区上目黒	日比谷線	中目黒	8	6,700	2LDK	75.2	4	14	2013年11月
18		1021	WコントタワーズEAST	東京都目黒区上目黒	日比谷線	中目黒	7	6,830	2SLDK	83.8	10	10	2018年3月
19		1011	ブリリアントシティ東京	東京都渋谷区代々木	山手線	代々木	18	6,930	1SLDK	65.2	3	10	2014年2月
20		1003	ブルーコート代々木	東京都渋谷区代々木	山手線	代々木	18	7,020	2LDK	84.4	11	14	2016年4月
21		1005	恵比寿南サンスクェア	東京都渋谷区恵比寿南	山手線	恵比寿	8	7,300	3LDK	76.1	2	10	2015年10月
22		1023	トルレードレ上目黒	東京都目黒区上目黒	日比谷線	中目黒	15	7,350	3LDK	80.2	16	30	2014年10月
23		1033	恵比寿南サンスクウェア	東京都渋谷区恵比寿南	山手線	恵比寿	11	7,750	2LDK	83	10	10	2015年5月
24		1043	パークタウン上目黒	東京都目黒区上目黒	日比谷線	中目黒	8	7,750	2LDK	77.2	11	14	2013年11月
25		1029	上目黒アイスクェアビュー	東京都目黒区上目黒	日比谷線	中目黒	8	7,850	2LDK	77.2	16	16	2015年7月
26		1022	シティタウン代々木	東京都渋谷区代々木	山手線	代々木	14	7,870	2LDK	78.4	11	14	2014年7月
27		1054	ブリリアントシティ東京	東京都渋谷区代々木	山手線	代々木	18	7,880	2LDK	72.1	7	10	2014年2月
28		1038	トウキョウ　タワーズ	東京都品川区上大崎	山手線	目黒	5	7,980	2LDK	71.8	5	20	2016年4月
29		1016	トウキョウ　タワーズ	東京都品川区上大崎	山手線	目黒	5	8,000	1SLDK	74.2	13	20	2016年4月
30		1037	トウキョウ　タワーズ	東京都品川区上大崎	山手線	目黒	5	8,380	3LDK	78.2	29	20	2016年4月
31		1034	道玄坂サウスコートレジデンス	東京都渋谷区道玄坂	山手線	渋谷	5	8,500	1LDK	38	9	13	2016年6月
32		1026	トウキョウ　タワーズ	東京都品川区上大崎	山手線	目黒	5	8,530	4LDK	76.9	15	20	2016年4月
33		1045	代々木アイグリーン	東京都渋谷区代々木	山手線	代々木	8	8,600	3LDK	70.5	12	13	2015年4月
34		1052	トウキョウ　タワーズ	東京都品川区上大崎	山手線	目黒	5	8,680	2LDK	80.2	15	20	2016年4月
35		1039	代々木アイグリーン	東京都渋谷区代々木	山手線	代々木	8	8,780	3LDK	79.5	12	13	2015年4月
36		1042	トウキョウ　タワーズ	東京都品川区上大崎	山手線	目黒	5	8,870	3LDK	80.4	12	20	2016年4月
37		1009	シティタウン西原	東京都渋谷区西原	千代田線	代々木上原	9	8,900	2LDK	79.2	3	3	2014年10月
38		1012	トウキョウ　タワーズ	東京都品川区上大崎	山手線	目黒	5	8,980	3LDK	84.2	20	20	2016年4月
39		1055	トウキョウ　タワーズ	東京都品川区上大崎	山手線	目黒	5	8,980	2LDK	82.3	18	20	2016年4月
40		1030	シティタウン西原	東京都渋谷区西原	千代田線	代々木上原	10	9,150	3LDK	75.1	1	3	2014年10月
41		1013	南麻布アイスグリーンタワー	東京都港区南麻布	日比谷線	広尾	8	9,380	2LDK	78.2	10	14	2016年8月
42		1017	トウキョウ　タワーズ	東京都渋谷区神宮前	千代田線	明治神宮前	4	9,530	2LDK	79.2	3	5	2016年3月
43		1014	南麻布アイスグリーンタワー	東京都港区南麻布	日比谷線	広尾	8	9,530	2LDK	78.2	13	14	2016年8月
44		1019	東京ダブルパークス	東京都渋谷区神宮前	千代田線	明治神宮前	12	9,700	3LDK	83.1	1	3	2016年1月
45		1001	南麻布アイスグリーンタワー	東京都港区南麻布	日比谷線	広尾	8	9,800	2LDK	78.2	14	14	2016年8月
46		1051	ザ・トータルパーク	東京都渋谷区恵比寿南	山手線	恵比寿	13	9,830	2LDK	81.7	13	13	2014年3月
47		1024	シティタウン西原	東京都渋谷区西原	千代田線	代々木上原	10	9,930	3LDK	79.2	3	3	2014年10月
48		1007	南麻布アイスクェアビュータワー	東京都港区南麻布	日比谷線	広尾	10	12,600	3LDK	80.3	11	20	2017年11月
49		1048	上目黒プレジデント	東京都目黒区上目黒	日比谷線	中目黒	13	12,680	2LDK	80.2	19	20	2016年5月
50		1032	道玄坂アイスクェアビュー	東京都渋谷区道玄坂	山手線	渋谷	8	14,030	2LDK	78.5	3	18	2015年9月
51		1006	パークタウン南麻布	東京都港区南麻布	日比谷線	広尾	10	14,530	2LDK	79.8	19	30	2014年1月
52		1046	ベイ南青山グリーンリンクタワー	東京都港区南青山	千代田線	乃木坂	10	14,980	2SLDK	72.5	16	30	2019年4月
53		1053	パークタウン富ヶ谷	東京都渋谷区富ケ谷	千代田線	代々木公園	5	16,000	2LDK	79.5	9	12	2019年1月
54		1049	パークタウン富ヶ谷	東京都渋谷区富ケ谷	千代田線	代々木公園	5	16,280	2LDK	78.8	12	12	2019年1月
55		1040	南麻布ジョータワー	東京都港区南麻布	日比谷線	広尾	10	16,530	1SLDK	79.8	28	32	2018年6月
56		1041	神宮前アイスグリーンタワー	東京都渋谷区神宮前	千代田線	明治神宮前	2	17,800	2SLDK	78.2	11	19	2016年7月
57		1047	ブルーコート虎ノ門	東京都港区虎ノ門	日比谷線	神谷町	18	20,700	2LDK	68.2	13	15	2020年3月
58		集計	54					9,224					
59													

物件一覧

問題(1)

①セル【B3】を選択します。
※表内のセルであれば、どこでもかまいません。
②《挿入》タブ→《テーブル》グループの（テーブル）をクリックします。
③《テーブルに変換するデータ範囲を指定してください》が「=$B$3:$M$58」になっていることを確認します。
④《先頭行をテーブルの見出しとして使用する》を☑にします。
⑤《OK》をクリックします。
⑥《デザイン》タブ→《テーブルスタイル》グループの（その他）→《中間》の《緑,テーブルスタイル（中間）14》をクリックします。

問題(2)

①「間取り」の▼をクリックします。
②《(すべて選択)》を□にし、「2LDK」を☑にします。
③《OK》をクリックします。
※26件のレコードが抽出されます。

問題(3)

①間取りが「**2LDK**」のレコードが抽出されていることを確認します。
②「**最寄駅**」の ▼ をクリックします。
③《**(すべて選択)**》を □ にし、「**代々木上原**」を ☑ にします。
④《**OK**》をクリックします。
※1件のレコードが抽出されます。

問題(4)

①間取りが「**2LDK**」、最寄駅が「**代々木上原**」のレコードが抽出されていることを確認します。
②「**最寄駅**」の フィルター をクリックします。
③「**代々木公園**」を ☑ にします。
④《**OK**》をクリックします。
※3件のレコードが抽出されます。
⑤セル【**B3**】を選択します。
※テーブル内のセルであれば、どこでもかまいません。
⑥《**データ**》タブ→《**並べ替えとフィルター**》グループの クリア (クリア)をクリックします。

問題(5)

①「**価格(万円)**」の ▼ をクリックします。
②《**数値フィルター**》をポイントし、《**指定の値以上**》をクリックします。
③左上のボックスに「**8000**」と入力します。
④右上のボックスが《**以上**》になっていることを確認します。
⑤《**OK**》をクリックします。
※29件のレコードが抽出されます。

問題(6)

①「**価格(万円)**」の フィルター をクリックします。
②《**数値フィルター**》をポイントし、《**指定の範囲内**》をクリックします。
③左上のボックスに「**8000**」と入力します。
④右上のボックスが《**以上**》になっていることを確認します。
⑤《**AND**》が ◉ になっていることを確認します。
⑥左下のボックスに「**9000**」と入力します。
⑦右下のボックスが《**以下**》になっていることを確認します。
⑧《**OK**》をクリックします。
※11件のレコードが抽出されます。

問題(7)

①価格が8000万円以上9000万円以下のレコードが抽出されていることを確認します。
②「**専有面積**」の ▼ をクリックします。
③《**数値フィルター**》をポイントし、《**指定の値より大きい**》をクリックします。
④左上のボックスに「**80**」と入力します。
⑤右上のボックスが《**より大きい**》になっていることを確認します。
⑥《**OK**》をクリックします。
※4件のレコードが抽出されます。
⑦セル【**B3**】を選択します。
※テーブル内のセルであれば、どこでもかまいません。
⑧《**データ**》タブ→《**並べ替えとフィルター**》グループの クリア (クリア)をクリックします。

問題(8)

①「**価格(万円)**」の ▼ をクリックします。
②《**昇順**》をクリックします。

問題(9)

①セル【**H7**】を選択し、右クリックします。
※テーブル内の7行目であれば、どこでもかまいません。
②《**削除**》をポイントし、《**テーブルの行**》をクリックします。

問題(10)

①セル【**B3**】を選択します。
※テーブル内のセルであれば、どこでもかまいません。
②《**データ**》タブ→《**並べ替えとフィルター**》グループの 並べ替え (並べ替え)をクリックします。
③《**最優先されるキー**》に《**価格(万円)**》の小さい順が設定されていることを確認します。
④《**レベルの追加**》をクリックします。
⑤《**次に優先されるキー**》の《**列**》の ˅ をクリックし、一覧から《**専有面積**》を選択します。
⑥《**並べ替えのキー**》の ˅ をクリックし、一覧から《**セルの値**》を選択します。
⑦《**順序**》の ˅ をクリックし、一覧から《**大きい順**》を選択します。
⑧《**OK**》をクリックします。

問題(11)

①セル【**B3**】を選択します。
※テーブル内のセルであれば、どこでもかまいません。
②《**データ**》タブ→《**並べ替えとフィルター**》グループの 並べ替え (並べ替え)をクリックします。
③《**最優先されるキー**》に《**価格(万円)**》の小さい順が設定されていることを確認します。
④《**次に優先されるキー**》に《**専有面積**》の大きい順が設定されていることを確認します。
⑤《**次に優先されるキー**》を選択します。

⑥**《レベルの追加》**をクリックします。
※3行目に《次に優先されるキー》が表示されます。
⑦3行目の**《次に優先されるキー》**の**《列》**の［∨］をクリックし、一覧から**《築年月》**を選択します。
⑧**《並べ替えのキー》**の［∨］をクリックし、一覧から**《セルの値》**を選択します。
⑨**《順序》**の［∨］をクリックし、一覧から**《新しい順》**を選択します。
⑩**《OK》**をクリックします。

問題(12)

①セル**【B3】**を選択します。
※テーブル内のセルであれば、どこでもかまいません。
②**《デザイン》**タブ→**《テーブルスタイルのオプション》**グループの**《縞模様(行)》**を□にします。

問題(13)

①セル**【B3】**を選択します。
※テーブル内のセルであれば、どこでもかまいません。
②**《デザイン》**タブ→**《テーブルスタイルのオプション》**グループの**《集計行》**を☑にします。
③集計行の**「物件名」**のセルを選択します。
④［▼］をクリックし、一覧から**《個数》**を選択します。
⑤集計行の**「価格(万円)」**のセルを選択します。
⑥［▼］をクリックし、一覧から**《平均》**を選択します。
⑦集計行の**「築年月」**のセルを選択します。
⑧［▼］をクリックし、一覧から**《なし》**を選択します。

問題(14)

①セル**【B3】**を選択します。
※テーブル内のセルであれば、どこでもかまいません。
②**《デザイン》**タブ→**《ツール》**グループの［範囲に変換］(範囲に変換)をクリックします。
③**《はい》**をクリックします。

Answer 確認問題 標準解答

▶ Lesson 77

●完成図

試験ID：PRG20

試験名称：プログラミング技術認定試験

受験者用問い合わせ先	申込者数	欠席人数
prg20_info@pgkentei.xx.xx	28	3

受験番号	申込No.	氏名	選択科目ID	必須科目		選択科目		合計点	判定
				基礎一般	セキュリティ	プログラミングA	プログラミングB		
PRG20M04001B	M04001	相川　一志	B	48	50		88	186	合格
PRG20M04002A	M04002	浅田　孝男	A	71	81	80		232	合格
PRG20M04003A	M04003	伊東　真幸	A	63	58	66		187	合格
PRG20M04004A	M04004	井上　泰成	A	50	57	58		165	
PRG20M04005B	M04005	小野　聡	B					0	
PRG20M04006B	M04006	加藤　勇	B	35	70		62	167	
PRG20M04007A	M04007	木田　英彰	A	98	91	90		279	合格
PRG20M04008A	M04008	坂村　太郎	A	53	72	78		203	合格
PRG20M04009B	M04009	多田　光男	B	32	67		70	169	
PRG20M04010A	M04010	都村　和仁	A	75	82	82		239	合格
PRG20M04011B	M04011	中村　功治	B	53	35		50	138	
PRG20M04012B	M04012	沼田　勝	B	30	50		59	139	
PRG20M04013B	M04013	三田　博信	B	52	70		66	188	合格
PRG20M04014A	M04014	森　孝一	A	42	51	80		173	合格
PRG20M04015A	M04015	森　弘志	A	55	50	75		180	合格
PRG20M04016B	M04016	和田　純	B	50	45		35	130	
PRG20M04017A	M04017	安藤　静香	A	34	60	55		149	
PRG20M04018B	M04018	飯田　幸恵	B	52	45		58	155	
PRG20M04019A	M04019	井原　美穂	A	66	64	52		182	合格
PRG20M04020A	M04020	江原　由香里	A	93	80	72		245	合格
PRG20M04021A	M04021	小田　香	A	30	56	55		141	
PRG20M04022B	M04022	金井　里江子	B	61	55		56	172	合格
PRG20M04023A	M04023	木村　慶子	A	55	40	40		135	
PRG20M04024B	M04024	近藤　由美	B					0	
PRG20M04025B	M04025	酒井　小百合	B	60	58		50	168	
PRG20M04026A	M04026	島村　紗枝	A	52	66	45		163	
PRG20M04027B	M04027	高木　美和子	B	77	50		81	208	合格
PRG20M04028A	M04028	渡辺　あゆみ	A					0	

科目別集計

	基礎一般	セキュリティ	プログラミングA	プログラミングB
受験者数	25	25	14	11
平均点	55.5	60.1	66.3	61.4
最高点	98	91	90	88
最低点	30	35	40	35

受験申込者

申込日	申込No.	氏名	郵便番号	住所	住所の文字数	住所1	住所1の文字数	住所2	電話番号
2020/4/2	M04001	相川　一志	156-0044	東京都世田谷区赤堤1-X-X	14	東京都	3	世田谷区赤堤1-X-X	03-3322-XXXX
2020/4/2	M04002	浅田　孝男	157-0063	東京都世田谷区粕谷2-X-X	14	東京都	3	世田谷区粕谷2-X-X	03-3290-XXXX
2020/4/2	M04003	伊東　真幸	157-0061	東京都世田谷区北烏山3-X-X　イオレ渋谷ビル7F	25	東京都	3	世田谷区北烏山3-X-X　イオレ渋谷ビル7F	03-3300-XXXX
2020/4/2	M04004	井上　泰成	158-0083	東京都世田谷区奥沢6-X-X	14	東京都	3	世田谷区奥沢6-X-X	03-5707-XXXX
2020/4/2	M04005	小野　聡	154-0004	東京都世田谷区太子堂5-X-X	15	東京都	3	世田谷区太子堂5-X-X	03-3424-XXXX
2020/4/2	M04006	加藤　勇	606-0813	京都府京都市左京区下鴨貴船町1-X-X	19	京都府	3	京都市左京区下鴨貴船町1-X-X	075-771-XXXX
2020/4/2	M04007	木田　英彰	158-0082	東京都世田谷区等々力3-X-X　等々力南ビル3F	24	東京都	3	世田谷区等々力3-X-X　等々力南ビル3F	03-5706-XXXX
2020/4/2	M04008	坂村　太郎	154-0024	東京都世田谷区三軒茶屋1-X-X	16	東京都	3	世田谷区三軒茶屋1-X-X	03-3422-XXXX
2020/4/3	M04009	多田　光男	310-0852	茨城県水戸市笠原町1-X-X	14	茨城県	3	水戸市笠原町1-X-X	029-243-XXXX
2020/4/3	M04010	都村　和仁	154-0002	東京都世田谷区下馬2-X-X	14	東京都	3	世田谷区下馬2-X-X	03-5768-XXXX
2020/4/3	M04011	中村　功治	154-0016	東京都世田谷区弦巻5-X-X	14	東京都	3	世田谷区弦巻5-X-X	03-3426-XXXX
2020/4/3	M04012	沼田　勝	156-0055	東京都世田谷区船橋7-X-X	14	東京都	3	世田谷区船橋7-X-X	03-3484-XXXX
2020/4/3	M04013	三田　博信	154-0023	東京都世田谷区若林1-X-X	14	東京都	3	世田谷区若林1-X-X	03-6675-XXXX
2020/4/4	M04014	森　孝一	154-0005	東京都世田谷区三宿2-X-X　トリトンビル10F	24	東京都	3	世田谷区三宿2-X-X　トリトンビル10F	03-3413-XXXX
2020/4/5	M04015	森　弘志	330-0063	埼玉県さいたま市浦和区高砂1-X-X	18	埼玉県	3	さいたま市浦和区高砂1-X-X	048-833-XXXX
2020/4/6	M04016	和田　純	201-0005	東京都狛江市岩戸南3-X-X	14	東京都	3	狛江市岩戸南3-X-X	03-3489-XXXX
2020/4/6	M04017	安藤　静香	201-0013	東京都狛江市元和泉3-X-X	14	東京都	3	狛江市元和泉3-X-X	03-3489-XXXX
2020/4/9	M04018	飯田　幸恵	201-0016	東京都狛江市駒井町2-X-X　コスモビル8F	22	東京都	3	狛江市駒井町2-X-X　コスモビル8F	03-3430-XXXX
2020/4/9	M04019	井原　美穂	260-0855	千葉県千葉市中央区市場町1-X-X	17	千葉県	3	千葉市中央区市場町1-X-X	043-227-XXXX
2020/4/10	M04020	江原　由香里	201-0001	東京都狛江市西野川2-X-X	14	東京都	3	狛江市西野川2-X-X	03-348X-XXXX
2020/4/11	M04021	小田　香	111-0031	東京都台東区千束1-X-X	13	東京都	3	台東区千束1-X-X	03-3872-XXXX
2020/4/11	M04022	金井　里江子	176-0002	東京都練馬区桜台3-X-X	13	東京都	3	練馬区桜台3-X-X	03-3992-XXXX
2020/4/16	M04023	木村　慶子	131-0033	東京都墨田区向島1-X-X	13	東京都	3	墨田区向島1-X-X	03-3625-XXXX
2020/4/16	M04024	近藤　由美	108-0075	東京都港区港南5-X-X	12	東京都	3	港区港南5-X-X	03-6717-XXXX
2020/4/16	M04025	酒井　小百合	103-0027	東京都中央区日本橋1-X-X	14	東京都	3	中央区日本橋1-X-X	03-3241-XXXX
2020/4/16	M04026	島村　紗枝	102-0083	東京都千代田区麹町3-X-X	14	東京都	3	千代田区麹町3-X-X	03-3234-XXXX
2020/4/16	M04027	高木　美和子	102-0082	東京都千代田区一番町5-X-X	15	東京都	3	千代田区一番町5-X-X	03-3263-XXXX
2020/4/16	M04028	渡辺　あゆみ	105-0001	東京都港区虎ノ門4-X-X	13	東京都	3	港区虎ノ門4-X-X	03-3432-XXXX

問題(1)

①ワークシート「**試験結果**」のセル【**H3**】の数式を「**=LOWER(CONCAT(C1,"_info@pgkentei.xx.xx"))**」に修正します。

問題(2)

①ワークシート「**試験結果**」のセル【**J3**】に「**=COUNTA(D7:D34)**」と入力します。

問題(3)

①ワークシート「**試験結果**」のセル【**K3**】に「**=COUNTBLANK(F7:F34)**」と入力します。

問題(4)

①ワークシート「**試験結果**」のセル【**J7**】を選択します。
②《**ホーム**》タブ→《**編集**》グループの Σ (合計) をクリックします。
③セル範囲【**F7:I7**】を選択します。
④数式バーに「**=SUM(F7:I7)**」と表示されていることを確認します。
⑤ Enter を押します。
⑥セル【**J7**】を選択し、セル右下の■(フィルハンドル)をダブルクリックします。

問題(5)

①ワークシート「**試験結果**」のセル【**K7**】に「**=IF(J7>=170,"合格","")**」と入力します。
②セル【**K7**】を選択し、セル右下の■(フィルハンドル)をダブルクリックします。

問題(6)

①ワークシート「**試験結果**」のセル【**B7**】に「**=CONCAT($C$1,C7,E7)**」と入力します。
②セル【**B7**】を選択し、セル右下の■(フィルハンドル)をダブルクリックします。

問題(7)

①ワークシート「**科目別集計**」のセル【**C4**】を選択します。
②《**ホーム**》タブ→《**編集**》グループの Σ▾ (合計)の ▾ →《**数値の個数**》をクリックします。
③ワークシート「**試験結果**」のセル範囲【**F7:F34**】を選択します。
④数式バーに「**=COUNT(試験結果!F7:F34)**」と表示されていることを確認します。
⑤ Enter を押します。
⑥セル【**C4**】を選択し、セル右下の■(フィルハンドル)をセル【**F4**】までドラッグします。

問題(8)

①ワークシート「**科目別集計**」のセル【**C5**】を選択します。
②《**ホーム**》タブ→《**編集**》グループの Σ▾ (合計)の ▾ →《**平均**》をクリックします。
③ワークシート「**試験結果**」のセル範囲【**F7:F34**】を選択します。
④数式バーに「**=AVERAGE(試験結果!F7:F34)**」と表示されていることを確認します。
⑤ Enter を押します。
※基礎一般の列には、あらかじめ表示形式が設定されています。
⑥ワークシート「**科目別集計**」のセル【**C6**】を選択します。
⑦《**ホーム**》タブ→《**編集**》グループの Σ▾ (合計)の ▾ →《**最大値**》をクリックします。
⑧ワークシート「**試験結果**」のセル範囲【**F7:F34**】を選択します。
⑨数式バーに「**=MAX(試験結果!F7:F34)**」と表示されていることを確認します。
⑩ Enter を押します。
⑪ワークシート「**科目別集計**」のセル【**C7**】を選択します。
⑫《**ホーム**》タブ→《**編集**》グループの Σ▾ (合計)の ▾ →《**最小値**》をクリックします。
⑬ワークシート「**試験結果**」のセル範囲【**F7:F34**】を選択します。
⑭数式バーに「**=MIN(試験結果!F7:F34)**」と表示されていることを確認します。
⑮ Enter を押します。
⑯セル範囲【**C5:C7**】を選択し、セル範囲右下の■(フィルハンドル)をセル【**F7**】までドラッグします。

問題(9)

①ワークシート「**試験申込者**」のセル【**G4**】に「**=LEN(F4)**」と入力します。
②セル【**G4**】を選択し、セル右下の■(フィルハンドル)をダブルクリックします。
③セル【**I4**】に「**=LEN(H4)**」と入力します。
④セル【**J4**】に「**=RIGHT(F4,G4-I4)**」と入力します。
⑤セル範囲【**I4:J4**】を選択し、セル範囲右下の■(フィルハンドル)をダブルクリックします。

Answer 確認問題 標準解答

▶ Lesson 90

●完成図

商品分類別売上

単位：千円

商品分類	2016年	2017年	2018年	2019年
日本酒類	25,351	27,685	22,015	31,352
焼酎類	38,215	40,356	43,215	44,548
ビール類	44,352	45,621	48,025	50,012
ワイン類	19,645	21,600	22,154	20,456
その他	10,036	10,152	7,542	6,245
合計	137,599	145,414	142,951	152,613

商品分類別売上
60,000
50,000
40,000
30,000
20,000
10,000
0
2016年
2017年
2018年
2019年
■日本酒類 ■焼酎類 ■ビール類 ■ワイン類 ■その他

年度別売上　商品分類別売上

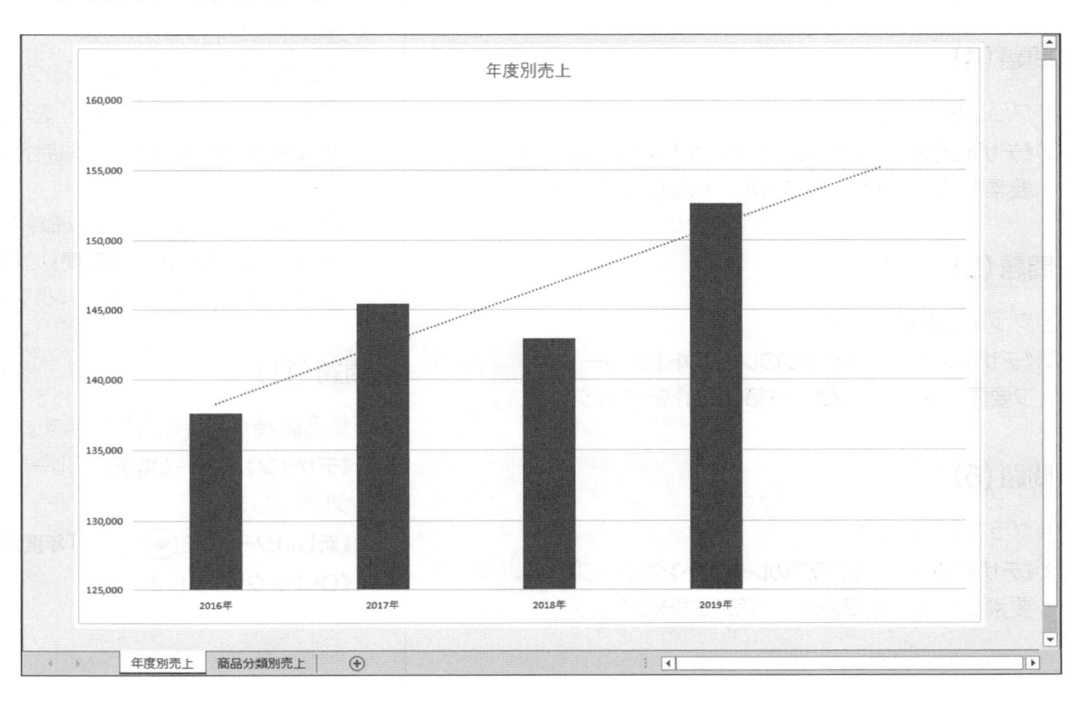

問題(1)

①グラフを選択します。
②《デザイン》タブ→《データ》グループの(行/列の切り替え)をクリックします。
③《デザイン》タブ→《データ》グループの(データの選択)をクリックします。
④《グラフデータの範囲》に現在のデータ範囲が反転表示されていることを確認します。
⑤セル範囲【B3:F8】を選択します。
⑥《グラフデータの範囲》が「=商品分類別売上!$B$3:$F$8」になっていることを確認します。
⑦《OK》をクリックします。

問題(2)

①グラフを選択します。
②《デザイン》タブ→《グラフのレイアウト》グループの(グラフ要素を追加)→《グラフタイトル》→《グラフの上》をクリックします。
③グラフタイトル内をクリックします。
④「グラフタイトル」を「商品分類別売上」に修正します。
⑤グラフタイトル以外の場所をクリックします。

問題(3)

①グラフを選択します。
②《デザイン》タブ→《グラフスタイル》グループの(その他)をクリックします。
③《スタイル6》をクリックします。

問題(4)

①グラフを選択します。
②《デザイン》タブ→《グラフのレイアウト》グループの(グラフ要素を追加)→《データラベル》→《なし》をクリックします。

問題(5)

①グラフを選択します。
②《デザイン》タブ→《グラフのレイアウト》グループの(グラフ要素を追加)→《軸》→《第1縦軸》をクリックします。

問題(6)

①グラフを選択します。
②《デザイン》タブ→《グラフのレイアウト》グループの(グラフ要素を追加)→《目盛線》→《第1主横軸》をクリックします。

問題(7)

①グラフを選択します。
②《デザイン》タブ→《グラフのレイアウト》グループの(グラフ要素を追加)→《凡例》→《下》をクリックします。

問題(8)

①グラフを選択します。
②《デザイン》タブ→《グラフスタイル》グループの(グラフクイックカラー)→《カラフル》の《カラフルなパレット3》をクリックします。

問題(9)

①セル範囲【B3:F3】を選択します。
②Ctrlを押しながら、セル範囲【B9:F9】を選択します。
③《挿入》タブ→《グラフ》グループの(縦棒/横棒グラフの挿入)→《2-D縦棒》の《集合縦棒》をクリックします。
④グラフタイトル内を2回クリックします。
⑤「合計」を「年度別売上」に修正します。
⑥グラフエリアを右クリックします。
⑦《代替テキストの編集》をクリックします。
⑧テキストボックスに「年度別売上」と入力します。
※《代替テキスト》作業ウィンドウを閉じておきましょう。

問題(10)

①集合縦棒グラフを選択します。
②《デザイン》タブ→《グラフのレイアウト》グループの(グラフ要素を追加)→《近似曲線》→《線形》をクリックします。
③近似曲線を右クリックします。
④《近似曲線の書式設定》をクリックします。
⑤(近似曲線のオプション)をクリックします。
⑥《近似曲線のオプション》の詳細が表示されていることを確認します。
※表示されていない場合は、《近似曲線のオプション》をクリックします。
⑦《予測》の《前方補外》の《区間》に「1」と入力します。
※《近似曲線の書式設定》作業ウィンドウを閉じておきましょう。

問題(11)

①集合縦棒グラフを選択します。
②《デザイン》タブ→《場所》グループの(グラフの移動)をクリックします。
③《新しいシート》を◉にし、「年度別売上」と入力します。
④《OK》をクリックします。

MOS Excel 365&2019

模擬試験プログラムの使い方

1　模擬試験プログラムの起動方法 ………………………… 217
2　模擬試験プログラムの学習方法 ………………………… 218
3　模擬試験プログラムの使い方 ……………………………… 220
4　模擬試験プログラムの注意事項 ………………………… 231

1　模擬試験プログラムの起動方法

模擬試験プログラムを起動しましょう。

①すべてのアプリを終了します。

※アプリを起動していると、模擬試験プログラムが正しく動作しない場合があります。

②デスクトップを表示します。

③ (スタート)→**《MOS Excel 365&2019》**をクリックします。

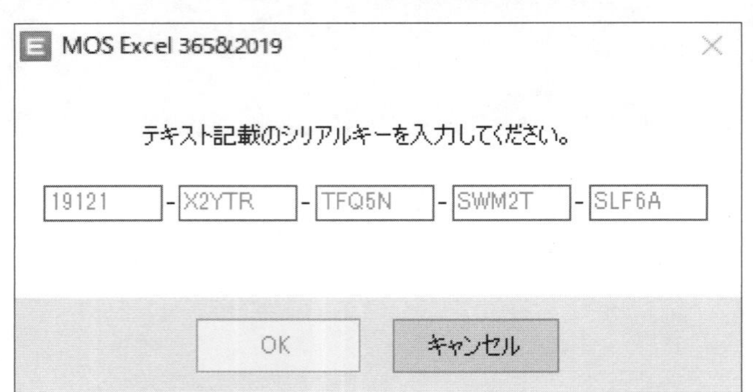

④**《テキスト記載のシリアルキーを入力してください。》**が表示されます。

⑤次のシリアルキーを半角で入力します。

19121-X2YTR-TFQ5N-SWM2T-SLF6A

※シリアルキーは、模擬試験プログラムを初めて起動するときに、1回だけ入力します。

⑥**《OK》**をクリックします。

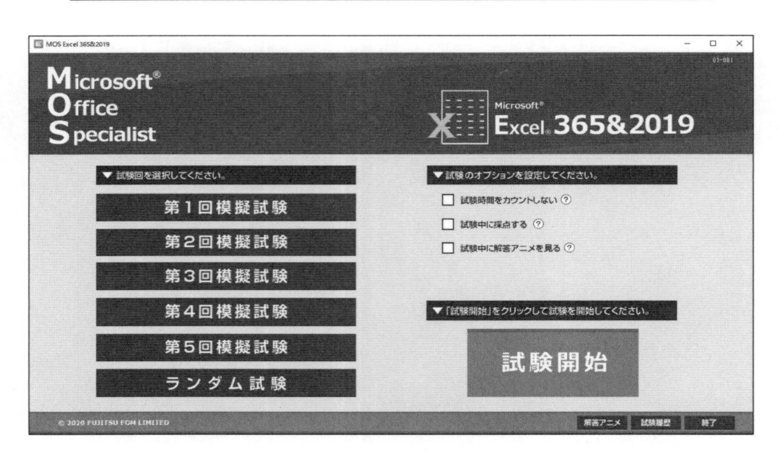

スタートメニューが表示されます。

2 模擬試験プログラムの学習方法

模擬試験プログラムを使って、模擬試験を実施する流れを確認しましょう。

❶ スタートメニューで試験回とオプションを選択する

❷ 試験実施画面で問題に解答する

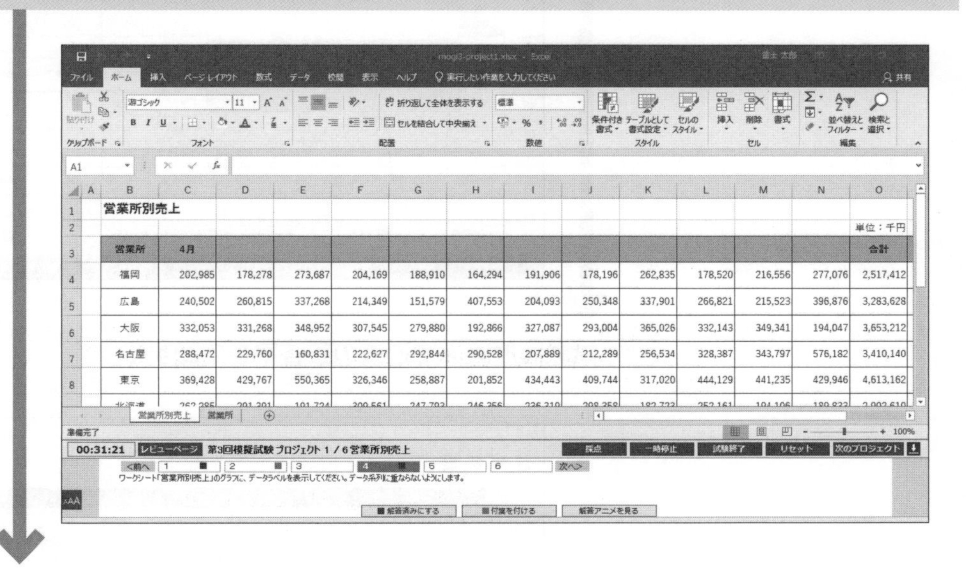

❸ 試験結果画面で採点結果や正答率を確認する

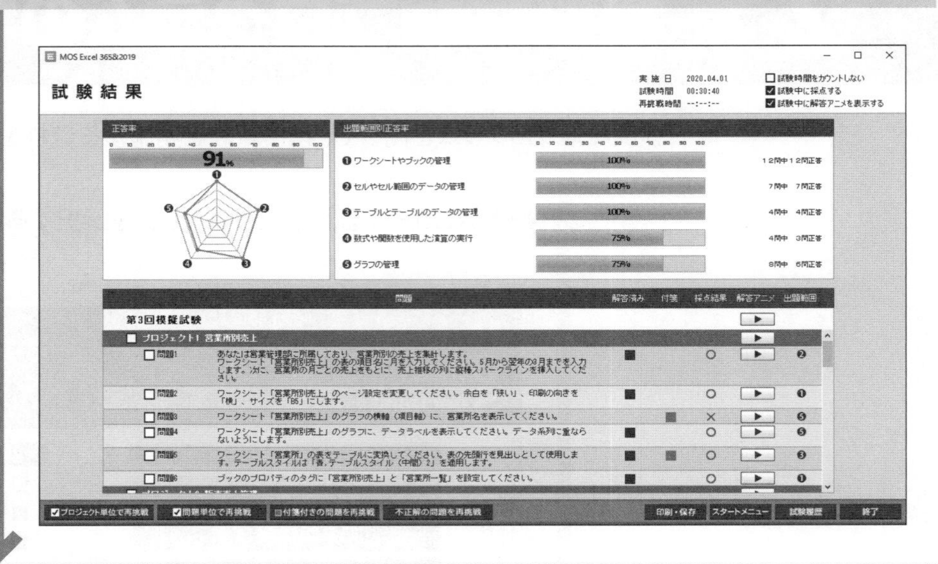

❹ 解答確認画面でアニメーションやナレーションを確認する

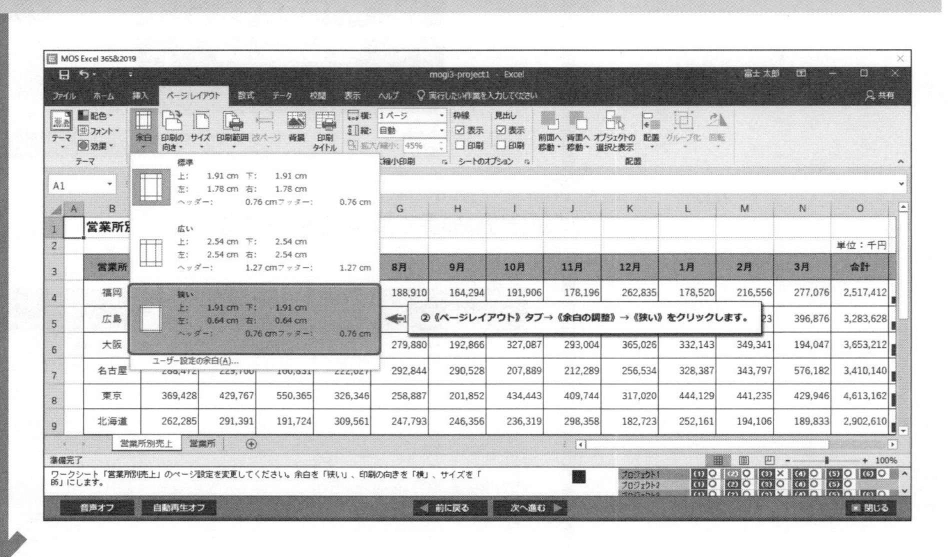

❺ 試験履歴画面で過去の正答率を確認する

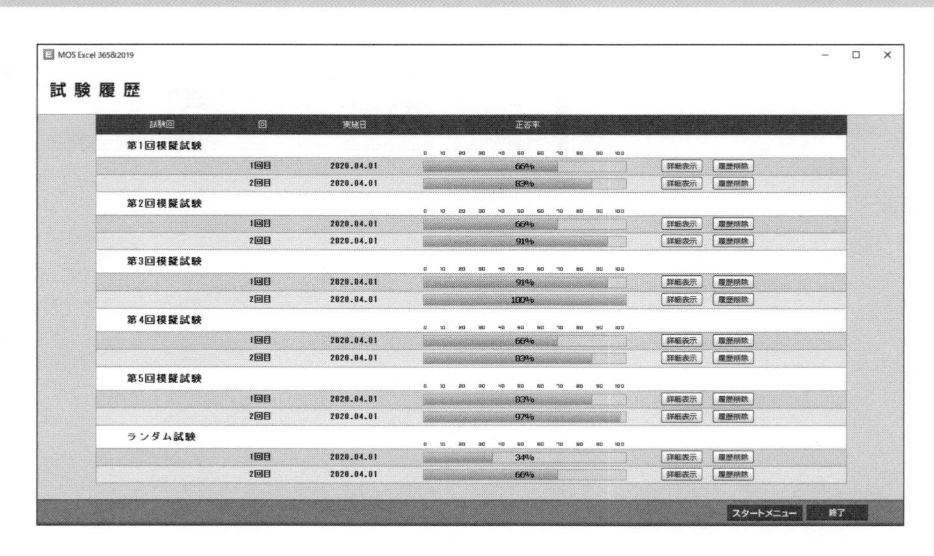

3 模擬試験プログラムの使い方

1 スタートメニュー

模擬試験プログラムを起動すると、スタートメニューが表示されます。
スタートメニューから実施する試験回を選択します。

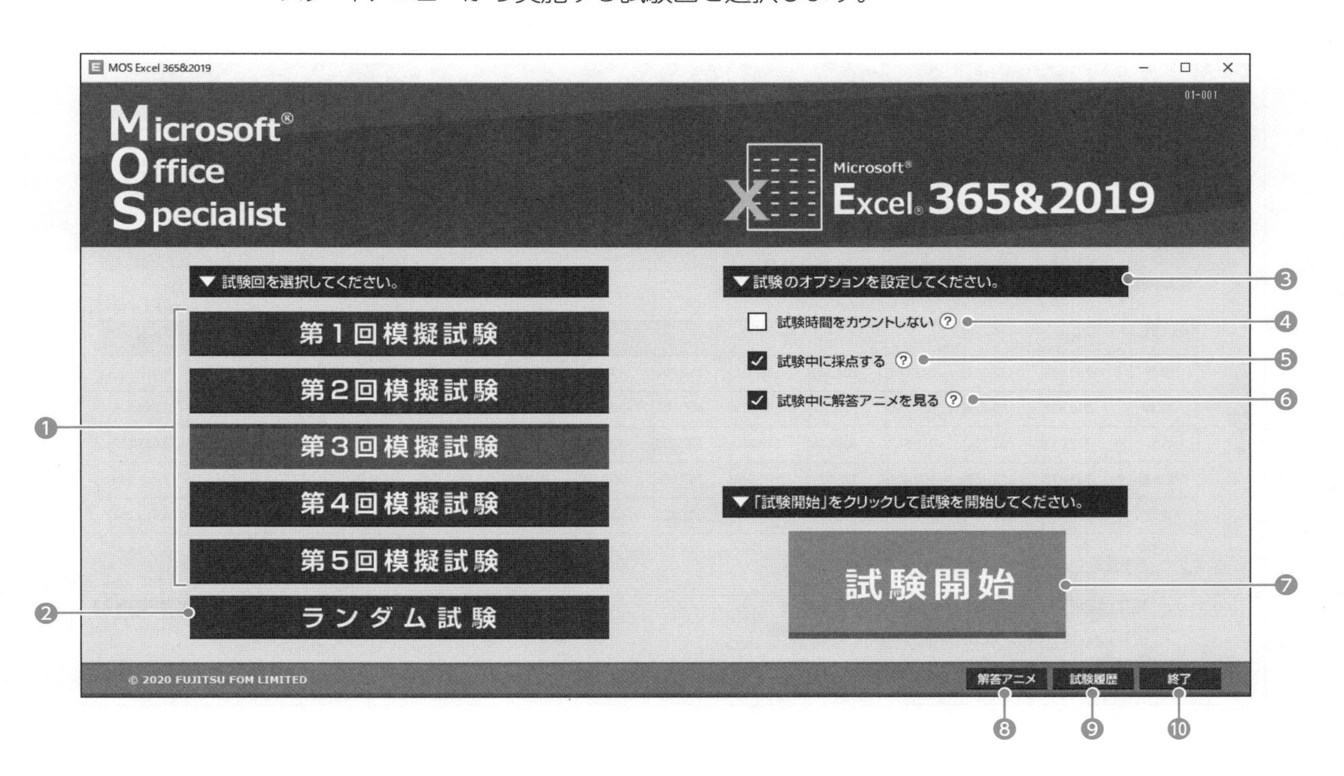

❶模擬試験

5回分の模擬試験から実施する試験を選択します。

❷ランダム試験

5回分の模擬試験のすべての問題の中からランダムに出題されます。

❸試験モードのオプション

試験モードのオプションを設定できます。?をポイントすると、説明が表示されます。

❹試験時間をカウントしない

✓にすると、試験時間をカウントしないで、試験を行うことができます。

❺試験中に採点する

✓にすると、試験中に問題ごとの採点結果を確認できます。

❻試験中に解答アニメを見る

✓にすると、試験中に標準解答のアニメーションとナレーションを確認できます。

❼試験開始

選択した試験回、設定したオプションで試験を開始します。

❽解答アニメ

選択した試験回の解答確認画面を表示します。

❾試験履歴

試験履歴画面を表示します。

❿終了

模擬試験プログラムを終了します。

2 試験実施画面

試験を開始すると、次のような画面が表示されます。

> **模擬試験プログラムの試験形式について**
> 模模擬試験プログラムの試験実施画面や試験形式は、FOM出版が独自に開発したもので、本試験とは異なります。
> 模擬試験プログラムはアップデートする場合があります。
> ※本書の最新情報について、P.11に記載されているFOM出版のホームページにアクセスして確認してください。

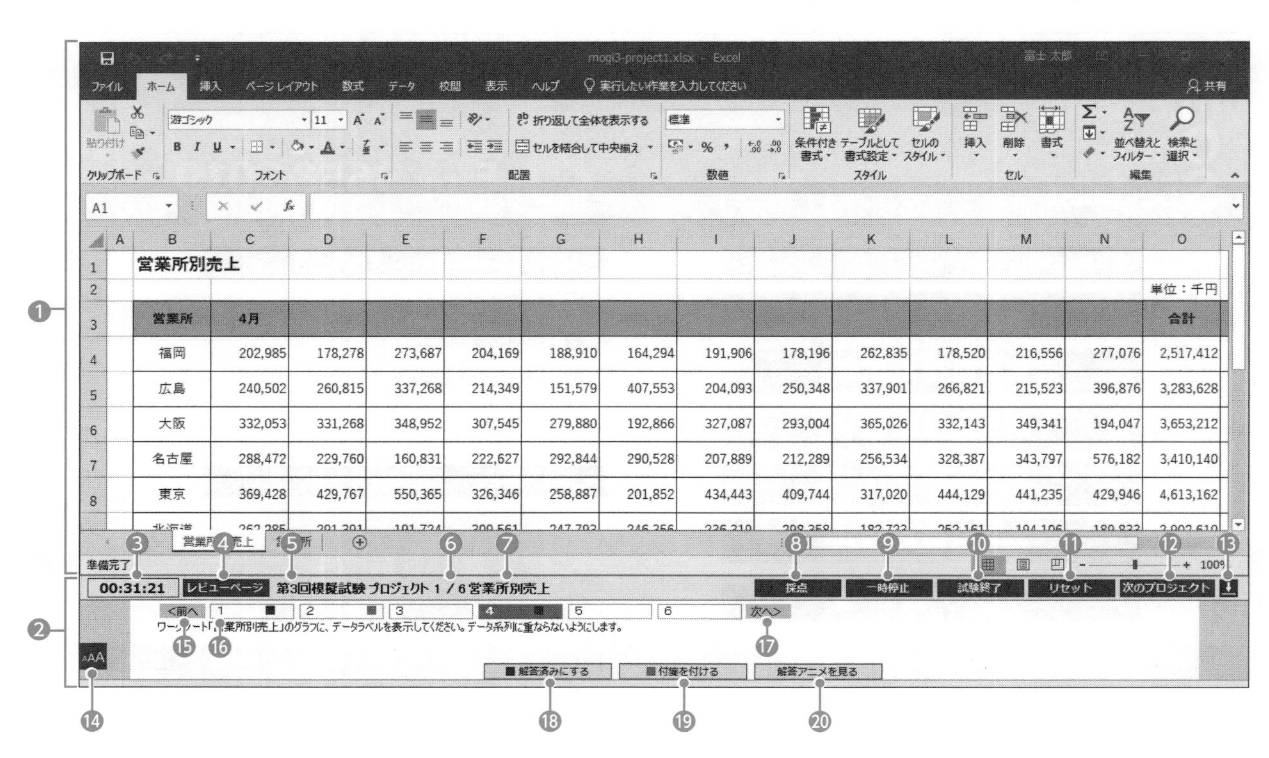

❶Excelウィンドウ

Excelが起動し、ファイルが開かれます。指示に従って、解答の操作を行います。

❷問題ウィンドウ

開かれているファイルの問題が表示されます。問題には、ファイルに対して行う具体的な指示が記述されています。1ファイルにつき、1～7個程度の問題が用意されています。

❸タイマー

試験の残り時間が表示されます。制限時間経過後は、マイナス(－)で表示されます。

※スタートメニューで《試験時間をカウントしない》を ✓ にしている場合、タイマーは表示されません。

❹レビューページ

レビューページを表示します。ボタンは、試験中、常に表示されます。レビューページから、別のプロジェクトの問題に切り替えることができます。

※レビューページについては、P.224を参照してください。

❺試験回

選択している模擬試験の試験回が表示されます。

❻表示中のプロジェクト番号／全体のプロジェクト数

現在、表示されているプロジェクトの番号と全体のプロジェクト数が表示されます。

「プロジェクト」とは、操作を行うファイルのことです。1回分の試験につき、5～7個程度のプロジェクトが用意されています。

❼プロジェクト名

現在、表示されているプロジェクト名が表示されます。

※ディスプレイの拡大率を「100%」より大きくしている場合、プロジェクト名がすべて表示されないことがあります。

❽採点

現在、表示されているプロジェクトの正誤を判定します。試験を終了することなく、採点結果を確認できます。

※スタートメニューで《試験中に採点する》を ✓ にしている場合、《採点》ボタンは表示されます。

❾一時停止

タイマーが一時的に停止します。

※一時停止すると、一時停止中のダイアログボックスが表示されます。《再開》をクリックすると、一時停止が解除されます。

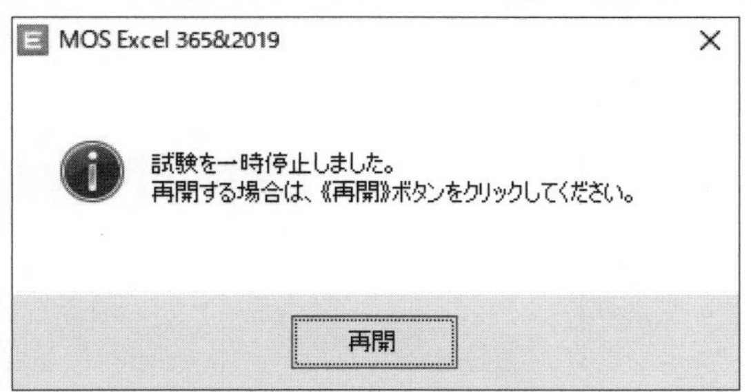

❿試験終了

試験を終了します。

※試験を終了すると、試験終了のダイアログボックスが表示されます。《採点して終了》をクリックすると、試験を採点して終了し、試験結果画面が表示されます。《採点せずに終了》をクリックすると、試験を採点せず終了し、スタートメニューに戻ります。採点せずに終了した場合は、試験結果は試験履歴に残りません。

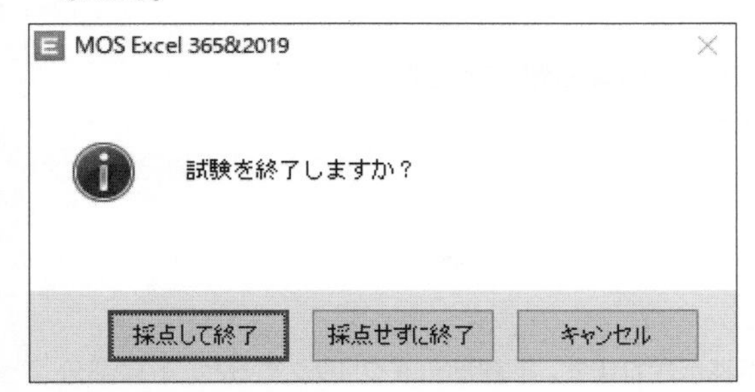

⓫リセット

現在、表示されているプロジェクトに対して行った操作をすべてクリアし、ファイルを初期の状態に戻します。プロジェクトは最初からやり直すことができますが、経過した試験時間を元に戻すことはできません。

⓬次のプロジェクト

次のプロジェクトに進み、新たなファイルと問題文が表示されます。

⓭

問題ウィンドウを折りたたんで、Excelウィンドウを大きく表示します。問題ウィンドウを折りたたむと、から に切り替わります。クリックすると、問題ウィンドウが元のサイズに戻ります。

⓮

問題文の文字サイズを調整するスケールが表示されます。 － や ＋ をクリックするか、をドラッグすると、文字サイズが変更されます。文字サイズは5段階で調整できます。

※問題文の文字サイズは、Ctrl + ＋ または Ctrl + － でも変更できます。

⓯前へ

プロジェクト内の前の問題に切り替えます。

⓰問題番号

問題番号をクリックして、問題の表示を切り替えます。現在、表示されている問題番号はオレンジ色で表示されます。

⓱次へ

プロジェクト内の次の問題に切り替えます。

⓲解答済みにする

現在、選択している問題を解答済みにします。クリックすると、問題番号の横に濃い灰色のマークが表示されます。解答済みマークの有無は、採点に影響しません。

⓳付箋を付ける

現在、選択されている問題に付箋を付けます。クリックすると、問題番号の横に緑色のマークが表示されます。付箋マークの有無は、採点に影響しません。

⓴解答アニメを見る

現在、選択している問題の標準解答のアニメーションを再生します。

※スタートメニューで《試験中に解答アニメを見る》を ✓ にしている場合、《解答アニメを見る》ボタンは表示されます。

Point

試験終了

試験時間の50分が経過すると、次のようなメッセージが表示されます。
試験を続けるかどうかを選択します。

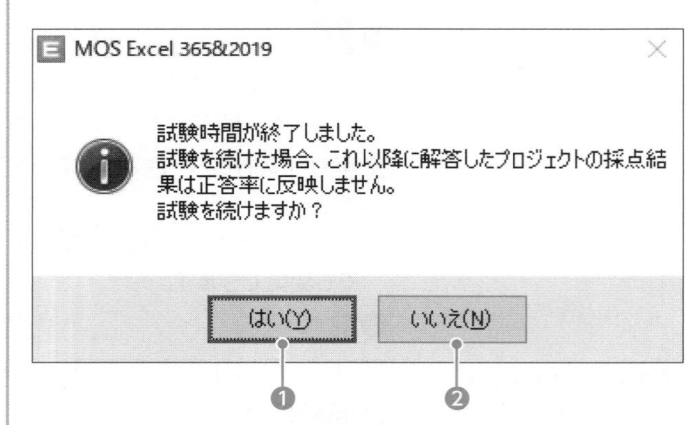

❶はい

試験時間を延長して、解答の操作を続けることができます。ただし、正答率に反映されるのは、時間内に解答したプロジェクトだけです。

❷いいえ

試試験を終了します。

※《いいえ》をクリックする前に、開いているダイアログボックスを閉じてください。

Point

問題文の文字のコピー

文字の入力が必要な問題の場合、問題文に下線が表示されます。下線部分をクリックすると、下線部分の文字がクリップボードにコピーされるので、Excelウィンドウ内に文字を貼り付けることができます。
問題文の文字をコピーして解答すると、入力の手間や入力ミスを防ぐことができます。

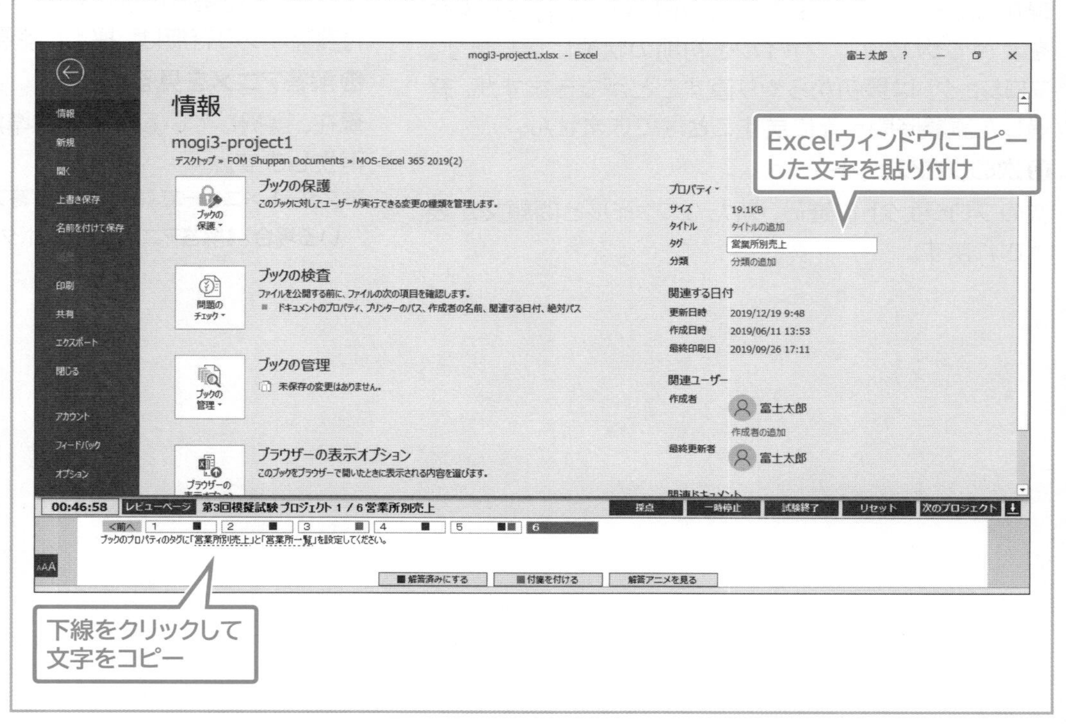

3 レビューページ

試験中に《**レビューページ**》のボタンをクリックすると、レビューページが表示されます。この画面で、付箋や解答済みのマークを一覧で確認できます。また、問題番号をクリックすると試験実施画面が表示され、解答の操作をやり直すこともできます。

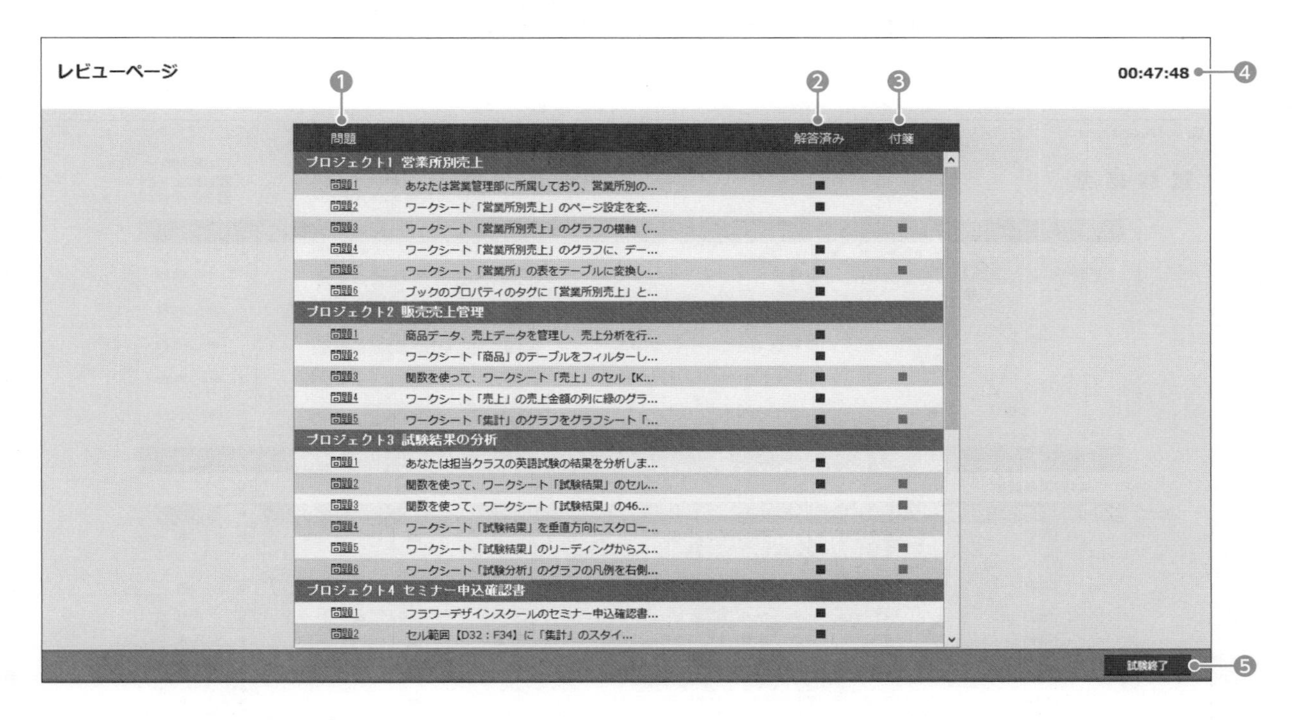

❶問題

プロジェクト番号と問題番号、問題文の先頭の文章が表示されます。
問題番号をクリックすると、その問題の試験実施画面が表示され、解答の操作をやり直すことができます。

❷解答済み

試験中に解答済みにした問題に、濃い灰色のマークが表示されます。

❸付箋

試験中に付箋を付けた問題に、緑色のマークが表示されます。

❹タイマー

試験の残り時間が表示されます。制限時間経過後は、マイナス（－）で表示されます。
※スタートメニューで《試験時間をカウントしない》を☑にしている場合、タイマーは表示されません。

❺試験終了

試験を終了します。
※試験を終了すると、試験終了のダイアログボックスが表示されます。《採点して終了》をクリックすると、試験を採点して終了し、試験結果画面が表示されます。《採点せずに終了》をクリックすると、試験を採点せず終了し、スタートメニューに戻ります。採点せずに終了した場合は、試験結果は試験履歴に残りません。

4 試験結果画面

試験を採点して終了すると、試験結果画面が表示されます。

> **模擬試験プログラムの採点方法について**
> 模模擬試験プログラムの試験結果画面や採点方法は、FOM出版が独自に開発したもので、本試験とは異なります。採点の基準や配点は公開されていません

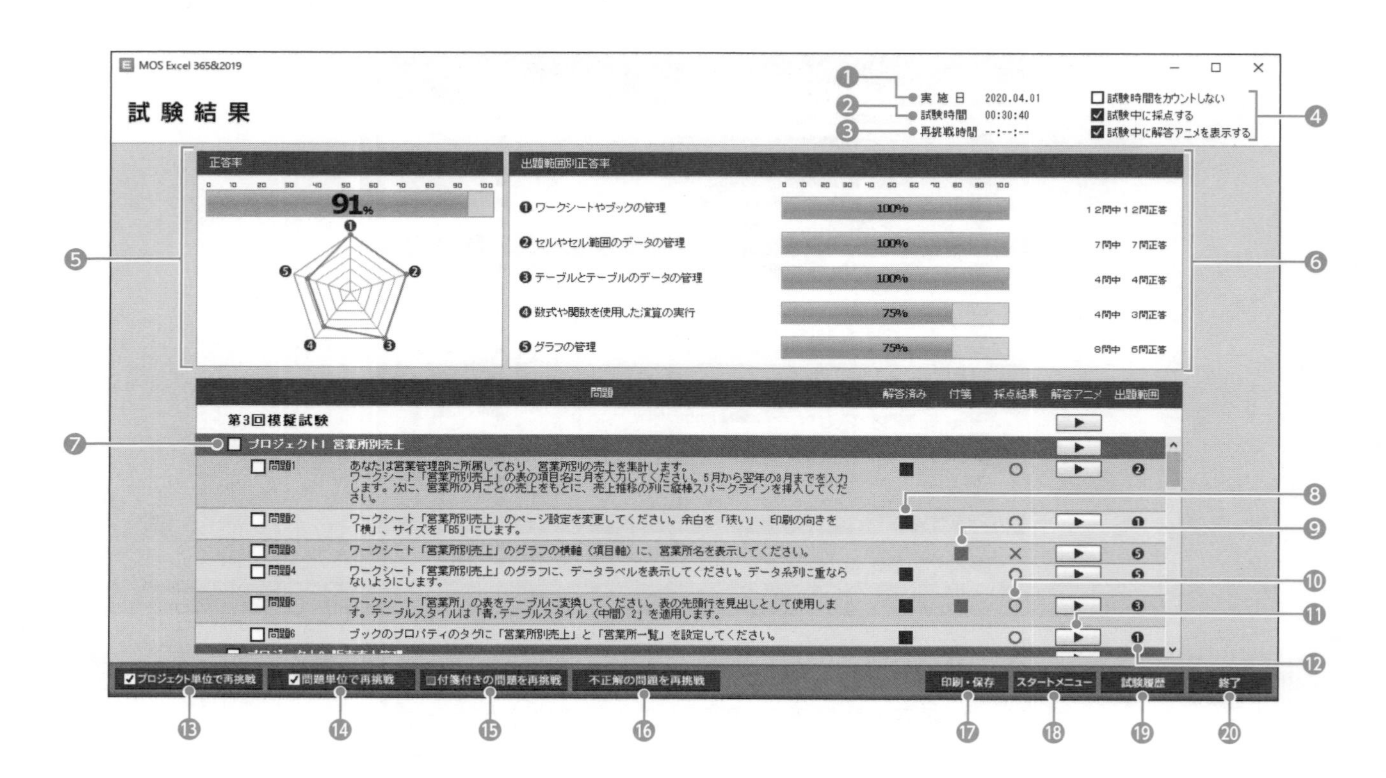

❶実施日

試験を実施した日付が表示されます。

❷試験時間

試験開始から試験終了までに要した時間が表示されます。

❸再挑戦時間

再挑戦に要した時間が表示されます。

❹試験モードのオプション

試験を実施するときに設定した試験モードのオプションが表示されます。

❺正答率

正答率が%で表示されます。

※試験時間を延長して解答した場合、時間内に解答したプロジェクトだけが正答率に反映されます。

❻出題範囲別正答率

出題範囲別の正答率が%で表示されます。

※試験時間を延長して解答した場合、時間内に解答したプロジェクトだけが正答率に反映されます。

❼チェックボックス

クリックすると、☑と☐を切り替えることができます。

※プロジェクト番号の左側にあるチェックボックスをクリックすると、プロジェクト内のすべての問題のチェックボックスをまとめて切り替えることができます。

❽解答済み

試験中に解答済みにした問題に、濃い灰色のマークが表示されます。

❾付箋

試験中に付箋を付けた問題に、緑色のマークが表示されます。

❿採点結果

採点結果が表示されます。

採点は問題ごとに行われ、「○」または「×」で表示されます。

※試験時間を延長して解答した問題や再挑戦で解答した問題は、「○」や「×」が灰色で表示されます。

⑪解答アニメ

［▶］をクリックすると、解答確認画面が表示され、標準解答のアニメーションとナレーションが再生されます。

⑫出題範囲

出題された問題の出題範囲の番号が表示されます。

⑬プロジェクト単位で再挑戦

チェックボックスが☑になっているプロジェクト、またはチェックボックスが☑になっている問題を含むプロジェクトを再挑戦できる画面に切り替わります。

⑭問題単位で再挑戦

チェックボックスが☑になっている問題を再挑戦できる画面に切り替わります。

⑮付箋付きの問題を再調整

付箋が付いている問題を再挑戦できる画面に切り替わります。

⑯不正解の問題を再挑戦

《採点結果》が**「○」**になっていない問題を再挑戦できる画面に切り替わります。

⑰印刷・保存

試験結果レポートを印刷したり、PDFファイルとして保存したりできます。また、試験結果をCSVファイルで保存することもできます。

⑱スタートメニュー

スタートメニューに戻ります。

⑲試験履歴

試験履歴画面に切り替わります。

⑳終了

模擬試験プログラムを終了します。

Point

試験結果レポート

《印刷・保存》ボタンをクリックすると、次のようなダイアログボックスが表示されます。
試験結果レポートやCSVファイルに出力する名前を入力して、印刷するか、PDFファイルとして保存するか、CSVファイルとして保存するかを選択します。
※名前の入力は省略してもかまいません。

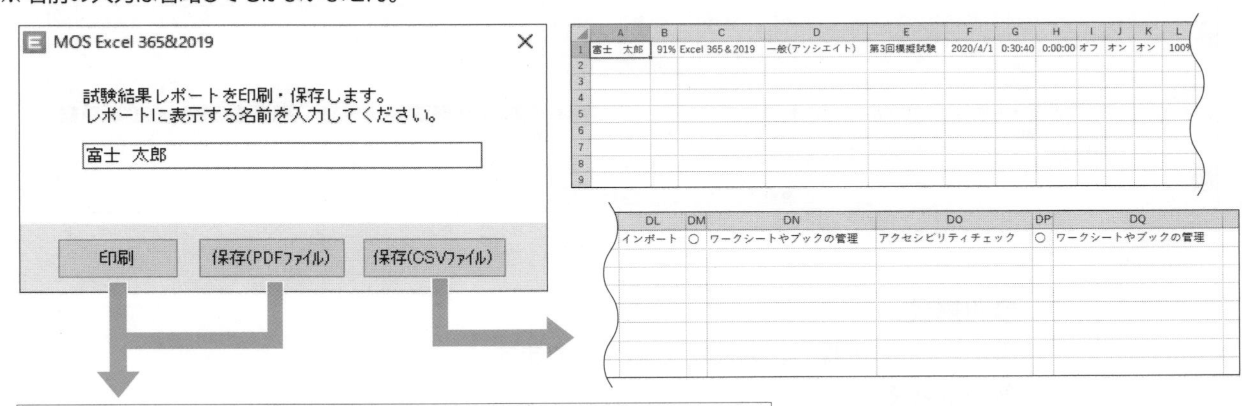

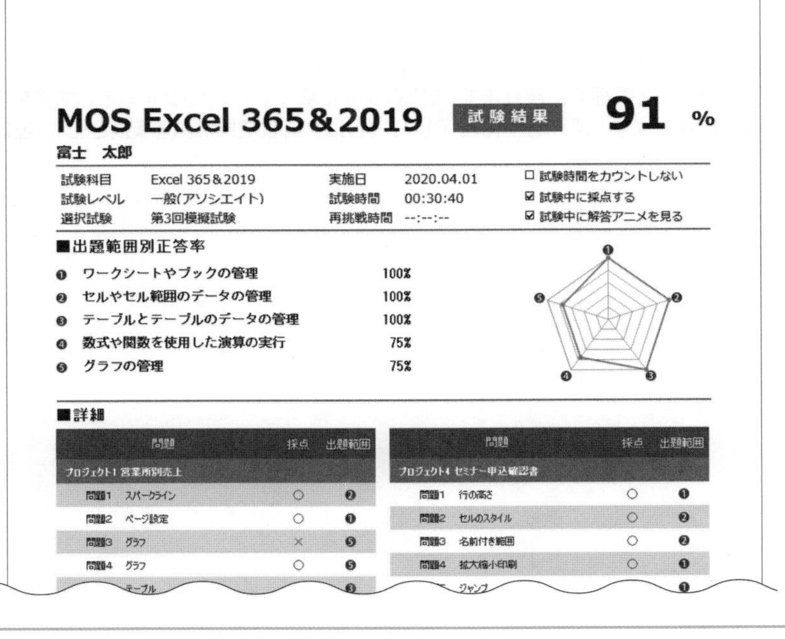

5 再挑戦画面

試験結果画面の**《プロジェクト単位で再挑戦》**、**《問題単位で再挑戦》**、**《付箋付きの問題を再挑戦》**、**《不正解の問題を再挑戦》**の各ボタンをクリックすると、問題に再挑戦できます。
この再挑戦画面では、試験実施前の初期の状態のファイルが表示されます。

1 プロジェクト単位で再挑戦

試験結果画面の**《プロジェクト単位で再挑戦》**のボタンをクリックすると、選択したプロジェクトに含まれるすべての問題に再挑戦できます。

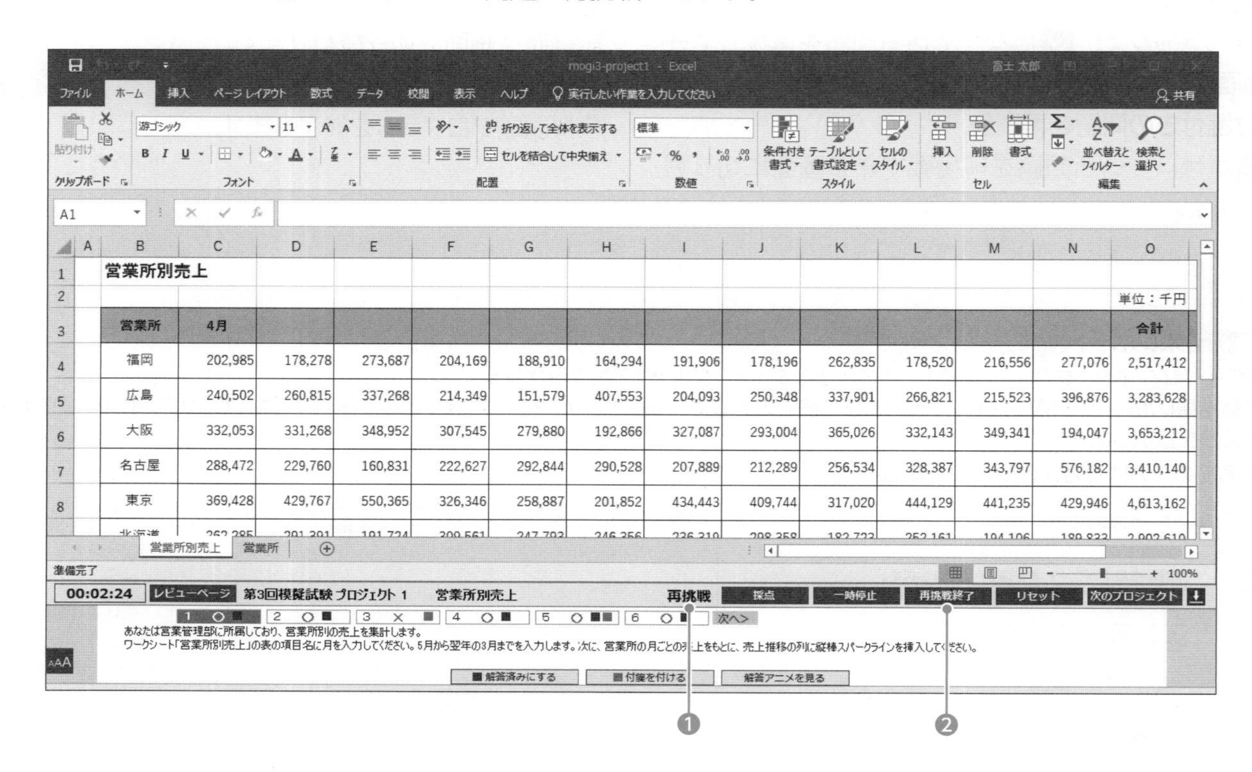

❶再挑戦

再挑戦モードの場合、**「再挑戦」**と表示されます。

❷再挑戦終了

再挑戦を終了します。

※再挑戦を終了すると、再挑戦終了のダイアログボックスが表示されます。《採点して終了》をクリックすると、試験を採点して終了し、試験結果画面に戻ります。《採点せずに終了》をクリックすると、試験を採点せず終了し、試験結果画面に戻ります。採点せずに終了した場合は、試験結果は試験結果画面に反映されません。

2 問題単位で再挑戦

試験結果画面の**《問題単位で再挑戦》**、**《付箋付きの問題を再調整》**、**《不正解の問題を再挑戦》**の各ボタンをクリックすると、選択した問題に再挑戦できます。

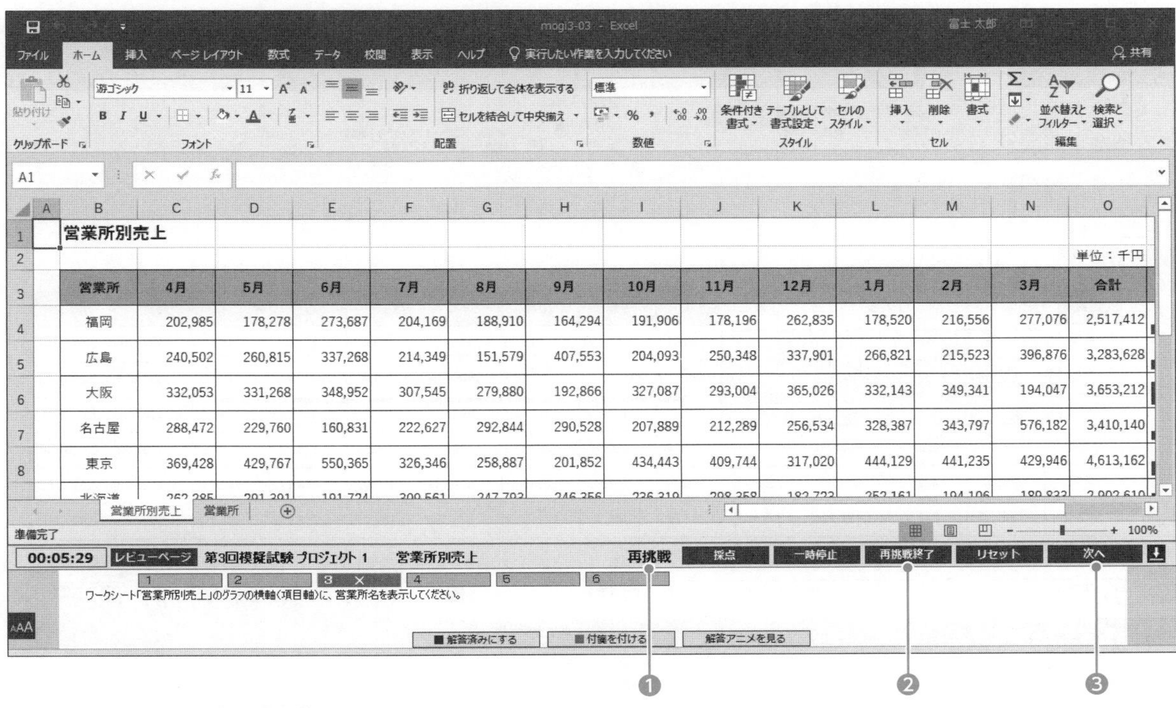

❶再挑戦

再挑戦モードの場合、**「再挑戦」**と表示されます。

❷再挑戦終了

再挑戦を終了します。

※再挑戦を終了すると、再挑戦終了のダイアログボックスが表示されます。《採点して終了》をクリックすると、試験を採点して終了し、試験結果画面に戻ります。《採点せずに終了》をクリックすると、試験を採点せず終了し、試験結果画面に戻ります。採点せずに終了した場合は、試験結果は試験結果画面に反映されません。

❸次へ

次の問題に切り替えます。

Point

問題単位で再挑戦中のレビューページ

問題単位で再挑戦しているときにレビューページを表示すると、選択した問題以外は灰色で表示されます。

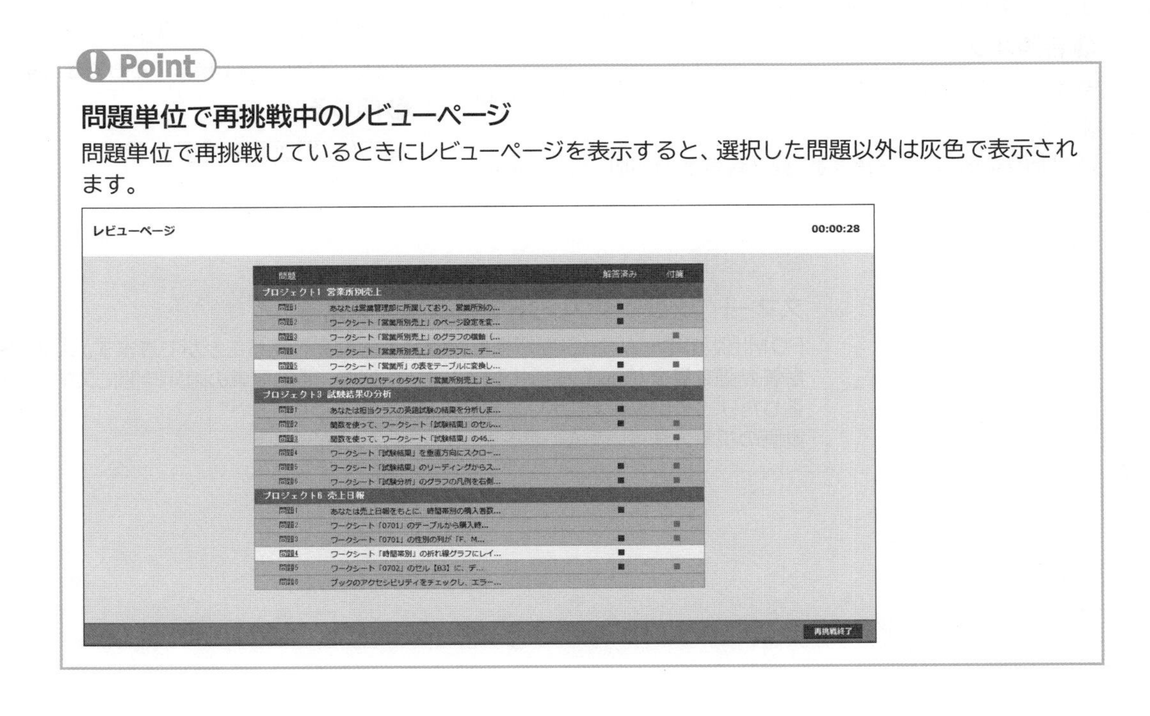

6　解答確認画面

解答確認画面では、標準解答をアニメーションとナレーションで確認できます。

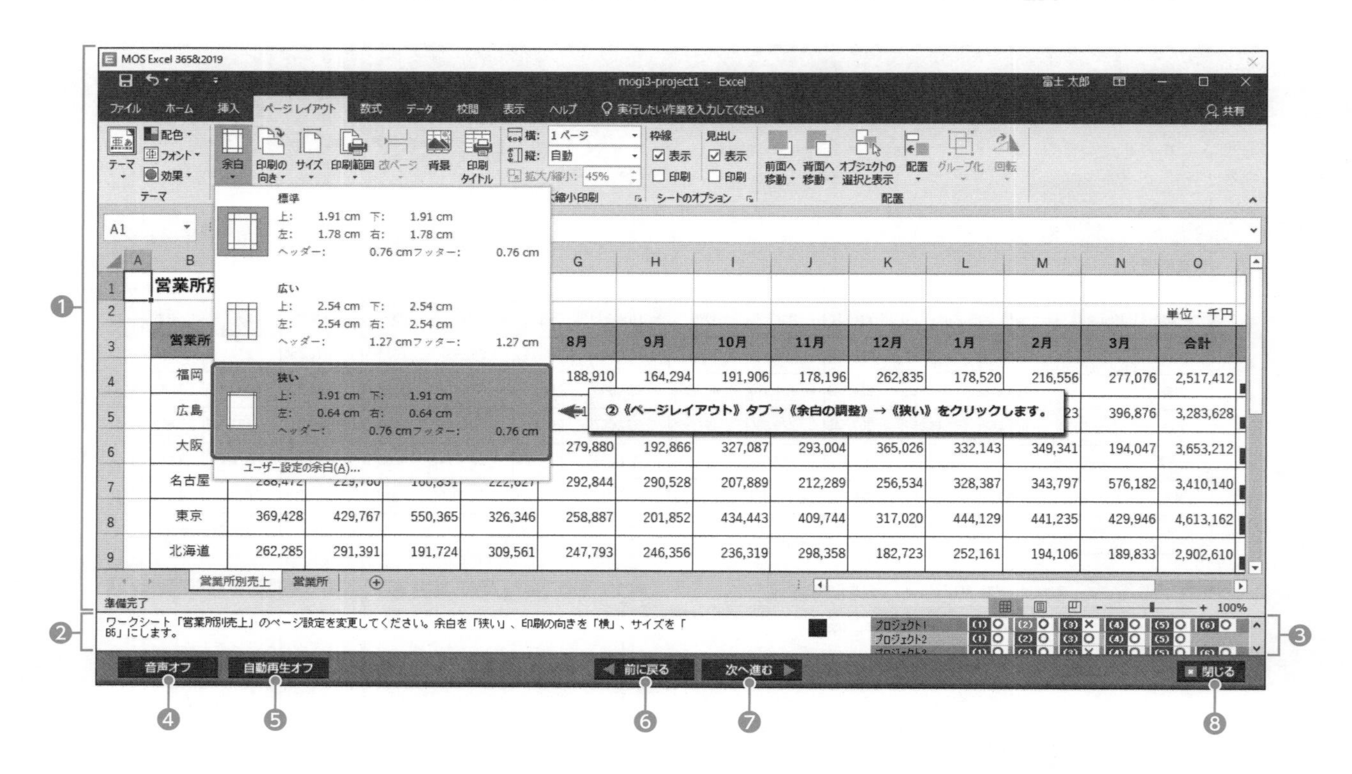

❶アニメーション

この領域にアニメーションが表示されます。

❷問題

再生中のアニメーションの問題が表示されます。

❸問題番号と採点結果

プロジェクトごとに問題番号と採点結果（「○」または「×」）が一覧で表示されます。問題番号をクリックすると、その問題の標準解答がアニメーションで再生されます。再生中の問題番号はオレンジ色で表示されます。

❹音声オフ

音声をオフにして、ナレーションを再生しないようにします。

※クリックするごとに、《音声オフ》と《音声オン》が切り替わります。

❺自動再生オフ

アニメーションの自動再生をオフにして、手動で切り替えるようにします。

※クリックするごとに、《自動再生オフ》と《自動再生オン》が切り替わります。

❻前に戻る

前の問題に戻って、再生します。

※［Back Space］や［←］で戻ることもできます。

❼次へ進む

次の問題に進んで、再生します。

※［Enter］や［→］で戻ることもできます。

❽閉じる

解答確認画面を終了します。

Point

スマートフォンやタブレットで標準解答を見る

FOM出版のホームページから模擬試験の解答動画を見ることができます。スマートフォンやタブレットで解答動画を見ながらパソコンで操作したり、通学・通勤電車の隙間時間にスマートフォンで操作手順を復習したり、活用範囲が広がります。
動画の視聴方法は、表紙の裏を参照してください。

7 試験履歴画面

試験履歴画面では、過去の正答率を確認できます。

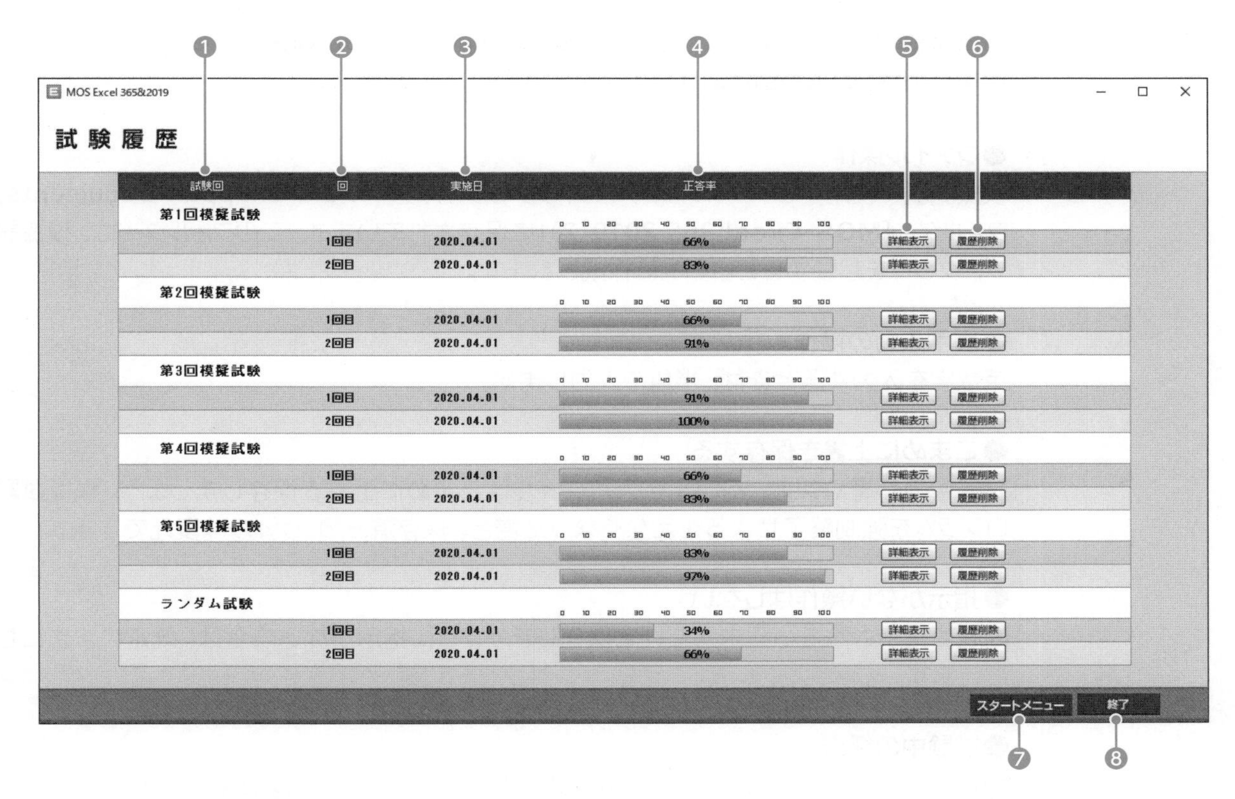

❶試験回

過去に実施した試験回が表示されます。

❷回数

試験を実施した回数が表示されます。試験履歴として記録されるのは、最も新しい10回分です。11回以上試験を実施した場合は、古いものから削除されます。

❸実施日

試験を実施した日付が表示されます。

❹正答率

過去に実施した試験の正答率が表示されます。

❺詳細表示

選択した回の試験結果画面に切り替わります。

❻履歴削除

選択した試験履歴を削除します。

❼スタートメニュー

スタートメニューに戻ります。

❽終了

模擬試験プログラムを終了します。

4 模擬試験プログラムの注意事項

模擬試験プログラムを使って学習する場合、次のような点に注意してください。
重要なので、学習の前に必ず読んでください。

●ファイル操作

模擬試験で使用するファイルは、デスクトップのフォルダー「**FOM Shuppan Documents**」のフォルダー「**MOS-Excel 365 2019(2)**」に保存されています。このフォルダーは、模擬試験プログラムを起動すると自動的に作成されます。

●文字入力の操作

英数字を入力するときは、半角で入力します。

●こまめに上書き保存する

試験中の停電やフリーズに備えて、ファイルはこまめに上書き保存しましょう。模擬試験プログラムを強制終了せざるをえなくなった場合、保存済みのファイルは復元できます。

●指示がない操作はしない

問題で指示されている内容だけを操作します。特に指示がない場合は、既定のままにしておきます。

●試験中の採点

問題の内容によっては、試験中に《**採点**》を押したあと、採点結果が表示されるまでに時間がかかる場合があります。試験結果が表示されるまで、しばらくお待ちください。

●ダイアログボックスは閉じて、試験を終了する

次の問題に切り替えたり、試験を終了したりする前に、必ずダイアログボックスを閉じてください。

●入力中のデータは確定して、試験を終了する

データを入力したら、必ず確定してください。確定せずに試験を終了すると、正しく動作しなくなる可能性があります。

●電源が落ちたら

停電などで、模擬試験中にパソコンの電源が落ちてしまった場合、電源を入れてから、模擬試験プログラムを再起動してください。再起動することによって、試験環境が復元され、途中から試験を再開できる状態になります。

●パソコンが動かなくなったら

模擬試験プログラムがフリーズして動かなくなってしまった場合は強制終了して、パソコンを再起動してください。
その後、通常の手順で模擬試験プログラムを起動してください。試験環境が復元され、途中から試験を再開できる状態になります。
※強制終了については、P.283を参照してください。

●試験開始後、Windowsの設定を変更しない

模擬試験プログラムの起動中にWindowsの設定を変更しないでください。設定を変更すると、正しく動作しなくなる可能性があります。

模擬試験

模擬試験プログラムを使わずに学習される方へ
模擬試験プログラムを使わずに学習される場合は、データファイルの場所を自分がセットアップした場所に読み替えてください。

第1回模擬試験 問題 ………… 233
標準解答 ………… 236
第2回模擬試験 問題 ………… 241
標準解答 ………… 244
第3回模擬試験 問題 ………… 248
標準解答 ………… 251
第4回模擬試験 問題 ………… 256
標準解答 ………… 259
第5回模擬試験 問題 ………… 263
標準解答 ………… 266

第1回 模擬試験 問題

プロジェクト1

理解度チェック

理解度チェック	問題	内容
☑☑☑☑☑	問題(1)	水泳大会の100m男子自由形での優勝記録管理表を作成します。 ワークシート「歴代優勝者」のテーブルにテーブル名「歴代優勝者一覧」を設定してください。
☑☑☑☑☑	問題(2)	ワークシート「歴代優勝者」のセル【B1】のタイトルに「見出し1」のスタイルを適用してください。次に、記録の列の数値に、右1文字分のインデントを設定してください。
☑☑☑☑☑	問題(3)	関数を使って、ワークシート「歴代優勝者」の開催年の列に、大会名の列の4桁の数字をそれぞれ表示してください。
☑☑☑☑☑	問題(4)	ワークシート「優勝回数」のセル範囲【B3：D31】の表をテーブルに変換してください。先頭行はタイトルとして使用します。テーブルのスタイルは、「薄い青,テーブルスタイル(淡色)20」を設定します。
☑☑☑☑☑	問題(5)	関数を使って、ワークシート「大会記録」に、すべての優勝者の記録から最高記録と平均をそれぞれ表示してください。最高記録は最も速いタイムを求めます。
☑☑☑☑☑	問題(6)	ブックのプロパティのタイトルに「水泳大会」、サブタイトルに「男子自由形」と設定してください。

プロジェクト2

理解度チェック	問題	内容
☑☑☑☑☑	問題(1)	フルーツパーラーの限定メニューの売上状況を集計します。 ワークシート「売上一覧」のヘッダーの文字列「社外秘」に、太字、フォントの色「赤」を設定してください。
☑☑☑☑☑	問題(2)	関数を使って、ワークシート「集計」の評価の列に、売上合計が売上目標を達成している場合は「達成」、達成していない場合は「未達成」と表示してください。表の書式は変更しないようにします。
☑☑☑☑☑	問題(3)	ワークシート「集計」の各メニューの売上をもとに、売上推移の列に縦棒スパークラインを挿入してください。縦軸の最小値は「0」にし、最大値は「すべてのスパークラインで同じ値」にします。
☑☑☑☑☑	問題(4)	グラフシート「売上グラフ」のグラフに、凡例マーカー付きのデータテーブルを表示してください。
☑☑☑☑☑	問題(5)	ワークシート「メニュー」のテーブルに、テーブルスタイル「オレンジ,テーブルスタイル(淡色)10」を適用してください。

プロジェクト3

理解度チェック		
☑☑☑☑☑	問題(1)	あなたはスポーツ用品の在庫状況や地域ごとの売れ行きを集計します。 ワークシート「商品一覧」の在庫数(3月末)が10より小さいセルに、「明るい赤の背景」の書式を設定してください。
☑☑☑☑☑	問題(2)	ワークシート「商品一覧」のテーブルに集計行を追加し、商品名のデータの個数、入庫数の平均、出庫数の平均を表示してください。入庫数と出庫数の平均は整数で表示し、在庫数(3月末)の集計は表示しないようにします。
☑☑☑☑☑	問題(3)	ワークシート「商品一覧」から「登山用」を含む商品を検索し、セルを「薄い緑」で塗りつぶしてください。
☑☑☑☑☑	問題(4)	ワークシート「商品一覧」のテーブルの商品コードから定価の列だけが印刷されるように設定してください。集計行は含まないようにします。
☑☑☑☑☑	問題(5)	ワークシート「年間集計」のグラフをグラフシート「地域別集計」に移動してください。
☑☑☑☑☑	問題(6)	ワークシート「年間集計」の数式を表示してください。

プロジェクト4

理解度チェック		
☑☑☑☑☑	問題(1)	あなたは、ミナトカレッジで開講されている講座の申込状況を分析します。 ワークシート「会員名簿」のセル【A1】に、デスクトップのフォルダー「FOM Shuppan Documents」のフォルダー「MOS-Excel 365 2019(2)」にあるテキストファイル「会員名簿.txt」をインポートしてください。データソースの先頭行をテーブルの見出しとして使用します。 次に、テーブルのフィルターボタンを非表示にしてください。
☑☑☑☑☑	問題(2)	ワークシート「技術系」の合計の列すべてに、10月の数式を適用してください。
☑☑☑☑☑	問題(3)	ワークシート「芸術系」のセル範囲【B3:F10】に、「芸術系」という名前を定義してください。
☑☑☑☑☑	問題(4)	関数を使って、ワークシート「年間申込者数」の申込なし月数の列に講座の申込者数が表示されていない月の数を表示してください。
☑☑☑☑☑	問題(5)	ワークシート「技術系」のグラフの第1縦軸(値軸)にラベル「人数」を表示してください。
☑☑☑☑☑	問題(6)	ワークシート「実務系」のグラフの軸のデータを入れ替えて、横軸(項目軸)に講座名が表示されるようにしてください。次に、凡例を非表示にしてください。

プロジェクト5

理解度チェック

☑☑☑☑☑	問題(1)	あなたはウェディングプランナーで、海外挙式のチラシを作成します。 ワークシート「ご提案」のセル範囲【B7:B12】のセルの文字列を「左詰め(インデント)」、「インデント2」に配置してください。
☑☑☑☑☑	問題(2)	ワークシート「ご提案」のテーブルにある空白行を削除してください。テーブル以外には影響がないようにします。
☑☑☑☑☑	問題(3)	関数を使って、ワークシート「国内会場リスト」の申込コードをすべて大文字で表示してください。
☑☑☑☑☑	問題(4)	ワークシート「国内会場リスト」のテーブルを青山の地域だけ表示してください。データを削除してはいけません。
☑☑☑☑☑	問題(5)	ワークシート「ご提案」のセル【G16】の書式を、ワークシート「国内会場リスト」のセル【C20】にコピーしてください。
☑☑☑☑☑	問題(6)	グラフシート「招待者人数」のグラフに色「モノクロパレット13」を適用してください。

プロジェクト6

理解度チェック

☑☑☑☑☑	問題(1)	あなたは梅干しの卸問屋の社員で、売上集計をします。 ワークシート「売上明細」の表を右へスクロールしても常に売上日から支店名の列が表示されるように設定してください。
☑☑☑☑☑	問題(2)	関数を使って、ワークシート「売上明細」の評価の列に数量が100個より多く売れた商品には「在庫確認」と表示し、そうでなければ何も表示しないようにしてください。
☑☑☑☑☑	問題(3)	ワークシート「売上明細」のテーブルを、支店名の昇順、支店名が同じ場合は商品コードの昇順、さらに支店名と商品コードが同じ場合は、数量の多い順に並べ替えてください。
☑☑☑☑☑	問題(4)	ワークシート「売上金額」の表を使って、支店別合計を表す集合縦棒グラフを作成してください。横軸(項目軸)には「支店名」を表示します。
☑☑☑☑☑	問題(5)	ワークシート「売上個数」のセル【H8】に「しそ漬け」、セル【H13】に「こんぶ」、セル【H18】に「うす塩」、セル【H23】に「はちみつ」、セル【H28】に「かつお」と名前を定義してください。 次に、関数を使って、セル【H3】に商品別の売上の中で、最も多く売れた個数を表示する数式を入力してください。数式では、値やセル参照ではなく定義された名前を使います。
☑☑☑☑☑	問題(6)	ワークシート「売上個数」のセル【H1】にハイパーリンクを挿入してください。文字列「商品情報」と表示し、リンク先は「https://www.fomfoods.xx.xx/umeboshi/」とします。

第1回 模擬試験 標準解答

●プロジェクト1

問題(1)

①ワークシート「**歴代優勝者**」のセル【**B3**】を選択します。
※テーブル内のセルであれば、どこでもかまいません。
②問題文の文字列「**歴代優勝者一覧**」をクリックしてコピーします。
③《**デザイン**》タブ→《**プロパティ**》グループの《**テーブル名**》をクリックして、文字列を選択します。
④ Ctrl + V を押して貼り付け、Enter を押します。
※《テーブル名》に直接入力してもかまいません。

問題(2)

①ワークシート「**歴代優勝者**」のセル【**B1**】を選択します。
②《**ホーム**》タブ→《**スタイル**》グループの（セルのスタイル）→《**タイトルと見出し**》の《**見出し1**》をクリックします。
③セル【**D4**】を選択し、Ctrl + Shift + ↓ を押します。
※セル範囲【D4:D35】が選択されます。
④《**ホーム**》タブ→《**配置**》グループの（配置の設定）をクリックします。
⑤《**配置**》タブを選択します。
⑥《**横位置**》のをクリックし、一覧から《**右詰め（インデント）**》を選択します。
⑦《**インデント**》を「**1**」に設定します。
⑧《**OK**》をクリックします。

問題(3)

①ワークシート「**歴代優勝者**」のセル【**I4**】に「**=LEFT([@大会名],4)**」と入力します。
※「[@大会名]」は、セル【G4】を選択して指定します。
※フィールド内の残りのセルにも自動的に数式が作成されます。

問題(4)

①ワークシート「**優勝回数**」のセル【**B3**】を選択します。
※表内のセルであれば、どこでもかまいません。
②《**挿入**》タブ→《**テーブル**》グループの（テーブル）をクリックします。
③《**テーブルに変換するデータ範囲を指定してください**》が「**=$B$3:$D$31**」になっていることを確認します。
④《**先頭行をテーブルの見出しとして使用する**》を ✔ にします。
⑤《**OK**》をクリックします。
⑥《**デザイン**》タブ→《**テーブルスタイル**》グループの（その他）→《**淡色**》の《**薄い青,テーブルスタイル（淡色）20**》をクリックします。

問題(5)

①ワークシート「**大会記録**」のセル【**C3**】を選択します。
②《**ホーム**》タブ→《**編集**》グループの Σ（合計）の →《**最小値**》をクリックします。
③ワークシート「**歴代優勝者**」のセル【**D4**】を選択し、Ctrl + Shift + ↓ を押します。
※セル範囲【D4:D35】が選択されます。
④数式バーに「**=MIN(歴代優勝者一覧[記録])**」と表示されていることを確認します。
⑤ Enter を押します。
⑥ワークシート「**大会記録**」のセル【**C4**】を選択します。
⑦《**ホーム**》タブ→《**編集**》グループの Σ（合計）の →《**平均**》をクリックします。
⑧ワークシート「**歴代優勝者**」のセル【**D4**】を選択し、Ctrl + Shift + ↓ を押します。
※セル範囲【D4:D35】が選択されます。
⑨数式バーに「**=AVERAGE(歴代優勝者一覧[記録])**」と表示されていることを確認します。
⑩ Enter を押します。

問題(6)

①《**ファイル**》タブを選択します。
②《**情報**》→《**プロパティをすべて表示**》をクリックします。
③問題文の文字列「**水泳大会**」をクリックしてコピーします。
④プロパティの《**タイトルの追加**》をクリックして、カーソルを表示します。
⑤ Ctrl + V を押して貼り付けます。
※《タイトルの追加》に直接入力してもかまいません。
⑥問題文の文字列「**男子自由形**」をクリックしてコピーします。
⑦プロパティの「**サブタイトルの指定**」をクリックして、カーソルを表示します。
⑧ Ctrl + V を押して貼り付けます。
※《サブタイトルの指定》に直接入力してもかまいません。
⑨《**サブタイトルの指定**》以外の場所をクリックします。

●プロジェクト2

問題(1)

①ワークシート「**売上一覧**」が表示されていることを確認します。
②ステータスバーの［ページレイアウト］(ページレイアウト)をクリックします。
③ヘッダーの右側をクリックします。
④「**社外秘**」を選択します。
⑤《**ホーム**》タブ→《**フォント**》グループの B (太字)をクリックします。
⑥《**ホーム**》タブ→《**フォント**》グループの A (フォントの色)の ▾ →《**標準の色**》の《**赤**》をクリックします。
⑦ヘッダー、フッター以外の場所をクリックします。
※［標準］(標準)をクリックし、標準ビューに戻しておきましょう。

問題(2)

①ワークシート「**集計**」のセル【**I5**】に「**=IF([@売上合計]>=[@売上目標],"**」と入力します。
※「[@売上合計]」はセル【G5】、「[@売上目標]」は、セル【H5】を選択して指定します。
②問題文の文字列「**達成**」をクリックしてコピーします。
③「**=IF([@売上合計]>=[@売上目標],"**」の後ろをクリックして、カーソルを表示します。
④ Ctrl + V を押して貼り付けます。
⑤続けて、「**","**」と入力します。
⑥問題文の文字列「**未達成**」をクリックしてコピーします。
⑦「**=IF([@売上合計]>=[@売上目標],"達成","**」の後ろをクリックして、カーソルを表示します。
⑧ Ctrl + V を押して貼り付けます。
⑨続けて、「**")**」と入力します。
⑩数式バーに「**=IF(([@売上合計]>=[@売上目標],"達成","未達成")**」と表示されていることを確認します。
⑪ Enter を押します。
※フィールド内の残りのセルにも自動的に数式が作成されます。

問題(3)

①ワークシート「**集計**」のセル範囲【**C5:F13**】を選択します。
※スパークラインのもとになるセル範囲を選択します。
②《**挿入**》タブ→《**スパークライン**》グループの［縦棒］(縦棒スパークライン)をクリックします。
③《**データ範囲**》に「**C5:F13**」と表示されていることを確認します。
④《**場所の範囲**》にカーソルが表示されていることを確認します。
⑤セル範囲【**J5:J13**】を選択します。
※《場所の範囲》に「$J$5:$J$13」と表示されます。
⑥《**OK**》をクリックします。
⑦《**スパークラインツール**》の《**デザイン**》タブ→《**グループ**》グループの［軸］(スパークラインの軸)→《**縦軸の最小値のオプション**》の《**ユーザー設定値**》をクリックします。
⑧《**縦軸の最小値を入力してください**》に「**0.0**」と表示されていることを確認します。
⑨《**OK**》をクリックします。
⑩《**デザイン**》タブ→《**グループ**》グループの［軸］(スパークラインの軸)→《**縦軸の最大値のオプション**》の《**すべてのスパークラインで同じ値**》をクリックします。

問題(4)

①グラフシート「**売上グラフ**」のグラフを選択します。
②《**デザイン**》タブ→《**グラフのレイアウト**》グループの［グラフ要素を追加］(グラフ要素を追加)→《**データテーブル**》→《**凡例マーカーあり**》をクリックします。

問題(5)

①ワークシート「**メニュー**」のセル【**A3**】を選択します。
※テーブル内のセルであれば、どこでもかまいません。
②《**デザイン**》タブ→《**テーブルスタイル**》グループの ▾ (その他)→《**淡色**》の《**オレンジ, テーブルスタイル(淡色)10**》をクリックします。

●プロジェクト3

問題(1)

①ワークシート「**商品一覧**」のセル【**H4**】を選択し、Ctrl + Shift + ↓ を押します。
②《**ホーム**》タブ→《**スタイル**》グループの［条件付き書式］(条件付き書式)→《**セルの強調表示ルール**》→《**指定の値より小さい**》をクリックします。
③《**次の値より小さいセルを書式設定**》に「**10**」と入力します。
④《**書式**》の ▾ をクリックし、一覧から《**明るい赤の背景**》を選択します。
⑤《**OK**》をクリックします。

問題(2)

①ワークシート「**商品一覧**」のセル【**A3**】を選択します。
※テーブル内のセルであれば、どこでもかまいません。
②《**デザイン**》タブ→《**テーブルスタイルのオプション**》グループの《**集計行**》を ☑ にします。
③集計行の「**商品名**」のセルを選択します。
④ ▾ をクリックし、一覧から《**個数**》を選択します。
⑤集計行の「**入庫数(3月)**」のセルを選択します。
⑥ ▾ をクリックし、一覧から《**平均**》を選択します。
⑦集計行の「**出庫数(3月)**」のセルを選択します。
⑧ ▾ をクリックし、一覧から《**平均**》を選択します。
⑨集計行の「**入庫数(3月)**」と「**出庫数(3月)**」のセルを選択します。

⑩《**ホーム**》タブ→《**数値**》グループの 標準 (数値の書式)の → 《**数値**》をクリックします。
⑪集計行の「**在庫数(3月末)**」のセルを選択します。
⑫ をクリックし、一覧から《**なし**》を選択します。

問題(3)

①ワークシート「**商品一覧**」のセル【**A1**】を選択します。
②《**ホーム**》タブ→《**編集**》グループの (検索と選択)→《**検索**》をクリックします。
③《**検索**》タブを選択します。
④問題文の文字列「**登山用**」をクリックしてコピーします。
⑤《**検索する文字列**》をクリックして、カーソルを表示します。
⑥ Ctrl + V を押して貼り付けます。
※《検索する文字列》に直接入力してもかまいません。
⑦《**すべて検索**》をクリックします。
⑧検索結果の一覧にセル【**B21**】とセル【**B29**】が表示されていることを確認します。
⑨セル【**B21**】が選択されていることを確認します。
⑩《**ホーム**》タブ→《**フォント**》グループの (塗りつぶしの色)の → 《**標準の色**》の《**薄い緑**》をクリックします。
⑪検索結果の一覧からセル【**B29**】を選択します。
⑫セル【**B29**】が選択されていることを確認します。
⑬《**ホーム**》タブ→《**フォント**》グループの (塗りつぶしの色)の → 《**標準の色**》の《**薄い緑**》をクリックします。
⑭《**閉じる**》をクリックします。

問題(4)

①ワークシート「**商品一覧**」のセル範囲【**A3:D30**】を選択します。
②《**ページレイアウト**》タブ→《**ページ設定**》グループの (印刷範囲)→《**印刷範囲の設定**》をクリックします。

問題(5)

①ワークシート「**年間集計**」のグラフを選択します。
②《**デザイン**》タブ→《**場所**》グループの (グラフの移動)をクリックします。
③問題文の文字列「**地域別集計**」をクリックしてコピーします。
④《**新しいシート**》を ◉ にします。
⑤グラフシート名が選択されていることを確認します。
⑥ Ctrl + V を押して貼り付けます。
※ボックスに直接入力してもかまいません。
⑦《**OK**》をクリックします。

問題(6)

①ワークシート「**年間集計**」のシート見出しをクリックします。
②《**数式**》タブ→《**ワークシート分析**》グループの 数式の表示 (数式の表示)をクリックします。

●プロジェクト4

問題(1)

①ワークシート「**会員名簿**」のセル【**A1**】を選択します。
②《**データ**》タブ→《**データの取得と変換**》グループの テキストまたは CSV から (テキストまたはCSVから)をクリックします。
③デスクトップのフォルダー「**FOM Shuppan Documents**」のフォルダー「**MOS-Excel 365 2019(2)**」を開きます。
④一覧から「**会員名簿**」を選択します。
⑤《**インポート**》をクリックします。
⑥《**区切り記号**》が《**タブ**》になっていることを確認します。
⑦データの先頭行が見出しになっていないことを確認します。
⑧《**編集**》をクリックします。
※お使いの環境によっては、《編集》が《データの変換》と表示される場合があります。
⑨《**ホーム**》タブ→《**変換**》グループの 1行目をヘッダーとして使用 (1行目をヘッダーとして使用)をクリックします。
⑩データの先頭行が見出しとして表示されていることを確認します。
⑪《**ホーム**》タブ→《**閉じる**》グループの (閉じて読み込む)の 閉じて読み込む → 《**閉じて次に読み込む**》をクリックします。
⑫《**テーブル**》が ◉ になっていることを確認します。
⑬《**既存のワークシート**》を ◉ にします。
⑭「**=$A$1**」と表示されていることを確認します。
⑮《**OK**》をクリックします。
⑯《**テーブルツール**》の《**デザイン**》タブ→《**テーブルスタイルのオプション**》グループの《**フィルターボタン**》をオフにします。
※作業ウィンドウを閉じておきましょう。

問題(2)

①ワークシート「**技術系**」のセル【**G4**】を選択し、セル右下の ■(フィルハンドル)をセル【**G10**】までドラッグします。

問題(3)

①ワークシート「**芸術系**」のセル範囲【**B3:F10**】を選択します。
②問題文の文字列「**芸術系**」をクリックしてコピーします。
③名前ボックスをクリックして、文字列を選択します。
④ Ctrl + V を押して貼り付け、 Enter を押します。
※名前ボックスに直接入力してもかまいません。

問題(4)

①ワークシート「**年間申込者数**」のセル【**O4**】に「**=COUNTBLANK(年間申込者数[@[4月]:[3月]])**」と入力します。
※「年間申込者数[@[4月]:[3月]]」は、セル範囲【C4:N4】を選択して指定します。
※フィールド内の残りのセルにも自動的に数式が作成されます。

問題(5)

①ワークシート「**技術系**」のグラフを選択します。
②《**デザイン**》タブ→《**グラフのレイアウト**》グループの（グラフ要素を追加）→《**軸ラベル**》→《**第1縦軸**》をクリックします。
③問題文の文字列「**人数**」をクリックしてコピーします。
④軸ラベルの文字列を選択します。
⑤[Ctrl]+[V]を押して貼り付けます。
※軸ラベルに直接入力してもかまいません。
⑥軸ラベル以外の場所をクリックします。

問題(6)

①ワークシート「**実務系**」のグラフを選択します。
②《**デザイン**》タブ→《**データ**》グループの（行/列の切り替え）をクリックします。
③《**デザイン**》タブ→《**グラフのレイアウト**》グループの（グラフ要素を追加）→《**凡例**》→《**なし**》をクリックします。

●プロジェクト5

問題(1)

①ワークシート「**ご提案**」のセル範囲【**B7:B12**】を選択します。
②《**ホーム**》タブ→《**配置**》グループの（配置の設定）をクリックします。
③《**配置**》タブを選択します。
④《**横位置**》のをクリックし、一覧から《**左詰め（インデント）**》を選択します。
⑤《**インデント**》を「**2**」に設定します。
⑥《**OK**》をクリックします。

問題(2)

①ワークシート「**ご提案**」のセル【**B36**】を右クリックします。
※テーブル内の36行目のセルであれば、どこでもかまいません。
②《**削除**》→《**テーブルの行**》をクリックします。

問題(3)

①ワークシート「**国内会場リスト**」のセル【**B4**】を選択します。
②数式を「**=UPPER(CONCAT(D4,F4,G4))**」に修正します。

問題(4)

①ワークシート「**国内会場リスト**」の「**地域**」のをクリックします。
②《**(すべて選択)**》を□にします。
③《**青山**》を☑にします。
④《**OK**》をクリックします。
※2件のレコードが抽出されます。

問題(5)

①ワークシート「**ご提案**」のセル【**G16**】を選択します。
②《**ホーム**》タブ→《**クリップボード**》グループの（書式のコピー/貼り付け）をクリックします。
③ワークシート「**国内会場リスト**」のセル【**C20**】を選択します。

問題(6)

①グラフシート「**招待者人数**」のグラフを選択します。
②《**デザイン**》タブ→《**グラフスタイル**》グループの（グラフクイックカラー）→《**モノクロ**》の《**モノクロパレット13**》をクリックします。

●プロジェクト6

問題(1)

①ワークシート「**売上明細**」の列番号【**C**】を選択します。
②《**表示**》タブ→《**ウィンドウ**》グループの（ウィンドウ枠の固定）→《**ウィンドウ枠の固定**》をクリックします。

問題(2)

①ワークシート「**売上明細**」のセル【**H4**】に「**=IF([@数量]>100,"**」と入力します。
※「[@数量]」は、セル【F4】を選択して指定します。
②問題文の文字列「**在庫確認**」をクリックしてコピーします。
③「**=IF([@数量]>100,"**」の後ろをクリックして、カーソルを表示します。
④[Ctrl]+[V]を押して貼り付けます。
⑤続けて、「**","")**」と入力します。
⑥数式バーに「**=IF([@数量]>100,"在庫確認","")**」と表示されていることを確認します。
⑦[Enter]を押します。
※フィールド内の残りのセルにも自動的に数式が作成されます。

問題(3)

①ワークシート「**売上明細**」のセル【**A3**】を選択します。
※テーブル内のセルであれば、どこでもかまいません。
②《**データ**》タブ→《**並べ替えとフィルター**》グループの（並べ替え）をクリックします。
③《**最優先されるキー**》の《**列**》のをクリックし、一覧から《**支店名**》を選択します。
④《**並べ替えのキー**》のをクリックし、一覧から《**セルの値**》を選択します。
⑤《**順序**》のをクリックし、一覧から《**昇順**》を選択します。
⑥《**レベルの追加**》をクリックします。
※一覧に《次に優先されるキー》が表示されます。
⑦《**次に優先されるキー**》の《**列**》のをクリックし、一覧から《**商品コード**》を選択します。

⑧《**並べ替えのキー**》の[v]をクリックし、一覧から《**セルの値**》を選択します。
⑨《**順序**》の[v]をクリックし、一覧から《**小さい順**》を選択します。
⑩《**レベルの追加**》をクリックします。
※一覧に《次に優先されるキー》が表示されます。
⑪《**次に優先されるキー**》の《**列**》の[v]をクリックし、一覧から《**数量**》を選択します。
⑫《**並べ替えのキー**》の[v]をクリックし、一覧から《**セルの値**》を選択します。
⑬《**順序**》の[v]をクリックし、一覧から《**大きい順**》を選択します。
⑭《**OK**》をクリックします。

問題(4)

①ワークシート「**売上金額**」のセル範囲【**A5:A10**】を選択します。
②[Ctrl]を押しながら、セル範囲【**H5:H10**】を選択します。
③《**挿入**》タブ→《**グラフ**》グループの[縦棒/横棒グラフの挿入](縦棒/横棒グラフの挿入)→《**2D縦棒**》の《**集合縦棒**》をクリックします。

問題(5)

①ワークシート「**売上個数**」のセル【**H8**】を選択します。
②問題文の文字列「**しそ漬け**」をクリックしてコピーします。
③名前ボックスをクリックして、文字列を選択します。
④[Ctrl]+[V]を押して貼り付け、[Enter]を押します。
※名前ボックスに直接入力してもかまいません。
⑤同様に、その他のセルに名前を定義します。
⑥セル【**H3**】を選択します。
⑦《**ホーム**》タブ→《**編集**》グループの[Σ](合計)の[▾]→《**最大値**》をクリックします。
⑧《**数式**》タブ→《**定義された名前**》グループの[数式で使用](数式で使用)→《**しそ漬け**》をクリックします。
⑨続けて、「**,**」を入力します。
⑩同様に、「**こんぶ**」,「**うす塩**」,「**はちみつ**」,「**かつお**」を入力します。
⑪数式バーに「**=MAX(しそ漬け,こんぶ,うす塩,はちみつ,かつお)**」と表示されていることを確認します。
⑫[Enter]を押します。

問題(6)

①ワークシート「**売上個数**」のセル【**H1**】を選択します。
②《**挿入**》タブ→《**リンク**》グループの[リンク](ハイパーリンクの追加)をクリックします。
※お使いの環境によっては、「ハイパーリンクの追加」が「リンク」と表示される場合があります。
③《**リンク先**》の《**ファイル、Webページ**》をクリックします。
④問題文の文字列「**商品情報**」をクリックしてコピーします。
⑤《**表示文字列**》をクリックして、カーソルを表示します。
⑥[Ctrl]+[V]を押して貼り付けます。
⑦問題文の文字列「**https://www.fomfoods.xx.xx/umeboshi/**」をクリックしてコピーします。
⑧《**アドレス**》をクリックして、カーソルを表示します。
⑨[Ctrl]+[V]を押して貼り付けます。
※ 各ボックスに直接入力してもかまいません。
⑩《**OK**》をクリックします。

第2回 模擬試験 問題

プロジェクト1

理解度チェック

☑☑☑☑☑	問題（1）	英国語学研修のコース案内を作成します。 クイックアクセスツールバーに、コマンド「名前を付けて保存」を登録してください。作業中のブックだけに適用します。
☑☑☑☑☑	問題（2）	ワークシート「コース案内」の「全生徒数：」「クラス人数：」「8週間：」「12週間：」「24週間：」「48週間：」を右揃えで表示してください。次に、B～D列の列幅を正確に「13」に設定してください。
☑☑☑☑☑	問題（3）	ワークシート「コース案内」のセル範囲【B12：I15】を横方向にセルを結合してください。次に、セル範囲【B13：B15】の内容がすべて表示されるように文字列を折り返してください。13～15行目の行の高さは正確に「38」に変更します。
☑☑☑☑☑	問題（4）	ワークシート「プラン詳細」の滞在都市の列を、「オックスフォード」が最初に表示されるように並べ替えてください。滞在都市が同じ場合は期間の短い順に並べ替えます。
☑☑☑☑☑	問題（5）	ブックのアクセシビリティをチェックし、エラーを修正してください。代替テキストを「風景画像」と設定します。
☑☑☑☑☑	問題（6）	ワークシート「コース案内」を、PDFファイルとして「英国語学研修」という名前でデスクトップのフォルダー「FOM Shuppan Documents」のフォルダー「MOS-Excel 365 2019（2）」に保存してください。PDFファイルは開かないようにします。

プロジェクト2

理解度チェック

☑☑☑☑☑	問題（1）	課題別得点表をもとに、アート課題の進捗を管理します。 ワークシート「課題別得点」のテーブルをセル範囲に変換してください。書式は変更しないようにします。
☑☑☑☑☑	問題（2）	関数を使って、ワークシート「進捗管理」のセル【B4】にデッサンの提出済みの課題数を表示してください。提出済みの課題数はワークシート「課題別得点」の提出日をもとに求めます。
☑☑☑☑☑	問題（3）	ワークシート「進捗管理」のグラフを100%積み上げ横棒に変更してください。縦軸（項目軸）にアート課題を表示します。次に、すべてのデータ系列にデータラベルのデータ吹き出しを表示してください。データラベルには系列名と値を表示します。
☑☑☑☑☑	問題（4）	名前「デッサン」の範囲に移動し、得点の高い順に並べ替えてください。
☑☑☑☑☑	問題（5）	ワークシート「課題別得点」の題材と出題日の列を削除してください。

プロジェクト3

理解度チェック

☑☑☑☑☑	問題（1）	2019年度の売上データをもとに、売上集計表を作成します。 ワークシート「販売店別集計」のテーブルに、1行おきに背景の色が付くように書式を適用し、一番右の列を強調してください。書式は、自動的に更新されるようにします。
☑☑☑☑☑	問題（2）	ワークシート「担当者別集計」のグラフに代替テキスト「担当者別売上集計」を設定してください。
☑☑☑☑☑	問題（3）	ワークシート「担当者別集計」のグラフにグラフスタイル「スタイル4」を適用してください。次に、項目軸が上から荒木、大久保、久木田、野田、畑、山内の順番になるようにしてください。
☑☑☑☑☑	問題（4）	ワークシート「売上一覧」のNo.の列が1、2、3…と連番になるように入力してください。
☑☑☑☑☑	問題（5）	ワークシート「売上一覧」の販売月の列を非表示にしてください。次に、ワークシート「売上一覧」の4～6月、7～9月、10～12月、1～3月の四半期ごとに改ページし、同一四半期内は自動的に改ページされるようにしてください。
☑☑☑☑☑	問題（6）	ドキュメントを検査し、プロパティと個人情報を削除してください。

プロジェクト4

理解度チェック

☑☑☑☑☑	問題（1）	あなたはオーディオ機器販売店の社員で、売上管理表を作成します。 ワークシート「売上一覧」に設定してある、条件付き書式のルールをすべて削除してください。
☑☑☑☑☑	問題（2）	ワークシート「売上一覧」のテーブルをフィルターして、秋葉原店の販売単価が「30,000」以上のレコードだけを表示してください。
☑☑☑☑☑	問題（3）	ワークシート「店舗別売上」のグラフに横浜店のデータ系列を追加してください。
☑☑☑☑☑	問題（4）	ワークシート「商品一覧」の商品名の列の内容が、すべて表示されるように文字列を折り返してください。
☑☑☑☑☑	問題（5）	関数を使って、ワークシート「商品一覧」の値札表示名の列に、商品名と色を結合して表示してください。商品名と色の間は半角の「-（ハイフン）」でつなぎます。
☑☑☑☑☑	問題（6）	名前「Sシリーズ」の範囲だけを選択し、「S02-H-SLV」を検索してください。次に、「S02-H-SLV」の販売単価を「19,800」に修正してください。

プロジェクト5

理解度チェック		
☑☑☑☑☑	問題（1）	あなたはレジャー施設の社員で、施設の利用状況を分析します。 ワークシート「10月」の利用年月日の列の表示を、「R2.10.1」と表示されるように変更してください。
☑☑☑☑☑	問題（2）	ワークシート「10月」の消費税の列に消費税額を求めてください。消費税額は、「利用代金×消費税率」で計算します。「消費税率」はセルを参照して求めます。
☑☑☑☑☑	問題（3）	ワークシート「10月」の利用代金の列に3種類の星のアイコンを表示してください。
☑☑☑☑☑	問題（4）	ワークシート「10月」を改ページプレビューで表示してください。次に、データが横1ページで印刷されるように設定してください。
☑☑☑☑☑	問題（5）	関数を使って、ワークシート「会員名簿」のフリガナ文字数の列にフリガナの文字数を表示してください。
☑☑☑☑☑	問題（6）	ワークシート「会員名簿」に、Excelにあらかじめ用意されているフッター「会員名簿, 機密, 1ページ」を挿入してください。

プロジェクト6

理解度チェック		
☑☑☑☑☑	問題（1）	あなたは旅行代理店に勤務しており、売上集計表を作成します。 ワークシート「案内フォーマット」をページレイアウトで表示してください。
☑☑☑☑☑	問題（2）	ワークシート「売上表」を垂直方向にスクロールしても、常にタイトルと表の項目名が表示されるように設定してください。
☑☑☑☑☑	問題（3）	ワークシート「売上表」のタイトルの書式を、ワークシート「支店別売上」と「宿泊先リスト」のタイトルにコピーしてください。
☑☑☑☑☑	問題（4）	ワークシート「支店別売上」のグラフのレイアウトを「レイアウト1」に変更してください。
☑☑☑☑☑	問題（5）	ワークシート「宿泊先リスト」の表の空白セルを削除して、表を整えてください。
☑☑☑☑☑	問題（6）	関数を使って、ワークシート「宿泊先リスト」のWEBサイトの列の文字列を、ホームページの列に小文字で表示してください。

第2回 模擬試験 標準解答

●プロジェクト1

問題(1)

①クイックアクセスツールバーの［▼］(クイックアクセスツールバーのユーザー設定)をクリックします。
②《その他のコマンド》をクリックします。
③左側の一覧から《クイックアクセスツールバー》が選択されていることを確認します。
④《コマンドの選択》の［▼］をクリックし、一覧から《基本的なコマンド》を選択します。
⑤コマンドの一覧から《名前を付けて保存》を選択します。
⑥《クイックアクセスツールバーのユーザー設定》の［▼］をクリックし、一覧から《mogi2-project1.xlsxに適用》を選択します。
※作業中のブックを選択します。
⑦《追加》をクリックします。
⑧《OK》をクリックします。

問題(2)

①ワークシート「コース案内」のセル範囲【B19:B20】を選択します。
②［Ctrl］を押しながら、セル範囲【B24:B27】を選択します。
③《ホーム》タブ→《配置》グループの［≡］(右揃え)をクリックします。
④列番号【B:D】を選択します。
⑤選択した範囲を右クリックします。
⑥《列の幅》をクリックします。
⑦《列の幅》に「13」と入力します。
⑧《OK》をクリックします。

問題(3)

①ワークシート「コース案内」のセル範囲【B12:I15】を選択します。
②《ホーム》タブ→《配置》グループの［セルを結合して中央揃え］(セルを結合して中央揃え)の［▼］→《横方向に結合》をクリックします。
③セル範囲【B13:B15】を選択します。
④《ホーム》タブ→《配置》グループの［折り返して全体を表示する］(折り返して全体を表示する)をクリックします。
⑤行番号【13:15】を選択します。
⑥選択した範囲を右クリックします。
⑦《行の高さ》をクリックします。
⑧《行の高さ》に「38」と入力します。
⑨《OK》をクリックします。

問題(4)

①ワークシート「プラン詳細」のセル【A3】を選択します。
※表内のセルであれば、どこでもかまいません。
②《データ》タブ→《並べ替えとフィルター》グループの［並べ替え］(並べ替え)をクリックします。
③《最優先されるキー》の《列》の［▼］をクリックし、一覧から《滞在都市》を選択します。
④《並べ替えのキー》の［▼］をクリックし、一覧から《セルの値》を選択します。
⑤《順序》の［▼］をクリックし、一覧から《昇順》を選択します。
⑥《レベルの追加》をクリックします。
※一覧に《次に優先されるキー》が表示されます。
⑦《次に優先されるキー》の《列》の［▼］をクリックし、一覧から《期間(週)》を選択します。
⑧《並べ替えのキー》の［▼］をクリックし、一覧から《セルの値》を選択します。
⑨《順序》の［▼］をクリックし、一覧から《小さい順》を選択します。
⑩《OK》をクリックします。

問題(5)

①《ファイル》タブを選択します。
②《情報》→《問題のチェック》→《アクセシビリティチェック》をクリックします。
③《エラー》の《代替テキストがありません》をクリックします。
④《図1(コース案内)》をクリックします。
※ワークシート《コース案内》の図が選択されます。
⑤［▼］をクリックします。
⑥《おすすめアクション》の《説明を追加》をクリックします。
⑦問題文の文字列「風景画像」をクリックしてコピーします。
⑧《代替テキスト》作業ウィンドウのボックスをクリックして、カーソルを表示します。
⑨［Ctrl］+［V］を押して貼り付けます。
※ボックスに直接入力してもかまいません。
※作業ウィンドウを閉じておきましょう。

問題(6)

①ワークシート「コース案内」が表示されていることを確認します。
②《ファイル》タブを選択します。
③《エクスポート》→《PDF/XPSドキュメントの作成》→《PDF/XPSの作成》をクリックします。
④デスクトップのフォルダー「FOM Shuppan Documents」のフォルダー「MOS-Excel 365 2019(2)」を開きます。

⑤問題文の文字列「**英国語学研修**」をクリックしてコピーします。
⑥《**ファイル名**》をクリックして、文字列を選択します。
⑦ Ctrl + V を押して貼り付けます。
※《ファイル名》に直接入力してもかまいません。
⑧《**ファイルの種類**》の ▾ をクリックし、一覧から《**PDF**》を選択します。
⑨《**発行後にファイルを開く**》を □ にします。
⑩《**発行**》をクリックします。

●プロジェクト2

問題(1)

①ワークシート「**課題別得点**」のセル【**E3**】を選択します。
※テーブル内のセルであれば、どこでもかまいません。
②《**デザイン**》タブ→《**ツール**》グループの 範囲に変換 (範囲に変換)をクリックします。
③《**はい**》をクリックします。

問題(2)

①ワークシート「**進捗管理**」のセル【**B4**】を選択します。
②《**ホーム**》タブ→《**編集**》グループの Σ (合計)の ▾ →《**数値の個数**》をクリックします。
③ワークシート「**課題別得点**」のセル範囲【**C4:C19**】を選択します。
④数式バーに「**=COUNT(課題別得点!C4:C19)**」と表示されていることを確認します。
⑤ Enter を押します。

問題(3)

①ワークシート「**進捗管理**」のグラフを選択します。
②《**デザイン**》タブ→《**種類**》グループの グラフの種類の変更 (グラフの種類の変更)をクリックします。
③《**すべてのグラフ**》タブを選択します。
④左側の一覧から《**横棒**》を選択します。
⑤《**100%積み上げ横棒**》を選択します。
⑥項目軸にアート課題が表示されているグラフを選択します。
⑦《**OK**》をクリックします。
⑧グラフを選択します。
⑨《**デザイン**》タブ→《**グラフのレイアウト**》グループの グラフ要素を追加 (グラフ要素を追加)→《**データラベル**》→《**データ吹き出し**》をクリックします。
⑩データ系列「**提出済み**」のデータラベルを右クリックします。
⑪《**データラベルの書式設定**》をクリックします。
⑫《**ラベルオプション**》の (ラベルオプション)をクリックします。
⑬《**ラベルオプション**》の詳細が表示されていることを確認します。
※表示されていない場合は、《ラベルオプション》をクリックします。
⑭《**ラベルの内容**》の《**系列名**》と《**値**》を ✓ にし、それ以外を □ にします。
⑮同様に、データ系列「**未提出**」のデータラベルを設定します。
※作業ウィンドウを閉じておきましょう。

問題(4)

①名前ボックスの ▾ をクリックし、一覧から「**デッサン**」を選択します。
②セル【**B3**】を選択します。
※デッサンの表のB列であればどこでもかまいません。
③《**データ**》タブ→《**並べ替えとフィルター**》グループの (降順)をクリックします。

問題(5)

①ワークシート「**課題別得点**」の列番号【**J**】を選択します。
② Ctrl を押しながら、列番号【**L**】を選択します。
③選択した範囲を右クリックします。
④《**削除**》をクリックします。

●プロジェクト3

問題(1)

①ワークシート「**販売店別集計**」のセル【**B3**】を選択します。
※テーブル内のセルであれば、どこでもかまいません。
②《**デザイン**》タブ→《**テーブルスタイルのオプション**》グループの《**縞模様(行)**》を ✓ にします。
③《**デザイン**》タブ→《**テーブルスタイルのオプション**》グループの《**最後の列**》を ✓ にします。

問題(2)

①ワークシート「**担当者別集計**」のグラフを右クリックします。
②《**代替テキストの編集**》をクリックします。
③問題文の文字列「**担当者別売上集計**」をクリックしてコピーします。
④《**代替テキスト**》作業ウィンドウのボックスをクリックして、カーソルを表示します。
⑤ Ctrl + V を押して貼り付けます。
※ボックスに直接入力してもかまいません。
※作業ウィンドウを閉じておきましょう。

問題(3)

①ワークシート「**担当者別集計**」のグラフを選択します。
②《**デザイン**》タブ→《**グラフスタイル**》グループの《**スタイル4**》をクリックします。
③グラフの項目軸を右クリックします。
④《**軸の書式設定**》をクリックします。
⑤《**軸のオプション**》の (軸のオプション)をクリックします。
⑥《**軸のオプション**》の詳細が表示されていることを確認します。
※表示されていない場合は、《軸のオプション》をクリックします。

⑦**《軸を反転する》**を✔にします。
※作業ウィンドウを閉じておきましょう。

問題(4)

①ワークシート**「売上一覧」**のセル**【B4】**に**「1」**と入力します。
②セル**【B4】**を選択し、セル右下の■(フィルハンドル)をダブルクリックします。
③ (オートフィルオプション)をクリックし、一覧から**《連続データ》**を選択します。

問題(5)

①ワークシート**「売上一覧」**の列番号**【G】**を右クリックします。
②**《非表示》**をクリックします。
③ステータスバーの (改ページプレビュー)をクリックします。
④行番号**【112】**を選択します。
⑤**《ページレイアウト》**タブ→**《ページ設定》**グループの (改ページ)→**《改ページの挿入》**をクリックします。
⑥行番号**【243】**を選択します。
⑦F4を押します。
⑧同様に、行番号**【380】**に改ページを挿入します。
※ (標準)をクリックして、標準ビューに戻しておきましょう。

問題(6)

①**《ファイル》**タブを選択します。
②**《情報》**→**《問題のチェック》**→**《ドキュメント検査》**をクリックします。
③**《はい》**をクリックします。
④**《ドキュメントのプロパティと個人情報》**が✔になっていることを確認します。
⑤**《検査》**をクリックします。
⑥**《ドキュメントのプロパティと個人情報》**の**《すべて削除》**をクリックします。
⑦**《閉じる》**をクリックします。

●プロジェクト4

問題(1)

①ワークシート**「売上一覧」**が表示されていることを確認します。
②**《ホーム》**タブ→**《スタイル》**グループの (条件付き書式)→**《ルールのクリア》**→**《シート全体からルールをクリア》**をクリックします。

問題(2)

①ワークシート**「売上一覧」**の**「店舗名」**の▼をクリックします。
②**《(すべて選択)》**を□にします。
③**「秋葉原」**を✔にします。
④**《OK》**をクリックします。
⑤**「販売単価」**の▼をクリックします。
⑥**《数値フィルター》**をポイントし、**《指定の値以上》**をクリックします。
⑦左上のボックスに**「30000」**と入力します。
⑧右上のボックスが**《以上》**になっていることを確認します。
⑨**《OK》**をクリックします。
※3件のレコードが抽出されます。

問題(3)

①ワークシート**「店舗別売上」**のグラフを選択します。
②**《デザイン》**タブ→**《データ》**グループの (データの選択)をクリックします。
③**《グラフデータの範囲》**に現在のデータ範囲が反転表示されていることを確認します。
④セル範囲**【A3:B9】**を選択します。
⑤**《グラフデータの範囲》**に**「=店舗別売上!$A$3:$B$9」**と表示されていることを確認します。
⑥**《OK》**をクリックします。

問題(4)

①ワークシート**「商品一覧」**のセル**【B4】**を選択し、Ctrl+Shift+↓を押します。
※セル範囲【B4:B36】が選択されます。
②**《ホーム》**タブ→**《配置》**グループの (折り返して全体を表示する)をクリックします。

問題(5)

①ワークシート**「商品一覧」**のセル**【D4】**に**「=CONCAT([@商品名],"-",[@色])」**と入力します。
※「[@商品名]」はセル【B4】、「[@色]」はセル【C4】を選択して指定します。

問題(6)

①名前ボックスの▼をクリックし、一覧から**「Sシリーズ」**を選択します。
②**《ホーム》**タブ→**《編集》**グループの (検索と選択)→**《検索》**をクリックします。
③**《検索》**タブを選択します。
④問題文の文字列**「S02-H-SLV」**をクリックしてコピーします。
⑤**《検索する文字列》**をクリックして、カーソルを表示します。
⑥Ctrl+Vを押して貼り付けます。
※《検索する文字列》に直接入力してもかまいません。
⑦**《すべて検索》**をクリックします。
⑧検索結果の一覧にセル**【A33】**が表示されていることを確認します。
⑨セル**【A33】**が選択されていることを確認します。

⑩《閉じる》をクリックします。

⑪「**販売単価**」の33行目に「**19800**」と入力します。

●プロジェクト5

問題(1)

①ワークシート「**10月**」のセル【**B4**】を選択し、Ctrl＋Shift＋↓を押します。

※セル範囲【B4：B29】が選択されます。

②《**ホーム**》タブ→《**数値**》グループの(表示形式)をクリックします。

③《**表示形式**》タブを選択します。

④《**分類**》の一覧から《**日付**》を選択します。

⑤《**カレンダーの種類**》のをクリックし、一覧から《**和暦**》を選択します。

⑥《**種類**》の一覧から《**H24.3.14**》を選択します。

⑦《**OK**》をクリックします。

問題(2)

①ワークシート「**10月**」のセル【**H4**】に「**=G4*$I$1**」と入力します。

※消費税率は、常に同じセルを参照するように絶対参照にします。

②セル【**H4**】を選択し、セル右下の■(フィルハンドル)をダブルクリックします。

問題(3)

①ワークシート「**10月**」のセル【**G4**】を選択し、Ctrl＋Shift＋↓を押します。

※セル範囲【G4：G29】が選択されます。

②《**ホーム**》タブ→《**スタイル**》グループの(条件付き書式)→《**アイコンセット**》→《**評価**》の《**3種類の星**》をクリックします。

問題(4)

①ワークシート「**10月**」が表示されていることを確認します。

②ステータスバーの(改ページプレビュー)をクリックします。

③《**ページレイアウト**》タブ→《**拡大縮小印刷**》グループの横:(横)の→《**1ページ**》をクリックします。

問題(5)

①ワークシート「**会員名簿**」のセル【**D4**】に「**=LEN(C4)**」と入力します。

②セル【**D4**】を選択し、セル右下の■(フィルハンドル)をダブルクリックします。

問題(6)

①ワークシート「**会員名簿**」が表示されていることを確認します。

②《**挿入**》タブ→《**テキスト**》グループの(ヘッダーとフッター)をクリックします。

※《テキスト》グループが(テキスト)で表示されている場合は、(テキスト)をクリックすると、《テキスト》グループのボタンが表示されます。

③《**デザイン**》タブ→《**ヘッダーとフッター**》グループの(フッター)→《**会員名簿，機密，1ページ**》をクリックします。

※(標準)をクリックして、標準ビューに戻しておきましょう。

●プロジェクト6

問題(1)

①ワークシート「**案内フォーマット**」が表示されていることを確認します。

②ステータスバーの(ページレイアウト)をクリックします。

問題(2)

①ワークシート「**売上表**」の行番号【**4**】を選択します。

②《**表示**》タブ→《**ウィンドウ**》グループの(ウィンドウ枠の固定)→《**ウィンドウ枠の固定**》をクリックします。

問題(3)

①ワークシート「**売上表**」のセル【**A1**】を選択します。

②《**ホーム**》タブ→《**クリップボード**》グループの(書式のコピー/貼り付け)をダブルクリックします。

③ワークシート「**支店別売上**」のセル【**A1**】を選択します。

④ワークシート「**宿泊先リスト**」のセル【**A1**】を選択します。

⑤Escを押します。

問題(4)

①ワークシート「**支店別売上**」のグラフを選択します。

②《**デザイン**》タブ→《**グラフのレイアウト**》グループの(クイックレイアウト)→《**レイアウト1**》をクリックします。

問題(5)

①ワークシート「**宿泊先リスト**」のセル範囲【**B9：F10**】を選択します。

②選択した範囲を右クリックします。

③《**削除**》をクリックします。

④《**上方向にシフト**》が◉になっていることを確認します。

⑤《**OK**》をクリックします。

問題(6)

①ワークシート「**宿泊先リスト**」のセル【**H4**】に「**=LOWER(G4)**」と入力します。

②セル【**H4**】を選択し、セル右下の■(フィルハンドル)をダブルクリックします。

第3回　模擬試験　問題

プロジェクト1

理解度チェック

問題(1)　あなたは営業管理部に所属しており、営業所別の売上を集計します。
ワークシート「営業所別売上」の表の項目名に月を入力してください。5月から翌年の3月までを入力します。次に、営業所の月ごとの売上をもとに、売上推移の列に縦棒スパークラインを挿入してください。

問題(2)　ワークシート「営業所別売上」のページ設定を変更してください。余白を「狭い」、印刷の向きを「横」、サイズを「B5」にします。

問題(3)　ワークシート「営業所別売上」のグラフの横軸（項目軸）に、営業所名を表示してください。

問題(4)　ワークシート「営業所別売上」のグラフに、データラベルを表示してください。データ系列に重ならないようにします。

問題(5)　ワークシート「営業所」の表をテーブルに変換してください。表の先頭行を見出しとして使用します。テーブルスタイルは「青,テーブルスタイル（中間）2」を適用します。

問題(6)　ブックのプロパティのタグに「営業所別売上」と「営業所一覧」を設定してください。

プロジェクト2

理解度チェック

問題(1)　商品データ、売上データを管理し、売上分析を行います。
ワークシート「商品」のセル【D1】にハイパーリンクを挿入してください。文字列「商品詳細」と表示し、リンク先は「https://www.karadashop.xx.xx/」とします。また、ハイパーリンクをポイントすると「商品情報へ」と表示されるようにします。

問題(2)　ワークシート「商品」のテーブルをフィルターして、商品分類が「ボディケア」で、価格が5,000円以上のレコードだけを表示してください。

問題(3)　関数を使って、ワークシート「売上」のセル【K2】に1注文あたりの最低売上金額を表示してください。

問題(4)　ワークシート「売上」の売上金額の列に緑のグラデーションのデータバーを表示してください。

問題(5)　ワークシート「集計」のグラフをグラフシート「売上推移」に移動してください。

プロジェクト3

理解度チェック

☑☑☑☑☑	問題(1)	あなたは担当クラスの英語試験の結果を分析します。 関数を使って、ワークシート「生徒」のローマ字（大文字）の列に、D列のローマ字を大文字に変換して表示してください。
☑☑☑☑☑	問題(2)	関数を使って、ワークシート「試験結果」のセル【H2】に、受験者数を表示してください。氏名の数をもとに求めます。
☑☑☑☑☑	問題(3)	関数を使って、ワークシート「試験結果」の46行目に科目別と合計点の最高点を表示してください。
☑☑☑☑☑	問題(4)	ワークシート「試験結果」を垂直方向にスクロールしても常に1～4行目が表示されるように設定してください。
☑☑☑☑☑	問題(5)	ワークシート「試験結果」のリーディングからスピーキングの列の個人データに、青、白、赤のカラースケールを設定してください。最小値を「最小値」、中間値を百分位「70」、最大値を「最大値」に変更します。
☑☑☑☑☑	問題(6)	ワークシート「試験分析」のグラフの凡例を右側に表示してください。

プロジェクト4

理解度チェック

☑☑☑☑☑	問題(1)	フラワーデザインスクールのセミナー申込確認書を作成します。 「セミナー申込確認書」と入力されている行の高さを正確に「36」に設定し、セル範囲【B2：F2】のセルを結合してタイトル「セミナー申込確認書」を中央に配置してください。
☑☑☑☑☑	問題(2)	セル範囲【D32：F34】に「集計」のスタイルを適用してください。
☑☑☑☑☑	問題(3)	セル【F34】に名前「合計金額」を定義してください。
☑☑☑☑☑	問題(4)	印刷の向きを縦にし、印刷するときにすべてのデータが横1ページに収まるように設定してください。
☑☑☑☑☑	問題(5)	名前付き範囲「税率」に移動し、「10%」に変更してください。
☑☑☑☑☑	問題(6)	セル【B38】とセル範囲【B41：B42】の文字列の左インデントを2文字に設定してください。

プロジェクト5

理解度チェック		
☑☑☑☑☑	問題(1)	四半期ごとの支店別の売上データをもとに、売上を分析します。 ワークシート「年間」の数式を非表示にしてください。
☑☑☑☑☑	問題(2)	ワークシート「年間」の増加額の列を削除してください。増加率の列が期間の列に隣接するようにし、ほかの表には影響がないようにします。
☑☑☑☑☑	問題(3)	ワークシート「年間」のグラフにスタイル「スタイル3」、色「カラフルなパレット2」を適用してください。
☑☑☑☑☑	問題(4)	ワークシート「年間」のグラフに、吹き出しのデータラベルを設定してください。データラベルにはパーセンテージだけを表示します。
☑☑☑☑☑	問題(5)	ワークシート「1Q」をPDFファイルとして「売上実績」という名前でデスクトップのフォルダー「FOM Shuppan Documents」のフォルダー「MOS-Excel 365 2019(2)」に保存してください。発行後にPDFファイルは開かないようにします。
☑☑☑☑☑	問題(6)	ワークシート「4Q」のグラフの縦軸(項目軸)に月、凡例に支店名が表示されるように変更してください。

プロジェクト6

理解度チェック		
☑☑☑☑☑	問題(1)	あなたは売上日報をもとに、時間帯別の購入者数や購入金額を分析します。 ワークシート「0701」のフッターの中央にページ番号/総ページ数を挿入してください。 「/」は半角で入力します。
☑☑☑☑☑	問題(2)	ワークシート「0701」のテーブルから購入時間が「8:52」のレコードを削除してください。テーブル以外には影響がないようにします。
☑☑☑☑☑	問題(3)	ワークシート「0701」の性別の列が、「F、M」の順番になるように並べ替えてください。性別が同じ場合は購入金額が大きい順に並べ替えます。
☑☑☑☑☑	問題(4)	ワークシート「時間帯別」の折れ線グラフにレイアウト「レイアウト9」を適用してください。
☑☑☑☑☑	問題(5)	ワークシート「0702」のセル【B3】に、デスクトップのフォルダー「FOM Shuppan Documents」のフォルダー「MOS-Excel 365 2019(2)」にあるテキストファイル「uriage.csv」をインポートしてください。データソースの先頭行をテーブルの見出しとして使用します。
☑☑☑☑☑	問題(6)	ブックのアクセシビリティをチェックし、エラーを修正してください。代替テキストは「店舗」と設定します。

第3回 模擬試験 標準解答

●プロジェクト1

問題(1)

①ワークシート「**営業所別売上**」のセル【**C3**】を選択し、セル右下の■(フィルハンドル)をセル【**N3**】までドラッグします。
②セル範囲【**C4:N9**】を選択します。
※スパークラインのもとになるセル範囲を選択します。
③《**挿入**》タブ→《**スパークライン**》グループの(縦棒スパークライン)をクリックします。
④《**データ範囲**》に「**C4:N9**」と表示されていることを確認します。
⑤《**場所の範囲**》にカーソルが表示されていることを確認します。
⑥セル範囲【**P4:P9**】を選択します。
※《場所の範囲》に「$P$4:$P$9」と表示されます。
⑦《**OK**》をクリックします。

問題(2)

①ワークシート「**営業所別売上**」が表示されていることを確認します。
②《**ページレイアウト**》タブ→《**ページ設定**》グループの(余白の調整)→《**狭い**》をクリックします。
③《**ページレイアウト**》タブ→《**ページ設定**》グループの(ページの向きを変更)→《**横**》をクリックします。
④《**ページレイアウト**》タブ→《**ページ設定**》グループの(ページサイズの選択)→《**B5**》をクリックします。

問題(3)

①ワークシート「**営業所別売上**」のグラフを選択します。
②《**デザイン**》タブ→《**データ**》グループの(データの選択)をクリックします。
③《**横(項目)軸ラベル**》の《**編集**》をクリックします。
④《**軸ラベルの範囲**》にカーソルが表示されていることを確認します。
⑤ワークシート「**営業所別売上**」のセル範囲【**B4:B9**】を選択します。
※《軸ラベルの範囲》に「=営業所別売上!$B$4:$B$9」と表示されます。
⑥《**OK**》をクリックします。
⑦《**OK**》をクリックします。

問題(4)

①ワークシート「**営業所別売上**」のグラフを選択します。
②ショートカットツールの[+](グラフ要素)をクリックします。
③《**データラベル**》を[✓]にします。

問題(5)

①ワークシート「**営業所**」のセル【**B3**】を選択します。
※表内のセルであれば、どこでもかまいません。
②《**挿入**》タブ→《**テーブル**》グループの(テーブル)をクリックします。
③《**テーブルに変換するデータ範囲を指定してください**》が「**=$B$3:$F$9**」になっていることを確認します。
④《**先頭行をテーブルの見出しとして使用する**》を[✓]にします。
⑤《**OK**》をクリックします。
⑥《**デザイン**》タブ→《**テーブルスタイル**》グループの(その他)→《**中間**》の《**青,テーブルスタイル(中間)2**》が適用されていることを確認します。

問題(6)

①《**ファイル**》タブを選択します。
②《**情報**》をクリックします。
③問題文の文字列「**営業所別売上**」をクリックしてコピーします。
④《**タグの追加**》をクリックして、カーソルを表示します。
⑤[Ctrl]+[V]を押して貼り付けます。
⑥「**;**」を入力します。
※「;(セミコロン)」は半角で入力します。
⑦問題文の文字列「**営業所一覧**」をクリックしてコピーします。
⑧「**営業所別売上;**」の後ろをクリックして、カーソルを表示します。
⑨[Ctrl]+[V]を押して貼り付けます。
※《タグの追加》に直接入力してもかまいません。
⑩《**タグ**》以外の場所をクリックします。

●プロジェクト2

問題(1)

①ワークシート「**商品**」のセル【**D1**】を選択します。
②《**挿入**》タブ→《**リンク**》グループの(ハイパーリンクの追加)をクリックします。
※お使いの環境によっては、「ハイパーリンクの追加」が「リンク」と表示される場合があります。
③《**リンク先**》の《**ファイル、Webページ**》をクリックします。
④問題文の文字列「**商品詳細**」をクリックしてコピーします。
⑤《**表示文字列**》をクリックしてカーソルを表示します。
⑥ Ctrl + V を押して貼り付けます。
⑦問題文の文字列「**https://www.karadashop.xx.xx/**」をクリックしてコピーします。
⑧《**アドレス**》をクリックしてカーソルを表示します。
⑨ Ctrl + V を押して貼り付けます。
⑩《**ヒント設定**》をクリックします。
⑪問題文の文字列「**商品情報へ**」をクリックしてコピーします。
⑫《**ヒントのテキスト**》をクリックして、カーソルを表示します。
⑬ Ctrl + V を押して貼り付けます。
※《ヒントのテキスト》に直接入力してもかまいません。
⑭《**OK**》をクリックします。
⑮《**OK**》をクリックします。

問題(2)

①ワークシート「**商品**」の「**商品分類**」の▼をクリックします。
②《**(すべて選択)**》を□にします。
③《**ボディケア**》を☑にします。
④《**OK**》をクリックします。
※6件のレコードが抽出されます。
⑤「**価格**」の▼をクリックします。
⑥《**数値フィルター**》をポイントし、《**指定の値以上**》をクリックします。
⑦左上のボックスに「**5000**」と入力します。
⑧右上のボックスが《**以上**》になっていることを確認します。
⑨《**OK**》をクリックします。
※3件のレコードが抽出されます。

問題(3)

①ワークシート「**売上**」のセル【**K2**】を選択します。
②《**ホーム**》タブ→《**編集**》グループの Σ▼(合計)の▼→《**最小値**》をクリックします。
③セル【**K5**】を選択し、Ctrl + Shift + ↓ を押します。
※セル範囲【K5:K411】が選択されます。
④数式バーに「**=MIN(売上一覧[売上金額])**」と表示されていることを確認します。
⑤ Enter を押します。

問題(4)

①ワークシート「**売上**」のセル【**K5**】を選択し、Ctrl + Shift + ↓ を押します。
※セル範囲【K5:K411】が選択されます。
②《**ホーム**》タブ→《**スタイル**》グループの(条件付き書式)→《**データバー**》→《**塗りつぶし(グラデーション)**》の《**緑のデータバー**》をクリックします。

問題(5)

①ワークシート「**集計**」のグラフを選択します。
②《**デザイン**》タブ→《**場所**》グループの(グラフの移動)をクリックします。
③問題文の文字列「**売上推移**」をクリックしてコピーします。
④《**新しいシート**》を◉にします。
⑤グラフシート名が選択されていることを確認します。
⑥ Ctrl + V を押して貼り付けます。
※《新しいシート》に直接入力してもかまいません。
⑦《**OK**》をクリックします。

●プロジェクト3

問題(1)

①ワークシート「**生徒**」のセル【**E4**】に「**=UPPER(D4)**」と入力します。
②セル【**E4**】を選択し、セル右下の■(フィルハンドル)をダブルクリックします。

問題(2)

①ワークシート「**試験結果**」のセル【**H2**】に「**=COUNTA(C5:C44)**」と入力します。

問題(3)

①ワークシート「**試験結果**」のセル【**D46**】を選択します。
②《**ホーム**》タブ→《**編集**》グループの Σ▼(合計)の▼→《**最大値**》をクリックします。
③「**=MAX(D5:D45)**」と表示されていることを確認します。
④セル範囲【**D5:D44**】を選択します。
⑤数式バーに「**=MAX(D5:D44)**」と表示されていることを確認します。
⑥ Enter を押します。
⑦セル【**D46**】を選択し、セル右下の■(フィルハンドル)をセル【**H46**】までドラッグします。

問題(4)

①ワークシート「**試験結果**」の行番号【**5**】を選択します。
②《**表示**》タブ→《**ウィンドウ**》グループの(ウィンドウ枠の固定)→《**ウィンドウ枠の固定**》をクリックします。

問題(5)

①ワークシート「**試験結果**」のセル範囲【**D5:G44**】を選択します。
②《**ホーム**》タブ→《**スタイル**》グループの(条件付き書式)→《**カラースケール**》→《**青、白、赤のカラースケール**》をクリックします。
③セル範囲【**D5:G44**】が選択されていることを確認します。
④《**ホーム**》タブ→《**スタイル**》グループの(条件付き書式)→《**ルールの管理**》をクリックします。
⑤一覧から「**グラデーションカラースケール**」を選択します。
⑥《**ルールの編集**》をクリックします。
⑦《**最小値**》の《**種類**》が《**最小値**》になっていることを確認します。
⑧《**中間値**》の《**種類**》が《**百分位**》になっていることを確認します。
⑨《**中間値**》の《**値**》に「**70**」と入力します。
⑩《**最大値**》の《**種類**》が《**最大値**》になっていることを確認します。
⑪《**OK**》をクリックします。
⑫《**OK**》をクリックします。

問題(6)

①ワークシート「**試験分析**」のグラフを選択します。
②《**デザイン**》タブ→《**グラフのレイアウト**》グループの(グラフ要素を追加)→《**凡例**》→《**右**》をクリックします。

●プロジェクト4

問題(1)

①行番号【**2**】を右クリックします。
②《**行の高さ**》をクリックします。
③《**行の高さ**》に「**36**」と入力します。
④《**OK**》をクリックします。
⑤セル範囲【**B2:F2**】を選択します。
⑥《**ホーム**》タブ→《**配置**》グループの セルを結合して中央揃え (セルを結合して中央揃え)をクリックします。

問題(2)

①セル範囲【**D32:F34**】を選択します。
②《**ホーム**》タブ→《**スタイル**》グループの(セルのスタイル)→《**タイトルと見出し**》の《**集計**》をクリックします。

問題(3)

①セル【**F34**】を選択します。
②問題文の文字列「**合計金額**」をクリックしてコピーします。
③名前ボックスをクリックして文字列を選択します。
④ Ctrl + V を押して貼り付け、Enter を押します。
※名前ボックスに直接入力してもかまいません。

問題(4)

①《**ページレイアウト**》タブ→《**ページ設定**》グループの(ページの向きを変更)→《**縦**》をクリックします。
②《**ページレイアウト**》タブ→《**拡大縮小印刷**》グループの 横: (横)の →《**1ページ**》をクリックします。
※印刷プレビューを表示し、すべてのデータが横1ページに収まっていることを確認しましょう。

問題(5)

①名前ボックスの をクリックし、一覧から「**税率**」を選択します。
※セル【E33】が選択されます。
②「**10**」と入力します。

問題(6)

①セル【**B38**】を選択します。
② Ctrl を押しながら、セル範囲【**B41:B42**】を選択します。
③《**ホーム**》タブ→《**配置**》グループの(インデントを増やす)を2回クリックします。

●プロジェクト5

問題(1)

①ワークシート「**年間**」の数式が表示されていることを確認します。
②《**数式**》タブ→《**ワークシート分析**》グループの 数式の表示 (数式の表示)をクリックします。
※ボタンが標準の色に戻ります。

問題(2)

①ワークシート「**年間**」のセル範囲【**C14:C17**】を選択します。
②選択したセル範囲を右クリックします。
③《**削除**》をクリックします。
④《**左方向にシフト**》を◉にします。
⑤《**OK**》をクリックします。

問題(3)

①ワークシート「**年間**」のグラフを選択します。

②《**デザイン**》タブ→《**グラフスタイル**》グループの《**スタイル3**》をクリックします。

③《**デザイン**》タブ→《**グラフスタイル**》グループの(グラフクイックカラー)→《**カラフル**》の《**カラフルなパレット2**》をクリックします。

問題(4)

①ワークシート「**年間**」のグラフを選択します。

②《**デザイン**》タブ→《**グラフのレイアウト**》グループの(グラフ要素を追加)→《**データラベル**》→《**データ吹き出し**》をクリックします。

③データラベルを右クリックします。

※どのデータラベルでもかまいません。

④《**データラベルの書式設定**》をクリックします。

⑤《**ラベルオプション**》の(ラベルオプション)をクリックします。

⑥《**ラベルオプション**》の詳細が表示されていることを確認します。

※表示されていない場合は、《ラベルオプション》をクリックします。

⑦《**分類名**》を☐にします。

※作業ウィンドウを閉じておきましょう。

問題(5)

①ワークシート「**1Q**」のシート見出しをクリックします。

②《**ファイル**》タブを選択します。

③《**エクスポート**》→《**PDF/XPSドキュメントの作成**》→《**PDF/XPSの作成**》をクリックします。

④デスクトップのフォルダー「**FOM Shuppan Documents**」のフォルダー「**MOS-Excel 365 2019(2)**」を開きます。

⑤問題文の文字列「**売上実績**」をクリックしてコピーします。

⑥《**ファイル名**》をクリックして、文字列を選択します。

⑦Ctrl+Vを押して貼り付けます。

⑧《**ファイルの種類**》のをクリックし、一覧から《**PDF**》を選択します。

⑨《**発行後にファイルを開く**》を☐にします。

⑩《**発行**》をクリックします。

問題(6)

①ワークシート「**4Q**」のグラフを選択します。

②《**デザイン**》タブ→《**データ**》グループの(行/列の切り替え)をクリックします。

●プロジェクト6

問題(1)

①ワークシート「**0701**」が表示されていることを確認します。

②《**挿入**》タブ→《**テキスト**》グループの(ヘッダーとフッター)をクリックします。

※《テキスト》グループが(テキスト)で表示されている場合は、(テキスト)をクリックすると、《テキスト》グループのボタンが表示されます。

③《**デザイン**》タブ→《**ナビゲーション**》グループの(フッターに移動)をクリックします。

④フッターの中央をクリックします。

⑤《**デザイン**》タブ→《**ヘッダー/フッター要素**》グループの(ページ番号)をクリックします。

※「&[ページ番号]」と表示されます。

⑥「**&[ページ番号]**」に続けて、「**/**」を入力します。

⑦《**デザイン**》タブ→《**ヘッダー/フッター要素**》グループの(ページ数)をクリックします。

※「&[ページ番号]/&[総ページ数]」と表示されます。

⑧ヘッダー、フッター以外の場所をクリックします。

※(標準)をクリックし、標準ビューに戻しておきましょう。

問題(2)

①ワークシート「**0701**」のセル【**C9**】を右クリックします。

※テーブル内の9行目のセルであれば、どこでもかまいません。

②《**削除**》をポイントし、《**テーブルの行**》をクリックします。

問題(3)

①ワークシート「**0701**」のセル【**B3**】を選択します。

※テーブル内のセルであれば、どこでもかまいません。

②《**データ**》タブ→《**並べ替えとフィルター**》グループの(並べ替え)をクリックします。

③《**最優先されるキー**》の《**列**》のをクリックし、一覧から《**性別**》を選択します。

④《**並べ替えのキー**》のをクリックし、一覧から《**セルの値**》を選択します。

⑤《**順序**》のをクリックし、一覧から《**昇順**》を選択します。

⑥《**レベルの追加**》をクリックします。

※一覧に《次に優先されるキー》が表示されます。

⑦《**次に優先されるキー**》の《**列**》のをクリックし、一覧から《**購入金額**》を選択します。

⑧《**並べ替えのキー**》のをクリックし、一覧から《**セルの値**》を選択します。

⑨《**順序**》のをクリックし、一覧から《**大きい順**》を選択します。

⑩《**OK**》をクリックします。

問題(4)

①ワークシート**「時間帯別」**の折れ線グラフを選択します。

②**《デザイン》**タブ→**《グラフのレイアウト》**グループの[クイックレイアウト](クイックレイアウト)→**《レイアウト9》**をクリックします。

問題(5)

①ワークシート**「0702」**のセル**【B3】**を選択します。

②**《データ》**タブ→**《データの取得と変換》**グループの[テキストまたは CSV から](テキストまたはCSVから)をクリックします。

③デスクトップのフォルダー**「FOM Shuppan Documents」**のフォルダー**「MOS-Excel 365 2019(2)」**を開きます。

④一覧から**「uriage」**を選択します。

⑤**《インポート》**をクリックします。

⑥データの先頭行が見出しになっていることを確認します。

⑦**《区切り記号》**が**《コンマ》**になっていることを確認します。

⑧**《読み込み》**の[▾]をクリックし、一覧から**《読み込み先》**を選択します。

⑨**《テーブル》**が◉になっていることを確認します。

⑩**《既存のワークシート》**を◉にします。

⑪**「=$B$3」**と表示されていることを確認します。

⑫**《OK》**をクリックします。

※作業ウィンドウを閉じておきましょう。

問題(6)

①**《ファイル》**タブを選択します。

②**《情報》**→**《問題のチェック》**→**《アクセシビリティチェック》**をクリックします。

③**《エラー》**の**《代替テキストがありません》**をクリックします。

④**《図1(時間帯別)》**をクリックします。

※ワークシート「時間帯別」の図が選択されます。

⑤[⌵]をクリックします。

⑥**《おすすめアクション》**の**《説明を追加》**をクリックします。

⑦問題文の文字列**「店舗」**をクリックしてコピーします。

⑧**《代替テキスト》**作業ウィンドウのボックスをクリックして、カーソルを表示します。

⑨[Ctrl]+[V]を押して貼り付けます。

※ボックスに直接入力してもかまいません。

※作業ウィンドウを閉じておきましょう。

第4回 模擬試験 問題

プロジェクト1

理解度チェック		
☑☑☑☑☑	問題(1)	体操男子の団体成績表と個人成績表を集計します。 ワークシート「団体総合」のセル【A1】の文字列の配置を左にしてください。
☑☑☑☑☑	問題(2)	ワークシート「団体総合」の「北町学院大学」のセルにハイパーリンクを挿入してください。リンク先は、ワークシート「参加校一覧」のセル【A13】とします。
☑☑☑☑☑	問題(3)	ワークシート「団体総合」のテーブルをセル範囲に変換してください。書式は変更しないようにします。
☑☑☑☑☑	問題(4)	グラフシート「団体総合グラフ」のグラフを、ワークシート「団体総合」のセル範囲【I3：O23】にオブジェクトとして移動してください。
☑☑☑☑☑	問題(5)	ワークシート「個人総合」の平均得点を小数点以下3桁まで表示してください。
☑☑☑☑☑	問題(6)	関数を使って、ワークシート「個人総合」の棄権者の人数の行に、各種目の棄権者の人数を表示してください。棄権者は、各種目の得点の空白セルをもとに求めます。

プロジェクト2

理解度チェック		
☑☑☑☑☑	問題(1)	あなたは2019年下期売上データをもとに、売上集計表を作成します。 ワークシート「商品別集計」のテーブルにテーブルスタイル「白，テーブルスタイル（淡色）8」を適用してください。
☑☑☑☑☑	問題(2)	ワークシート「地区別集計」に含まれる条件付き書式のルールをすべて削除してください。
☑☑☑☑☑	問題(3)	関数を使って、ワークシート「地区別集計」の売上平均の欄に名前「売上関東」、「売上近畿」、「売上中国」の平均を表示してください。数式は値やセル参照ではなく定義された名前を使います。
☑☑☑☑☑	問題(4)	ワークシート「地区別集計」のグラフに代替テキスト「地区別集計」を追加してください。
☑☑☑☑☑	問題(5)	ワークシート「4Q売上」のセル【A3】を開始位置として、デスクトップのフォルダー「FOM Shuppan Documents」のフォルダー「MOS-Excel 365 2019（2）」にあるテキストファイル「売上.txt」をインポートしてください。データソースの先頭行をテーブルの見出しとして使用します。

プロジェクト3

理解度チェック		
☑☑☑☑☑	問題(1)	あなたは栄養士で、食生活を改善するための資料を作成します。 ワークシート「改善ポイント」のセル【A4】に設定されている書式をクリアしてください。
☑☑☑☑☑	問題(2)	関数を使って、ワークシート「改善ポイント」の「食物繊維を多く含む野菜」の総量の列に、水溶性と不溶性の合計を表示してください。
☑☑☑☑☑	問題(3)	ワークシート「改善ポイント」のグラフ「必須脂肪酸の含有量」に、軸ラベル「mg」を追加し、文字列の方向を横書きに設定してください。軸ラベルは、縦軸(値軸)の左上に配置します。
☑☑☑☑☑	問題(4)	ワークシート「献立表」のメニューがすべて表示されるように文字列を折り返して表示してください。
☑☑☑☑☑	問題(5)	ワークシート「献立表」の列【D:E】の列の幅を正確に「12」に設定してください。
☑☑☑☑☑	問題(6)	ワークシート「献立表」の表の項目名から水曜日までのデータだけが印刷されるように設定してください。

プロジェクト4

理解度チェック		
☑☑☑☑☑	問題(1)	各社員の評価を入力する表を作成します。 関数を使って、ワークシート「社員リスト」のメールアドレスの列に、Nameの列と文字列「@fom.xx.xx」を結合して表示してください。文字列は半角小文字とします。
☑☑☑☑☑	問題(2)	ワークシート「社員リスト」のテーブルの行に縞模様を設定してください。書式は自動的に更新されるようにします。
☑☑☑☑☑	問題(3)	ワークシート「評価ポイント」の表に「社員評価」という名前を定義してください。
☑☑☑☑☑	問題(4)	関数を使って、ワークシート「評価ポイント」の評価の列に、累積ポイントが7以上は「優」を表示し、そうでなければ何も表示しないようにしてください。表の書式は変更しないようにします。
☑☑☑☑☑	問題(5)	ワークシート「評価ポイント」の上期ポイントと下期ポイントの点数が3より小さいセルに、「濃い赤の文字、明るい赤の背景」の書式を設定してください。
☑☑☑☑☑	問題(6)	ワークシート「評価ポイント」の1～4行目の固定を解除して、ワークシート全体がスクロールできるようにしてください。

プロジェクト5

理解度チェック		
☑☑☑☑☑	問題（1）	あなたは家電販売店の社員で、商品分類別年間売上を作成します。 ワークシート「集計」の分析の列に、各商品の4月から3月までの折れ線スパークラインを作成してください。
☑☑☑☑☑	問題（2）	ワークシート「集計」の表を使って、商品分類ごとの合計を表す集合縦棒グラフを作成してください。作成したグラフは、セル範囲【B13：G24】に配置します。
☑☑☑☑☑	問題（3）	ワークシート「集計」にある折れ線グラフに、グラフタイトル「月別売上推移」を追加してください。グラフタイトルの場所は「グラフの上」にします。
☑☑☑☑☑	問題（4）	関数を使って、ワークシート「商品」のセル【E2】に商品数を表示してください。型番の数をもとに求めます。
☑☑☑☑☑	問題（5）	ワークシート「集計」のセル【B3】の書式を、ワークシート「商品」のセル範囲【B4：E4】にコピーしてください。
☑☑☑☑☑	問題（6）	ドキュメントのプロパティと個人情報をすべて削除してください。

プロジェクト6

理解度チェック		
☑☑☑☑☑	問題（1）	世界のおもちゃ展における大人と子どもの来場者状況を分析します。 表の項目名の高さを正確に「45」に設定してください。
☑☑☑☑☑	問題（2）	テーブルの月日の列すべてに日付を適用してください。入力済みの7月21日に続けて、7月22日から8月31日までを入力します。
☑☑☑☑☑	問題（3）	大人売上金額の列と子ども売上金額の列に、日ごとの売上金額を表示してください。 大人入場料と子ども入場料はセルを参照します。
☑☑☑☑☑	問題（4）	テーブルの売上合計の列を強調して表示してください。
☑☑☑☑☑	問題（5）	来場者数合計が平均より上のセルに「濃い緑の文字、緑の背景」の書式を設定してください。
☑☑☑☑☑	問題（6）	テーブルに集計行を表示して、来場者数合計の平均を表示してください。集計行の売上合計の欄は非表示にします。

第4回 模擬試験 標準解答

●プロジェクト1

問題(1)

①ワークシート「**団体総合**」のセル【**A1**】を選択します。
②《**ホーム**》タブ→《**配置**》グループの (左揃え) をクリックします。

問題(2)

①ワークシート「**団体総合**」のセル【**A4**】を選択します。
②《**挿入**》タブ→《**リンク**》グループの (ハイパーリンクの追加) をクリックします。
③《**リンク先**》の《**このドキュメント内**》をクリックします。
④《**またはドキュメント内の場所を選択してください**》の「**参加校一覧**」をクリックします。
⑤《**セル参照を入力してください**》に「**A13**」と入力します。
⑥《**OK**》をクリックします。

問題(3)

①ワークシート「**団体総合**」のセル【**A3**】を選択します。
※テーブル内のセルであれば、どこでもかまいません。
②《**デザイン**》タブ→《**ツール**》グループの 範囲に変換 (範囲に変換) をクリックします。
③《**はい**》をクリックします。

問題(4)

①グラフシート「**団体総合グラフ**」のグラフを選択します。
②《**デザイン**》タブ→《**場所**》グループの (グラフの移動) をクリックします。
③《**オブジェクト**》を(●)にします。
④ をクリックし、一覧から「**団体総合**」を選択します。
⑤《**OK**》をクリックします。
⑥グラフの枠線をポイントし、マウスポインターの形が に変わったら、ドラッグして移動します。
(左上位置の目安:セル【**I3**】)
⑦グラフ右下の○(ハンドル)をポイントし、マウスポインターの形が に変わったら、ドラッグしてサイズを変更します。(右下位置の目安:セル【**O23**】)

問題(5)

①ワークシート「**個人総合**」のセル範囲【**D4:J4**】を選択します。
②《**ホーム**》タブ→《**数値**》グループの (小数点以下の表示桁数を増やす) をクリックします。

問題(6)

①ワークシート「**個人総合**」のセル【**D5**】に「**=COUNTBLANK(D8:D107)**」と入力します。
②セル【**D5**】を選択し、セル右下の■(フィルハンドル)をセル【**I5**】までドラッグします。

●プロジェクト2

問題(1)

①ワークシート「**商品別集計**」のセル【**B3**】を選択します。
※テーブル内のセルであれば、どこでもかまいません。
②《**デザイン**》タブ→《**テーブルスタイル**》グループの (その他) →《**淡色**》の《**白,テーブルスタイル(淡色)8**》をクリックします。

問題(2)

①ワークシート「**地区別集計**」のシート見出しをクリックします。
②《**ホーム**》タブ→《**スタイル**》グループの (条件付き書式) →《**ルールのクリア**》→《**シート全体からルールをクリア**》をクリックします。

問題(3)

①ワークシート「**地区別集計**」のセル【**D27**】を選択します。
②《**ホーム**》タブ→《**編集**》グループの Σ (合計) の →《**平均**》をクリックします。
③《**数式**》タブ→《**定義された名前**》グループの 数式で使用 (数式で使用) →《**売上関東**》をクリックします。
④「**,**」を入力します。
⑤《**数式**》タブ→《**定義された名前**》グループの 数式で使用 (数式で使用) →《**売上近畿**》をクリックします。
⑥「**,**」を入力します。
⑦《**数式**》タブ→《**定義された名前**》グループの 数式で使用 (数式で使用) →《**売上中国**》をクリックします。
⑧数式バーに「**=AVERAGE(売上関東,売上近畿,売上中国)**」と表示されていることを確認します。
⑨ Enter を押します。

問題(4)

①ワークシート**「地区別集計」**のグラフを右クリックします。
②**《代替テキストの編集》**をクリックします。
③問題文の文字列**「地区別集計」**をクリックしてコピーします。
④**《代替テキスト》**作業ウィンドウのボックスをクリックしてカーソルを表示します。
⑤ Ctrl + V を押して貼り付けます。
※ボックスに直接入力してもかまいません。
※作業ウィンドウを閉じておきましょう。

問題(5)

①ワークシート**「4Q売上」**のセル**【A3】**を選択します。
②**《データ》**タブ→**《データの取得と変換》**グループの テキストまたは CSV から (テキストまたはCSVから)をクリックします。
③デスクトップのフォルダー**「FOM Shuppan Documents」**のフォルダー**「MOS-Excel 365 2019(2)」**を開きます。
④一覧から**「売上」**を選択します。
⑤**《インポート》**をクリックします。
⑥データの先頭行が見出しになっていることを確認します。
⑦**《区切り記号》**が**《タブ》**になっていることを確認します。
⑧**《読み込み》**の ▾ をクリックし、一覧から**《読み込み先》**を選択します。
⑨**《テーブル》**が ◉ になっていることを確認します。
⑩**《既存のワークシート》**を ◉ にします。
⑪**「=$A$3」**と表示されていることを確認します。
⑫**《OK》**をクリックします。
※作業ウィンドウを閉じておきましょう。

●プロジェクト3

問題(1)

①ワークシート**「改善ポイント」**のセル**【A4】**を選択します。
②**《ホーム》**タブ→**《編集》**グループの (クリア)→**《書式のクリア》**をクリックします。

問題(2)

①ワークシート**「改善ポイント」**のセル範囲**【B6:D8】**を選択します。
②**《ホーム》**タブ→**《編集》**グループの Σ (合計)をクリックします。

問題(3)

①ワークシート**「改善ポイント」**のグラフ**「必須脂肪酸の含有量」**を選択します。
②**《デザイン》**タブ→**《グラフのレイアウト》**グループの (グラフ要素を追加)→**《軸ラベル》**→**《第1縦軸》**をクリックします。
③問題文の文字列**「mg」**をクリックしてコピーします。
④軸ラベルの文字列を選択します。
⑤ Ctrl + V を押して貼り付けます。
※軸ラベルに直接入力してもかまいません。
⑥軸ラベル以外の場所をクリックします。
⑦軸ラベルを右クリックします。
⑧**《軸ラベルの書式設定》**をクリックします。
⑨**《タイトルのオプション》**の (サイズとプロパティ)をクリックします。
⑩**《配置》**の詳細が表示されていることを確認します。
※表示されていない場合は、《配置》をクリックします。
⑪**《文字列の方向》**の ▾ をクリックし、一覧から**《横書き》**を選択します。
⑫軸ラベルの枠線をポイントし、マウスポインターの形が ✥ に変わったら、値軸の左上にドラッグして移動します。
※作業ウィンドウを閉じておきましょう。

問題(4)

①ワークシート**「献立表」**のセル範囲**【C4:C31】**を選択します。
②**《ホーム》**タブ→**《配置》**グループの 折り返して全体を表示する (折り返して全体を表示する)をクリックします。

問題(5)

①ワークシート**「献立表」**の列番号**【D:E】**を選択します。
②選択した列番号を右クリックします。
③**《列の幅》**をクリックします。
④**《列の幅》**に**「12」**と入力します。
⑤**《OK》**をクリックします。

問題(6)

①ワークシート**「献立表」**のセル範囲**【A3:E15】**を選択します。
②**《ページレイアウト》**タブ→**《ページ設定》**グループの (印刷範囲)→**《印刷範囲の設定》**をクリックします。

●プロジェクト4

問題(1)

①ワークシート**「社員リスト」**のセル**【D5】**に**「=CONCAT([@Name],"@fom.xx.xx")」**と入力します。
※「[@Name]」は、セル【C5】を選択して指定します。
※フィールド内の残りのセルにも自動的に数式が作成されます。

問題(2)

①ワークシート**「社員リスト」**のセル**【A4】**を選択します。
※テーブル内のセルであれば、どこでもかまいません。
②**《デザイン》**タブ→**《テーブルスタイルのオプション》**グループの**《縞模様(行)》**を ☑ にします。

問題(3)

①ワークシート「**評価ポイント**」のセル範囲【**A4:F26**】を選択します。
②問題文の文字列「**社員評価**」をクリックしてコピーします。
③名前ボックスをクリックして、文字列を選択します。
④ Ctrl + V を押して貼り付け、 Enter を押します。
※名前ボックスに直接入力してもかまいません。

問題(4)

①ワークシート「**評価ポイント**」のセル【**C5**】に「**=IF(F5>=7,"優","")**」と入力します。
②セル【**C5**】を選択し、セル右下の■(フィルハンドル)をダブルクリックします。
③ (オートフィルオプション)をクリックし、一覧から《**書式なしコピー(フィル)**》を選択します。

問題(5)

①ワークシート「**評価ポイント**」のセル範囲【**D5:E26**】を選択します。
②《**ホーム**》タブ→《**スタイル**》グループの (条件付き書式)→《**セルの強調表示ルール**》→《**指定の値より小さい**》をクリックします。
③《**次の値より小さいセルを書式設定**》に「**3**」と入力します。
④《**書式**》の をクリックし、一覧から《**濃い赤の文字、明るい赤の背景**》を選択します。
⑤《**OK**》をクリックします。

問題(6)

①ワークシート「**評価ポイント**」が表示されていることを確認します。
②《**表示**》タブ→《**ウィンドウ**》グループの (ウィンドウ枠の固定)→《**ウィンドウ枠固定の解除**》をクリックします。

●プロジェクト5

問題(1)

①ワークシート「**集計**」のセル範囲【**C4:N10**】を選択します。
※スパークラインのもとになるセル範囲を選択します。
②《**挿入**》タブ→《**スパークライン**》グループの (折れ線スパークライン)をクリックします。
③《**データ範囲**》に「**C4:N10**」と表示されていることを確認します。
④《**場所の範囲**》にカーソルが表示されていることを確認します。
⑤セル範囲【**P4:P10**】を選択します。
※《場所の範囲》に「$P$4:$P$10」と表示されます。
⑥《**OK**》をクリックします。

問題(2)

①ワークシート「**集計**」のセル範囲【**B3:B10**】を選択します。
② Ctrl を押しながら、セル範囲【**O3:O10**】を選択します。
③《**挿入**》タブ→《**グラフ**》グループの (縦棒/横棒グラフの挿入)→《**2-D縦棒**》の《**集合縦棒**》をクリックします。
④グラフの枠線をポイントし、マウスポインターの形が に変わったら、ドラッグして移動します。
(左上位置の目安:セル【**B13**】)
⑤グラフ右下の○(ハンドル)をポイントし、マウスポインターの形が に変わったら、ドラッグしてサイズを変更します。(右下位置の目安:セル【**G24**】)

問題(3)

①ワークシート「**集計**」の折れ線グラフを選択します。
②《**デザイン**》タブ→《**グラフのレイアウト**》グループの (グラフ要素を追加)→《**グラフタイトル**》→《**グラフの上**》をクリックします。
③問題文の文字列「**月別売上推移**」をクリックしてコピーします。
④グラフタイトルの文字列を選択します。
⑤ Ctrl + V を押して貼り付けます。
※グラフタイトルに直接入力してもかまいません。
⑥グラフタイトル以外の場所をクリックします。

問題(4)

①ワークシート「**商品**」のセル【**E2**】に「**=COUNTA(B5:B23)**」と入力します。

問題(5)

①ワークシート「**集計**」のセル【**B3**】を選択します。
②《**ホーム**》タブ→《**クリップボード**》グループの (書式のコピー/貼り付け)をクリックします。
③ワークシート「**商品**」のセル範囲【**B4:E4**】を選択します。

問題(6)

①《**ファイル**》タブを選択します。
②《**情報**》→《**問題のチェック**》→《**ドキュメント検査**》をクリックします。
③《**はい**》をクリックします。
④《**ドキュメントのプロパティと個人情報**》が ✓ になっていることを確認します。
⑤《**検査**》をクリックします。
⑥《**ドキュメントのプロパティと個人情報**》の《**すべて削除**》をクリックします。
⑦《**閉じる**》をクリックします。

●プロジェクト6

問題(1)

①行番号【5】を右クリックします。
②《**行の高さ**》をクリックします。
③《**行の高さ**》に「**45**」と入力します。
④《**OK**》をクリックします。

問題(2)

①セル【**B6**】を選択し、セル右下の■(フィルハンドル)をダブルクリックします。

問題(3)

①セル【**G6**】に「**=$H$3*[@来場者数大人]**」と入力します。
※大人入場料は、常に同じセルを参照するように絶対参照にします。
※「[@来場者数大人]」は、セル【D6】を選択して指定します。
※フィールド内の残りのセルにも自動的に数式が作成されます。
②セル【**H6**】に「**=$I$3*[@来場者数子ども]**」と入力します。
※子ども入場料は、常に同じセルを参照するように絶対参照にします。
※「[@来場者数子ども]」は、セル【E6】を選択して指定します。
※フィールド内の残りのセルにも自動的に数式が作成されます。

問題(4)

①セル【**B5**】を選択します。
※テーブル内のセルであれば、どこでもかまいません。
②《**デザイン**》タブ→《**テーブルスタイルのオプション**》グループの《**最後の列**》を☑にします。

問題(5)

①セル【**F6**】を選択し、Ctrl+Shift+↓を押します。
※セル範囲【F6:F47】が選択されます。
②《**ホーム**》タブ→《**スタイル**》グループの(条件付き書式)→《**上位/下位ルール**》→《**平均より上**》をクリックします。
③《**選択範囲内での書式**》のをクリックし、一覧から《**濃い緑の文字、緑の背景**》を選択します。
④《**OK**》をクリックします。

問題(6)

①セル【**B5**】を選択します。
※テーブル内のセルであれば、どこでもかまいません。
②《**デザイン**》タブ→《**テーブルスタイルのオプション**》グループの《**集計行**》を☑にします。
③集計行の「**来場者数合計**」のセルを選択します。
④をクリックし、一覧から《**平均**》を選択します。
⑤集計行の「**売上合計**」のセルを選択します。
⑥をクリックし、一覧から《**なし**》を選択します。

第5回 模擬試験 問題

プロジェクト1

理解度チェック		
☑☑☑☑☑	問題(1)	月刊誌と増刊号の売上部数や売上金額を集計します。 ワークシート「月刊誌」の用紙サイズを「A4」、印刷の向きを「横」に変更してください。
☑☑☑☑☑	問題(2)	ワークシート「月刊誌」のタイトル「月刊誌売上(2020年5月)」のセルの結合を解除し、文字列を左に寄せてください。次に、太字を設定してください。
☑☑☑☑☑	問題(3)	ワークシート「月刊誌」の価格と売上金額の列に通貨の表示形式を表示してください。
☑☑☑☑☑	問題(4)	ワークシート「月刊誌」のテーブルに集計行を追加し、売上部数と売上金額の平均を表示してください。
☑☑☑☑☑	問題(5)	ブック内から、文字列「K1901S」を検索してください。次に、検索した文字列「K1901S」のレコードをテーブルから削除してください。テーブル以外には影響がないようにします。
☑☑☑☑☑	問題(6)	ブックの互換性をチェックし、結果を新しいワークシートに表示してください。

プロジェクト2

理解度チェック		
☑☑☑☑☑	問題(1)	あなたはギフトコーナーの販売員で、販売状況を分析します。 関数を使って、ワークシート「11月」の分類コードの列に、商品コードの左端から3文字目を取り出した文字列を表示してください。
☑☑☑☑☑	問題(2)	ワークシート「11月」のテーブルからギフトセット名が「赤」で始まるレコードを抽出してください。
☑☑☑☑☑	問題(3)	名前「作成日」のデータと書式をすべて削除してください。
☑☑☑☑☑	問題(4)	ワークシート「店舗別」のグラフに、グラフタイトル「店舗別売上金額」を表示してください。グラフタイトルの場所は、グラフの上にします。次に、軸ラベル「千円」を表示してください。軸ラベルは、横軸(値軸)の右下に配置します。
☑☑☑☑☑	問題(5)	ブックのプロパティの分類に「季節商品」を設定してください。

プロジェクト3

理解度チェック		
☑☑☑☑☑	問題（1）	あなたはみなと酒店の店員で、日本酒の売上を分析します。 関数を使って、ワークシート「取扱商品」の蔵元名の列に蔵元名を表示してください。蔵元名は蔵元情報文字数と都道府県文字数を使って求めます。次に、蔵元情報文字数と都道府県文字数の列を非表示にしてください。
☑☑☑☑☑	問題（2）	ワークシート「取扱商品」の利益の列に各商品の利益を表示してください。利益は、「販売価格－仕入価格」で求めます。
☑☑☑☑☑	問題（3）	テーブル「売上一覧」から仕入価格の列を削除してください。テーブル以外には影響がないようにします。
☑☑☑☑☑	問題（4）	ワークシート「第4四半期」のNo.の列すべてに、1から始まる連続番号を入力してください。
☑☑☑☑☑	問題（5）	ワークシート「第4四半期」のヘッダーの右側に「日本酒」と入力し、フッターの中央にページ番号を挿入してください。
☑☑☑☑☑	問題（6）	ワークシート「種類別」のグラフに凡例を追加してください。凡例はグラフの右に表示します。

プロジェクト4

理解度チェック		
☑☑☑☑☑	問題（1）	あなたは、レンタルスペースの案内資料を作成します。 ワークシート「概要」にあるメールアドレスに設定されたハイパーリンクを削除してください。
☑☑☑☑☑	問題（2）	ワークシート「予約状況」の列番号【C】の列幅を、列番号【D：K】の列幅にコピーしてください。
☑☑☑☑☑	問題（3）	ワークシート「予約状況」のセル【A37】に入力されている文字列「予約済み」を、セル範囲【A37：B37】の中央に配置してください。セルは結合されないようにします。
☑☑☑☑☑	問題（4）	関数を使って、ワークシート「予約状況」の37行目に予約済みの数を表示してください。文字が入力されているセルの数をもとに求め、表の書式は変更しないようにします。
☑☑☑☑☑	問題（5）	ワークシート「使用料」の小広間のグラフにデータラベルを表示してください。データラベルは、内部外側に表示します。
☑☑☑☑☑	問題（6）	ブックのアクセシビリティをチェックし、エラーを修正してください。代替テキストを「間取り図」と設定します。

プロジェクト5

理解度チェック		
☑☑☑☑☑	問題(1)	メンバーズカード申込者数の推移を分析します。 行の固定を解除して、ワークシート全体がスクロールできるようにしてください。
☑☑☑☑☑	問題(2)	関数を使って、11行目に各年度と全体の申込者数の合計を表示してください。
☑☑☑☑☑	問題(3)	関数を使って、12行目に各年度と全体の申込者数の平均を表示してください。
☑☑☑☑☑	問題(4)	セル範囲【B5:B10】に3文字分の左インデントを設定してください。
☑☑☑☑☑	問題(5)	グラフ「申込者数構成比」の凡例を、下に表示してください。
☑☑☑☑☑	問題(6)	表をもとに、申込者数の推移を表す折れ線グラフを作成してください。凡例に年代が表示されるようにします。作成したグラフは、セル範囲【B29:I40】に配置します。グラフタイトルは「申込者数推移」とします。

プロジェクト6

理解度チェック		
☑☑☑☑☑	問題(1)	商品や顧客の情報をもとに、請求書を作成します。 ワークシート「請求書」のセル【C6】に名前「合計金額」を定義してください。
☑☑☑☑☑	問題(2)	ワークシート「請求書」の文字列「イングランド株式会社」のハイパーリンクのヒントに「会社概要を表示します」が表示されるように編集してください。
☑☑☑☑☑	問題(3)	ワークシート「商品」のテーブルに名前「商品一覧」を定義してください。
☑☑☑☑☑	問題(4)	ワークシート「商品」のテーブルの集計行を非表示にしてください。
☑☑☑☑☑	問題(5)	ワークシート「顧客」のセル【B3】に、デスクトップのフォルダー「FOM Shuppan Documents」のフォルダー「MOS-Excel 365 2019(2)」にあるテキストファイル「顧客.csv」をインポートしてください。データソースの先頭行をテーブルの見出しとして使用します。
☑☑☑☑☑	問題(6)	クイックアクセスツールバーにコマンド「印刷プレビューと印刷」を登録してください。作業中のブックだけに適用します。

第5回 模擬試験 標準解答

●プロジェクト1

問題(1)

①ワークシート「**月刊誌**」が表示されていることを確認します。
②《**ページレイアウト**》タブ→《**ページ設定**》グループの（ページサイズの選択）→《**A4**》をクリックします。
③《**ページレイアウト**》タブ→《**ページ設定**》グループの（ページの向きを変更）→《**横**》をクリックします。

問題(2)

①ワークシート「**月刊誌**」のセル【**A1**】を選択します。
②《**ホーム**》タブ→《**配置**》グループの セルを結合して中央揃え（セルを結合して中央揃え）をクリックします。
※ボタンが標準の色に戻ります。
③セル【**A1**】を選択します。
④《**ホーム**》タブ→《**フォント**》グループの B（太字）をクリックします。

問題(3)

①ワークシート「**月刊誌**」のセル範囲【**C4:C15**】を選択します。
② Ctrl を押しながら、セル範囲【**E4:E15**】を選択します。
③《**ホーム**》タブ→《**数値**》グループの（通貨表示形式）をクリックします。

問題(4)

①ワークシート「**月刊誌**」のセル【**A3**】を選択します。
※テーブル内のセルであれば、どこでもかまいません。
②《**デザイン**》タブ→《**テーブルスタイルのオプション**》グループの《**集計行**》を ✔ にします。
③集計行の「**売上部数**」のセルを選択します。
④ ▾ をクリックし、一覧から《**平均**》を選択します。
⑤集計行の「**売上金額**」のセルを選択します。
⑥ ▾ をクリックし、一覧から《**平均**》を選択します。

問題(5)

①《**ホーム**》タブ→《**編集**》グループの（検索と選択）→《**検索**》をクリックします。
②《**検索**》タブを選択します。
③問題文の文字列「**K1901S**」をクリックしてコピーします。
④《**検索する文字列**》をクリックしてカーソルを表示します。
⑤ Ctrl ＋ V を押して貼り付けます。
※《検索する文字列》に直接入力してもかまいません。
⑥《**オプション**》をクリックします。
⑦《**検索場所**》の ▾ をクリックし、一覧から《**ブック**》を選択します。
⑧《**すべて検索**》をクリックします。
⑨検索結果の一覧に、ワークシート「**増刊号**」のセル【**A4**】が表示されていることを確認します。
※ワークシート「増刊号」のセル【A4】が選択されます。
⑩《**閉じる**》をクリックします。
⑪ワークシート「**増刊号**」のセル【**A4**】を右クリックします。
⑫《**削除**》をポイントし、《**テーブルの行**》をクリックします。

問題(6)

①《**ファイル**》タブを選択します。
②《**情報**》→《**問題のチェック**》→《**互換性チェック**》をクリックします。
③《**新しいシートにコピー**》をクリックします。

●プロジェクト2

問題(1)

①ワークシート「**11月**」のセル【**E4**】に「**=MID([@商品コード],3,1)**」と入力します。
※「[@商品コード]」は、セル【D4】をクリックして指定します。
※フィールド内の残りのセルにも自動的に数式が作成されます。

問題(2)

①ワークシート「**11月**」のセル【**F3**】の ▾ をクリックします。
②《**テキストフィルター**》の《**指定の値で始まる**》をクリックします。
③問題文の文字列「**赤**」をクリックしてコピーします。
④左上のボックスをクリックしてカーソルを表示します。
⑤ Ctrl ＋ V を押して貼り付けます。
※左上のボックスに直接入力してもかまいません。
⑥右上のボックスが《**で始まる**》になっていることを確認します。
⑦《**OK**》をクリックします。
※11件のレコードが抽出されます。

問題(3)

①名前ボックスの ▾ をクリックし、一覧から「**作成日**」を選択します。
②《**ホーム**》タブ→《**編集**》グループの（クリア）→《**すべてクリア**》をクリックします。

問題(4)

①ワークシート「**店舗別**」のグラフを選択します。
②《**デザイン**》タブ→《**グラフのレイアウト**》グループの(グラフ要素を追加)→《**グラフタイトル**》→《**グラフの上**》をクリックします。
③問題文の文字列「**店舗別売上金額**」をクリックしてコピーします。
④グラフタイトルの文字列を選択します。
⑤Ctrl+Vを押して貼り付けます。
⑥グラフタイトル以外の場所をクリックします。
※グラフタイトルに直接入力してもかまいません。
⑦《**デザイン**》タブ→《**グラフのレイアウト**》グループの(グラフ要素を追加)→《**軸ラベル**》→《**第1横軸**》をクリックします。
⑧問題文の文字列「**千円**」をクリックしてコピーします。
⑨軸ラベルの文字列を選択します。
⑩Ctrl+Vを押して貼り付けます。
※軸ラベルに直接入力してもかまいません。
⑪軸ラベルの枠線をポイントし、マウスポインターの形がに変わったら、値軸の右下にドラッグして移動します。

問題(5)

①《**ファイル**》タブを選択します。
②《**情報**》をクリックします。
③問題文の文字列「**季節商品**」をクリックしてコピーします。
④《**分類の追加**》をクリックして、カーソルを表示します。
⑤Ctrl+Vを押して貼り付けます。
※《分類の追加》に直接入力してもかまいません。
⑥《**分類**》以外の場所をクリックします。

●プロジェクト3

問題(1)

①ワークシート「**取扱商品**」のセル【**D5**】に「**=RIGHT([@蔵元情報],[@蔵元情報文字数]-[@都道府県文字数])**」と入力します。
※「[@蔵元情報]」はセル【E5】、「[@蔵元情報文字数]」はセル【F5】、「[@都道府県文字数]」はセル【H5】をクリックして指定します。
※フィールド内の残りのセルにも自動的に数式が作成されます。
②列番号【**F**】を選択します。
③Ctrlを押しながら、列番号【**H**】を選択します。
④選択した列番号を右クリックします。
⑤《**非表示**》をクリックします。

問題(2)

①ワークシート「**取扱商品**」のセル【**K5**】に「**=[@販売価格]-[@仕入価格]**」と入力します。
※「[@販売価格]」はセル【J5】、「[@仕入価格]」はセル【I5】をクリックして指定します。
※フィールド内の残りのセルにも自動的に数式が作成されます。

問題(3)

①名前ボックスのをクリックし、一覧から「**売上一覧**」を選択します。
②ワークシート「**第4四半期**」のセル【**F5**】を選択し、右クリックします。
※テーブル内の仕入価格の列のセルであれば、どこでもかまいません。
③《**削除**》をポイントし、《**テーブルの列**》をクリックします。

問題(4)

①ワークシート「**第4四半期**」のセル【**A5**】に「**1**」と入力します。
②セル【**A5**】を選択し、セル右下の■(フィルハンドル)をダブルクリックします。
③(オートフィルオプション)をクリックし、一覧から《**連続データ**》を選択します。

問題(5)

①ワークシート「**第4四半期**」が表示されていることを確認します。
②《**挿入**》タブ→《**テキスト**》グループの(ヘッダーとフッター)をクリックします。
※《テキスト》グループが(テキスト)で表示されている場合は、(テキスト)をクリックすると、《テキスト》グループのボタンが表示されます。
③問題文の文字列「**日本酒**」をクリックしてコピーします。
④ヘッダーの右側をクリックします。
⑤Ctrl+Vを押して貼り付けます。
※ヘッダーに直接入力してもかまいません。
⑥《**デザイン**》タブ→《**ナビゲーション**》グループの(フッターに移動)をクリックします。
⑦フッターの中央をクリックします。
⑧《**デザイン**》タブ→《**ヘッダー/フッター要素**》グループの(ページ番号)をクリックします。
※「&[ページ番号]」と表示されます。
⑨ヘッダー、フッター以外の場所をクリックします。

問題(6)

①ワークシート「**種類別**」のグラフを選択します。
②《**デザイン**》タブ→《**グラフのレイアウト**》グループの(グラフ要素を追加)→《**凡例**》→《**右**》をクリックします。

●プロジェクト4

問題(1)

①ワークシート「**概要**」のセル【**B25**】を右クリックします。
②《**ハイパーリンクの削除**》をクリックします。

問題(2)

①ワークシート「**予約状況**」の列番号【**C**】を選択します。

②《ホーム》タブ→《クリップボード》グループの（コピー）をクリックします。

③列番号【D:K】を選択します。

④《ホーム》タブ→《クリップボード》グループの（貼り付け）の→《形式を選択して貼り付け》をクリックします。

⑤《列幅》を◉にします。

⑥《OK》をクリックします。

問題(3)

①ワークシート「予約状況」のセル範囲【A37:B37】を選択します。

②《ホーム》タブ→《配置》グループの（配置の設定）をクリックします。

③《配置》タブを選択します。

④《横位置》のをクリックし、一覧から《選択範囲内で中央》を選択します。

⑤《OK》をクリックします。

問題(4)

①ワークシート「予約状況」のセル【C37】に、「=COUNTA(C6:C36)」と入力します。

②セル【C37】を選択し、セル右下の■（フィルハンドル）をセル【K37】までドラッグします。

③（オートフィルオプション）をクリックし、一覧から《書式なしコピー（フィル）》を選択します。

問題(5)

①ワークシート「使用料」の小広間のグラフを選択します。

②《デザイン》タブ→《グラフのレイアウト》グループの（グラフ要素を追加）→《データラベル》→《内部外側》をクリックします。

問題(6)

①《ファイル》タブを選択します。

②《情報》→《問題のチェック》→《アクセシビリティチェック》をクリックします。

③《エラー》の《代替テキストがありません》をクリックします。

④《図1（概要）》をクリックします。

※ワークシート《概要》の図が選択されます。

⑤をクリックします。

⑥《おすすめアクション》の《説明を追加》をクリックします。

⑦問題文の文字列「間取り図」をクリックしてコピーします。

⑧《代替テキスト》作業ウィンドウのボックスをクリックしてカーソルを表示します。

⑨Ctrl+Vを押して貼り付けます。

※ボックスに直接入力してもかまいません。

※作業ウィンドウを閉じておきましょう。

●プロジェクト5

問題(1)

①《表示》タブ→《ウィンドウ》グループの（ウィンドウ枠の固定）→《ウィンドウ枠固定の解除》をクリックします。

※アクティブセルはどこでもかまいません。

問題(2)

①セル範囲【C11:I11】を選択します。

②《ホーム》タブ→《編集》グループの（合計）をクリックします。

問題(3)

①セル【C12】を選択します。

②《ホーム》タブ→《編集》グループの（合計）の→《平均》をクリックします。

③「=AVERAGE(C5:C11)」と表示されていることを確認します。

④セル範囲【C5:C10】を選択します。

⑤数式バーに「=AVERAGE(C5:C10)」と表示されていることを確認します。

⑥Enterを押します。

⑦セル【C12】を選択し、セル右下の■（フィルハンドル）をセル【I12】までドラッグします。

問題(4)

①セル範囲【B5:B10】を選択します。

②《ホーム》タブ→《配置》グループの（インデントを増やす）を3回クリックします。

問題(5)

①グラフ「申込者数構成比」を選択します。

②《デザイン》タブ→《グラフのレイアウト》グループの（グラフ要素を追加）→《凡例》→《下》をクリックします。

問題(6)

①セル範囲【B4:H10】を選択します。

②《挿入》タブ→《グラフ》グループの（折れ線/面グラフの挿入）→《2-D折れ線》の《折れ線》をクリックします。

③グラフの枠線をポイントし、マウスポインターの形がに変わったら、ドラッグして移動します。
（左上位置の目安：セル【B29】）

④グラフの右下の○（ハンドル）をポイントし、マウスポインターの形がに変わったら、ドラッグしてサイズを変更します。（右下位置の目安：【I40】）

⑤問題文の文字列「申込者数推移」をクリックしてコピーします。

⑥グラフタイトルの文字列を選択します。

⑦Ctrl+Vを押して貼り付けます。

※グラフタイトルに直接入力してもかまいません。

⑧グラフタイトル以外の場所をクリックします。

●プロジェクト6

問題(1)

①ワークシート「**請求書**」のセル【**C6**】を選択します。

②問題文の文字列「**合計金額**」をクリックしてコピーします。

③名前ボックスをクリックして、文字列を選択します。

④Ctrl+Vを押して貼り付け、Enterを押します。

※名前ボックスに直接入力してもかまいません。

問題(2)

①ワークシート「**請求書**」のセル【**F3**】を右クリックします。

②《**ハイパーリンクの編集**》をクリックします。

③《**ヒント設定**》をクリックします。

④問題文の文字列「**会社概要を表示します**」をクリックしてコピーします。

⑤《**ヒントのテキスト**》をクリックして、カーソルを表示します。

⑥Ctrl+Vを押して貼り付けます。

※ヒントのテキストに直接入力してもかまいません。

⑦《**OK**》をクリックします。

⑧《**OK**》をクリックします。

問題(3)

①ワークシート「**商品**」のセル【**B3**】を選択します。

※テーブル内のセルであればどこでもかまいません。

②問題文の文字列「**商品一覧**」をクリックしてコピーします。

③《**デザイン**》タブ→《**プロパティ**》グループの《**テーブル名**》をクリックして、文字列を選択します。

④Ctrl+Vを押して貼り付け、Enterを押します。

※テーブル名に直接入力してもかまいません。

問題(4)

①ワークシート「**商品**」のセル【**B3**】を選択します。

※テーブル内のセルであればどこでもかまいません。

②《**デザイン**》タブ→《**テーブルスタイルのオプション**》グループの《**集計行**》を☐にします。

問題(5)

①ワークシート「**顧客**」のセル【**B3**】を選択します。

②《**データ**》タブ→《**データの取得と変換**》グループの テキストまたは CSV から (テキストまたはCSVから)をクリックします。

③デスクトップのフォルダー「**FOM Shuppan Documents**」のフォルダー「**MOS-Excel 365 2019(2)**」を開きます。

④一覧から「**顧客**」を選択します。

⑤《**インポート**》をクリックします。

⑥《**区切り記号**》が《**コンマ**》になっていることを確認します。

⑦データの先頭行が見出しになっていないことを確認します。

⑧《**編集**》をクリックします。

※お使いの環境によっては、《編集》が《データの変換》と表示される場合があります。

⑨《**ホーム**》タブ→《**変換**》グループの 1行目をヘッダーとして使用 (1行目をヘッダーとして使用)をクリックします。

⑩データの先頭行が見出しになっていることを確認します。

⑪《**ホーム**》タブ→《**閉じる**》グループの 閉じて読み込む (閉じて読み込む)の 閉じて読み込む → 《**閉じて次に読み込む**》をクリックします。

⑫《**テーブル**》が◉になっていることを確認します。

⑬《**既存のワークシート**》を◉にします。

⑭「**=$B$3**」と表示されていることを確認します。

⑮《**OK**》をクリックします。

※作業ウィンドウを閉じておきましょう。

問題(6)

①クイックアクセスツールバーの ▾ (クイックアクセスツールバーのユーザー設定)をクリックします。

②《**その他のコマンド**》をクリックします。

③左側の一覧から《**クイックアクセスツールバー**》が選択されていることを確認します。

④《**コマンドの選択**》の ▾ をクリックし、一覧から《**基本的なコマンド**》を選択します。

⑤コマンドの一覧から《**印刷プレビューと印刷**》を選択します。

⑥《**クイックアクセスツールバーのユーザー設定**》の ▾ をクリックし、一覧から《**mogi5-project6.xlsxに適用**》を選択します。

※作業中のブックを選択します。

⑦《**追加**》をクリックします。

⑧《**OK**》をクリックします。

MOS 365&2019 攻略ポイント

1 MOS 365&2019の試験形式 …… 271
2 MOS 365&2019の画面構成と試験環境 …… 273
3 MOS 365&2019の攻略ポイント …… 276
4 試験当日の心構え …… 279

1 MOS 365&2019の試験形式

Excelの機能や操作方法をマスターするだけでなく、試験そのものについても理解を深めておきましょう。

1 マルチプロジェクト形式とは

MOS 365&2019は、**「マルチプロジェクト形式」**という試験形式で実施されます。
このマルチプロジェクト形式を図解で表現すると、次のようになります。

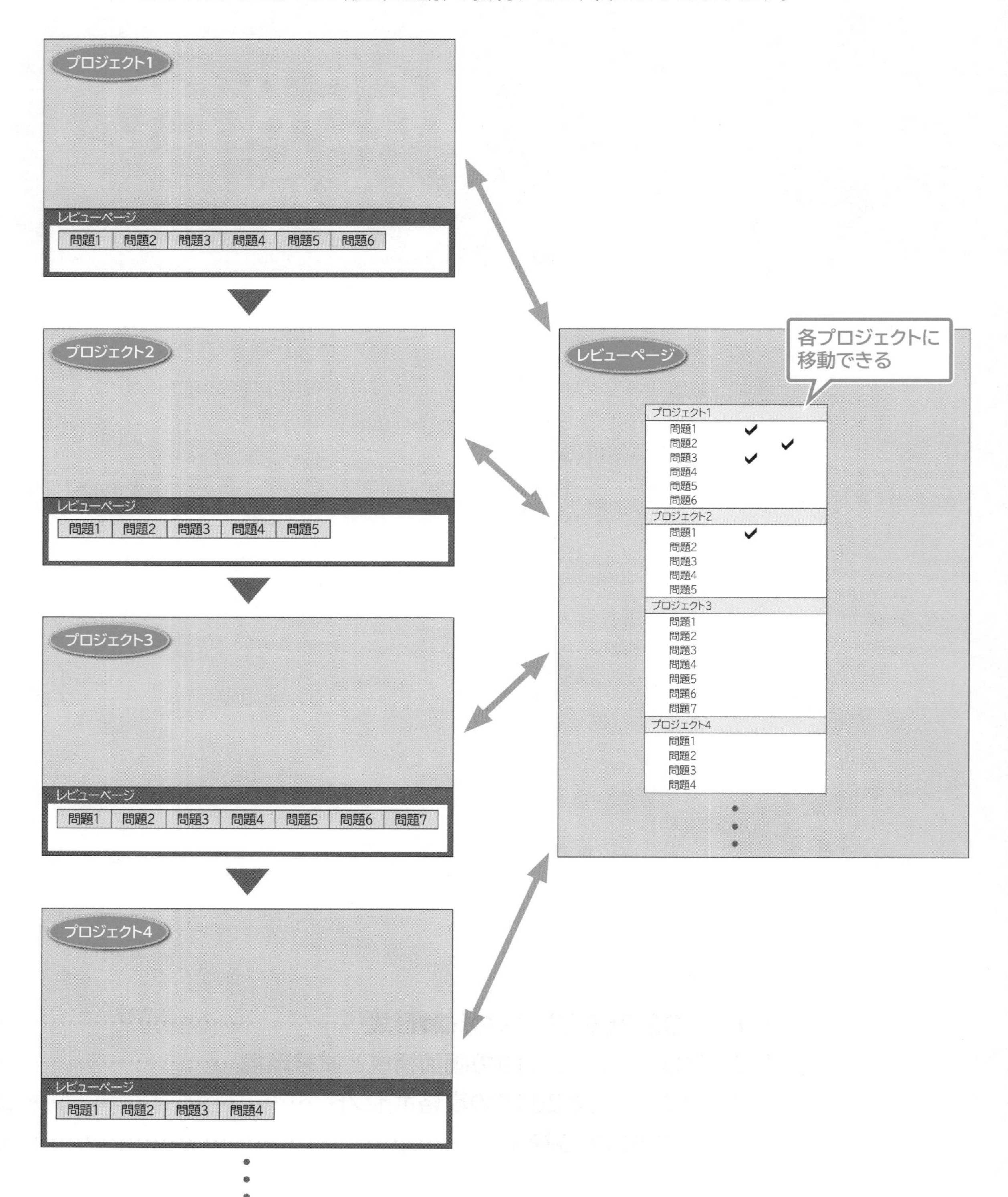

■プロジェクト

「マルチプロジェクト」の**「マルチ」**は“複数”という意味で、**「プロジェクト」**は“操作すべきファイル”を指しています。マルチプロジェクトは、言い換えると、“操作すべき複数のファイル”となります。
複数のファイルを操作して、すべて完成させていく試験、それがMOS 365&2019の試験形式です。
1回の試験で出題されるプロジェクト数、つまりファイル数は、5～10個程度です。各プロジェクトはそれぞれ独立しており、1つ目のプロジェクトで行った操作が、2つ目以降のプロジェクトに影響することはありません。

また、1つのプロジェクトには、1～7個程度の問題（タスク）が用意されています。問題には、ファイルに対してどのような操作を行うのか、具体的な指示が記述されています。

■レビューページ

すべてのプロジェクトから、**「レビューページ」**と呼ばれるプロジェクトの一覧に移動できます。レビューページから、未解答の問題や見直したい問題に戻ることができます。

2 MOS 365&2019の画面構成と試験環境

本試験の画面構成や試験環境について、あらかじめ不安や疑問を解消しておきましょう。

1 本試験の画面構成を確認しよう

MOS 365&2019の試験画面については、模擬試験プログラムと異なる部分をあらかじめ確認しましょう。
本試験は、次のような画面で行われます。

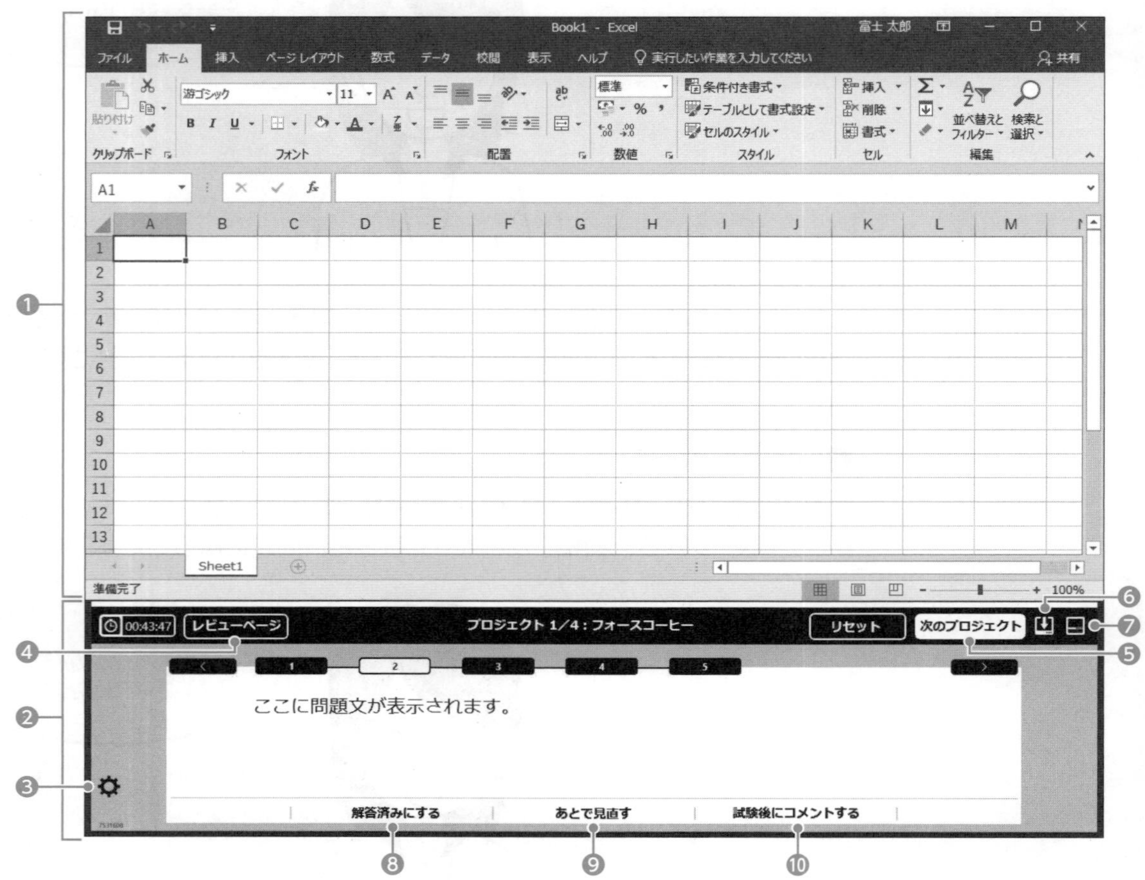

（株式会社オデッセイコミュニケーションズ提供）

❶アプリケーションウィンドウ

本試験では、アプリケーションウィンドウのサイズ変更や移動が可能です。
※模擬試験プログラムでは、サイズ変更や移動ができません。

❷試験パネル

本試験では、試験パネルのサイズ変更や移動が可能です。
※模擬試験プログラムでは、サイズ変更や移動ができません。

❸ ⚙

試験パネルの文字のサイズの変更や、電卓を表示できます。
※文字のサイズは、キーボードからも変更できます。
※模擬試験プログラムでは電卓は表示できません。

❹レビューページ

レビューページに移動できます。

※レビューページに移動する前に確認のメッセージが表示されます。

❺次のプロジェクト

次のプロジェクトに移動できます。

※次のプロジェクトに移動する前に確認のメッセージが表示されます。

❻

試験パネルを最小化します。

❼

アプリケーションウィンドウや試験パネルをサイズ変更したり移動したりした場合に、ウィンドウの配置を元に戻します。

※模擬試験プログラムには、この機能がありません。

❽解答済みにする

解答済みの問題にマークを付けることができます。レビューページで、マークの有無を確認できます。

❾あとで見直す

わからない問題や解答に自信がない問題に、マークを付けることができます。レビューページで、マークの有無を確認できるので、見直す際の目印になります。

※模擬試験プログラムでは、「付箋を付ける」がこの機能に相当します。

❿試験後にコメントする

コメントを残したい問題に、マークを付けることができます。試験中に気になる問題があれば、マークを付けておき、試験後にその問題に対するコメントを入力できます。試験主幹元のMicrosoftにコメントが配信されます。

※模擬試験プログラムには、この機能がありません。

本試験の画面について

本試験の画面は、試験システムの変更などで、予告なく変更される可能性があります。本試験を開始すると、問題が出題される前に試験に関する注意事項（チュートリアル）が表示されます。注意事項には、試験画面の操作方法や諸注意などが記載されているので、よく読んで不明な点があれば試験会場の試験官に確認しましょう。本試験の最新情報については、MOS公式サイト（https://mos.odyssey-com.co.jp/）をご確認ください。

2 本試験の実施環境を確認しよう

普段使い慣れている自分のパソコン環境と、試験のパソコン環境がどれくらい違うのか、あらかじめ確認しておきましょう。

●コンピューター

本試験では、原則的にデスクトップ型のパソコンが使われます。ノートブック型のパソコンは使われないので、普段ノートブック型を使っている人は注意が必要です。デスクトップ型とノートブック型では、矢印キーや【Delete】など一部のキーの配列が異なるので、慣れていないと使いにくいと感じるかもしれません。普段から本試験と同じ型のキーボードで練習するとよいでしょう。

●キーボード

本試験では、**「109型」**または**「106型」**のキーボードが使われます。自分のキーボードと比べて確認しておきましょう。

109型キーボード

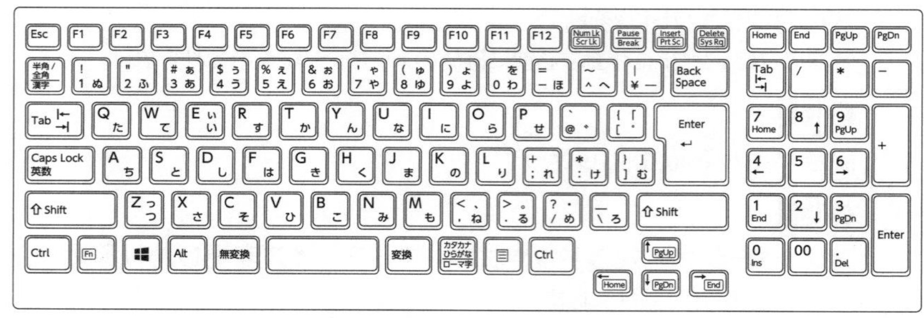

※「106型キーボード」には、[Windows]と[アプリケーション]のキーがありません。

●ディスプレイ

本試験では、17インチ以上のディスプレイ、**「1280×1024ピクセル」**以上の画面解像度が使われます。

画面解像度によってリボンの表示が変わってくるので、注意が必要です。例えば、**「1024×768ピクセル」**と**「1920×1200ピクセル」**で比較すると、次のようにボタンのサイズや配置が異なります。

1024×768ピクセル

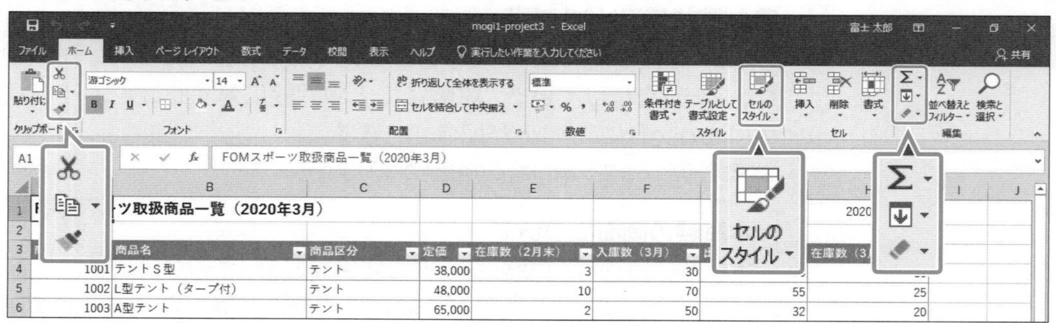

1920×1200ピクセル

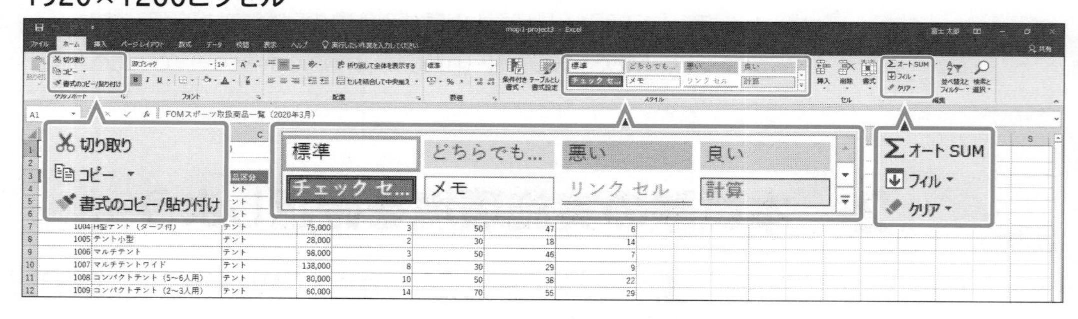

自分のパソコンの画面解像度と試験会場のパソコンの画面解像度が異なる場合、見慣れないボタンに戸惑ってしまうかもしれません。可能であれば、事前に受験する試験会場に問い合わせて、普段から本試験と同じ画面解像度で練習するとよいでしょう。

※画面解像度の変更については、P.286を参照してください。

●日本語入力システム

本試験の日本語入力システムは、**「Microsoft IME」**が使われます。Windowsには、Microsoft IMEが標準で搭載されているため、多くの人が意識せずにMicrosoft IMEを使い、その入力方法に慣れているはずです。しかし、ATOKなどその他の日本語入力システムを使っている人は、入力方法が異なるので注意が必要です。普段から本試験と同じ日本語入力システムで練習するとよいでしょう。

3 MOS 365&2019の攻略ポイント

本試験に取り組む際に、どうすれば効果的に解答できるのか、どうすればうっかりミスをなくすことができるのかなど、気を付けたいポイントを確認しましょう。

1 全体のプロジェクト数と問題数を確認しよう

試験が始まったら、まず、全体のプロジェクト数と問題数を確認しましょう。
出題されるプロジェクト数は5～10個程度で、試験パターンによって変わります。また、レビューページを表示すると、プロジェクト内の問題数も確認できます。

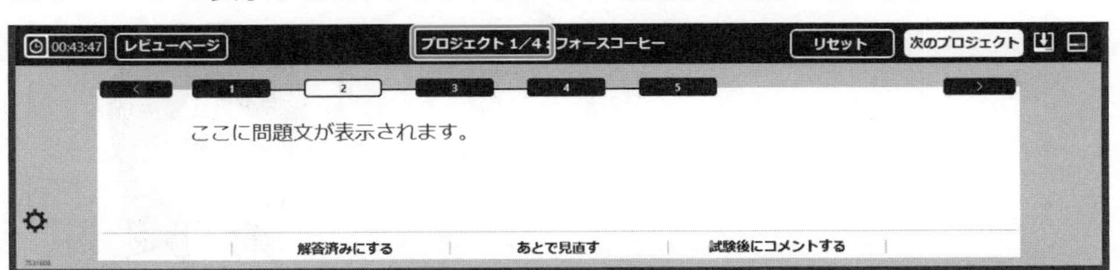

2 時間配分を考えよう

全体のプロジェクト数を確認したら、適切な時間配分を考えましょう。
タイマーにときどき目をやり、進み具合と残り時間を確認しながら進めましょう。

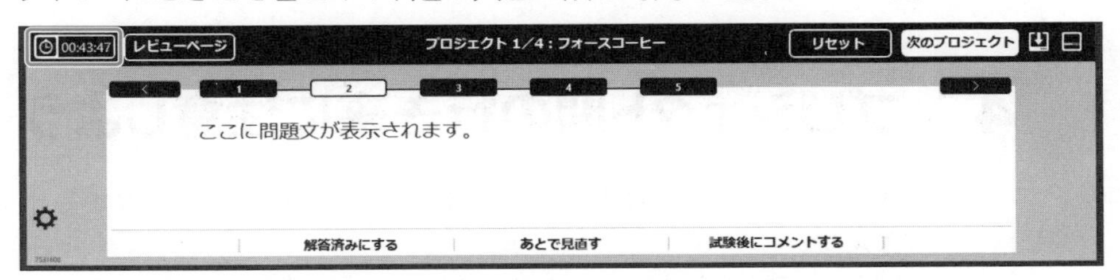

終盤の問題で焦らないために、40分前後ですべての問題に解答できるようにトレーニングしておくとよいでしょう。残った時間を見直しに充てるようにすると、気持ちが楽になります。

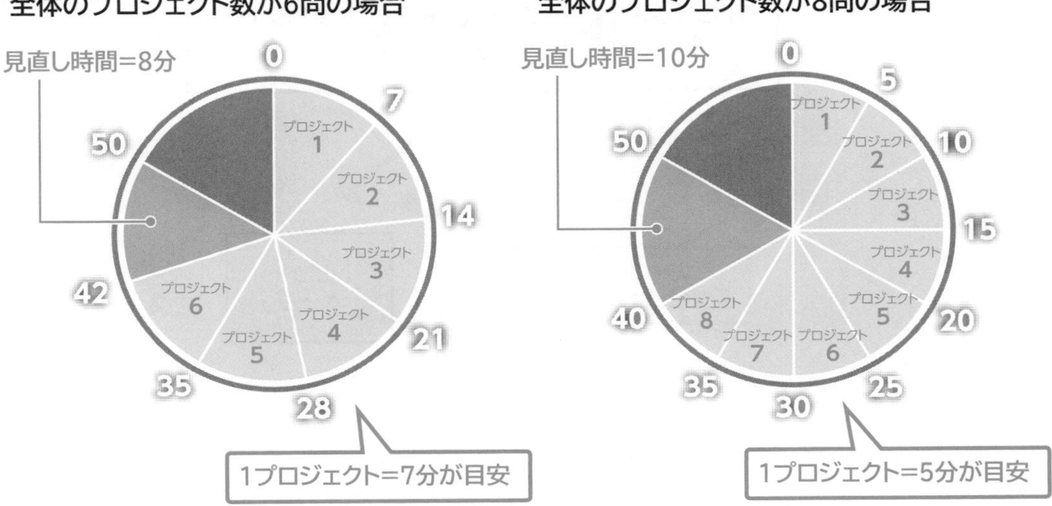

3 問題文をよく読もう

問題文をよく読み、指示されている操作だけを行います。
操作に精通していると過信している人は、問題文をよく読まずに先走ったり、指示されている以上の操作までしてしまったり、という過ちをおかしがちです。指示されていない余分な操作をしてはいけません。
また、コマンド名や関数名が明示されていない問題も出題されます。問題文をしっかり読んでどのコマンド、どの関数を使うのか判断しましょう。
また、問題文の一部には下線の付いた文字列があります。この文字列はコピーすることができるので、入力が必要な問題では、積極的に利用するとよいでしょう。文字の入力ミスを防ぐことができるので、効率よく解答することができます。

4 プロジェクト間の行き来に注意しよう

問題ウィンドウには**《レビューページ》**のボタンがあり、クリックするとレビューページに移動できます。
例えば、**「プロジェクト1」**から**「プロジェクト2」**に移動した後に、**「プロジェクト1」**での操作ミスに気付いたときなどレビューページを使って**「プロジェクト1」**に戻り、操作をやり直すことが可能です。レビューページから前のプロジェクトに戻った場合、自分の解答済みのファイルが保持されています。

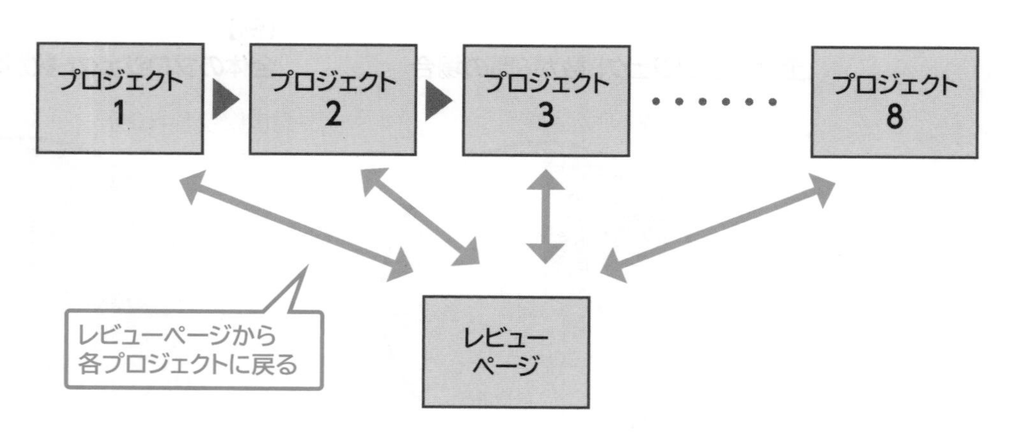

5　わかる問題から解答しよう

試験の最後にも、レビューページが表示されます。レビューページから各プロジェクトに戻ることができるので、わからない問題にはあとから取り組むようにしましょう。前半でわからない問題に時間をかけ過ぎると、後半で時間不足に陥ってしまいます。時間がなくなると、焦ってしまい、冷静に考えれば解ける問題にも対処できなくなります。わかる問題を一通り解いて確実に得点を積み上げましょう。
解答できなかった問題には**《あとで見直す》**のマークを付けておき、見直す際の目印にしましょう。

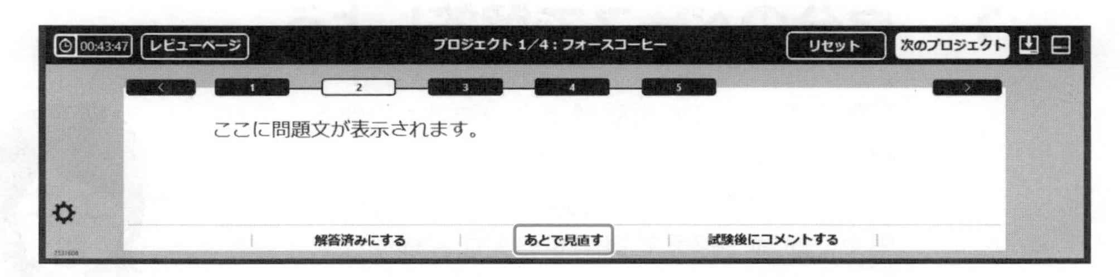

6　リセットに注意しよう

《リセット》をクリックすると、現在表示されているプロジェクトのファイルが初期状態に戻ります。プロジェクトに対して行ったすべての操作がクリアされるので、注意しましょう。
例えば、問題1と問題2を解答し、問題3で操作ミスをしてリセットすると、問題1や問題2の結果もクリアされます。問題1や問題2の結果を残しておきたい場合には、リセットしてはいけません。
直前の操作を取り消したい場合には、Excelの［↶］（元に戻す）を使うとよいでしょう。ただし、元に戻らない機能もあるので、頼りすぎるのは禁物です。

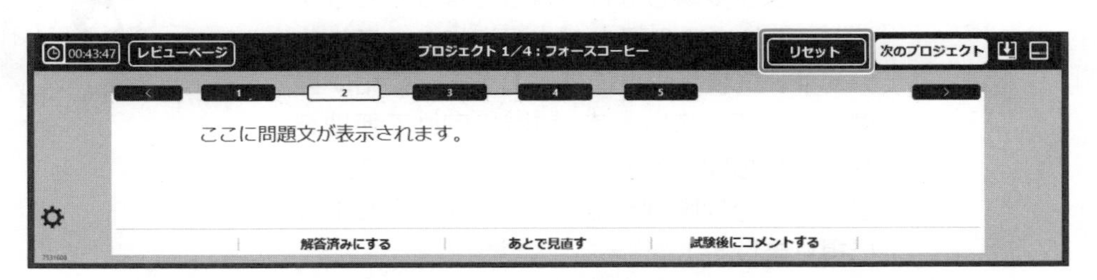

4 試験当日の心構え

本試験で緊張したり焦ったりして、本来の実力が発揮できなかった、という話がときどき聞かれます。本試験ではシーンと静まり返った会場に、キーボードをたたく音だけが響き渡り、思った以上に緊張したり焦ったりするものです。ここでは、試験当日に落ち着いて試験に臨むための心構えを解説します。

1 自分のペースで解答しよう

試験会場にはほかの受験者もいますが、他人は気にせず自分のペースで解答しましょう。
受験者の中にはキー入力がとても速い人、早々に試験を終えて退出する人など様々な人がいますが、他人のスピードで焦ることはありません。30分で試験を終了しても、50分で試験を終了しても採点結果に差はありません。自分のペースを大切にして、試験時間50分を上手に使いましょう。

2 試験日に合わせて体調を整えよう

試験日の体調には、くれぐれも注意しましょう。体の調子が悪くて受験できなかったり、体調不良のまま受験しなければならなかったりすると、それまでの努力が水の泡になってしまいます。試験を受け直すとしても、費用が再度発生してしまいます。試験に向けて無理をせず、計画的に学習を進めましょう。また、前日には十分な睡眠を取り、当日は食事も十分に摂りましょう。

3 早めに試験会場に行こう

事前に試験会場までの行き方や所要時間は調べておき、試験当日に焦ることのないようにしましょう。
受付時間を過ぎると入室禁止になるので、ギリギリの行動はよくありません。早めに試験会場に行って、受付の待合室でテキストを復習するくらいの時間的な余裕をみて行動しましょう。

MOS Excel 365&2019

困ったときには

困ったときには

最新のQ&A情報について

最新のQ&A情報については、FOM出版のホームページから「QAサポート」→「よくあるご質問」をご確認ください。
※FOM出版のホームページへのアクセスについては、P.11を参照してください。

Q&A　模擬試験プログラムのアップデート

1　本試験の画面が変更された場合やWindowsがアップデートされた場合などに、模擬試験プログラムの内容は変更されますか？

模擬試験プログラムはアップデートする可能性があります。最新情報については、FOM出版のホームページをご確認ください。
※FOM出版のホームページへのアクセスについては、P.11を参照してください。

Q&A　模擬試験プログラム起動時のメッセージと対処方法

2　模擬試験を開始しようとすると、メッセージが表示され、模擬試験プログラムが起動しません。どうしたらいいですか？

各メッセージと対処方法は次のとおりです。

メッセージ	対処方法
Accessが起動している場合、模擬試験を起動できません。 Accessを終了してから模擬試験プログラムを起動してください。	模擬試験プログラムを終了して、Accessを終了してください。 Accessが起動している場合、模擬試験プログラムを起動できません。
Adobe Readerが起動している場合、模擬試験を起動できません。 Adobe Readerを終了してから模擬試験プログラムを起動してください。	模擬試験プログラムを終了して、Adobe Readerを終了してください。Adobe Readerが起動している場合、模擬試験プログラムを起動できません。
Excelが起動している場合、模擬試験を起動できません。 Excelを終了してから模擬試験プログラムを起動してください。	模擬試験プログラムを終了して、Excelを終了してください。 Excelが起動している場合、模擬試験プログラムを起動できません。
OneDriveと同期していると、模擬試験プログラムが正常に動作しない可能性があります。 OneDriveの同期を一時停止してから模擬試験プログラムを起動してください。	デスクトップとOneDriveが同期している状態で、模擬試験プログラムを起動しようとすると、このメッセージが表示されます。 OneDriveの同期を一時停止してから模擬試験プログラムを起動してください。 ※OneDriveとの同期を停止する方法については、Q&A19を参照してください。
PowerPointが起動している場合、模擬試験を起動できません。 PowerPointを終了してから模擬試験プログラムを起動してください。	模擬試験プログラムを終了して、PowerPointを終了してください。 PowerPointが起動している場合、模擬試験プログラムを起動できません。

メッセージ	対処方法
Wordが起動している場合、模擬試験を起動できません。 Wordを終了してから模擬試験プログラムを起動してください。	模擬試験プログラムを終了して、Wordを終了してください。 Wordが起動している場合、模擬試験プログラムを起動できません。
XPSビューアーが起動している場合、模擬試験を起動できません。 XPSビューアーを終了してから模擬試験プログラムを起動してください。	模擬試験プログラムを終了して、XPSビューアーを終了してください。 XPSビューアーが起動している場合、模擬試験プログラムを起動できません。
ディスプレイの解像度が動作保障環境（1280×768px）より小さいためプログラムを起動できません。 ディスプレイの解像度を変更してから模擬試験プログラムを起動してください。	模擬試験プログラムを終了して、画面の解像度を「1280×768ピクセル」以上に設定してください。 ※画面の解像度については、Q&A15を参照してください。
テキスト記載のシリアルキーを入力してください。	模擬試験プログラムを初めて起動する場合に、このメッセージが表示されます。2回目以降に起動する際には表示されません。 ※模擬試験プログラムの起動については、P.217を参照してください。
パソコンにExcel 2019またはMicrosoft 365がインストールされていないため、模擬試験を開始できません。プログラムを一旦終了して、Excel 2019またはMicrosoft 365をパソコンにインストールしてください。	模擬試験プログラムを終了して、Excel 2019／Microsoft 365をインストールしてください。 模擬試験を行うためには、Excel 2019／Microsoft 365がパソコンにインストールされている必要があります。Excel 2013などのほかのバージョンのExcelでは模擬試験を行うことはできません。 また、Office 2019／Microsoft 365のライセンス認証を済ませておく必要があります。 ※Excel 2019／Microsoft 365がインストールされていないパソコンでも模擬試験プログラムの標準解答のアニメーションとナレーションは確認できます。
他のアプリケーションソフトが起動しています。 模擬試験プログラムを起動できますが、正常に動作しない可能性があります。 このまま処理を続けますか？	任意のアプリケーションが起動している状態で、模擬試験プログラムを起動しようとすると、このメッセージが表示されます。また、セキュリティソフトなどの監視プログラムが常に動作している状態でも、このメッセージが表示されることがあります。 《はい》をクリックすると、アプリケーション起動中でも模擬試験プログラムを起動できます。ただし、その場合には模擬試験プログラムが正しく動作しない可能性がありますので、ご注意ください。 《いいえ》をクリックして、アプリケーションをすべて終了してから、模擬試験プログラムを起動することを推奨します。
保持していたシリアルキーが異なります。再入力してください。	初めて模擬試験プログラムを起動したときと、現在のネットワーク環境が異なる場合に表示される可能性があります。シリアルキーを再入力してください。 ※再入力しても起動しない場合は、シリアルキーを削除してください。シリアルキーの削除については、Q&A13を参照してください。
模擬試験プログラムは、すでに起動しています。模擬試験プログラムが起動していないか、または別のユーザーがサインインして模擬試験プログラムを起動していないかを確認してください。	すでに模擬試験プログラムを起動している場合に、このメッセージが表示されます。模擬試験プログラムが起動していないか、または別のユーザーがサインインして模擬試験プログラムを起動していないかを確認してください。1台のパソコンで同時に複数の模擬試験プログラムを起動することはできません。

※メッセージは五十音順に記載しています。

Q&A　模擬試験実施中のトラブル

3　**模擬試験中にダイアログボックスを表示すると、問題ウィンドウのボタンや問題文が隠れて見えなくなります。どうしたらいいですか？**

画面の解像度によって、問題ウィンドウのボタンや問題文が見えなくなる場合があります。ダイアログボックスのサイズや位置を変更して調整してください。

4 模擬試験の解答確認画面で音声が聞こえません。どうしたらいいですか？

次の内容を確認してください。

●音声ボタンがオフになっていませんか？
解答確認画面の表示が**《音声オン》**になっている場合は、クリックして**《音声オフ》**にします。

●音量がミュートになっていませんか？
タスクバーの音量を確認し、ミュートになっていないか確認します。

●スピーカーまたはヘッドホンが正しく接続されていますか？
音声を聞くには、スピーカーまたはヘッドホンが必要です。接続や電源を確認します。

5 標準解答どおりに操作しても正解にならない箇所があります。なぜですか？

模擬試験プログラムの動作確認は、2020年5月現在のExcel 2019（16.0.10357.20081）またはMicrosoft 365（16.0.11328.20248）に基づいて行っています。自動アップデートによってExcel 2019／Microsoft 365の機能が更新された場合には、模擬試験プログラムの採点が正しく行われない可能性があります。あらかじめご了承ください。

Officeのバージョンは、次の手順で確認します。

①Excelを起動し、ブックを表示します。
②《ファイル》タブを選択します。
③《アカウント》をクリックします。
④《Excelのバージョン情報》をクリックします。
⑤1行目の「Microsoft Excel MSO」の後ろに続くカッコ内の数字を確認します。

※本書の最新情報については、P.11に記載されているFOM出版のホームページにアクセスして確認してください。

6 模擬試験中に画面が動かなくなりました。どうしたらいいですか？

模擬試験プログラムとExcelを次の手順で強制終了します。

①[Ctrl]+[Alt]+[Delete]を押します。
②《タスクマネージャー》をクリックします。
③一覧から《MOS Excel 365&2019》を選択します。
④《タスクの終了》をクリックします。
⑤一覧から《Microsoft Excel》を選択します。
⑥《タスクの終了》をクリックします。

強制終了後、模擬試験プログラムを再起動すると、次のようなメッセージが表示されます。**《復元して起動》**をクリックすると、ファイルを最後に上書き保存したときの状態から試験を再開できます。また、試験の残り時間は、強制終了した時点からカウントが再開されます。

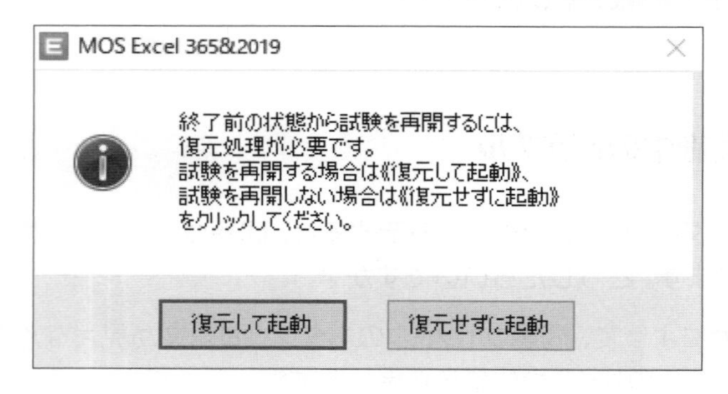

7

模擬試験プログラムを強制終了したら、デスクトップにフォルダー「FOM Shuppan Documents」が作成されていました。このフォルダーは何ですか？

模擬試験プログラムを起動すると、デスクトップに**「FOM Shuppan Documents」**というフォルダーが作成されます。模擬試験実行中は、そのフォルダーにファイルを保存したり、そのフォルダーからファイルを挿入したりします。模擬試験プログラムを終了すると、自動的にそのフォルダーも削除されますが、終了時にトラブルがあった場合や強制終了した場合などに、フォルダーを削除する処理が行われないことがあります。
このような場合は、模擬試験プログラムを一旦起動してから再度終了してください。

8

数式を入力する問題で、数式を入力したら、数式の残像が表示されました。どうしたらいいですか？

数式は入力されている状態ですので、そのまま進めていただいてかまいません。レビューページから戻って、正しく表示されていることを確認してください。

※《採点》または《リセット》をクリックして、プロジェクトを再表示すると正しく表示されます。ただし、《リセット》をクリックすると、プロジェクトのすべての問題の操作が初期化されてしまうので注意してください。

9

印刷範囲や改ページを挿入する問題で、標準解答どおりに操作できません。標準解答どおりに操作しても正解になりません。どうしたらいいですか？

プリンターの種類によって印刷できる範囲が異なるため、標準解答どおりに操作できなかったり、正解にならなかったりする場合があります。そのような場合には、**「Microsoft XPS Document Writer」**を通常使うプリンターに設定して操作してください。

次の手順で操作します。

① (スタート)をクリックします。
② (設定)をクリックします。
③《デバイス》をクリックします。
④ 左側の一覧から《プリンターとスキャナー》を選択します。
⑤《Windowsで通常使うプリンターを管理する》を☐にします。
⑥《プリンターとスキャナー》の一覧から「Microsoft XPS Document Writer」を選択します。
⑦《管理》をクリックします。
⑧《既定として設定する》をクリックします。

Q&A 模擬試験プログラムのアンインストール

10

模擬試験プログラムをアンインストールするには、どうしたらいいですか？

模擬試験プログラムは、次の手順でアンインストールします。

① (スタート)をクリックします。
② (設定)をクリックします。
③《アプリ》をクリックします。
④ 左側の一覧から《アプリと機能》を選択します。
⑤ 一覧から《MOS Excel 365&2019》を選択します。
⑦《アンインストール》をクリックします。
⑧ メッセージに従って操作します。

模擬試験プログラムをインストールすると、プログラム以外に次のファイルも作成されます。
これらのファイルは模擬試験プログラムをアンインストールしても削除されないため、手動で削除します。

その他のファイル	参照Q&A
「出題範囲1」から「出題範囲5」までの各Lessonで使用するデータファイル	11
模擬試験のデータファイル	11
模擬試験の履歴	12
シリアルキー	13

Q&A ファイルの削除

11 「出題範囲1」から「出題範囲5」の各Lessonで使用したファイルと、模擬試験のデータファイルを削除するにはどうしたらいいですか？

次の手順で削除します。

① タスクバーの（エクスプローラー）をクリックします。
②《ドキュメント》を表示します。
※CD-ROMのインストール時にデータファイルの保存先を変更した場合は、その場所を表示します。
③ フォルダー「MOS-Excel 365 2019（1）」を右クリックします。
④《削除》をクリックします。
⑤ フォルダー「MOS-Excel 365 2019（2）」を右クリックします。
⑥《削除》をクリックします。

12 模擬試験の履歴を削除するにはどうしたらいいですか？

パソコンに保存されている模擬試験の履歴は、次の手順で削除します。
模擬試験の履歴を管理しているフォルダーは、隠しフォルダーになっています。削除する前に隠しフォルダーを表示しておく必要があります。

① タスクバーの（エクスプローラー）をクリックします。
②《表示》タブ→《表示/非表示》グループの《隠しファイル》を☑にします。
③《PC》をクリックします。
④《ローカルディスク（C：）》をダブルクリックします。
⑥《ユーザー》をダブルクリックします。
⑦ ユーザー名のフォルダーをダブルクリックします。
⑧《AppData》をダブルクリックします。
⑨《Roaming》をダブルクリックします。
⑩《FOM Shuppan History》をダブルクリックします。
⑪ フォルダー「MOS-Excel365&2019」を右クリックします。
⑫《削除》をクリックします。

※フォルダーを削除したあと、隠しフォルダーの表示を元の設定に戻しておきましょう。

13

模擬試験プログラムのシリアルキーを削除するにはどうしたらいいですか?

パソコンに保存されている模擬試験プログラムのシリアルキーは、次の手順で削除します。
模擬試験プログラムのシリアルキーを管理しているファイルは、隠しファイルになっています。削除する前に隠しファイルを表示しておく必要があります。

① タスクバーの (エクスプローラー)をクリックします。
②《表示》タブ→《表示/非表示》グループの《隠しファイル》を ✔ にします。
③《PC》をクリックします。
④《ローカルディスク(C:)》をダブルクリックします。
⑤《ProgramData》をダブルクリックします。
⑥《FOM Shuppan Auth》をダブルクリックします。
⑦ フォルダー「MOS-Excel365&2019」を右クリックします。
⑧《削除》をクリックします。

※ファイルを削除したあと、隠しファイルの表示を元の設定に戻しておきましょう。

Q&A パソコンの環境について

14

Office 2019/Microsoft 365を使っていますが、本書に記載されている操作手順のとおりに操作できない箇所や画面の表示が異なる箇所があります。なぜですか?

Office 2019やMicrosoft 365は自動アップデートによって、定期的に不具合が修正され、機能が向上する仕様となっています。そのため、アップデート後に、コマンドの名称が変更されたり、リボンに新しいボタンが追加されたりといった現象が発生する可能性があります。
本書に記載されている操作方法や模擬試験プログラムの動作確認は、2020年5月現在のExcel 2019(16.0.10357.20081)またはMicrosoft 365(16.0.11328.20248)に基づいて行っています。自動アップデートによってExcelの機能が更新された場合には、本書の記載のとおりにならない、模擬試験プログラムの採点が正しく行われないなどの不整合が生じる可能性があります。あらかじめご了承ください。
※Officeのバージョンの確認については、Q&A5を参照してください。

15

画面の解像度はどうやって変更したらいいですか?

画面の解像度は、次の手順で変更します。

① デスクトップを右クリックします。
②《ディスプレイ設定》をクリックします。
③ 左側の一覧から《ディスプレイ》を選択します。
④《ディスプレイの解像度》の ⌄ をクリックし、一覧から選択します。

16

パソコンにプリンターが接続されていません。このテキストを使って学習するのに何か支障がありますか?

パソコンにプリンターが物理的に接続されていなくてもかまいませんが、Windows上でプリンターが設定されている必要があります。接続するプリンターがない場合は、「**Microsoft XPS Document Writer**」を通常使うプリンターに設定して操作してください。
※「Microsoft XPS Document Writer」を通常使うプリンターに設定する方法は、Q&A9を参照してください。

17 パソコンにインストールされているOfficeが2019／Microsoft 365ではありません。他のバージョンのOfficeでも学習できますか？

他のバージョンのOfficeは学習することはできません。
※模擬試験プログラムの標準解答のアニメーションとナレーションは確認できます。

18 パソコンに複数のバージョンのOfficeがインストールされています。模擬試験プログラムを使って学習するのに何か支障がありますか？

複数のバージョンのOfficeが同じパソコンにインストールされている環境では、模擬試験プログラムが正しく動作しない場合があります。Office 2019／Microsft 365以外のOfficeをアンインストールしてOffice 2019／Microsoft 365だけの環境にして模擬試験プログラムをご利用ください。

19 OneDriveの同期を一時停止するにはどうしたらいいですか？

OneDriveの同期を一時停止するには、次の手順で操作します。

① タスクバーの（OneDrive）をクリックします。
②《その他》→《同期の一時停止》をクリックします。
③ 一覧から停止する時間を選択します。

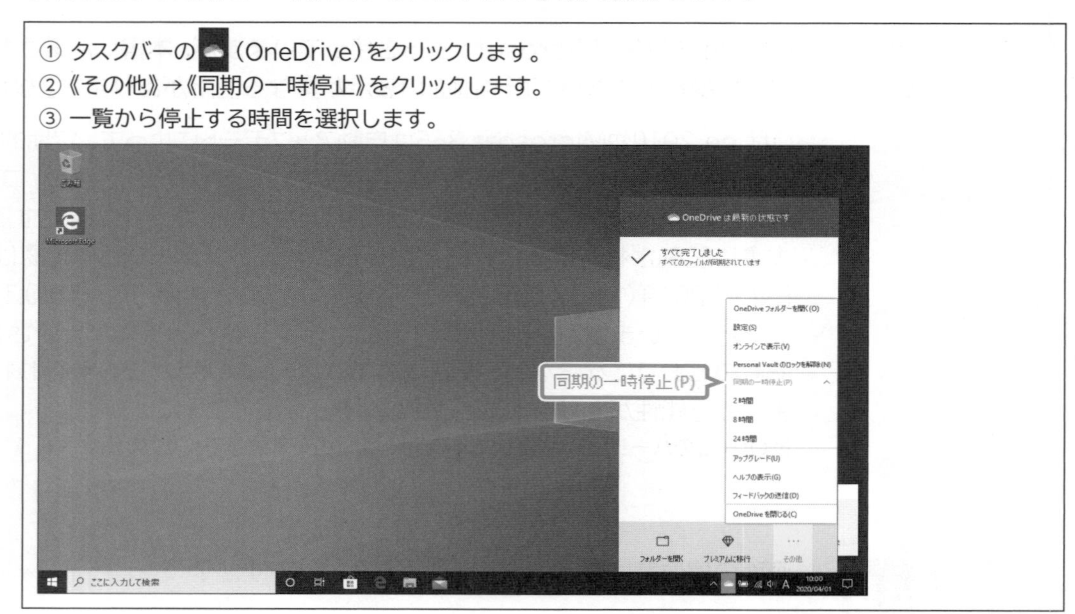

MOS Excel 365&2019

索引

Index 索引

記号

$ …… 147,149
& …… 172

A

AVERAGE関数 …… 156,158

C

CONCAT関数 …… 171,172
COUNTA関数 …… 161
COUNTBLANK関数 …… 161,162
COUNT関数 …… 161,162
CSV(カンマ区切り) …… 51
CSVファイルの作成 …… 53
CSV形式 …… 62
CSV形式のファイルのインポート …… 62
CSVファイルのインポート …… 62
CSVファイルの確認 …… 53

E

Excelのオプション(クイックアクセスツールバー) …… 46

I

IF関数 …… 163,164

L

LEFT関数 …… 165,166
LEN関数 …… 168,170
LOWER関数 …… 168,169

M

MAX関数 …… 156,159
Microsoft Excel-互換性チェック …… 58
MID関数 …… 166,167
MIN関数 …… 156,160

P

PDF/XPSドキュメントの作成 …… 51
PDFファイル …… 51
PDFファイルの作成 …… 52
PDFまたはXPS形式で発行 …… 52
Power Queryエディター …… 63

R

RIGHT関数 …… 165,167

S

SUBTOTAL関数 …… 134
SUM関数 …… 156,157

T

TEXTJOIN関数 …… 171,172

U

UPPER関数 …… 168,169

X

XPSファイル …… 51

あ

アイコンセット …… 109
アクセシビリティ …… 56
アクセシビリティチェック …… 56
アクセシビリティチェックの結果 …… 57
アクセシビリティチェックの実行 …… 200
アクセシビリティの問題の検査 …… 56
値軸 …… 178
値軸の位置 …… 193
新しいウィンドウを開く …… 37
新しい書式ルール …… 111

い

移動(グラフ) …… 177,182
移動(グラフシート) …… 182
移動(ジャンプ) …… 19
移動(セル範囲) …… 19
移動(名前付きセル) …… 19
移動(名前ボックス) …… 19
移動(ブックの要素) …… 19
移動(フッター領域) …… 28
移動(ヘッダー領域) …… 28
色枠線を利用したデータ範囲の変更 …… 186
印刷 …… 47
印刷(作業中のシート) …… 47
印刷(数式) …… 44
印刷(選択した部分) …… 47

印刷（ブック全体）…47
印刷設定…48
印刷対象…47
印刷範囲…50
印刷範囲のクリア…50
印刷範囲の調整…32
インデント…79,80
インデントの解除…80
インデントを増やす…79
インデントを減らす…79
インポート…59,62

う

ウィンドウの整列…37
ウィンドウの表示の変更…35
ウィンドウの分割…35
ウィンドウ枠固定の解除…34
ウィンドウ枠の固定…33
上揃え…79

え

エクスポート…51
円グラフの構成要素…177
演算記号…148
演算子…163
円またはドーナツグラフの挿入…175

お

オートフィル…67
オートフィルオプション…67
オートフィルターオプション…142
折り返して全体を表示する…83
折れ線/面グラフの挿入…175
折れ線スパークライン…103

か

解除（インデント）…80
解除（ウィンドウ枠の固定）…34
解除（セル結合）…84
解除（セルのスタイル）…95
解除（セルを結合して中央揃え）…86
解除（並べ替え）…138
解除（表示形式）…88
解除（フィルターの条件）…139
解除（分割）…36
解除（文字列の折り返し）…83
階層構造グラフの挿入…175
改ページ位置の調整…32
改ページの表示…26
改ページプレビュー…31
拡大/縮小…49
拡大縮小印刷…49
重ねて表示…38
カラースケール…109
関数…155
関数の挿入…155
関数の入力…155,161
関数のネスト…170
関数ライブラリ…156
カンマ区切り…51

き

行/列の切り替え…183,184
行の固定…33
行の削除…74,129
行の選択…131
行の挿入…74
行の高さ…29,30
行の高さの調整…29
行の追加…129
行列の固定…33
行列を入れ替える…72
近似曲線…195
近似曲線のオプション…196
近似曲線の削除…196
均等割り付け…81

く

クイックアクセスツールバー…45
クイックアクセスツールバーのカスタマイズ…45
クイックアクセスツールバーのコマンドの削除…46
クイックアクセスツールバーのコマンドの登録…45
クイックアクセスツールバーのユーザー設定…45
クイックレイアウト…197
グラフエリア…177,178
グラフクイックカラー…198
グラフシート…181
グラフシートの作成…181
グラフタイトル…177,178
グラフの移動…177,181,182
グラフのサイズ変更…177
グラフの作成…175
グラフの種類の変更…178
グラフのスタイル…198
グラフのスタイルの一覧…198
グラフのデザインの変更…198
グラフの特徴…178
グラフの配色…199
グラフの場所の変更…181,182
グラフのレイアウト…197
グラフ要素の書式設定…187,189
グラフ要素の選択…189
グラフ要素の追加…187
グラフ要素の非表示…187,188

グラフ要素の表示 …… 187,188
グラフ要素の変更 …… 187
クリア(印刷範囲) …… 50
クリア(書式設定) …… 96
クリア(テーブルスタイル) …… 127

け

形式を選択して貼り付け …… 71
桁区切りスタイル …… 87
結合したセルのセル番地 …… 85
現在の時刻 …… 28
現在の日付 …… 28
検索 …… 17,18,139
検索と置換 …… 18

こ

合計 …… 156
降順 …… 135
降順で並べ替え …… 137
構造化参照 …… 151
項目軸 …… 178
互換性チェック …… 58
コピー(名前付き範囲の数式) …… 153
コメント …… 19

さ

最後の列 …… 132
最終列の集計 …… 134
最小値 …… 156
最初の列 …… 132
サイズ変更(グラフ) …… 177
最大値 …… 156
作業中のシートを印刷 …… 47
削除(近似曲線) …… 196
削除(クイックアクセスツールバーのコマンド) …… 46
削除(条件付き書式) …… 120
削除(スパークライン) …… 108
削除(セル) …… 76,78
削除(テーブルの行) …… 129
削除(テーブルの列) …… 129
削除(ハイパーリンク) …… 21
削除(複数の行) …… 74
削除(複数の列) …… 74
作成(PDF/XPSドキュメント) …… 51
作成(グラフ) …… 175
作成(グラフシート) …… 181
作成(テーブル) …… 125
左右2分割 …… 35
左右に並べて表示 …… 38
散布図 …… 180
散布図(X,Y)またはバブルチャートの挿入 …… 175

し

シート名 …… 28
軸のオプション …… 192
下揃え …… 79
縞模様(行) …… 132
縞模様(列) …… 132
ジャンプ …… 19
ジャンプ(範囲の指定) …… 20
ジャンプを使った移動 …… 19
集計行 …… 132
集計行の数式 …… 134
集計行の表示 …… 133
集計方法の非表示 …… 134
縮小して全体を表示 …… 83
上位/下位ルール …… 109
上下2分割 …… 35
上下左右4分割 …… 35
上下中央揃え …… 79
上下に並べて表示 …… 38
条件付き書式 …… 19,109
条件付き書式の削除 …… 120
条件付き書式ルールの管理 …… 114
条件を選択してジャンプ …… 19
詳細フィルター …… 139
詳細プロパティ …… 42
昇順 …… 135
昇順で並べ替え …… 136
小数点以下の表示桁数を増やす …… 87
小数点以下の表示桁数を減らす …… 87
勝敗スパークライン …… 103
ショートカットツール …… 188
書式設定(グラフ要素) …… 187,189
書式設定のクリア …… 96
書式のクリア …… 96
書式のコピー/貼り付け …… 93
書式の連続コピー …… 94
書式ルールの編集 …… 117,119

す

図 …… 28
数式 …… 19
数式で使用 …… 151
数式の印刷 …… 44
数式の非表示 …… 43
数式の表示 …… 43
数字のオートフィル …… 69
数値のオートフィル …… 69
数値の個数 …… 156
数値の書式 …… 87
数値の表示形式 …… 87
スタイル …… 95
スタイル(グラフ) …… 198
スタイル(スパークライン) …… 104

スタイル（セル）……95
スタイル（テーブル）……125
図の書式設定……28
スパークライン……103
スパークラインのグループ化……105
スパークラインのスタイル……104
スパークラインの削除……108
スパークラインの軸……104
スパークラインの書式設定……104
スパークラインの挿入……103
すべてのスパークラインで同じ値……106

せ

整列……37,38
絶対参照……147
セル結合の解除……84
セルの強調表示ルール……109
セルのクリア……96
セルの結合……84
セルの削除……76,78
セルの参照……147
セルの書式設定……89
セルのスタイル……95
セルのスタイルの解除……95
セルの挿入……76,77
セルの配置……79
セル範囲に変換……128
セル範囲へ移動……19
セルを結合して中央揃え……84
セルを結合して中央揃えの解除……86
選択（グラフ要素）……189
選択（データ範囲）……176
選択（テーブルの行）……131
選択（テーブルの列）……131
選択（複数の行）……73
選択（複数の列）……73
選択（複数ファイル）……39
選択した部分を印刷……47
選択範囲から作成……97
先頭行の固定……34
先頭列の固定……34

そ

相対参照……147
挿入（スパークライン）……103
挿入（セル）……76,77
挿入（ハイパーリンク）……21,22
挿入（複数の行）……74
挿入（複数の列）……74
挿入（フッター）……27
挿入（ヘッダー）……27
挿入オプション……77
属性……41

た

代替テキスト……57
代替テキストの追加……200
多項式近似の次数……196
縦……49
縦棒/横棒グラフの挿入……175
縦棒スパークライン……103
縦横の合計……157
タブ区切り……51
ダブルクリックのオートフィル……68

ち

中央揃え……79

つ

追加（行）……129
追加（近似曲線）……195
追加（グラフ要素）……187
追加（代替テキスト）……200
追加（テーブルの行）……129
追加（テーブルの列）……129
追加（列）……129
通貨表示形式……87,88
ツリーマップ……179

て

データ一覧……139
データ系列……177,178
データソースの選択……185
データの検索……17
データの個数……161
データの選択……185
データの取り込み画面……61
データの並べ替え……135
データの配置……79
データバー……109
データバーのマイナス表示……118
データ範囲……176
データ範囲の選択……176
データ範囲の変更……185
データベース……126
データベース用の表……126
データ要素……177
テーブル……125
テーブルスタイル……125,127
テーブルスタイルのオプション……132
テーブルスタイルのクリア……127
テーブルに変換……125
テーブルの行の削除……129
テーブルの行の選択……131
テーブルの行の追加……129

テーブルの作成 …… 125
テーブルの見出し名 …… 102
テーブルの列の削除 …… 129
テーブルの列の選択 …… 131
テーブルの列の追加 …… 129
テーブル名 …… 102
テーブル名の参照 …… 151
テーブル名の定義 …… 102
テキスト（タブ区切り） …… 51
テキスト形式 …… 59
テキスト形式のファイルのインポート …… 59
テキストファイルのインポート …… 59
テキストを折り返して表示 …… 83

と

登録（クイックアクセスツールバーのコマンド） …… 45
ドキュメント検査 …… 54

な

名前 …… 97,151
名前付きセルへ移動 …… 19
名前付き範囲の参照 …… 151
名前付き範囲を指定した数式のコピー …… 153
名前の管理 …… 97
名前の定義 …… 97,98
名前の範囲選択 …… 100
名前ボックス …… 19
名前ボックスを使った移動 …… 19
並べ替え …… 135,136,137,138
並べ替え（降順） …… 135
並べ替え（昇順） …… 135
並べ替え（複数フィールド） …… 136
並べ替え（ふりがな情報） …… 136
並べ替え（レコード） …… 135
並べ替えの解除 …… 138
並べ替えの変更 …… 138
並べて表示 …… 38

に

入力できる連続データ …… 68

は

パーセントスタイル …… 87
配置の設定 …… 79
ハイパーリンク …… 21
ハイパーリンクの削除 …… 21
ハイパーリンクの挿入 …… 21,22
ハイパーリンクの追加 …… 21
ハイパーリンクの編集 …… 24
離れたセルの合計 …… 157
貼り付けのプレビュー …… 72
範囲に変換 …… 128
範囲を指定して検索 …… 18
範囲を指定してジャンプ …… 20
凡例 …… 177,178

ひ

引数 …… 155
引数の自動認識 …… 157
左揃え …… 79
日付の表示形式 …… 92
非表示（グラフ要素） …… 187,188
非表示（数式） …… 43
非表示（集計方法） …… 134
表示（改ページ） …… 26
表示（グラフ要素） …… 187,188
表示（集計行） …… 133
表示（数式） …… 43
表示形式 …… 87
表示形式の解除 …… 88
表示モードの切り替え …… 31
標準 …… 31
標準の表示モードに戻す …… 28
開く（新しいウィンドウ） …… 37
ヒント設定 …… 22

ふ

ファイルのインポート …… 59
ファイルの種類の変更 …… 51
ファイルのパス …… 28
ファイルの保存場所を開く …… 41
ファイル保存時の互換性チェック …… 58
ファイル名 …… 28
フィールド …… 126
フィールド名 …… 126
フィルター …… 139
フィルターの実行 …… 139
フィルターの条件の解除 …… 139
フィルターボタン …… 132
フィルターモード …… 125
複合参照 …… 147,148
複数の行の削除 …… 74
複数の行の選択 …… 73
複数の行の挿入 …… 74
複数の列で並べ替え …… 135
複数の列の削除 …… 74
複数の列の選択 …… 73
複数の列の挿入 …… 74
複数ファイルの選択 …… 39
複数フィールドによる並べ替え …… 136
ブック全体を印刷 …… 47
ブックの表示の変更 …… 31
ブックのプロパティの変更 …… 41
ブックの問題の検査 …… 54
ブックの要素へ移動 …… 19
フッター …… 27,28

フッターの位置 …………26
フッターの挿入 …………27
フッターの要素 …………28
フッター領域の移動 …………28
ふりがな情報で並べ替え …………136
プロットエリア …………177,178
プロパティ …………41
プロパティの一覧 …………41
プロパティをすべて表示 …………41
分割…………35
分割の解除…………36
分割バーの調整…………36

へ

平均…………156
ページサイズの選択 …………25
ページ数 …………28
ページ設定 …………25
ページ設定の変更 …………25
ページの向きを変更 …………25
ページ番号 …………28
ページレイアウト …………31
ヘッダー …………27,28
ヘッダーとフッターのカスタマイズ …………27
ヘッダーの位置 …………26
ヘッダーの挿入 …………27
ヘッダーの要素 …………28
ヘッダー領域の移動 …………28
別のファイル形式で保存 …………51
別のワークシートのセル参照…………149
変更(ウィンドウの表示) …………35
変更(グラフのサイズ) …………177
変更(グラフの種類) …………178
変更(グラフのデザイン) …………198
変更(グラフの場所) …………181,182
変更(グラフ要素) …………187
変更(データ範囲) …………185,186
変更(並べ替え) …………138
変更(ファイルの種類) …………51
変更(ブックの表示) …………31
変更(ブックのプロパティ) …………41
変更(ページ設定) …………25
編集(ハイパーリンク) …………24

ぼ

棒グラフの構成要素 …………178
方向…………79
保存(別のファイル形式) …………51
ボタンの形状 …………17

ま

マーカーの強調 …………104,108

み

右揃え…………79
右詰めインデント …………81
見出し行 …………132
見出し名を使った名前の定義 …………97

も

文字の配置(横位置) …………90
文字の方向…………79
文字列演算子…………172
文字列演算子を使った結合 …………172
文字列の折り返しの解除 …………83
文字列の結合…………171,172
文字列を折り返して表示 …………83

ゆ

ユーザー設定値 …………105

よ

横…………49
横方向に結合…………84
余白の調整…………25

り

リンク …………21

る

ルールの管理 …………109,120
ルールのクリア …………120

れ

レコード …………126
レコードの並べ替え …………135
レコードのフィルター …………139
列の固定…………33
列の削除…………74,129
列の選択…………131
列の挿入…………74
列の追加…………129
列の幅…………29
列の幅の自動調整…………30
列の幅の調整…………29
列見出し …………126
連続データの増減値 …………69
連続データの入力 …………69

ろ

論理式…………163

■CD-ROM使用許諾契約について

本書に添付されているCD-ROMをパソコンにセットアップする際、契約内容に関する次の画面が表示されます。お客様が同意される場合のみ本CD-ROMを使用することができます。よくお読みいただき、ご了承のうえ、お使いください。

よくわかるマスター
Microsoft® Office Specialist
Excel 365&2019 対策テキスト&問題集
（FPT1912）

2020年７月８日　初版発行
2023年12月10日　第２版第13刷発行

著作／制作：富士通エフ・オー・エム株式会社

発行者：山下　秀二

発行所：FOM出版（富士通エフ・オー・エム株式会社）
〒212-0014 神奈川県川崎市幸区大宮町１番地５ JR川崎タワー
株式会社富士通ラーニングメディア内
https://www.fom.fujitsu.com/goods/

印刷／製本：アベイズム株式会社

表紙デザインシステム：株式会社アイロン・ママ

●本書に関するご質問は、ホームページまたはメールにてお寄せください。
＜ホームページ＞
上記ホームページ内の「FOM出版」から「QAサポート」にアクセスし、「QAフォームのご案内」からQAフォームを選択して、必要事項をご記入の上、送信してください。
＜メール＞
FOM-shuppan-QA@cs.jp.fujitsu.com
なお、次の点に関しては、あらかじめご了承ください。
・ご質問の内容によっては、回答に日数を要する場合があります。
・本書の範囲を超えるご質問にはお答えできません。　・電話やFAXによるご質問には一切応じておりません。
●本製品に起因してご使用者に直接または間接的損害が生じても、富士通エフ・オー・エム株式会社はいかなる責任も負わないものとし、一切の賠償などは行わないものとします。
●本書に記載された内容などは、予告なく変更される場合があります。
●落丁・乱丁はお取り替えいたします。